U0352554

· 国家"南北极环境综合考察与评估专项"资助
· 国家自然科学基金项目（41240037）资助

北极治理新论

New Perspectives on the Arctic Governance

杨剑 等◎著

时 事 出 版 社

北极治理新论

New Perspectives on the Arctic Governance

肖洋 著

时事出版社

　　本书得到国家"南北极环境综合考察与评估专项"（专题编号 CHINARE2014 – 04 – 05 – 01）和国家自然科学基金"知识与规制：极地科学家团体与北极治理议程设置"（项目编号 41240037）的资助

序

奥兰·杨（Oran Young）

　　相对于国际社会其他地区而言，北极特质迥异。若以空间而论，谓之荒远；若以气候而论，谓之极端；若以文化而论，谓之独特。人类在北极的生存史可以上溯到数千年之前。在严酷的环境下，人类不仅学会了生存技巧，而且还发展出与北极冰雪世界相适应的生存文化。最近几个世纪，北极经历了显著变化，它开始变成外部世界利益的源泉。捕鲸者深入北极追杀猎物，传教士步入北极欲拯救原住民之灵魂，探险家则利用北极的极端条件来测试自己的生存能力和无畏精神。到了 20 世纪，北极相对的孤立状态进一步离析，科学家接踵而至，开始对该地区的生态环境和社会经济系统进行考察；企业界对北极资源的兴趣也日趋浓厚；更为甚者，许多国家开始派遣军队驻扎北极，声称欲保护其在"远北地区的主权"。

东西方冷战之际，北极成为超级大国的角逐场。美苏两国在北冰洋沿岸执戈对峙，配备了各种导弹的核潜艇和战略轰炸机等先进武器系统时刻处于待命状态。这些武器成了核恐怖平衡时代"确保相互摧毁战略"的关键要素。

随着冷战的结束和1991年底苏联的最终解体，北极地区经历了天翻地覆的变化。在随后的几年期间，当代北极治理系统中的一些关键组件（例如北极理事会）应运而生。当时的北极无疑是远离全球经济和政治事务的中心问题，这种情形倒是有利于增进地区内的国际合作。因为北极利益在北极各国国家利益中的分量较轻，这使得北极国家比较容易正面回应一系列关于国际合作共同治理的倡议。首先是在芬兰的倡议下，1991年北极国家确立了北极环境保护战略，然后是在加拿大的倡议下于1996年成立了北极理事会。关于成立北极理事会的《渥太华宣言》创造性地将原住民组织作为永久参与者吸纳到理事会之中。在这一过程中，非北极国家并没有感觉到要积极参与的紧迫性，他们愿意接受以观察员身份参与北极事务。当时的人们无法预计到今天北极与全球的联系，去建构一个更加进步的国际合作模式。

最近这些年，北极与全球系统的联系在变化中得到加强。引人关注的效应是，北极的变化往往是全球范围追求发展所产生的后果，这些发展看似与北极毫不相关。这种综合效应实际上源自政治、经济和生态三种力量的相互交织和作用。为了有助于论述，我们姑且将这三种力量称为地缘环境的驱动力、地缘经济的驱动力和地缘政治的驱动力。

从地缘环境角度来看，来势突然的气候变化给北极带来的巨大影响远远高于地球的其他部分。众所周知的现象是海冰退缩和冰层变薄。北极许多地区因此不再是人迹罕至，人类开发北极能源和航运的机会之窗也就此被打开。除了海冰退缩外，气候变化给环北极地区带来的不良影响还包括海岸侵蚀、冰川融化、冻土松解、海洋酸化、迁徙动物失去窠臼以及近北极地区森林的毁坏等。除了气候变化，其他的地缘环境因素也对北极环境变化起到破坏作用，如持久性有机污染物（POPs）和重金属等一些污染力强的物质的作用。它们源自北极圈外遥远的南部地区，却能通过空中和水上的矢径进入到高纬度的北极。它们在极地环境中持久力极强，并通过食物链的生物积累对人类健康产生严重后果。地缘环境驱动力的一个显著特征是其单向性的作用过程，用生态物理学的术语表述就是，北极正在被外来力量以持续叠加而不是循环往复的方式影响着。

从地缘经济角度来看，通达条件的不断改善与全球化的共同作用，提升了域外行为体对北极的兴趣。有充足的证据证明，地球相当大一部分未开采的能源资源就储存于北极，储存于北极沿岸国家管辖的浅海区域之中。北极还蕴藏铅、锌、镍、铜、铁、钻石和稀土等各种有价值的矿藏。尽管基础设施缺乏，操作环境严酷，北极航道正日益显示出它潜在的经济价值。北极航道被视为从北极运出能源和原材料的通衢，未来亚洲、欧洲、北美之间货物运输的海上走廊。这些航线比传统航线距离更短，成本更低廉。关于北极淘金热和北极资源争夺战的新闻报道和畅销书，在过去短短几年时间里层出不穷。

论及地缘政治驱动力的影响，情形就大不相同了。一些政治敏感问题一直存在于北极。最突出的问题或许是北冰洋沿岸国之间关于专属经济区以外海床的管辖权的主张重叠问题。人们希望北极国家能借助于国际治理体系以和平的方式解决相互间的争议，比如说借助于《联合国海洋法公约》。更加深远的地缘政治影响还是集中于两大趋势：其一，俄罗斯与西方国家的关系发展；其二，中国崛起从亚洲大国走向全球大国的趋势。俄罗斯与西方国家围绕乌克兰命运的冲突不断升级。此事不关乎北极，但这场冲突的确存在着危及北极国际合作的现实危险。现阶段的挑战是如何群策群力将北极从其他地区的冲突中隔离出来，从而保证北极作为一个和平地区的存在。至于中国，问题的焦点不在于涉北极事务的冲突。中国实际上将注意力集中于北极的经济潜能，因此会展现合作者的姿态，体现维护北极和平的意愿。尽管如此，作为一个成长中的全球大国，中国很难让世界轻易地忽视这样一个问题——中国对北极未来的考虑会将如何变化？

对于北极与全球系统之间关系的一个观察重点是，在世界范围内发生之事对今日之北极和未来之北极会产生如何深远的影响。无论从气候变化的影响而论，还是从能源价格的波动和大规模政治板块的移动而论，北极已不再是免受外部世界影响的荒远地带。当然影响是双向的，北极会对全球气候形态产生重大影响，北极的"引爆因子"，如北冰洋中心海冰的消失、格陵兰冰盖的坍塌，都可能导致一场改变整个地球的生态巨变。然而从近期看，全球对北极的影响还是要远远大于北极对全球的影响。这就需要北极域外行为体，尤其是非北极国家应将注意力集中于为北极的未来承担责任而不仅仅是追逐资源和航道利益。非北极国家表达或追求在北极的利益并没有什么错，因为国家利益是构成所有国家在各个地区行为的驱动力。探索一条北极域内外国家相互接触的有效路径十分关键，有助于各国能够在追求利益的同时明确自己的责任，以维持北极的生态物理意义上的和文化意义上的整体性。如果各方都能妥善处置，北极的和平和建设性的合作局面将得以延续，甚至有机会打造一个全新北极。

在北极治理之情形下，理所当然应当建立起有助于北极域内外国家相互接触的路径，域内外国家借此可以就北极未来主要问题开展有益互动。北极理事会及其附属相关组织是处理北极事务重要的高层论坛。但它也不是域外国家参与北极事务的唯一路径。其他路径还包括成员众多的政府间组织、非政府组织和针对特殊问题领域的公私伙伴（public/private partnership）系统和非正式论坛等。这些路径之间并不相互排斥的。正确的做法是通过不同的路径处理不同的问题，采取措施鼓励不同路径的努力共同达成协同的效果，用合作和有效的方式解决复杂问题。

在北极理事会中，非北极国家最终只能获得观察员身份，而且不能直接参与决策。这类限制对非北极国家造成的挫折感是可以理解的。尽管如此，非北极国家不应当忽视北极理事会所提供的机会，如参与工作组项目和理事会场外活动等。由于北极与全球系统的关联性不断加深，一些有影响力的北极国家已经呼吁理事会进行检讨，探索新的议事程序以保证域外国家的声音可以得到有效传达。

一些重要的北极问题显然需要范围更广的政府间国际组织来加以处理。这些国际组织的成员包括了重要的非北极国家。最显著的案例是国际海事组织（IMO）目前正努力促成具有法律约束力的《极地规则》。这个规则覆盖了在极地水域航行的船只从设计、建造到操作的各个环节。商业航行的性质和海洋商贸的新特点，决定了一个能够对北极水域航行起到治理作用的机制必须包括船旗国、港口国和市场国的共同参与。

非政府组织也为域内外国家之间的互动提供了一条路径。成立于 1990 年的国际北极科学委员会（IASC）就是一个显著例子。该委员会目前拥有 22 个成员国，包括 8 个北极国家和 14 个非北极国家的科学院或研究理事会。它帮助各国科学家进入北极开展研究，同时鼓励开展科学外交并使之成为解决一系列北极问题的进步力量。尽管科学在促进北极国际合作方面的作用不似在南极那样凸显，但毫无疑问科学考察的合作无论是以知识支撑的国际合作还是推进科考本身的合作机制来说都至关重要。一些域外国家和超国家组织（包括欧盟）特别重视支持北极科学研究，近年来中国、日本、韩国等几个亚洲成员国对北极科技投入的增加具有重大意义。

公私伙伴正在开始成为北极治理的重要方式，这也为域外国家提供了一个参与北极事务的重要界面。国际海事组织和国际船级社协会（IACS）以及国际主要保险公司共同在北极航运治理机制中发挥作用。国际海事组织负责制定极地航行规则，国际船级社协会为航行船只设定详细的技术标准并为新造船只颁发相应的冰区航行证书，这些证书是船只获得保险所必备的法律材料。各种行为体在这里组成了一个复杂的关联网络，共同塑造北极航行的规范性实践。在这个关联网络中，无论是北极国家还是非北极国家都有充分的机会找到自己的角色。

域外国家的个人也可以通过各种非正式的场合自由地参与北极事务，如北极前沿会议、北太平洋北极会议、北极圈年会和世界经济论坛的专题会议。这些场合当然不会取代那些正式的互动，但这些场合可以让有影响力的关键人物以非正式的方式讨论一些重要议题，并建立起相互信任的关系。这种被称作第二轨道的参与方式，可以比对政策选择的绩效和优劣，同时避免正式场合争论的尴尬，有助于寻求共同立场，避免误解。非北极国家的代表可以借此通过"接触－反应"的过程起到施加影响的作用。

上述参与路径是相互包容的。北极治理需要一种"调合与匹配战略"（the strategy of mixing and matching）来促进那些对单一领域感兴趣者逐步提升认识，参与到一个相互认可的有效治理体系中来，并为此发展作出努力。上述关于北极航运治理的说明就是典型的调合与匹配战略运用的例子。创造性地利用多路径参与方式远比注重单一领域的细节安排要重要得多。

以上分析对中国有着直接且重要的意义。中国在北极具有合法利益，正如中国代表曾经指出的那样，在北冰洋中央海域超出各国管辖区域的部分是国际空间，国际社会的所有成员都可自由出入。在北极与全球联系日益紧密的情况下，中国在关注自身权益、利益的同时，也应重视自己对北极的责任。中国既是全球最大的经济体之一，又是二氧化碳的主要排放国。除了北极理事会这个重要平台外，中国参与北极治理的路径很多，既有国际海事组织中的正式谈判，也有世界经济论坛上的非正式讨论。中国不必执着于单一参与方式，不必尝试着去改造既有机制及其工作方式，而应当采取"调合与匹配战略"，对各种参与路径进行有效组合，取得实质效果。

　　是为序。

奥兰·杨

2014 年 9 月 16 日

于加州大学圣巴巴拉分校

目　录

BEI JI ZHI LI
XIN LUN

第一部分　治理理论和体系探索

第二部分　治理机制和行为体研究

第三部分 领域治理的案例研究

BEI JI ZHI LI
XIN LUN

Contents

Part A The governance theories and systematic studies on the Arctic

Part B Studies on the governance mechanism and the actors

Part C Case study in the sectoral governance

第一部分
治理理论和体系探索

第一章
变化中的北极与北极治理

BEI JI ZHI LI
XIN LUN

　　1900 年之前，北极是如此之大，无论是对于北极国家来说还是世界其他国家来说，那是一个未知的世界。2000 年之前，我们已让北极成为我们的北极。但是现在我相信，在这一世纪，它已经变成全球的北极，每一天我们都在见证这一过程。

　　　　　　　　　——冰岛总统奥拉维尔·格里姆松，2013 年

　　北极是整个地球的健康测量计。我们现在的作用就是为地球的其他地区作预警。我们保护了北极就等于拯救了地球。

　　　　　　——因纽特人北极圈理事会主席谢拉·瓦特—克鲁迪亚，2005 年

　　在人类生存的地球，世界上最大规模的环境状态变化正在北极发生。

　　在未来几十年中，气候的变化将使北极从持续千万年的海洋冰盖变为季节性的无冰海洋，从一个遥不可及的荒原变成一个拥有开阔水域的大洋。北冰洋的改变将创造一个人类从未经历过的自然系

统。其演变之剧烈、发展之迅速，远远超出了人们先前的预计。①
自然环境的这种变化影响的将不只是北极地区，而是整个星球。北极的变化，特别是环境和生态的变化，其影响和后果已经远远超出北极的地理分界线，传递到北极周边地区甚至全球。人类在北极之外的行为也会影响到北极的自然和生态环境。作为依托于自然而生存的人类，在自然变化来临之日，除了不安，还应付诸行动。与此同时，人类需调整自己的生活和生产经验以及社会权力安排来适应新的自然系统，并在不同的认同团体间建立起新的社会治理机制。在变化中寻求环境和经济增长的平衡，寻求利益和持续发展的机会。

极地气候变暖加剧了冰盖的消融。人们在共同应对气候变化的同时，对随之而来的资源开采、航道利用、渔业捕捞和旅游资源的开发备感兴趣。曾几何时，因为北极天寒地冻、人烟稀少，也因为人类的科技水平较为落后，工业发展并没有大规模染指北极。如今，人类不断提升的探测技术已经发现北极蕴藏着丰富的金矿、钻石和其他矿藏，全球18%未开采的石油和30%未开采的天然气也集中于北极地区。气候变暖在数十年内将使得北极海冰在夏季消失，北极航道的商业利用已经提上世界主要航运公司的日程。

与此同时，环绕北冰洋的五个沿岸国家愈发强势地主张它们对北极地区的主权、主权权利以及管辖权。其他的北极国家、当地居民、社会团体以及非北极国家同样也在发表它们对北极治理的观点。在北极变化过程中，北极地区的人民求发展、求生存、求环

---

① 2012年9月北极夏季海冰范围减少再次创历史纪录，达到347万平方公里，而1980年同一月份的海冰范围约为780万平方公里。过去几十年，海冰面积是按照每10年8%的速度缩减。北极地区温度上升、永久冻土层解冻，以及冰川、冰架大面积融化、海冰面积锐减等现象强有力地证明了全球变暖对北极海域产生了重大影响；而北极海域导致的冰层融化将会反作用于全球气候系统，加速引起全球气候变暖。参见 Arctic Council, Arctic Marine Shipping Assessment 2009 Report（AMSA）, http://www.arctic.gov/publications/AMSA_2009_Report_2nd_print.pdf; 参见 Arctic Climate impact assessment, http://www.acia.uaf.edu/PDFs/ACIA_Policy_Document.pdf.

境，各种政治和利益团体也求权利、求资源、求利益。人类社会发展的经验表明，一旦人们充分了解了来自外界风险的信息，并逐渐形成较为一致的看法，那么采取并实施统一的、必要的措施就变为可能。人类社会作为自然界最复杂、最具组织能力的社会系统，一旦因为条件变化而失去平衡，则必然会在吸纳新的因素、考虑新的成本、期待新的收益的基础上，通过社会间的博弈、妥协过程建立新的制度平衡。目前的北极正处在这样一个时期：自然的变化打破了北极的生态平衡，自然的变化所带来的经济机会打破了既有的北极社会平衡，而二者之间的相互影响又打破了自然生态和人类社会之间的平衡。当北极严重的环境和生态问题及经济发展机会同时出现在人们面前时，建立起新的北极治理制度的任务就无法回避了。本书将要展现的就是人类面对北极自然环境和社会环境的变化重建治理制度的过程。

第一节　变化中的北极概念

北极在哪里？范围有多大？这是一个确定而又模糊的概念。当我们讨论北极问题时，有必要讨论一下北极的空间范围，以及相关的主要问题。说北极范围是一个明确的地理概念，那是因为地理学上有一个以地球维度划分的北极圈的概念。根据这个划分，北纬66°33′44″以北地区可以称作"北极地区"。北极地区包括了北极极点附近地区，以及北极圈内的土地和海洋。如果将地缘政治和人类因素包含在内，则可以这样描述，北极地区包括了北冰洋和与之相邻的8个国家的部分领土。这8个国家分别是美国、加拿大、俄罗斯、丹麦（格陵兰）、芬兰、冰岛、挪威和瑞典。以上的划分方法或者体现了地理气候的相邻性，或者包含了基于历史关联和生活传统等文化上的相邻性。基于此，我们说北极地理范围是明确的。

近些年更多关于北极空间范围的定义出现了。这些定义的出现，不是为了挑战北极地理概念的科学性，也不是挑战北极 8 国对其领土和海洋权益的拥有权，而是为了北极具体领域的治理。科学地进行空间划分为领域治理提供了科学实施的空间依托。如在北极渔业的治理区域过程中，划分就是一个"对三维海洋空间进行特殊用途的分析和分配的过程，这一过程有助于政治进程所设定的生态、经济和社会目标共同实现的愿景"。① 科学地划分海洋治理空间将有助于有限资源的合理使用，确保脆弱生态系统的可持续性。合理而科学的空间划分将增进各利益攸关方之间在这一空间的良性互动，这样的互动结果可以平衡人类对经济发展的需求和环境治理之间的矛盾。

北极理事会不同的工作组对于北极的空间划分都有着自己的基于学科和治理需要的定义。北极动植物保护工作组（CAFF）和北极监测与评估工作组（AMAP）就有着不同的定义（如图 1 - 1 所示）。关于北极的空间范围划分还存在着 7 月份 10℃ 等温线（海洋区域则以海水表面温度 5℃ 为等温线基准）以北地区的概念。这一概念反映在植物生长上，就是树木生长区和苔原地带的区分线。

国际海事组织在制定《极地水域航行船舶强制性规则》时，必须对极地的区域概念，也就是规则适用的南极和北极空间范围做一个定义。国际海事组织对北极水域的定义如下：北极水域是指位于由北纬58°、西经42°到北纬63°37′、西经35°27′的连线以北，至北纬67°3′9″、西经26°33′4″的恒向线，随后至斯瓦尔巴德群岛的恒向线，扬马延岛以及由扬马延岛至熊岛的南岸，从熊岛到卡宁诺斯角的一个大圆弧线，从亚洲大陆北部海岸向东到白令海峡，从白令海

---

① Douvere F, Ehler C, New perspectives on sea use management: initial findings from European experience with marine spatial planning, Journal of Environmental Management, 2009, 90: 78.

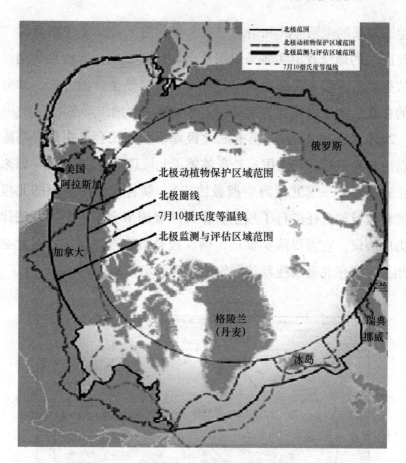

图 1－1　北极范围图

峡向西直到北纬 60°的伊皮尔斯基，然后随着北纬 60°纬线向东，包括埃托林海峡，从北美洲大陆北部海岸向南直到北纬 60°，接着沿北纬 60°纬线向东至西经 56°37′1″，最后至北纬 58°、西经 42°。[1]

　　在国际海事组织制定《极地水域航行船舶强制性规则》过程中，国际地球之友（FOEI）等环境保护组织在规则适用边界划分问题上，提出了基于北极水域动物生态活动圈划分的提案。FOEI 的提案反映的是"生物地区主义"运动的主张，它追求一种主动适应各

---

[1]　IMO, Development of a Mandatory for Ships Operating in Polar Waters: Report of the Intersessional Working Group, SDC1/3, 10 October 2013, p. 8.

种生态要求的生活方式和治理方式。生物地区主义者按照所谓"生物地区"的地缘政治实体来组织社会和订立制度，这种生物地区不是依据政治因素来武断地划定，而是重视自然条件的特征，如分水岭的存在、动植物种群的变迁、土地类型或者地质形态的差异。①

2011年5月12日，第七届北极理事会外长会议在丹麦格陵兰岛首府努克举行，与会国家外长签署了北极理事会成立15年以来首个正式协定——《北极海空搜救协定》，就各成员国承担的北极地区搜救区域和责任进行了规划。作为北极理事会第一个具有法律约束力的协议，它需要落实责任，确保搜救措施得到落实，因此必须对相关国家在北极的搜救范围作出明确划定（图1-2）。

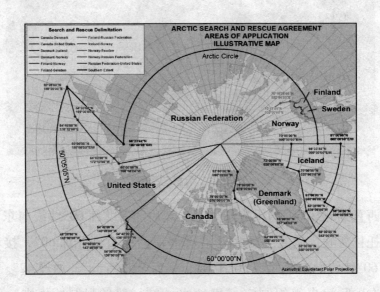

图1-2 北极搜救协定范围图

资料来源：北极门户网站，http://library.arcticportal.org。

---

① ［美］丹尼尔·A.科尔曼著，梅俊杰译：《生态政治：建设一个绿色社会》，上海译文出版社，2006年版，第102页。

图1-2的划分必须考虑所有需要实施搜救的海域和地区，考虑各个国家领土主权和海洋权益区划，考虑相关国家的搜救能力和便利性等方方面面的因素。我们看到，在俄罗斯和挪威沿海一线基本是沿着北极圈划定，而到了北太平洋，搜救区域已经超出北极圈的范围，延展到北纬50°05′05″；加拿大一侧，由于加拿大北极群岛范围大，冰情比较严重，这一区域是按照北纬60°来划定的；到了格陵兰一侧，搜救范围又扩大到北纬58°30′。

为统计海洋渔获量的地理分布，联合国粮农组织（FAO）根据各海域的地理位置、鱼类分布特点及历史上形成的捕捞范围等要素，将世界海洋划分为19个渔区（见图1-3）。其中被命名为北冰洋渔区的第18渔区面积约为733.6万平方公里，仅为整个北冰洋面积（1475万平方公里）的1/2左右。

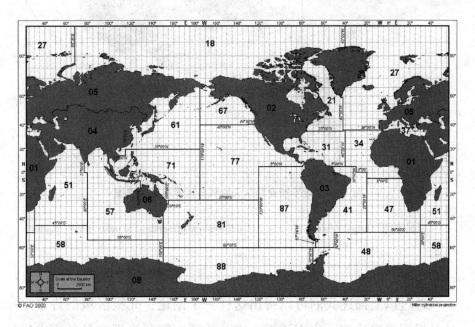

图1-3　世界海洋划分为19个渔区

资料来源：The State of World Fisheries and Aquaculture，2012。

涉及北极资源与市场的关系，空间的涉及范围则更加广阔。如俄罗斯亚马尔半岛的天然气与世界天然气市场的关系，我们从天然气生产商 Novatek 的网站资料可以一目了然。俄罗斯正在亚马尔半岛开发价值270亿美元的液化天然气（LNG）项目，这在政治和经济方面均具有重要的意义。俄罗斯在亚马尔半岛开发的天然气，既可以通过陆地输油管线送往欧洲市场，同时还可以通过液化天然气运输船销往东亚的韩国、日本、中国，南亚的印度，甚至拉美的巴西和阿根廷等。

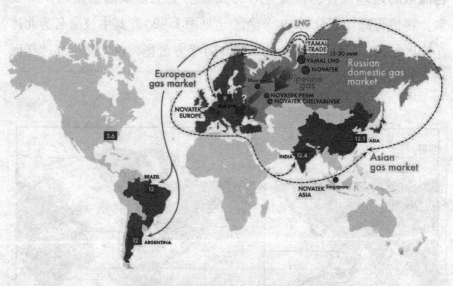

图1-4 俄罗斯亚马尔天然气与世界市场关联图

资料来源：http：//www. novatek. ru/en/investors/presentations/index. php？quarter_5 = 2。

通过以上描述我们可以得出这样一个结论：北极区域的许多划分是根据气候治理、生态治理、渔业治理、航运治理的各种需求确立的，相互之间既相互关联又存在差异。许多划分都超出了北极圈的范围，体现的是治理本身的需要。概括来说，北极的空间范围大致有三种描绘方式：第一种是北极的地理区划地图，它是以地球纬度划分的区域范围，这种划分已经确定。第二种是北极的领域治理地图，是以气候、生态、资源等问题相关性划分的区域地图，这类划分随着北极治理的推进将逐步清晰。这类划分因为考虑的是问题的相关性，其范围大多超出了北极地理区划的范围。第三种是北极地缘经济地图，它反映的是北极资源开发和航道利用所形成的北极社会与世界其他地区经济互动的关联地图。这一类划分更超出了北极地理区划范围，是在经济全球化的背景下超越空间的关联性描绘。

第二节　全球治理理论与北极治理任务

一、全球治理的兴起

北极所面临的自然环境和社会环境的变化是人类所面临的全球问题的缩影。这些跨越边界的问题需要全球各个层级以及各种行为体通过建立有效的国际合作和治理机制才能解决。在北极治理问题呈现在世人面前时，全球治理的理论已经日趋成熟，这为北极的治理及其治理机制的建立提供了理论指导，反过来北极治理的实践也必将为全球治理理论提供新案例和新思路。

英瓦尔·卡尔松等人在《天涯成毗邻——全球治理委员会的报告》中对治理做了这样的描述：治理是各种各样的个人、团体——公共的或个人的——处理其共同事务的总和。这是一个持续的过程，通过这个过程，各种相互冲突和差异的利益渴望得到调和，并采取合作行动。这个过程包括授予公认的团体或权力机关强制执行的权力，以及达成得到人民或团体认为符合他们的利益的协议。① 治理包括四个基本特征：其一，治理不是一整套规则，也不是一种活动，而是一个过程；其二，治理过程的基础不是控制，而是协调；其三，治理既涉及公共部门，也包括私人部门；其四，治理不是一种正式的制度，而是持续的互动。② 蔡拓教授对全球治理的定义做了一个概括，他说：所谓全球治理，是以人类整体论和共同利益论为价值导向的，多元行为体平等对话、协商合作，共同应对全球变革和全球问题的一种新的管理人类公共事务的规则、机制、方法和活动。③ 全球治理所反映的社会管理的趋势性变化包括：其一，从政府转向非政府；其二，从国家转向社会；其三，从领土政治转向非领土政治；其四，从强制性、等级制管理转向平等性、协商性、自愿性和网络化管理；其五，全球治理是要建立一种特殊的政治权威。

治理体现的是一种社会功能，它促使人类行为朝着对社会有益，同时避免危害性结果的集体行动方向发展。治理强调一系列社会需求，包括生产和提供公共产品，避免公共危害，将外部性内化，以及保障人的基本权利等各个方面。在检验一个治理机制是否应时合宜，人们要考察其合法性程度、机制的效率以及目标实现与否，另外还要看当现实需求和条件发生变化时，该治理机制是否具有调整的能力和空间。一个好的治理机制能够经得起时间的考验，能够自行调节和替换那些不再满足变化中的环境所产生的新的需求。因此我们考察一个治理机制必定要从治理的需求出发，完整并深刻地了解需求，要检验形成治理规范的伦理基础和原则，要确立治理的方向，并能及时有效地改进治理的制度。

---

① ［瑞］英瓦尔·卡尔松、［圭］什里达特·兰法尔主编：《天涯成比邻——全球治理委员会的报告》，中国对外翻译出版公司，1995 年版，第 2 页。

② 俞可平：《治理和全球善治引论》，《马克思主义与现实》1999 年第 5 期。

③ 蔡拓：《全球化与政治转型》，北京大学出版社，2007 年版，第 288 页。

治理体现了两类结构上的互动：

一类是困囿于政府结构的、处于不同层面（国际层面、超国家层面、民族国家层面、区域层面）的机制之间权益冲折、政策分享和能力提高的过程。全球治理是多层次的，经由并通过超国家机构、区域机构、跨国部门以及民族国家的政府相互穿插而形成的。全球治理多层级协调的含义是，从地方到全球的多层面中公共权威与私人机构之间一种逐渐演进的政治合作体系，其目的是通过制定和实施全球的或跨国的规范、原则、计划和政策来实现共同的目标和解决共同的问题。另一类结构上的互动是国家行为体、市场力量和公民社会组织相互作用促使某一领域的行为和结果朝着对社会总体持续有益的方向发展的过程。在全球化时代，治理强调了非国家行为体的作用，企业和非政府组织、原住民组织和科学家团体都成为了重要的"利益和责任攸关方"。治理的结构和国家统治结构有很大的不同，就是国家政府部门的行政管理是自上而下的执行方式，而治理强调的是伙伴式的，基于共同意愿和目标的，愿意作出妥协和让渡的合作方式。对治理的过程和形式是否民主，是否体现责任，是否有充分互动都是治理研究的重要方面。

必须强调的是，尽管全球治理是一种多元治理，不存在单独的权力中心，但并不意味着所有参与者的权力是平等的；全球治理体系在结构上是复杂的，它由不同的机构和网络组成，这些机构和网络在功能上相互交叉，权力来源各不相同；在全球治理中，各国政府的作用不是弱化而是得到加强。因为他们是把各类治理主体连接在一起，对国家之外的管制加以合法化的战略中枢。①

---

① 黄新华：《新政治经济学》，上海人民出版社，2008 年版，第 331 页。

二、全球治理的伦理基础

全球治理的理念之所以在当今世界得到较为普遍的认可，究其原因有三大类：其一是世界总体处于和平环境之中，人们感到的对生存和发展的威胁，主要不是外族的入侵，而是许多非传统安全问题，民众对本国政府的单一依赖大大下降；其二是第二次世界大战结束以来，商业化资本主义的迅速扩张，以及人口快速增加和经济增长产生了严重的负面后果；其三是全球气候、环境和生态的变化，以及经济全球化带来的新的跨国问题，使得国家政府已经无法单独解决相关问题。

这些变化使得人们在考虑生存和发展问题时，建立起新的社会伦理，其核心就是可持续发展。可持续发展的基本伦理要素包括：（1）生态持续。可持续发展应当保护和加强自然生态环境系统的生产和更新能力。（2）经济发展。保护生态和环境并不意味着人类放弃经济发展。可持续发展是在保护自然资源的质量和其所提供服务的前提下，使经济发展的净利益增加到最大限度。（3）社会进步。可持续发展是在不超出支持地球的生态系统的承载力的情况下改善人类生活质量，促使人类平等、自由、健康地生活。（4）清洁生产。人类为自己生产所需产品的过程往往是对环境和自然生态造成严重破坏的过程。可持续发展在生产环节就是转向更清洁、更有效的技术，尽可能接近"零排放"或"封闭式"工艺方法，尽可能减少对能源和其他自然资源的消耗。（5）代际公平。可持续发展承认并恪守新的伦理准则，即由于自然资源的有限性，每一代人在实现自身需求时，都不要损害后代人满足需求的条件。[①] 可持续发展带

---

① 蔡拓：《全球化与政治转型》，北京大学出版社，2007 年版，第 131 页。

动了当今世界的价值观和发展伦理的重塑，可持续发展就是要把人类从唯物质主义和人类中心主义中解脱出来，形成广为接受并化为每一个经济主体和社会个体的行为方式，促进人类社会的全面发展。

可持续发展的基本伦理要素逐渐地体现在治理制度中，我们可以从与海洋相关的国际法的演变来证明这种运用和体现。从200海里专属经济区到海洋保护区制度以及现在非常强调的反非法捕捞措施，都反映出相关国际法对上述可持续发展核心要素的吸收。《联合国海洋法公约》中关于200海里专属经济区反映的是不同民族国家之间在海洋资源权益的划分，而国际上出台的各种关于养护监管制度、海洋保护区制度以及反非法捕捞IUU（非法、无报告及不受规范捕捞）的法律（如联合国粮农组织成员国通过的就反对非法捕鱼的《港口国措施协议》，以及欧盟的《反海洋渔业非法捕捞法》）都是有利于渔业的可持续发展，强调收益和成本的代际公平，保护海洋生物种群的长期存续的问题。非法捕捞方式导致渔业资源走向枯竭，造成全球中长期社会和经济发展机会的减少。在海洋的国际治理中，特别生态敏感区的建立也是一个能反映可持续发展基本伦理要素的例证。只要某一个海域在生态上具有独特性或脆弱性，或是某些海洋生物的关键栖息地或产卵地，或具有生态的典型代表意义或多样性，或具有生态机构的依赖性，或具有未受人类入侵的自然原始性，都有条件成为国际特别敏感海域保护区，受到国际社会的保护。

北极治理作为全球治理的一个特殊地区有着特别的指标意义。其资源储备的丰富程度和自然生态环境的高敏感度和高脆弱性使人类必须将发展和生态环境保护紧密相连。人类在北极对可持续发展的实践，也会为人类在其他地区的实践活动带来新的方法、技术和制度。

三、北极治理的任务和三大矛盾

随着气候变化的加剧，北极出现了环境恶化和经济机会反向上升的现象。这一现象推动着北极地缘政治进入一个新的活跃期。其主要表现为：北极治理已成为国际社会的一个重要议程，北极区域政治和治理结构处于快速变化之中；国家的和非国家的行为体在北极和关于北极的政治活动增加，围绕北极治理的责任、义务分担以及北极资源的利益分配呈现较为激烈的政治博弈。概括而言，北极治理存在着三大矛盾，分别是资源开发与环境和生态保护之间的矛盾、北极地区国家利益与人类共同利益之间的矛盾，以及人类在北极活动增加与治理机制相对滞后之间的矛盾。处理并解决好这三大矛盾是北极治理最重要的任务。

（一）资源开发与环境和生态保护之间的矛盾

气候变化增加了北极资源的可开发性。人们在共同应对气候变化的同时，对开发北极能源、航运、渔业以及旅游业的兴趣倍增。北极是一个资源储量极为丰富的地区。① 根据美国国家地质勘探局2008年7月发布的报告称，北极圈以北地区理论上可开采的石油储量和天然气储量，分别占世界剩余天然气的30%和世界未开发石油的13%。随着北极气候升温和海冰变化，北极蕴藏的丰富油气资源和其他矿产资源吸引各国企业进入北极，为大规模开发做

---

① USGS, "Assessment of Undicovered oil and Gas in the Arctic", http：//www. usgs. gov/news-room/article. asp？ ID＝1980&from＝rss＿ home.

先期准备。[①]

另外，随着北冰洋航线无冰期的不断延长，欧洲和东亚国家的商船穿越北极航道的试航成功，预示着北冰洋作为世界重要贸易运输线的前景。[②] 欧洲的一项研究表明，从欧洲鹿特丹到上海的商船如果取道北极北方海航道会比取道苏伊士运河的传统航线，在时间上从 30 天缩减为 14 天，距离上减少约 5000 千米。[③] 航运时间和距离的减少都意味着成本的下降，而且围绕航线建设很可能在北极形成一个世界新的经济带。

开发北极资源和航道将给世界经济带来巨大益处。但伴随着北极气候的变暖和人类在北极商业活动的增加，脆弱的北极正经历着前所未有的生态环境恶化过程，并给该地区原住民的传统社会生态带来冲击。气候变化使得冰川退缩，积雪融化，海冰面积变小厚度变薄，多年冻土层松动的趋势不断扩大。这些变化所引发的反馈机制降低了北冰洋的反照率，吸收了更多的光和热，改变了温室气体源与汇过程，刺激了苔原生态系统的转型。人类活动的增加会加剧

---

① 从 2008 年开始，荷兰皇家壳牌有限公司、雪佛龙公司、康菲公司、挪威国家石油公司（Statoil）、埃克森美孚（Exxon Mobil）以及英国石油公司（BP）等先后加入了北极油气的预备钻探作业。2011 年 8 月，俄罗斯石油公司（Rosneft）与美国能源巨头埃克森美孚公司签署合作协议，共同勘探开发喀拉海海域大陆架北极油气资源，并于 2014 年 9 月底发现大型优质气田。俄罗斯开始实施亚马尔（Yamal）液化天然气项目，准备将来供应东亚地区市场。挪威也是开采北极巴伦支海油气资源的积极者，2012 年 6 月挪威方面宣布对该海域 72 个新区域颁发了油气开采许可。格陵兰、加拿大也是北极矿产资源的重要拥有者，格陵兰拥有丰富的铁、铅、锌、金等矿产，Kvan-nefjeld 地区是世界上最大的稀土矿藏储存地之一。加拿大和美国在波弗特海（Beaufort）附近已经开采石油多年。而且加拿大北极地区是世界第二大的铀矿生产地。（参见 Fridtjof Nansen Institute and DNV, "Arctic Resource Development: Risk and Responsible Management", 2012, pp. 10–11。）

② 北极航运包括了北极内部航运、北极域内港口到域外港口的航运、穿越北极的跨洋航运三类。从目前状况看，北极相关航道主要承担的是夏季北极地区内部的运输，比如说格陵兰沿海航运，加拿大北极群岛航运，以及在巴伦支海附近的俄罗斯和北欧国家之间的航运等，穿越北极连接大西洋和太平洋的航运线路还在形成之中，其中包括连接欧洲和东亚的靠近俄罗斯北冰洋沿海的北方航道（NSR）、连接东亚和北美东海岸的经过加拿大北极群岛的西北航道（NPW）以及穿极航道（TSR）。

③ Hahl, Martti, "What's Next in the Arctic?", in BalticRim Economies: Special Issue on the Future of the Arctic, No. 2, 27 March 2013, p. 3. http://www.utu.fi/fi/yksikot/tse/yksikot/PEI/BRE/Documents/2013/BRE%202-2013%20web.

北极环境和生态的风险。北冰洋航道一旦发生油船泄漏等污染事件，对海洋生态环境将造成难以修复的破坏。海冰若被石油污染就永远无法清除，污染将威胁以大块浮冰为依托的海象、海豹和北极熊的生存。

北极的环境和生态保护不仅在解决北极本身的问题，同时也在解决全球性的问题。北极冰盖的融化会导致海平面的上升，北极苔原冻土的变化会影响温室气体的排放，进而影响全球气候系统。北极发挥着全球气候晴雨表和助推器的功能。因此，北极资源开发和北极自然、社会生态保护之间的矛盾已成为目前北极治理的核心矛盾之一，北极治理机制必须对此作出有效反应。如果北极经济开发不可避免，那么围绕着北极自然条件下的开发技术、管理制度和基础设施就必须满足北极治理的要求。实现以环境和生态不受破坏为前提的经济开发和技术进步成为北极治理的重要内容。针对日益增长的北极油气开发、矿藏开发、捕鱼、航运、旅游和基础设施建设活动，要加强现有的监管制度，建立新的应对机制。同时提高治理的整体性或系统性，建立起基于生态系统的空间规划和管理系统。在气候变化发展的同时要提高社会的适应力。席卷全球的工业化过程给人们生活带来了更多的物质享受，其高能耗的工业系统和生活消费方式成为全球气候变化的重要原因。高能耗的生产方式和物质享受主义的生活方式从长期讲都是不可持续的。北极可以作为人类的新的实验区，人类与自然环境相互支撑，找到一条在脆弱生态环境下实现经济文化发展的道路。

（二）北极地区国家利益与人类共同利益之间的矛盾

利益驱动使得相关国家加速制定北极战略和政策，对北极政治地貌进行有利于自己的划分（remaping），重新调整本国在北极地缘经济和地缘政治版图中的定位（repositioning），对北极政治和治理机制进行有利于自己的重新建构（reconstructing）。① 这些战略举动对北极国家利益与人类共同利益的平衡构成了巨大挑战。

在新的自然环境和地缘经济条件下，北冰洋沿岸国家愈发强势地主张它们对北冰洋的主权、主权权利以及管辖权。2000 年以来，俄罗斯（2001 年）、挪威（2006 年）、冰岛（2009 年）、丹麦（2009 年）等都先后向联合国大陆架界限委员会提出了划定北极海域外大陆架的申请。② 根据《联合国海洋法公约》，大陆架以外的海底区域属于国际海底区域，是全人类的共同财产。北冰洋沿岸国家拓展海洋权利的主张势必压缩北冰洋人类共有区域的面积，进而影响世界其他国家在这一区域的权益。海洋法公约本身是治理全球海洋事务的制度，是治理的工具。但值得注意的是，这一制度也会引发新的权利诉求并激起新的国际争议。

另外一些涉及区域国家利益和人类共同利益相矛盾的现象还包括：围绕西北航道和北方海航道部分区域是属于内水还是"国际海峡"问题，加拿大和俄罗斯与世界主要航运国家存在着水道的法律地位属性之争。③ 北极国家或地区的经济过度发展或以非环保方式发展，可能使当地人民得到发展的实惠，但发展的成本和不良后果，特别是恶化的生态和气候会累及全球。另一个特殊的例子是，部分北极原住民有猎食海豹并出售海豹手工制品的习俗。一些北极国家（如加拿大）以保护原住民社会生态的名义认定这些活动合法，而域外国家（如欧盟成员国）就反对捕杀海豹并禁止海豹制品

① Lassi Heininen, "Arctic Strategies and Policies: Inventory and Comparative Study", Northern Research Forum, August 2011, pp. 67 - 81.

② 《联合国海洋法公约》第 76 条规定："沿海国大陆架在海床上的外部界限的各定点不应超过从测算领海宽度的基线量起 350 海里，或不应超过连接 2500 米深度各点的 2500 米等深线 100 海里。"各国要向联合国大陆架界限委员会提出有效科学证据并获得审议和通过，才能获得联合国海洋法所规定的界限划定和相应的权利。

③ 刘惠荣、董跃：《海洋法视角下的北极法律问题研究》，中国政法大学出版社，2012 年版，第 131—145 页。并参见欧盟报告 European Commission, *Legal aspects of Arctic shipping: Summary Report*, February 2010, No. FISH/2006/09 - LOT2, p. 3.

在欧盟区域内销售，其目的是拯救濒危动物，保护人类所依赖的地球生物链的完整。这一冲突也成了欧盟拒绝加拿大成为正式观察员国的理由之一。①

既然北极治理是一个多层级的治理，北极的气候、环境和生态是全球系统中的一个部分；既然北极可持续发展是在全球化背景下发生发展的，北极问题应当得到全世界的重视，形成全球共识，那么加强北极治理各种行为体之间，特别是域内外国家之间的信任应当成为完成北极治理任务的一个重要基础。未来应当通过特别的机制安排和程序将域外国家和域内国家政府、相关国际组织、北极原著民、其他居民、环保组织、企业等行为体的利益目标协同起来，建立信任和共同愿景。北极问题是在工业化和全球化的背景下发生的，因而无法用将其与全球其他地区隔离起来的方式加以解决。在北极发生的变化恰恰给了世人一个很好的机会，让全球一起行动起来共同面对，探索新的生产方式和生活方式，让各国政府、跨国公司、大型环保组织携手成为北极治理的重要力量。

（三）人类活动增加与北极治理机制相对滞后之间的矛盾

社会治理机制体现的是一个社会系统各构成要素之间围绕治理任务进行相互作用的关系及其功能。良好的机制可以保证在外部条件发生不确定变化时，能自动并迅速作出反应，调整策略并有效投放社会资源，实现社会系统和社会产出的正向发展。随着北极的加速升温、海冰的消融，商业航运、油气开发、矿产开采、捕鱼以及旅游等人类活动将逐渐增多。参与北极活动的行为体包括国家、国际组织、企业、科学家组织、原住民组织、旅行者等。现行的北极

---

① Samantha Dawson, "No Seal, No Deal" petition wants Canada to block EU from Arctic Council, Nunatsiaq on line, April 22, 2013, http://www.nunatsiaqonline.ca/stories/article/65674no_ seal_ no_ deal_ petition_ wants_ canada_ to_ block_ eu_ from_ arctic_ council/。

治理机制未能与新的社会活动现象同步发展，显示出严重的滞后性。

北极理事会是在冷战结束不久后的 1996 年建立的。建立之初它是一个区域性的、议题狭窄的、松散的、论坛性质的治理机构。2009 年世界自然基金会（WWF）对北极理事会治理机制的滞后性和主要缺陷罗列如下：（1）缺乏法律义务的约束；（2）缺少执行机构；（3）参与者有限，特别是对域外国家限制极大；（4）没有常设的独立秘书处；（5）缺乏集中的建设资金。① 这一机制反映了冷战后的北极国家谨慎合作的过程，也反映出北极国家对北极变化及其影响逐渐认识的过程，历史局限性十分明显。虽然近几年北极理事会增设了常设秘书处，在搜救和防污染领域提升了法律义务的约束，但机制的滞后性还十分明显。

北极治理机制的形成是一个历史范畴，它包括了全球层面、区域层面、次区域层面、国家层面和地方层面的各种治理安排。在全球层面有围绕海洋治理和环境治理的《联合国海洋法公约》、《联合国气候变化框架公约（UNFCCC）》、《关于持久性有机污染物的斯德哥尔摩公约》；经济领域还有全球经济治理组织——世界贸易组织（WTO）；在区域层面和次区域层面有北极理事会和巴伦支欧洲—北极地区合作机制、挪威—俄罗斯巴伦支海渔业协定、萨米人议会理事会等许多机制；许多北极国家还设立了内部涉及野生动物保护、原住民权益、绿色开发、环境保护等一系列治理机制。另外，北极的整体治理是要靠各个领域的有效治理来达成。因此除了多层级综合性的治理组织和工具外，一些专门领域的治理部门也基于自己的职责开展涉及北极治理的活动，其中包括一些全球国际组织的

---

① Koivurova & Molenaar, "International Governance and Regulation of the Marine Arctic: Overview and Gap Analysis", A report prepared for the WWF International International Arctic Programme, 2009, p. 35, http://www.wwf.se/source.php/1223579/International% 20Governance% 20and% 20Regulation% 20of% 20the% 20Marine% 20Arctic.pdf.

执行机构和领域管理部门，如国际海事组织（IMO）、世界卫生组织（WHO）、联合国开发计划署（UNDP）、联合国环境规划署（UNEP）以及区域性渔业管理组织和北极理事会的工作组等。除了国家政府和政府间国际组织及其附属机构，在北极治理过程中扮演重要角色的还有很多非政府组织、企业和行业协会，如北极原住民组织、国际北极科学委员会、国际船级社协会、国际海洋考察委员会等。

　　为此，一些北极治理专家认为，面对多层级的北极治理现状，建立起有共识的治理原则十分重要。这些原则既要有助于在地层级的需要，也要符合全球层面对治理的期待。他们列举了6项有助于指导北极治理行动的原则：（1）明确各方利益、权益和责任的原则；（2）多层级、多行为体协同治理的原则；（3）根据形势发展和需求不断形成文件强化制约的原则；（4）最佳知识可获取原则，强调传统知识和科学知识的结合，强调治理结果可监控与评估；（5）整体性和系统化原则，鼓励系统思考和整体规划，重视基于生态的管理、空间规划以及后果的综合评估；（6）应对变化的系统适应力和因地制宜的灵活反应原则。①

　　北极治理机制要想应对自然和社会的快速变化，就应当建立一种全面的、多层级的、高度整合的、能促进区域总体发展并减少负面外部性的、具有支配性的政治和法律安排的机制。这样一个治理机制能够对与社会系统相关的各种自然的和社会的要素信息进行及时收集和评估，能够积累足够可运用的社会资源（有形的和无形的），并通过机制中的内部权力关系和利益关系进行资源配置，对充分信息所反映的问题进行及时的、有针对性的、强制性的治理。

　　北极治理要强化政治机制，要将硬的和软的法律与更多在实践

---

① The Arctic Governance Project, Arctic Governance in an Era of Transformative Change: Critical Questions, Governance Principles, Ways Forward, 14 April 2010, p. 12.

中归纳出的好做法结合起来，建立起一个适应性强的、综合性的北极治理系统。尽快将上述多层级多领域的各种治理组织和工具整合起来，共同努力，形成相互支撑、相互补充的治理机制。虽然北极不可能建立起一个类似南极条约那样的全面和具有法律约束力的条约性治理体系，但是在可预见的未来，人们可以通过努力将目前既已存在的多层级复杂治理安排系统化。在这其中，形成较为一致的北极治理战略和加强北极理事会具有关键性的作用。北极治理战略有助于实现有效的分工合作，弥补原有的治理架构的缺漏。北极理事会功能和权力的加强，能起到为各国国内和国际的决策提供政策框架的作用。随着治理力度的加强，一些新的治理组织和具有指导性、规范性的文件会逐渐形成，来帮助加强北极治理制度上的协调性和领域治理的有效性。

第三节　北极治理制度的演进

一、治理制度的内涵和制度的三个层面

制度是治理必要的内容，也是治理的工具。对于北极这样一个复杂的多层级、多领域的治理体系，制度的发展显得十分重要。没有制度的治理难以整合各种力量达成治理目标，因而是混乱无序的。在治理过程中，制度被认为是"一系列被制定出来的规则、秩序和行为道德、伦理规范，它旨在约束追求主体福利和效用最大化的个体行为"。[①] 瓦尔特·C.尼尔认为，制度是指一种可观察且可遵守的人类事务的安排。制度具有历史范畴，它含有时间和地点的

---

① 道格拉斯·C.诺斯：《经济史中的结构与变迁》，上海三联出版社、上海人民出版社，1994年版，第226页。

特殊性而非一般性。具体而言，制度可以通过三类特征被人们识别：（1）有大量的人类活动，并且这些活动是可见的和易辨认的；（2）存在着许多规则，从而使人类活动具有重复性、稳定性并提供可预测的秩序；（3）存在着大众观念，它对人类活动及各种规则加以解释和评价。[①] 简而言之，制度就是在一个特定社会和特定领域要求其成员共同遵守的办事规程或行动准则，是实现某种功能和特定目标的社会组织乃至整个社会的一系列规范体系，是集体行为控制个体行为的行动。

一个治理体系的制度包括三个层面，即正式约束制度、非正式约束和制度的实施机制。我们在研究北极治理机制和制度时，不能只将注意力集中于形成文件的约束性制度，也应注意在日常生产生活当中基层普遍运用的非正式约束和实施机制。

（一）正式约束制度

正式约束型的制度包括政治规则、经济规则和契约。政治规则定义了政治团体的等级结构以及它的基本决策结构和支配议事日程的明晰特征。因为制度是集体行为控制个体行为的行动，所以正式约束性的制度都会涉及人们在分工中的责任及其相关规定，界定成员行为体可为和不可为的规则。如北极理事会章程就从制度上明确了相关成员国、永久参与方、观察员不同的利益、权益和责任的定位。它同时确定了北极理事会议事的程序、决策权利以及主席国、秘书处的职能和权力等等。这样的政治规则在权力结构上决定了各类参与方在决策和利益分享方面的差别，以及在一个社会组织中的行为规范。

经济规则界定了产权，也就是财产使用并从中获取收入的权

---

① Walter. C. Neale, "Institutions", Journal of Economic Issues, Sept. 1987.

力，以及转让一种资产或资源的能力。当社会人口持续增加，人类对自然资源无休止索取时，原本天然赋予并十分充足的环境就会变成一种稀缺资源。人类不需向大自然支付任何成本的资源利用导致了生产和消费过程中环境外部性问题的产生。著名经济学家科斯提出应通过产权制度的调整，将有害的外部性市场化和内部化。明确产权以实现新的收入流的分割并自觉遵循集体行动的规则。[①] 解决环境问题的有效办法就是通过环境区域的产权明晰，在明晰产权的区域，所有者有对该区域资源的所有权和优先开采权，同时也承担着保护区域环境的责任。产权明晰的安排刺激了产权所有者保护环境的积极性，将有害的外部性进行内部化处理，减缓环境恶化给人们生存和发展带来的压力。适用于北极的《联合国海洋法公约》关于领海、专属经济区、大陆架等区域的划分就是用产权制度解决经济利益划分和环境外部性的典型案例。《联合国海洋法公约》将海域分为内水、领海、毗连区、群岛水域、专属经济区、大陆架、公海、国际海底区域等。不同的海域具有不同的法律地位，沿海国对其管辖权也不同；公约的第十二章在明确主权国家的开采资源的权利前提下；规定了防止、减少和控制海洋环境污染的措施；确立了不将损害或危险或转移或将一种污染转变成另一种污染的义务，规定了对污染的应急计划，对污染危险或影响的监测，以及对各种污染源的识别和相关行为体的具体执行措施等，为保障海洋的环境确立了基本法则。

从社会制度上看，契约是指相关行为体可以通过自由订立协定而为自己创设权利、义务和社会地位的一种社会协议形式。契约可以在双边通过谈判建立，也可以是多边通过协商建立。契约反映了签订契约的各方对相互权力关系的确认，对自身利益在其中得到有

[①]　［美］R. 科斯、A. 阿尔钦、D. 诺斯等著：《财产权利与制度变迁》，上海三联书店、上海人民出版社，1994年版，第298页。

限保护的确认。契约各方承诺履行责任和义务并规范自身行为。例如挪威与俄罗斯两国签订了《挪威—俄罗斯渔业合作协定》，以契约的方式对巴伦支海的所有捕鱼活动确定了更严格的鳕鱼捕捞配额，并进行更严密的监管以减少非法捕鱼。

（二）非正式约束制度

正如前面讨论的那样，一个制度不仅有正式的约束，还有非正式的约束。治理制度中的非正式约束往往被忽视，人们更愿意将注意力放在正式约束性制度上。其实一些正式约束性制度执行不好的一个重要原因就是没有得到非正式约束性制度的支撑，就如同一国法律没有得到普遍认可的道德伦理的支撑一样。非正式约束包括价值信念、伦理规范、道德观念、意识形态等。无论是全球治理还是区域治理，都需要在特定社会中进行伦理价值的倡导和传播，一方面为治理制度的形成扫除障碍，另一方面可减少制度执行过程中的社会成本。全球治理的这些伦理价值在很大程度上应当是超越国家、种族、宗教、经济发展水平之上的共同价值。

非正式的约束对正式的约束在特定的条件下会构成限制，所以在制度变迁中培育主体意识形态非常重要。在正式约束制度形成之前，有关的道德伦理已经开始植根于社会成员的态度之中，这些道德伦理会与先前的文化构成一定程度的冲突。这种伦理和价值观念的变化程度对于制度的公共选择至关重要。在道格拉斯·C.诺斯看来，意识形态对人们行为的影响在某些条件下是决定性的。"当社会个体深信一个制度是非正义的时候，为试图改变这种制度的结构，他们有可能忽略对个人利益的斤斤计较；当社会个体深信习俗、规则和法律是正当的时候，他们就会服从它们。"① 因此对于主

---

① 道格拉斯·C.诺斯：《经济史中的结构与变迁》，上海三联出版社、上海人民出版社，1994年版，第160页。

导制度变迁的行为体来说，提高某种或某类意识形态的一致性程度能够降低政治成本，增加机构和议程的合法性，是维持制度正常运作的重要基础。

在资本主义现代工业开始之后，人类社会对自然界的态度发生了质的变化，将自然界从人类的榜样变成了人类满足自身欲望去索取的对象。为人服务、"人定胜天"和凭借着技术对自然进行过度索取成为发展的不二法则。如今自然界沉默的报复，使现代人反思人与自然的关系，开始从人类中心主义向生态中心主义的价值观过渡。人们开始建立这样的价值观，即地球上物种和生命形式的多样性是自然界和人类社会赖以持续的基础，人类没有权利加以破坏。确立这样的价值观念必定会使北极围绕环境和生态的保护制度得到越来越广泛的支持。

社会中的任何团体都有一套自己的意识形态。因为世界是复杂的，人的理性是有限的。当个人面对错综复杂的世界而无法迅速、准确作出理性判断时，或者现实生活的复杂程度超出理性边界时，个人就会借助于价值观念、伦理规则、道德准则、风俗习惯等相关的意识形态来走捷径。[①] 当人们面对一个复杂的多层级、多行为体的治理制度时，同样会有这样的表现。支持一个社会治理制度与否，人们在盘算利益的同时，会倾向于从道德和价值观上加以判断。因此建立普遍认同的道德和价值观是个人和社会达成协议的一种可以节省时间和交易成本的工具。重视非正式约束，会简化决策过程，大大提高制度在治理中的效率和效果。制度的执行也有赖于非正式约束。要想达到治理的效果，要想使相关组织成员严格规范自己的行为，仅靠政府强制实施和法庭判决执行是远远不够的，更多的部分就要交给非正式约束（如道德伦理和良心发现）去完成。

---

① 黄新华：《新政治经济学》，上海人民出版社，2008 年版，第 200 页。

（三）制度的实施机制

判断一个治理制度是否能实现其原先设定的功能和效果，除了看正式规则、非正式规则外，主要看这个制度的实施机制是否健全。如果没有完备的并得到落实的实施机制，任何治理制度将形同虚设。看一个实施机制是否符合治理目标的要求，有几个重要的考察指标：行为体违约的成本是否足够高；具体落实实施机制的主体在利益和目标上是否与治理制度的指向相一致；监督、取证和惩罚的社会成本是否得到解决等。以下结合北极相关治理来说明实施机制的重要性：

第一，关于违约的成本和遵约的收益。强有力的实施机制将使得违约成本极高，使任何违约行为都变得不合算。以下以海上石油泄漏造成的污染为例来看实施机制的落实。国际海事组织（IMO）的前身——政府间海事协商组织在 20 世纪 60 年代末就通过了《国际干预公海油污事件公约》，公约确立了治理的目标，明确了责任和义务，规定了防止公海油污事件发生的行为规范。但随着形势的发展，国际社会发现只有提高违约者的成本，这些目标才能得到落实。随后《1969 年国际油污损害民事责任公约》出台，确立了对因船舶溢出油类污染而遭受损害者给予赔偿的原则。《公约》规定，只要有关船舶溢出或排放了散装油类并污染了缔约国的领土或领海，其船舶所有人即应对该事件承担损害赔偿责任。为了保证责任落实，公约还作出了油污损害赔偿的诉讼、强制保险与财务保证方面的规定。1971 年又通过了《设立国际油污损害赔偿基金公约》，该公约最大的意义在于赔偿人除了船舶所有人外，也包括了因运输石油而获利的石油公司。这使得石油公司因为违约成本提高而主动协助采取措施，确保公海油污事件责任的落实，减少了污染事件发生的机会。1973 年通过的《国际防止船舶造成污染公约》（International Convention for the Prevention of Pollution from Ships，MARPOL）经过不断修订，将实施机制落实在设计和操作的规程和在技术标准方面。《国际防止船舶造成污染公约》包括 6 个技术性附则：附则Ⅰ——防止油污规则；附则Ⅱ——控制散装有毒液体物质污染规则；附则Ⅲ——防止海运包装形式有害物质污染规则；附则Ⅳ——防止船舶生活污水污染规则；附则Ⅴ——防止船舶垃圾污染规则；附则Ⅵ——防止船舶造成大气污染规则。这些技术性附则使得监测和度量有了依据。

第二，看执行实施机制的主体是否有效，在多大程度上维护制度设定的目标，而不是将自身的利益作为重点衡量因素。实施机制中负责监督和惩罚的行为主体，其工作方向必须与制度设定的目标相一致。在一些双边协议中，比如说俄罗斯、挪威在巴伦支海域渔业协定中，监督违规行为往往是签约的一方对另一方来实施，以防止协定没有得到有效遵守。在一些多边的协定中，往往需要成立专门的监督机构来完成这些任务。在现代治理中，一些环保类的非政府组织扮演了重要的监督者的角色，弥补了治理机构监督力量不足的缺陷。

第三，发现、衡量违约和惩罚违约要花费社会成本，这个成本社会是否能完全承担值得考察。实施机制必须考虑监督的社会成本。为了保护北冰洋海水不受往来船只带来的污染的影响，必须对所有船只进行约束并收集其是否污染和污染程度的事实。在航行成本很高的北极水域，不可能每一艘船只后面都跟随一只环境监测船。成本很高的社会监督是不可持续的。现代技术在很大程度上解决了或正在解决这些问题，以降低监测的成本。比如说，卫星技术的运用、海上浮标的即时监测和记录、硬性规定船只必须装配相关的数据记录仪等，这些技术的运用使得实施机制更加合理有效。

二、推动北极治理制度演进的主要动因

制度属于历史范畴，因此制度的形成和演进会随着时空条件的变化而变化。就其性质而言，制度就是一个社会内部矛盾发展和外部条件变化共同作用形成的规律性和约束性的行为安排。而这些制度的发展本身就是社会的发展。[①] 北极治理制度也是如此。北极治理是嵌入全球治理中的一个区域治理。北极治理制度变化的特点既反映全球治理变化的总体时代特征，也包含着地区的和历史的一些特征。我们考察北极治理制度的变迁就是要反映北极的变化和社会的发展，要从简单分析和理解相关国际法律和治理规则的条文中跳出来，转向追溯和跟踪北极的环境变化、人类活动、规则形成和大众观念的改变，系统研究北极治理制度的整体演进。

北极地区地缘政治的变化、气候环境的变化、北极资源开发所推动的与全球的联系、围绕极地开发和环境保护的科技水平的提升成为促使北极治理制度演进的重要因素。这些新的变化从客观上拓展和提高了治理需求，也提供了新的环境和工具。国际社会必须因应挑战，适应变化，调整制度，并构建北极治理的制度需求和制度供给新的均衡。纵观当代北极治理的发展历史，促成北极治理制度形成和调整的第一个重要变化是冷战结束，北极作为战争运筹空间的地位下降，为相关国家共同治理奠定了政治基础。第二个重要变化是全球气候变化引发的全球关注。全球气候变暖，这种变化引发了自然生态和社会生态的问题，从而明确了北极治理的主要任务，促使相关国家合作进行跨国治理。第三个重要变化是以世界贸易组织为标志的经济全球化。生产要素的全球配置使得北冰洋商用航道

---

① 黄新华：《新政治经济学》，上海人民出版社，2008年版，第156页。

和北极地区资源成为世界经济新的期待。第四个重要的变化，也是正在进行中的变化就是极地科学知识的积累和极地开发技术的成熟，技术的提升将成为北极治理制度变迁的非常重要的推力。

（一）冷战结束使北极治理成为可能

在冷战时期，北极地区是美苏争霸的角逐场。冷战终结为北极地缘战略的权力对峙划上句号，人类的生存与发展所面临的环境问题上升为主要矛盾。单纯的权力政治已经无法解决这些跨越了地缘边界并影响共同利益的问题，因而触发了北极治理的国际合作。

北极地区能从美、苏核对抗的前沿变成今日"共同治理，合作开发"的和平区域，很大程度上要归因于冷战的结束。1987 年苏联领导人戈尔巴乔夫率先提出了"摩尔曼斯克倡议"，其主要内容为：一是建立北欧无核区；二是限制北欧附近海域的海空军活动；三是和平合作开发北极资源；四是合作开展北极科学研究；五是开展北极地区环保合作；六是开通北极航线等。当北极国家不再以战争相威胁，当和平成为北极事务的主旋律，围绕生态环境治理和国际经济合作才成为可能。戈尔巴乔夫的倡议开启了北极在非传统安全领域合作的先河。正是在这样的历史背景下，1991 年 6 月，北极八国签署了《北极环境保护宣言》，并基于此建立起共同的"北极环境保护战略"（AEPS）。该战略提出，北极地区的环境问题需要广泛的合作，建议成员国在北极各种污染数据方面实现共享，共同采取进一步措施控制污染物的流动，减少北极环境污染的消极作用。该战略计划的实施最终导致了北极理事会的成立。在北极环境保护战略之下，北极八国同意设立 4 个工作组，分别是北极监测与评估规划工作组（AMAP）、北极海洋环境保护工作组（PAME）、北极动植物保护工作组（CAFF）和突发事件预防、准备和响应工作组（EPPR）。

虽然冷战已经结束多年，但是维持北极的和平依然是北极治理的重要内容。和平是治理的前提，是国际合作的信任基础。尽管北极目前不存在近期发生军事冲突的可能，但相关国家关于海洋权益和外大陆架管辖权的争议尚未解决。北冰洋中的大国军事装备（如战略轰炸机、核潜艇、导弹、军事雷达网）仍然处于布防状态，保持着高频率的训练。北极国家间的相互信任依然需要各方努力营造和维护。

北极治理是一个多层级、多领域、多行为体参与的治理活动的集合。维持北极的和平不仅仅要防止战争，而且要减少各行为体之间的矛盾冲突，减少合作治理的人为障碍。除了要在北极域内国家之间加强信任外，还要在所有利益攸关方之间加强信任，其中包括北极原住民与其他居民之间的信任，北极各国地方政府与中央（联邦）政府之间的信任，非政府组织、政府、企业之间的信任，以及域内国家与密切相关的域外国家之间的信任。通过有效的制度安排来减少冲突和矛盾，汇集各种力量最终实现对社会总体有益的治理目标和共同愿景。

（二）气候变化推动北极治理制度初步形成

北极地区冰川、冰架大面积融化，海冰面积锐减，永久冻土层解冻，温度上升等都强有力地证明：全球变暖对北极海域产生了重大影响；而北极海域导致的冰层融化将会反作用于全球气候系统，进一步引起全球气候变暖和自然灾害的发生。[①] 这样一个影响着人类生存但又超出一个国家政府能力的气候变化问题召唤着全球治理，更促进了北极治理制度的初步形成。

北极是全球气候预警系统，对全球的气候变化起着举足轻重的

---

① Arctic Climate impact assessment, http：//www.acia.uaf.edu/PDFs/ACIA _ Policy _ Document. pdf, 2004 - 04.

作用。多年之前，北冰洋是地球上唯一的白色海洋，表面的绝大部分终年被海冰覆盖。冰雪覆盖的北极就像一面大镜子，可以反射绝大部分的太阳光照和热量，保持着地球的凉爽。冰面融化，意味着更多的阳光会被吸收，进而加速海水变暖并导致冰层更快地消融。世界自然基金会发布的《北极气候反应：全球性影响》研究报告认为，北极地区的气温升高速度将是地球上其他地区的两倍，这会造成规模惊人的海冰融化，影响到北极及周边地区的大气环流和天气。北极地区的天气变化将造成欧亚大陆和北美地区的气温和降水变化，从而严重影响到这些地区的农业、林业和供水系统。此外，北极的冻土和湿地还储存了大量的碳，数量相当于大气碳含量的两倍。气候变暖，冻土融化，会造成大量的二氧化碳和甲烷的释放。①该报告得出结论，到 2100 年，海平面很可能上升 1 米以上，这一数值是 2007 年政府间气候变化专门委员会预测结果的两倍以上，因为后者并没有将极地大冰原融化的因素考虑在内。这一结论表明，北极海洋和气候的变化，会造成世界许多沿海地区被海水淹没，这种灭顶之灾将直接影响到全球 1/4 的人口。② 这种气候和环境的变化对北极海域的海洋环境、当地原住民的传统文化及生活方式，乃至全球环境、海洋生物资源都将会带来巨大挑战和灾难。

　　这些最紧迫的问题催生了全球性和区域性气候协定和生态环境治理制度的形成，围绕这些问题的各种国际制度逐步得到加强。《联合国气候变化框架公约》、《京都议定书》、《国际捕鲸管制公约》、《濒危野生动植物物种国际贸易公约》、《保护臭氧层维也纳公约》、《1997 年消耗臭氧层物种蒙特利尔议定书》、《生物多样性公约》、《关于持久性有机污染物的斯德哥尔摩公约》等国际公约和议

---

① 气温升高意味着比二氧化碳的破坏性高 20 倍的温室气体冰冻甲烷将会流入大气层中，而这将导致灾难性并无法控制的气候变化。

② Arctic Climate Feedbacks: Global Implications, http://assets. panda. org/downloads/wwf_arctic_ feedbacks_ report. pdf.

定书体现了北极问题全球治理的制度完善。北极气候变化明显影响着全球气候变化的进程，而全球气候变化治理的迫切性引起国际社会对北极治理问题的广泛关注。

（三）经济全球化驱动北极开发，治理问题更加紧迫

以世界贸易组织为标志的全球经济一体化使北极开发具有了全球经济的特征。在全球化时代，世界经济不再只是各国国民经济的简单总合，而是一个新的经济体系。制度的一体化和功能的一体化开始形成。要素流动成为全球化经济的基础。资源、资本、技术、劳力、市场都具有了全球联系的意义。经济全球化在政治领域"有着显而易见的重要影响，它改变了各国内部、各国之间的资源、经济和政治平衡，并要求全球的和区域的管制体制变得更加完善、更加成熟"。① 要素在全球的流动和配置必然要求经济制度的跟进。经济全球化及全球市场关联度的增加，使得任何一个具有要素优势的地区都会不由自主地卷入到世界新的经济体系之中，并受相应经济制度的引导和管束。北极海域开发利用的商业价值，包括海底油气资源的勘探和开发、航道的商业化通航，牵动着全球市场相关要素的配置，进而引发全球经济格局的变化。而这种预期对于世界主要经济体，以及经济全球化的微观主体——跨国公司都具有某种驱动作用。各国围绕该地区海上航道归属、自然资源权利等产生的新一轮北极争夺，则更需要完善相关治理机制才能加以有效解决。经济全球化也会使得域外、域内行为体的经济利益界限日益模糊。资源的需求、航道的开发、货物的运输、资金的投入以及技术的发展会使得北极开发带来的全球性问题显现，治理制度的变化要对此予以回应。

---

① 戴维·赫尔德、安东尼·麦克格鲁：《治理全球化：权力、权威与全球治理》，社会科学文献出版社，2004 年版，第 6 页。

　　人类在北极经济活动的制度除了受制于全球经济制度之外，也必须考虑到北极特殊的自然生态环境的需要。北极经济制度要在贸易公平、贸易便利化的同时约束各种利益攸关方的行为，确保北极经济活动在生态环境得到保护、生产人员的安全和健康得到保障的条件下实施。国际海事组织（IMO）近年来正在制定《极地水域航行船舶强制性规则》（极地规则），该规则将成为规范北极航运行为、保障北极航行安全、保护航行海域环境和生态平衡的最有约束力的法律文件和技术标准。北极理事会分别于 2011 年和 2013 年制定了《北极海空搜救协定》[①]、《北极海洋油污预防和响应协定》[②]两个有法律拘束力的文件，对北极地区的搜救和油污预防处理等问题进行了有效规范，以应对北极航运和资源开发过程中可能出现的船舶事故和溢油问题。目前美国、加拿大等国还在积极运作，争取在近两年内出台关于北极渔业捕捞管理的制度。这些制度是针对北极未来最频繁的经济活动——渔业捕捞、资源开采和贸易航运制定的，对相关行为体都有制约作用。

　　围绕北极经济活动的制度完善，另一个重要的、需要处理的重要问题是：能否在北极经济活动中明确划分域内国家和重要域外国家之间的责任、利益、权益，如何在使域内外国家之间的互动保持一种有重复性、稳定性并可预测的秩序。制度是人的观念的体现，是在特定利益格局下公共选择的结果。作为公共产品的制度，则可能具有排他性，对多数人有益的制度可能对少数人不利，对圈内人有利很可能对圈外者不利。因为制度是根据少数服从多数，或者利

---

①　北极八国均已批准该协定，协定已于 2013 年 1 月 19 生效。协定文本参见：http：// www. arctic-council. org/index. php/en/document-archive/category/20 – main-documents-from-nuuk。

②　截至 2014 年 2 月，俄罗斯、加拿大、芬兰、挪威四国已经批准该协定。协定状况：ht-tp：//www. arctic-council. org/index. php/en/document-archive/category/508 – documents-for-information。协定文本参见：http：//www. arctic-council. org/index. php/en/document-archive/category/425 – main-documents-from-kiruna-ministerial-meeting。

益相关者的相关度形成的。制度的公平性总是相对的。北极国家在制度设计上具有更多的权力，在制定处理北极域内外国家互动的制度方面占据主动地位。广泛纳入非北极国家的深度参与，北极国家会担心利益和权益的流散。拒绝非北极国家的参与，北极国家也担心非成员国依据《联合国海洋法公约》所赋予的基本权益，可以不受其他约束地进入北冰洋。这样反而容易造成域外国家的行为方式与其制度相背离，进而造成北极国家利益的丧失，造成生态和环境灾难，最后还是成为了北极治理的成本。北极国家和北极理事会正在经历着这样一种困境。随着北极国家和非北极国家互动和对话的深入，随着域内外国家对北极治理共识的建立，更加合理完善的制度会逐渐呈现。

简而言之，北极治理的重要功能就在于促进这一地区的可持续发展，并增进全人类的共同福祉。北极资源开发既然能对全球经济带来收益，那么开发所带来的成本和外部性也需要在全球化的条件下加以解决。

（四）北极科技进步将助推北极治理制度的完善

由于北极地区气候严酷，人迹罕至，人类对北极多学科的研究和考察还相对不足，治理所需要的知识还相当缺乏。几乎所有与北极治理相关的报告都强调知识的特殊作用。[①] 我们说北极治理最主要的矛盾之一就是北极人类活动增加与北极治理机制相对滞后的矛盾。制度作为治理最重要的组成部分，它的缺乏与落后，其中一个深层次的原因就是知识的缺乏。知识对于制度的变迁有着决定性的意义。知识积累的有限性会限制制度创新的深度和广度，而知识存

---

① The Arctic Governance Project, Arctic Governance in an Era of Transformative Change: Critical Questions, Governance Principles, Ways Forward, 14 April 2010, p. 16.

量的增加有助于提高人们发现制度不均衡进而改变这种状况的能力。①

　　北极治理制度对相关知识的需求是多方面的。第一类知识的需求是对北极自然环境各类变化的系统化的信息。如气候的变化、冰川的融化、海冰面积的变化、大气中黑炭成分的变化、温室气体的变化、海水成分的变化等影响北极自然生态和社会生态系统的信息。这些利用现代卫星技术、海上测量技术以及科学家的在地测量获得的各种数据，在科学的评估体系中，形成对北极变化不断完善和丰富的知识积累。知识和技术积累的关键性作用在于未来可能发生的非线性、突发性的不可逆转的系统变化发生时，能够提供即时的、持续的观测技术手段。北极理事会的北极监测和评估规划工作组（AMAP）的系列报告，对北极治理议程紧迫性的排序以及北极治理制度的形成发挥着基础性的作用。对于如何建立系统的、科学的、相互支撑的、包含自然变化和社会发展各种数据的评估体系，本书的第四章做了详尽的叙述。

　　北极治理制度的第二类知识需求是关于北极生态和环境保护的知识。最近几年北极各种治理文件的出台在很大程度上得益于关于北极自然生态环境和社会经济系统知识的加速积累。北极动植物保护工作组（CAFF）以及北极海洋环境保护工作组（PAME）的科学发现和知识积累使北极各领域治理建立在准确的科学数据和生态规律的基础之上。这些成就要归功于那些各国科学家和科学家组织的不懈努力。世界自然基金会自1992年开始在北极地区推进环保项目。全球约有5400人投入到基金会的北极项目之中。自然基金会的科学家从顶层框架上有针对性地提出了北极治理规则的系统性和协调性原则，通过研究形成了气候变化对北极熊的影响报告、气候变

_____

① 黄新华：《新政治经济学》，上海人民出版社，2008年版，第188页。

化对北极植物的影响报告、气候变化对北极渔类的影响报告和气候
变化对北极社群影响的报告等，不仅从整体上描绘出北极变暖的图
画，而且从具体地点、具体物种、具体变化机理来揭示整个北极变
化的驱动过程。在生物多样性方面，自然基金会从生态和社会双重
意义的角度对北极保护区域进行了深度评估，重点关注于北极驯
鹿、北极熊、海象和独角鲸等。在描绘出环北极生态系统内在联系
的基础上，为当地政府提供最佳保护区划分和保护措施方案。北极
气候影响评估是 AMAP、CAFF 与和国际北极科学委员会（IASC）
通力合作完成的报告，为北极气候以及环境和生态治理制度的建立
提供了完整的科学基础。

　　第三类知识需求主要来自开发技术的发展。北极不可能成为自
然主题公园，生活在那里的人民需要经济发展机会，需要提高自己
的社会福利。同时作为全球化经济的一部分，北极地区的资源、航
道都会随着气候的变化更紧密地与全球市场连为一体。要实现可持
续的适度发展，要确保开发的速度和规模控制在北极生态系统可以
支持的范围之内，就需要必要的技术创新和生产方式的创新。如
1991 年在荷兰海牙召开的一次国际油气勘探会议上，与会者达成共
识，建立起国际油气勘探和开发的健康、安全、环境管理体系
（HSE 体系），并在全球范围内迅速展开工作。作为一个新型的安全
的环境与健康管理体系，它在北极油气开采过程中的应用成为北极
资源开采的环境保障和安全保障。北极地区是资源和环境脆弱连接
的地区，也是资源的绿色开发技术最容易取得突破性进展的地区。
未来全球北极科技重点之一应当是绿色开发技术的创新。各种科学
监测和探测技术、适合极地环境的工程技术、适合北极冰区的造船
技术和航行技术、冻土地区勘探和开采技术设备的研发都应当成为
技术进步的重点方向。关于脆弱环境下资源利用的技术创新和知识
储备，是北极治理制度完善的技术基础。参与北极活动的相关技术

标准也会随着技术的完善而得到确立。

第四类知识需求是源自北极治理制度建设所需要的信仰系统，也就是非正式的约束部分。治理制度的演进和与之相关的政治和经济安排，都需要社会广泛的接受和支持。所以仅有决策者掌握足够的知识、信息和技术手段是无法实现制度的变迁的。苏珊·斯特兰奇认为，技术变革不是在任何情况下都会改变权力结构。只有在巩固或支持社会可接受的政治和经济安排的基本信仰系统一起发生变化时，技术变革才会改变权力结构。[①] 她试图说明的是，技术变革一定要引起社会经济活动和社会安排的信仰系统发生变化，否则也不能改变社会的权力结构和社会治理制度。知识和技术的积累对于制度建立来说更重要的意义在于：当一个社会中占统治地位的知识体系一旦产生，它就会激发和加速该社会政治经济制度的重新安排。科学发现、技术创新与社会科学知识和教育体系的结合，扩展了知识体系的普及性，进而降低了制度变迁的成本。新知识有一种类似于意识形态的功能，它能够提供一种可供分享的价值和信念。我们在现实生活中看到许多激进的环保组织就是运用新的科学发现和知识体系来推行自己主张的。

跨国的治理制度是维护国际社会正常秩序以及实现人类与自然长期共存的规则体系，包括用以调节国际关系和规范国际秩序的所有跨国性原则、规范、标准、政策、协议及程序等。治理的主体是机制中的各种组织机构，它需要合法性和权威性，需要科学依据和治理工具的支撑，需要社会舆论在价值观和伦理层面进行教育和推广。制度的作用更在于能够最终"化之于民"，体现在所有相关行为体的生产、管理、生活的方方面面。北极国家和其他重要利益攸关方的人民，因为地理位置上的分隔，因为发展阶段的差异和历史

[①] 〔英〕苏珊·斯特兰奇：《国家与市场——国际政治经济学导论》，杨宇光等译，经济科学出版社，1990 年版，第 147 页。

经验的不同，形成了不同的语言、习惯、禁忌和宗教，最终形成了与其他人群相异的信仰系统。在这样一个地域广阔，文化差异巨大的北极地区，只有新的知识才可能对信仰系统进行归一化的重组。它有助于建立起新的道德伦理，以及与之相关的围绕公平、公正的评判标准。它是有助于帮助个人或社会分众与某个特定社会的全体达成协议的、可以节省交易费用的工具，具有确认现行制度合法性或凝结社会共识的功能。

为了向北极治理制度提供支持系统，还需要自然科学与社会科学之间有更多的合作，需要将传统知识与现代科学更好地结合，将经验和信息系统化、知识化。鼓励各国加强对科学研究的投入，加强国际间的学习交流和科技合作，从整体上加强了知识存量的积累，增加了北极治理制度变迁的动力。

第二章

嵌入全球治理的北极区域治理

在北极事务中，地缘政治理论及权力政治的影响始终存在，但是自冷战终结之后，在全球化深入发展和全球治理广泛展开的背景下，治理在北极事务中扮演着日益重要的角色。本节将首先简要介绍地缘政治理论及权力政治在冷战时期北极事务中的主导作用，以及后冷战时期地缘政治理论及权力政治影响的持续及影响力的相对下降。在此基础上，本节将进一步运用比较研究的方式，讨论和辨析后冷战时期北极区域治理的发展，以及北极区域治理的排他性和包容性两种途径，并对嵌入全球治理的包容性北极区域治理做梳理和阐释。

第一节 地缘政治理论在北极事务中的影响

北极地区由主权国家的领土、领海、专属经济区、大陆架和公海等不同法律属性的区域构成，迄今依然存在着复杂的领土和海域划界纠纷。自20世纪初开始，地缘政治理论和权力政治对北极事务的影响十分深刻，其高峰期为20世纪下半叶的冷战时期。随着20世纪末冷战的终结，北极事务进入一个新时期，但是地缘政治理论及权力政治的影响并未完全消失。

所谓地缘政治理论，是指探索分析国家所处的地理环境与国际政治之间关系的理论。它根据各种地理要素和政治格局的地域形式，分析和预测世界或地区范围的战略形势和有关国家之间的权力斗争，以及国家实现国家利益的途径。"地缘政治"（geopolitics）一词由瑞典地理学家 R. 克延伦（Rudolf Kjellén）首先在其 1916 年的《作为生命形态的国家》（*State as a Living Form*）一书中提出，但是有关地缘政治的讨论实际上在 19 世纪末就已经展开，克延伦的老师、德国地理学家 F. 拉采尔（Friedrich Ratzel）在 1897 年所发表的《政治地理学》（*Political Geography*）一书中通过讨论国家所处的地理环境与国家权力扩张之间的关系，提出了著名的"国家有机体学说"和"生存空间论"等地缘政治理论。地缘政治理论从一开始就与国际关系中的强权政治（或权力政治，power politics）关系紧密，因为地缘政治理论的基础就是强调地缘与国家间权力斗争之间的因果关系。不论是美国人 A. T. 马汉（Alfred Thayer Mahan）强调海权对国际政治决定性影响的"海权论"，还是英国人 H. J. 麦金德（Halfard John Mackinder）认为欧亚大陆的心脏地带是国际政治中最重要的战略地区的"陆权论"，或是德国人 K. 豪斯霍弗（Karl Haushofer）为纳粹德国侵略扩张服务的加强版"国家有机体说"和"生存空间论"，以及美国人 N. J. 斯皮克曼（Nicholas John Spykman）所强调的边缘地带至关重要的"陆缘说"等地缘政治理论的各种流派都十分关注和强调国家权力的扩张在地缘政治中的主导地位。

对北极事务影响最为直接的地缘政治理论流派为美籍俄罗斯人亚历山大·德·塞维尔斯基（Alexander de Seversky）的"空权论"。第二次世界大战结束之后，塞维尔斯基这位航空事业的开拓者和发明家，发表了著名的地缘政治"空权论"著作——《制空权：生存的关键》。在该著作中，塞维尔斯基以北极点为中心点绘制出世界的方位角等距离投影图，并且指出欧亚大陆与北美大陆之间最短的空间距离是通过北冰洋的上空，因此，任何大国如果能在北极这一决定性地区获得完全的空中控制权，就能获得对欧亚和北美大陆的控制权，乃至进一步取得全球的军事优势从而称霸世界。① 正是在这一地缘政治理论的"空权论"影响下，在二战后的冷战时期，美国与苏联从争夺世界霸权的目的出发，将北极地区变为相互对抗的最前沿和军备竞赛的战场。

由于以美苏为首的东西方两大对抗集团在北极地区隔洋（北冰洋）相望，双方的战略轰炸机可以最近距离突袭对方，因此双方自冷战爆发起便在北冰洋沿岸建立预警线和拦截线。之后美苏双方又于 20 世纪 60 年代和 70 年代在那里部署了大量的陆基洲际导弹发生场，北极地区由此成为全球洲际导弹布设密度最大的区域。在部署陆基导弹的同时，美苏双方还在北极地区大力开发舰载和机载导弹发射系统，其中最为引人注目的是双方都竭尽全力地发展能在北冰洋厚厚的冰盖下自由航行且可载导弹的核动力潜水艇。由此，北极地区在冷战时期是美苏两个超级大国进行激烈争夺的场所。在冷战高峰时期，美苏双方从各自的地缘战略和地缘政治利益出发，不时地在北极地区耀武扬威，以展示权力尤其是展示军事权力的方式，比如派遣战略轰炸机巡航北极上空，出动核潜艇游弋北极冰层之下等，威慑对方并表明自身对该地区的军事控制力度。

随着冷战的终结，美苏在北极地区的权力争霸成为过去，但是，地缘政治理论和权力政治的影响并未随之而终结。进入 21 世纪，随着后冷战时期全球化的深入发展以及受气候变化的影响，北极地区正经历着深刻变化，而这些变化导致北极和其他地区之间的

---

① Alexander de Seversky, *Air Power: Key to Survival*, Simon and Schuster, 1950.

经济与地缘政治联系日益紧密。① 由于北极的冰融速度因气候变化而不断加快，北极航道的商业化运营前景广阔，加之北极能源矿产储量极其丰富，因此北极寒地正成为"热土"。② 面对这一系列的变化，北极国家，尤其是环北极的大国再度在地缘政治理论和权力政治的影响下，加强了对这一区域的争夺，其手段包括划海圈岛、宣誓主权、加强军事存在等等。

首先，俄罗斯联邦在进入 21 世纪之后不仅在北极地区举行了多次军事演习，并且计划建立"北极部队"。根据俄罗斯所公布的《2020 年前及更长期的俄罗斯联邦北极国家政策原则》，俄罗斯将"在军事安全领域，为了保护俄属北极地区的主权不受侵害和领土领海的完整，其主要任务应该是：成立能在各种军事政治形势条件下确保军事安全的常规部队集群、其他部（分）队、军事组织和机构（主要指边防机构）；优化俄属北极地区的态势感知监控体系，强化边防检查站的监督职能，在位于北极地区的行政区实施边境区制度，并对'北方海航道'（即北冰洋西伯利亚沿岸的东北航道俄罗斯部分）上的各个河口和三角湾实施有效监控；俄北极地区的边防部队将根据受威胁的等级和面临的挑战遂行各项战斗任务"。③ 从 2005 年开始，俄罗斯加强了在北极相应海域的科学考察，并且在 2007 年 8 月的科学考察中，在北冰洋底插上了一面钛合金制造的俄罗斯联邦国旗以宣示对这一海域的主权，充分体现了俄罗斯试图通过传统的权力政治途径解决北极问题的意愿。

其次，加拿大在北极问题上也深受地缘政治理论与权力政治的

---

① "Arctic Governance in an Era of Transformative Change: Critical Questions, Governance Principles, Ways Forward", Report of the Arctic Governance Project, 14 April 2010, http://arcticgovernance. custompublish. com/arctic-governance-in-an-era-of-transformative-change-critical-questions-governance-principles-ways-forward. 4774756 – 156783. html.

② 《北极寒地正成为"热土"》，《人民日报》2011 年 5 月 13 日。

③ "俄公布 2020 年及更远未来在北极的国家政策原则"，http://www. china. com. cn/military/txt/2011 – 04/28/content_ 22459573. htm.

影响。早在 1907 年加拿大就首先提出北极地区领土和海域划分的"扇形原则"（sector principle），即在加拿大的北冰洋海岸线的东、西两端，向北极点延伸形成了两条线，以海岸线作为一个面，形成了一个扇形面积。这个扇形面积包括海域、陆地，而在这一扇形区域里的海域都属于加拿大的领土。虽然由于加拿大加入了《联合国海洋法公约》，而"扇形原则"显然与该公约的规定不相符合，因此加拿大目前已经不再公开提及此"原则"，但是，加拿大在冷战终结之后，特别是在 21 世纪里依然积极通过各种方式，主张将北极地区的部分岛屿和海域划归自己的主权管辖范围，并且不断扩大在北极地区的军事存在，同时力图垄断北冰洋加拿大沿岸的"西北航道"。2007 年 8 月份，加拿大总理哈珀宣布了北极地区扩军政策，包括更新军事训练措施、扩充武装巡逻部队、建立深水军港等。

最后，北极区域内的另一大国美国在传统上就始终坚持运用超强的军事力量，坚定地维护自身在北极地区的战略优势。冷战终结后美国依然强调北极对其自身的地缘战略意义，并在 1994 年出台了相关的北极政策文件。2009 年 1 月 9 日美国政府颁布《国家安全及国土安全总统指令》取代该文件，并且明确宣布美国是一个"北极国家"，在北极地区有着广泛而重要的国家利益，其中航海自由被置于"最优先"的地位，美国坚持西北航道和东北航道属于国际航道，美国船只有权过境通行。同时，该文件还强调美国在北极地区拥有广泛且根本的国家安全利益，这包括导弹防御和预警、战略海上补给、战略威慑、海事活动及海事安全所需的海上部署及空中系统、确保航海及飞越领空的自由等。美国准备独自或与他国合作捍卫这些利益。①

① "美海军北极路线图曝光：明确海军行动要分三步走"，中国网，http://www.china.com.cn/military/txt/2010-09/28/content_21026900.htm。

然而，毕竟后冷战时期的国际环境与冷战时期大不相同了，地缘政治理论与权力政治在北极事务中的影响力明显地下降，其具体表现为：（1）与地缘政治和权力政治关系紧密的北极划界扇形理论明显式微，而联合国海洋法公约在处理北极事务中的权威则不断提高；（2）在北极地区炫耀强权的做法遭到普遍的否定，不仅俄罗斯的插旗行动受到批评，加拿大的某些单边行动也被非议；（3）北极地区非传统安全问题凸显，以地缘政治理论为依据，依靠传统的强权政治已无法有效应对诸如北极环境、气候变化、生态平衡、物种保护等问题；（4）随着冷战的终结，北极区域的其他国家挪威、丹麦、冰岛、瑞典和芬兰对北极事务的影响力激增，并且均更倾向于通过和平与合作的方式来解决北极的争端。正因为如此，自冷战终结之后，一种新型的处理北极事务的方式——区域治理逐渐成为主流，尽管地缘政治理论的影响与权力政治的作用并没有退出北极的国际政治舞台。

第二节　区域治理逐渐成为处理北极事务的主流

在北极事务中，与地缘政治及权力政治理论与方式相对应的是区域和全球治理理论与方式。与权力政治及地缘政治理论相比较，有关治理的理论显得十分"年轻"，它基本上是冷战终结之后发生和发展起来的有关国际政治的理论。根据冷战终结之后的 20 世纪 90 年代初建立的全球治理委员会的说法："治理是各种各样的个人、团体——公共的或个人的——处理其共同事务的总和。这是一个持续的过程。通过这一过程，各种相互冲突和不同的利益可望得到调和并采取合作行动。这个过程包括授予公认的团体或权力机关强制执行的权力以及达成得到人民或团体同意或者认为符合他们的利益的协议。"① 对治理更为学理化的分析是："治理是一项将人类行为引向集体行动的社会功能，这样的集体行动能导致对社会有利无害的结局。人类建立治理体系是为了解决一系列社会需求。这些需求包括提供公共物品（比如提供安全保障），避免公害物品（例如防止危险的气候变化或大型海洋生态系统退化），外部效应内部化（比如防止跨边界污染物的扩散，避免石油泄漏对环境的影响），人权保护（例如加强土著人民的自决权）。"②

很明显，在世界各不同的区域，其中包括北极地区实行区域治理是与在区域中强调地缘政治以及推行权力政治有明显区别的。首先，区域治理所强调的是区域内的主要行为体国家注重与其他国家平等合作、集体行动、共同处理区域内的各项事务，而不是根据自己的地缘优势（或劣势）运用自身的权力扩展自己的势力或通过合纵连横以达到自己利益的最大化。其次，区域治理注重区域内的多种单元的合作，其中包括国家与非国家行为体如区域内的非政府组织、私人公司等合作和互动，而不是像地缘政治和权力政治所强调的那样，仅仅注重区域内单一单元国家的绝对作用。再次，区域治理强调的是多边协调，其中特别注重合作机制和国际制度的作用，而不是走地缘政治理论所坚持的权力至上、单边为主，且否认国际制度主导性的国际政治道路。最后，区域治理以人为本而不是以强权为本。正因为如此，区域治理往往通过区域内不同行为体之间多边的集体行动与合作，借助合作机制和国际制度为本区域提供公共物品，避免公共有害品，从而最大限度地保障本区域人们的福祉而不是最大限度地扩展本区域国家的权力和上演国家间的权力平衡大戏。

---

① The Commission on Global Governance, *Our Global Neighbourhood—The Report of the Commission on Global Governance*, Oxford University Press, 1995, pp. 2 – 3.

② Oran Young, Arctic Governance in an Era of Transformative Change: Critical Questions, Governance Principles, Ways Forward", Report of the Arctic Governance Project.

其实，在很大的程度上，即便在地缘政治理论和权力政治主导着北极事务的时期，北极区域内的国家就已经开始形成一系列类似于治理的方式或途径，即运用合作机制通过多边或双边的协调来处理北极事务，虽然这些方式和途径在当时并未成为主流。签订于1920年的《挪威、美国、丹麦、西班牙、法国、意大利、日本、荷兰、英国及爱尔兰和英国海外领地、瑞典于1920年2月9日在巴黎签订的有关斯匹次卑尔根的条约》（简称为《斯匹次卑尔根群岛条约》或《斯瓦尔巴德条约》）① 可以被视为北极区域治理的先驱。该条约开宗明义地指出："希望在承认挪威对斯匹次卑尔根群岛，包括熊岛拥有主权的同时，在该地区建立一种公平制度，以保证对该地区的开发与和平利用。"在此前提下，"缔约国保证根据本条约规定承认挪威对斯匹次卑尔根群岛和熊岛拥有充分和完全的主权，其中包括位于东经10°至35°之间、北纬74°至81°之间的所有岛屿，特别是西斯匹次卑尔根群岛、东北地岛、巴伦支岛和查理岛以及所有附属的大小岛屿和暗礁"。而"缔约国国民，不论出于什么原因或目的，均应享有平等自由进出该地域的水域、峡湾和港口从事一切海洋、工业、矿业和商业活动"。与此同时，"在不损害挪威加入国际联盟所产生的权利和义务情况下，挪威保证在第一条所指的地域不建立也不允许建立任何海军基地，并保证不在该地域建立任何

---

① 该条约的英语全称为"Treaty between Norway, The United States of America, Denmark, Spain, France, Italy, Japan, the Netherlands, Great Britain and Ireland and the British overseas Dominions and Sweden concerning Spitsbergen signed in Paris 9 February 1920"，传统上该条约所涉及的群岛称为斯匹次卑尔根群岛（Archipelago of Spitsbergen），因此该条约当时又简称为《斯匹次卑尔根群岛条约》。从1920年开始，挪威将这片群岛重新命名为斯瓦尔巴德群岛（Archipelago of Svalbard），并将原来称为西斯匹次卑尔根（West Spitsbergen）的主岛改称为斯匹次卑尔根岛（Spitsbergen Island），从此开始该条约又简称为《斯瓦尔巴德条约》（Spitsbergen Treaty）。

防御工事。该地域决不能用于军事目的"。① 1925 年 8 月 14 日所有最初签订《斯匹次卑尔根群岛条约》的国家全部批准该条约（日本为最后一个批准国），条约由此生效。中国、苏联、德国、芬兰、西班牙等国也在 1925 年之前加入《斯匹次卑尔根群岛条约》，之后则又有一些国家加入，迄今共有 41 个国家参加该条约。

《斯匹次卑尔根群岛条约》使得斯瓦尔巴德群岛成为北极地区第一个，也是唯一的一个非军事区，这无疑给该地区的治理创造了有利的条件，因为根据条约该地区永远不得为战争的目的所利用。同时，通过承认挪威对斯瓦尔巴德群岛具有充分和完全的主权，但各缔约国的公民则可以自由进入，从事正当的生产、商业和科学考察活动，该条约用国际法的方式既保证挪威具有维护该地区安全和秩序的权威，同时又给予签约各方平等利用群岛自然资源的机会，并且鼓励在岛上进行科学研究并建立公平的管理体制。很显然，《斯匹次卑尔根群岛条约》的签订与实施，为两次世界大战之间和冷战期间充满地缘竞争和强权政治的北极区域创造出一小方多边合作的天地，为之后的北极区域治理开了先河。除了《斯匹次卑尔根条约》之外，20 世纪 70 年代，挪威和俄罗斯所实行的巴伦支海渔业联合管理制度（该制度具有平行监测和执法程序），以及 1987 年加拿大和美国签订协议建立共同管理制度就有关驯鹿群的迁徙提出管理建议等，也都是某种运用治理的方式通过合作的途径处理北极事务的尝试。

然而，实际上直至冷战终结后区域治理才逐渐地成为处理北极事务的主流，其中最为主要的表现就是由《北极环境保护战略》（AEPS）多边协议发展而形成北极理事会，以及北极理事会在北极

① "Treaty between Norway, The United States of America, Denmark, Spain, France, Italy, Japan, the Netherlands, Great Britain and Ireland and the British overseas Dominions and Sweden concerning Spitsbergen signed in Paris 9 February 1920", Article 1; Article 2; Article 9 etc. http://www.lovdata.no/traktater/texte/tre－19200209－001.html.

区域治理中发挥越来越重要的作用。冷战行将终结之时的 1989 年，在芬兰政府的倡导下，北极 8 国——加拿大、丹麦、芬兰、冰岛、挪威、瑞典、苏联和美国的代表在芬兰的罗湾尼米（Rovaniemi）就保护北极地区的生态环境问题举行会议，决定成立两个相关的工作小组。之后，1990 年 4 月在加拿大的耶罗奈夫（Yellowknife），8 国代表再度举行工作会议决定准备起草北极环境保护的战略文件。1991 年 1 月，8 国代表在瑞典的克鲁纳（Kiruna）举行第三次会议，拟定了旨在促进北极环境保护的多边协议——《北极环境保护战略》。当年 6 月，环北极 8 国均接受和签署该多边协议，共同协调处理北极地区自然环境的监督、评估、保护以及紧急事务的应对和反应。虽然该协议不是一项具有法律拘束力的国际法文本，但是它对北极事务影响重大，被称为冷战终结后的主要政治成果，因为该协议的签署在很大程度上标志着北极区域事务由地缘政治和权力政治的主导向区域治理与合作方向转化。

　　1993 年《北极环境保护战略》协议参与国在格陵兰的努克（Nuuk）举行部长级会议，将该协议的内容从北极区域的环境保护扩展至可持续发展，并且发表了《努克宣言》，进一步促进北极 8 国之间的多边合作与参与北极治理。在此基础上，1996 年在加拿大伊努维克（Inuvik），《北极环境保护战略》签字国再度举行会议，并且通过《伊努维克宣言》，为进一步的机制性合作做准备。同年 9 月 19 日，北极 8 国共同发表《渥太华宣言》，决定成立北极理事会，并且决定北极理事会不仅由签署《北极环境保护战略》协议的 8 国——加拿大、丹麦、芬兰、冰岛、挪威、俄罗斯、瑞典和美国政府组成，而且北极区域的原住民非政府组织也可以申请加入成为永久成员。萨米理事会、因纽特人北极圈理事会、俄罗斯北方土著人民协会在北极理事会成立之初就正式加入成为永久成员，之后阿留申人国际协会、哥威迅国际理事会、北极阿萨巴斯卡人理事会也相继加入北极理事会。此外，至2013年5月之前，有6个北极域外国家为北极理事会永久观察员国，它们是法国、德国、荷兰、波兰、西班牙和英国。2013年5月15日中国、印度、意大利、日本、韩国和新加坡从临时观察员过成为正式观察员国。国际红十字会和红新月会、联合国环境署、联合国开发计划署等9个国际政府间组织，以及海洋保护咨询委员会、北极文化之门、世界自然基金会北极规划小组等11个国际非政府组织也都是北极理事会的正式观察员地位。欧洲联盟曾数次申请成为北极理事会的正式观察员，但由于欧盟的禁止猎杀海豹等环境保护政策与北极理事会的某些成员国和原住民非政府组织的立场并不一致，因此迄今尚未成为正式观察员而仅仅保持非正式观察员地位。由此，北极理事会成为一多边的由政府与非政府、国家与非国家行为体共同参与北极区域治理的国际机制。

虽然北极理事会在成立之初并非严格意义上的区域性国际组织，而是一相对比较松散的类似国际"论坛"性质的合作机制，但是，它从一开始就具有相当明确的目标——实施北极区域治理：其一为促进北极事务合作，特别是可持续发展和环境保护；其二为协调已经建立的北极环境保护战略计划，1997年原先的《北极环境保护战略》协议各方在挪威阿尔塔（Alta）举行最后一次会议后，该协议的各项环境保护事务完全并入北极理事会；其三为协调北极区域的可持续发展计划，即在《努克宣言》所提出的一系列北极区域社会与经济的可持续发展战略基础上，进一步加强北极理事会各成员之间在这方面的有效合作；其四为传播和促进与北极事务相关的信息和教育。不仅如此，北极理事会在经历了一系列发展之后，于2011年5月在丹麦格陵兰岛首府努克举行的第七届外长会议上签署了首个具有法律约束力的正式协议《北极海空搜救协定》（Agreement on Cooperation on Aeronautical and Maritime Search and Rescue in the Arctic)，并且各成员国外长一致决定在挪威北部城市特罗姆瑟（Tromso）设立北极理事会秘书处。2013 年 5 月在瑞典北部城市基律纳召开的北极理事会第八届部长级会议上又签署了第二个具有法律约束力的正式协议《北极海洋油污预防和响应合作协定》（Agreement on Cooperation on Marine Oil Pollution，Preparedness and Response in the Arctic）。这一切意味着北极理事会基本上已经成为一个正式的区域性国际组织。① 由此可见，北极理事会的成立及其发展明显地体现出后冷战时期区域治理在北极事务中渐成大势。然而，尽管如此，在北极区域治理的发展中却明显地存在着排他性的区域治理，以及具有包容性的嵌入全球治理的区域治理两种途径，对此我们需要做进一步的研究与分析。

第三节　排他性的北极区域治理

　　虽然北极区域治理在冷战终结之后的北极事务中逐渐地成为主流，但是地缘政治理论和强权政治的影响在北极国家中尤其是在北极的大国中的影响依然存在，这不仅表现在前述我们已经分析过的诸如俄罗斯、加拿大、美国等北极大国的划海圈岛、宣誓主权、加强军事存在等等行为之中，而且还表现在相当部分的环北极国家将北极区域治理视为一种排他的、仅由北极区域各国参与的治理行为。具体而言，排他性的北极区域治理有如下几个方面的表现。

　　首先，希望北极区域治理可以借鉴《南极条约》模式，实行排除联合国等全球性国际组织和国际机制的排他性区域治理。比如北

---

　　① 国际组织的特征之一是设有常设性的机构，有具体的运作机制。北极理事会在设立秘书处之前，更像一个国际会议，而不是一个正式的国际组织。参见邵津：《国际法》，北京大学出版社、高等教育出版社，2000 年版，第 227 页。

极区域内有关国家的学者提出，北极问题的决策程序应当"区域化"，即北极问题主要由北极国家及相关的组织来进行决策。[1] 并且认为处理北极事务的治理行为可以借鉴《南极条约》模式。[2] 众所周知，所谓《南极条约》模式是指在南极事务上通过《南极条约》所建立起来的一整套的南极区域国际合作机制，该合作机制是一个比较典型的排他性的区域性治理机构，因为《南极条约》组织（Antarctic Treaty Organization）对联合国在南极事务上的介入一直存有戒心，始终游离于联合国等全球性的国际组织和国际机制之外，拒绝与联合国所属的国际机构合作，并阻挠其他国际组织所实施的涉及南极的计划。例如，在关于核设施和核技术应用的资料交换中，专门排除国际原子能协会；在进行航空运输系统合作时，故意不提国际民用航空组织；在进行生物资源调查时，又避开了联合国粮农组织；关于船舶油污染问题，虽然参照执行国际海事组织框架下的国际协议，却又不与该组织打交道等等。由此可见，所谓北极区域治理要借鉴《南极条约》模式，就是希望将北极事务与全球事务相切割，使北极区域治理成为仅限于域内国家的事务。

其次，强调加强北极理事会作用，尽可能少地将北极治理事务与全球治理事务相互联系，并且最大限度地排除域外国家和国际组织的影响。虽然北极理事会的8个成员国都承认在处理北极事务、解决北极区域的诸如气候变化、海洋事务、航道管理等问题方面全球治理机制，特别是联合国具有重要的影响，但是，在具体实施北极区域治理的过程中往往尽可能地通过北极理事会在北极地区划定"势力范围"，巩固并扩大北极区域内8国的既得利益，进而缩小联合国等全球治理机制的影响，限制域外其他国家和非国家行为体对

---

① 何奇松：《气候变化与北极地缘政治博弈》，《外交评论》2010 年第 5 期，第 116 页。
② 参见程保志：《刍议北极治理机制的建构与中国权益》，《当代世界》2010 年底 10 期；张磊：《国际法视野中的南北极主权争端》，《学术界》2010 年第 5 期；何奇松：《气候变化与北极地缘政治博弈》，《外交评论》2010 年第 5 期等文章的讨论。

北极问题的参与。其具体的做法就是加强北极理事会的作用，重新界定并进一步扩大北极理事会的职能，使北极理事会的议题包括安全、卫生、教育等各种事项；重申北极理事会作为北极治理政策制定的主要论坛，突出北极理事会作为北极治理的管理者（steward-ship）的地位等。① 与此同时，在接纳北极理事会的正式观察员问题上采取最大限度的限制手段。比如加拿大在 2009 年否决了欧盟要求成为北极理事会正式观察员身份的申请。2011 年 5 月，北极理事会外长级会议在格陵兰首府努克召开，理事会的正式成员国声称在北极事务上它们拥有"特权"，并要求希望成为"北极理事会"观察员的国家必须首先承认理事会成员国对北极地区拥有主权，且观察员国家和国际组织的权利限制在只能参与科学研究或是某些项目的财政资助等。"美国之音"等西方媒体认为，俄、美等国不想让中国、印度和韩国参与分享北极。②

最后，北极圈内拥有领土的 5 个主要国家挪威、丹麦、美国、加拿大和俄罗斯希望通过 5 国紧密合作，即通过 5 国之间的"内部协商，外部排他"的模式来处理北极事务，其中包括北极领土和权益问题以及进行北极区域治理。2008 年 5 月 27—29 日，丹麦外交大臣佩·斯蒂格·穆勒（Per Stig Moller）和格陵兰岛总理汉斯·恩努克森（Hans Enoksen）共同作为东道主在格陵兰岛伊卢利萨特（Ilulissat）邀请北极圈内的北冰洋沿岸国俄罗斯、挪威、加拿大和美国的代表参加部长级会议，俄罗斯外交部长拉夫罗夫（Sergey Lavrov）、挪威外交部长尤纳斯·伽尔·斯托尔（Jonas Gahr Store）、加拿大自然资源部长佳里·伦（Gary Lunn）、美国副国务卿约翰·

① "Arctic Governance in an Era of Transformative Change: Critical Questions, Governance Principles, Ways Forward", Report of the Arctic Governance Project (14 April 2010), http://www.arcticgovernance.org/.

② "北冰洋八国不愿中国分享北极 千方百计阻止中方插手"，《环球时报》2011 年 5 月 7 日。

内格罗彭特（John Negroponte）出席会议。会议主要讨论北冰洋问题、北极区域的气候变化和海洋环境保护问题、航海安全和新航路一旦开辟之后的海事搜救责任问题等。与会各方共同发表了《伊卢利萨特宣言》，宣称5国将承诺共同保护北极环境，并加强包括科研在内的在北冰洋地区的合作，并且指出，应按照现有的国际法，主要是《联合国海洋法公约》来解决北极领土纠纷以及划定各国在北极的外大陆架界限，并且同意通过科学研究提供证据来决定北极的主权问题。但是，该宣言明确地提出"我们认为没有必要再发展新的全面管理北冰洋的国际机制"。① 更为重要的是，伊卢利萨特会议根本没有邀请北极理事会的另三个成员国——芬兰、瑞典和冰岛参加，也没有请北极区域的原住民非政府组织参与，因此《伊卢利萨特宣言》成为更为排他的小范围治理举措，很自然地引起了芬兰、冰岛以及瑞典等北极理事会其他正式成员国的愤怒，北极区域的原住民非政府组织对此也感到十分不满。

　　毫无疑问，排他性的北极区域治理无论是《南极条约》模式，还是北极理事会8国模式，或是北冰洋5国模式，都既与地缘政治理论以及权力政治有很大的不同，却又有着相当程度的关联。首先，排他性的北极区域治理强调北极国家在北极区域治理中的地缘优越性，将北极地缘与北极区域治理绑定而排斥域外行为体的参与；其次，排他性的北极区域治理虽然不再以强权政治和权力平衡为主导，但是依然强调国家权力在区域治理中的重要作用，并且尽可能地排斥全球治理对北极区域治理的作用和影响；最后，排他性的北极区域治理虽然也已经注意到非国家行为体在治理过程中的地位和作用，但是，在具体的治理过程中往往还是强调以国家为中心的治理模式，有意无意地将非国家行为体在区域治理过程中边缘

---

① THE ILULISSAT DECLARATION.

化。正是因为排他性的北极区域治理与地缘政治和权力政治具有相当的关联度，因此它易于割裂北极的区域治理与全球治理之间的有机联系而影响治理的实效。然而，北极的区域治理毕竟是在冷战终结之后全球治理形成和发展的大背景下展开的，因而即便参与北极区域治理的国家，尤其是北冰洋国家主观上倾向于排他性的北极区域治理，但是在客观上具有包容性的嵌入全球治理的北极区域治理也同时形成和发展起来。

第四节　嵌入全球治理的包容性北极治理

全球治理是指在全球化环境中，从全球、区域、国家到地方层次所形成并得到承认的一系列原则、规范、规则和过程，这些原则、规范、规则和过程能提供值得接受的公共行为标准和集体行动，并随之能充分地提供社会行为的一致性。这样的治理过程，不一定完全由政府来实施，国际组织、私人企业、企业联合会、非政府组织、非政府组织联合会等都会参与其中。简言之，全球治理是多层面和多行为体应对全球性问题、处理全球性和区域性事务的集体行动。

实际上，虽然北极区域内的国家不论是 8 国还是 5 国都不同程度地倾向排他性的北极区域治理，但是，在客观上冷战终结后的北极区域治理很难与全球治理相互切割。其具体的原因如下：

第一，北极区域治理的对象与全球性问题紧密相关。比如北极区域的环境变化与地球其他区域的变化息息相关，无论是北极的融冰还是北极区域各种重要的环境变化都不仅影响北极区域的生态系统、生物资源乃至人类生活，而且进一步扩散影响至北半球乃至全球的生态系统和人类的经济活动，因此只有将北极地区的气候、生态治理与全球气候变化与生态环境治理联系在一起才能有效地解决北极地区这方面的问题，并且才能降低北极区域生态、环境系统的恶化对北半球乃至全球的负面影响。再比如北极区域因气候变化而出现的新航道商业利用实际上与国际航运体系的全球化和全球治理也是相互联系的。甚至在处理北极区域环北极国家之间的划界问题和领土纠纷，以及划定各国在北极的外大陆架界限等方面也都需要在全球治理机制——《联合国海洋法公约》的指导下实施。

第二，北极区域治理与南极区域治理不同。南极区域事务虽然并不是完全与全球治理不相干，但是南极大陆没有长居人类，在1959年《南极条约》签署时，南极事务尚未完全融入全球事务，因此，直到今天南极区域的治理可以相对独立地依据《南极条约》，在《南极条约》组织系统中展开。与南极事务形成对照的是，北极事务与全球事务紧密相连，北极是一块由主权国家领土环绕的海洋，这些主权国家与全球及区域的国际组织有着紧密的关系，更为重要的是《联合国海洋法公约》已经广泛运用于北冰洋。北极区域治理的主要机制——北极理事会所展开的北极环境保护战略就是参照《联合国海洋法公约》而拟定的，由此北极的区域治理就与全球治理建立起了有机的联系。也就是说，与南极区域治理不同，北极区域治理是在北极事务实际上已经成为全球性问题的一部分的前提下形成的，因此，北极区域治理只有与全球治理有机地联系在一起才能卓有成效。

第三，北冰洋是世界的，不是专属于北冰洋沿岸国家的。北极区域内的国家当然有权力主张领土和领海，但是即便最后北极域内国家能完成领土和领海的划界，北极地区依然存在公海和人类的共同财产。由此，根据《联合国海洋法公约》，世界各国都有平等利用北冰洋公海部分的权力，不论是沿海国家还是内陆国家。同理，北冰洋的国际海底区域及其资源是人类共同继承的财产，应当能惠及全人类，而为了使之能真正地为全人类所拥有，为全人类服务，就需要通过全人类的全球治理途径来保护这些人类的共同财产，就这个意义而言，北极的区域治理就必然要成为全球治理的一个组成部分。

第四，北极的区域治理离不开现存的全球性制度。除了前述已经反复提及的《联合国海洋法公约》以及根据此公约而成立的联合国大陆架界限委员会对北极的区域治理具有直接影响之外，还有一系列重要的全球性国际制度对北极的区域治理具有直接的重要影响。在北极区域环境保护和应对气候变化问题上，1985 年的《保护臭氧层维也纳公约》、1987 年的《关于消耗臭氧层物质的蒙特利尔议定书》、1992 年的《联合国气候变化框架公约》、1997 年的《京都议定书》、2001 年的《关于持久性有机污染物的斯德哥尔摩公约》等一系列全球性国际公约以及公约缔约方的系列会议都具有重要的作用与影响。在北极区域的海运活动和北极区域的商业活动方面，国际海事组织和世界贸易组织都是无法绕开的国际制度。此外诸如全球性的国际制度世界卫生组织、联合国环境规划署、联合国开发计划署等都与北极的区域治理有着密切的联系。全球性的国际制度是全球治理的重要载体，而北极的区域治理必须以这些重要的全球性国际制度为载体才能有效运作。

第五，当前国际体系的深刻转型促使北极区域治理必须与全球治理相互连接。冷战终结之后，尤其是进入 21 世纪之后，国际体系正在发生重大的转型，其特点为：一方面新兴大国的群体性崛起；另一方面以国家为单一行为体的国际社会向多元行为体的全球社会转型。新兴大国的崛起必然导致它们对参与北极治理的兴趣，因为北极地区也有它们的利益之所在。就目前所了解到的情况，巴西正准备作为《斯匹次卑尔根群岛条约》的缔约国而在斯瓦尔巴德群岛建立科考站，而印度也对北极航道的通行有着强烈的兴趣。因此，正如全球治理、环境制度和北极问题的全球知名专家奥兰·杨所言，当前的北极治理必须倾听来自域外国家的声音。[①] 与此同时，非国家行为体在当代国际体系中的作用日益重要，这显然对北极区域治理具有明显的影响。迄今，不仅北极区域性的非政府组织，而且全球性的非政府组织诸如海洋保护咨询委员会、世界自然保护基金、极地保护联盟、国际北极科学委员会、极地健康国际联盟等都积极参与北极理事会的工作，而国际科学理事会、国际商会船级社、国际海洋勘探理事会，也在北极事务如北极科学考察、北极航海事务、北极海洋勘探等方面发挥重要的作用，从而将北极区域治理与全球治理从跨国社会层面连接了起来。

正是在上述一系列因素的影响之下，在全球化深入发展和当代国际体系深刻转型的时代大环境之中，北极区域治理很难超越全球治理而独行其是，这就意味着北极治理需要嵌于全球治理的进程中才能真正达到预期的治理效果。将北极治理放入全球治理的框架中展开，即将北极治理视为嵌入全球治理的区域治理过程就是既承认北极区域各国和非国家行为体通过区域性国际机制，其中包括北极理事会在内的双边、多边治理的合法性，同时也提倡和促进非北极区域的国家和非国家行为体积极参与北极事务，将北极地区的治理与全球治理有机地结合在一起，从而使北极区域治理能真正地超越地缘政治和权力政治，从而使得北极区域得到善治并且为全球治理作出贡献。

然而，必须注意的是，虽然北极区域治理的有效途径应当是包容性的嵌入全球治理的区域治理而不是排他性的区域治理，但是，北极国家中，尤其是环北冰洋 5 国，并且更为主要的是俄罗斯和加拿大 2 国从各自的国家利益出发，依然还将继续坚持排他性的北极

---

① Oran Young, "Arctic Governance in an Era of Transformative Change: Critical Questions, Governance Principles, Ways Forward", Report of the Arctic Governance Project.

区域治理，并且在某种条件下也依然会从地缘政治理念出发强调权力政治在处理北极事务中的作用。这恰恰体现了北极区域治理的复杂性，即地缘政治与权力政治、排他性的区域治理以及包容性的区域治理共存的局面。

第三章
北极治理中域内外国家间的互动

北极环境变化的原因不只源于域内因素，且融冰的影响更超出了北极边界，侵袭涉及全球。另外，在一个经济相互依赖的全球化时代，将域外行为体拒绝于北极经济机会之外也是难以为继的。因此北极治理从一开始就存在着是否以及如何纳入域外国家参与的问题。在2013年5月瑞典的基律纳召开的部长会议上，北极理事会通过了接纳中国、韩国、日本、意大利、新加坡、印度等国成为正式观察员国的申请。这次会议最重要的突破就是北极治理进一步纳入了域内外国家的互动关系。本章拟从区域公共产品的提供以及域内国家与域外国家的互动关系考察北极治理机制的变化，进而以中国为例说明重要域外国家参与北极治理的责任和利益定位，以及对完善治理机制的作用。

第一节　对北极理事会治理绩效的评价

评价一个国际治理机制的绩效，关键要看这个机制对于解决和缓解所治理的问题的贡献。评价其绩效的主要方面包括：（1）是否有能力获得关于问题产生和发展的信息以及解决这些问题的知识和技术；（2）是否有能力确立更具强制性的国际规范，也就是说具有规范相关行为体的行为或者让不遵守者付出巨大代价的能力；（3）是否有足够的政治动员能力和整合能力，是否有能力协调并动员所有相关的资源掌控者，无论是域内的还是域外的，无论是政府中的外交部门还是其他部门，让他们认同治理的价值并愿意动用资源提供相应的公共产品。①

纵观北极理事会的治理过程，可见北极相关国家将重点放在解决资源开发与环境和生态保护之间的矛盾上。必须认识到，如何理性对待北极域内国家利益和人类共同利益之间的矛盾，如何纳入新的因素形成有效的治理机制，来应对日益增加的人类北极活动的趋势，是北极治理组织和北极国家不能回避的问题。

在北极理事会这个治理机制中，围绕北极变化的评估和北极治理的知识的获得还相当滞后。因为北极自然条件恶劣，人迹罕至，人类对北极的知识相当缺乏。北极理事会成立的 6 个工作组②积极开展工作，并在环境评估和治理方案的拟定方面取得了一定的成效。人类社会发展的经验表明，知识存量的增加有助于提高人们发现制度不均衡进而改变这种状况的能力。更重要的是，在一个社会中占统治地位的知识体系一旦产生，它就会激发和加速该社会政治经济制度的重新安排。③ 关于气候变化和臭氧层变化趋势的发现改变了国际社会的政治议程就是典型例子。北极理事会对于如何动员全球更多的科学家投身于北极的科学发现和治理技术的发明还缺乏应有的资源和能力。

北极理事会长期以来是一个松散的、论坛性质的治理机制，缺

---

① Olav Schram Stokke, "Examining the consequences of Arctic institutions", in Olav Schram Stokke and Geir Honneland (eds.), *International Cooperation and Arctic Governance*: *Regime effectiveness and northern region building*, Routledge, 2007, pp. 15 – 22.

② 北极理事会目前 6 个工作组分别是：监测与评估计划工作组（AMAP），可持续发展工作组（SDWG），动植物保护工作组（CAFF），海洋环境保护工作组（PAME），污染物行动计划工作组（ACAP），突发事件预防、准备和响应工作组（EPPR）。

③ 黄新华：《当代西方新政治经济学》，上海人民出版社，2008 年版，第 188 页。

乏强制性的法律和执行手段。2011 年的努克会议通过了《北极搜救协定》，它成为北极理事会成立 15 年来第一个具有法律约束力的协议。北极许多治理方案如保护北极海洋环境计划、减少北极污染物计划、动植物保护计划都停留在工作计划和国际合作层面，都缺乏强制性的措施给予支撑，大大影响了治理绩效。

北极理事会加强同相关地区组织和相关政府合作努力达成治理任务，但理事会的政治动员能力和整合能力都相当有限。北极地区是一个自然生态和社会生态都失去平衡的地区。人类社会系统一旦失去平衡，这个社会系统必然会在新的条件上通过社会间的博弈、妥协过程建立新的权力平衡。北极治理的参与者"体质"和"体量"差异很大，横跨北欧、北美和俄罗斯北部地区，美国、俄罗斯等世界大国和重要国际组织的影响力叠床架屋地交汇于此。例如北约与俄罗斯的矛盾，加拿大与欧盟的矛盾至今仍未解决。北极理事会在协调这些权力关系时显得力不从心。

造成北极理事会绩效不彰的的另一原因是北极国家在是否有效纳入外因素参与治理问题上一直未能达成一致意见。北极的自然变化和社会变化是迅速的，因此北极治理制度要不断调整，全面纳入新的效益，考虑新的成本，形成一个为域内外行为体共同遵循的、可预期的人类活动制度。

第二节　北极治理公共产品的需求和供给

区域治理的效果很大程度上取决于各个相关行为体公共产品的贡献能力和贡献意愿。当公共产品供给不足，则治理目标难以实现。而当公共产品供给者的边际收益与边际成本不相等时，会发生市场失灵。在区域治理中，"共同的需求和共同的利益将会驱使区域内国家或国家集团联合起来，共同设计出一套安排、机制或制度，并为之分摊成本。完全有理由把这些只服务于本地区、只适用于本地区，其成本又是由域内国家共同筹措的这种安排、机制或制度称之为'区域公共产品'"。① 区域公共产品的供给是治理的一个基本保障，但北极治理是一个包括全球层面、区域层面和国家内部层面的多层级治理，仅有区域公共产品的供给并不足以解决北极治理的需求。

一、北极治理所需公共产品的类别

总体来讲，北极治理所需要公共产品的类别包括：发展类、环保类、制度类、安全类、资金和基础设施类、知识类、技术工具类等。制度类公共产品是提供其他公共产品的总平台，因此具有关键性作用。它包括治理机构、相关国际法规和其他制度安排。多边机构本身就是一个公共产品，是在参与者之间建立起信息交流、利益安排和冲突解决的机制。

发展类的公共产品就是在北极地区建立一个经济适度发展、人民安居乐业、环境友好的和平社会。环境保护类公共产品包括减少碳排放和海上污染等措施，保护生态平衡和野生动物的存续等行动。安全类公共产品包括围绕人类在北极活动所制定的规则，如国际海事组织关于防止船只碰撞以及极地航行规则，以及北极人员和船只的搜救、气象和海冰预报、破冰和领航服务等等。而资金和基础设施是前几项公共产品落实的支撑。基础设施包括区域性的航运基础设施、机场网络、卫星系统等。

知识和技术作为公共产品，对北极治理有着特殊的意义。一旦

---

① 樊勇明、薄思胜等：《区域公共产品的理论与实践——解读区域合作新视点》，上海人民出版社，2011 版，第 16 页。

关于来自外界的失衡风险的信息量充足并逐渐形成较为一致的看法，那么采取并实施统一的、必要的措施就变为可能。科学监测和科学研究对气候环境变化的速度、原因的认定，会对治理气候和环境的公共产品提供的数量和种类以及投放方式有很大影响，直接影响北极治理的议程。技术发展可以为北极治理所需要的监测和改造提供工具。这也是北极理事会加强 6 个工作组力量并将国际北极科学委员会（IASC）接纳为正式观察员的意义所在。

二、引发北极公共产品需求不足的原因

当今世界两大发展趋势使北极治理所需的公共产品增加，一个是气候环境的变化，另一个是全球化。在气候急剧变化之前，北极的自然条件和状态是大自然赋予人类的一个"公共产品"，不需要人类另作投入就可持续获得。而如今为了遏制灾难性的气候和环境的变化，人类社会不仅要调整已经习惯的生产方式和生活方式，同时要投入技术、资金和人力去防止环境严重恶化。也就是说，要避免由环境恶化造成的"公共危害"本身变成了一个需要动用大量社会资源进行改造的社会活动。

北极治理是在全球化时代展开的。北极集中了太多的全球挑战和全球关注。全球化促进了全球相互依赖和国际多要素互动，也增加了全球治理对公共性的要求，创造了对国际公共产品的需求。生产和贸易的全球化引发了物资、资金、人员的跨越国界的流动，北极地区资源和航道的开发利用会使这种流动成倍增加。全球化条件下要素的大量流动需要围绕各种行为体在国际领域的各种活动去订立共同行为准则、协议、法律等。国际治理不同于一个国家内部的治理，治理任务的艰巨性、行为体的多元性、治理结构的复杂性以及对治理的责、权、利进行分配的难度，都影响了国际公共产品的

充分供给。

北极治理存在着公共产品供给的困难。与纯国内公共产品相比，由于政府的存在和国家边界的明确，国内公共产品提供便于实施和监管。政府通过议会的表决，使用纳税人的钱，进行公共产品的提供，并且通过国家权力的制衡制度进行有效监管。而区域性的公共产品没有一个强制性的"税收制度"要求利益相关者提供必要的支出，也没有一个权力强大且责任明晰的"区域政府"来制造和提供公共产品。而且因为北极国家的"体量"和"体质"的差异巨大，因而提供公共产品能力也大不相同，国家间经常围绕区域谁来提供公共产品讨价还价。

三、北极理事会应协调公共产品的多渠道供给

北极治理的范围和影响绝不限于北极，仅有区域公共产品的供给难以满足具有全球治理特征的北极治理的需要。北极治理包含着公共产品的国家供给、全球供给、当地政府供给和非国家行为体的供给等。北极的治理首先需要以北极国家的治理为基础，北极国家完成本土相应的治理任务并扮演着主要公共产品提供者的角色。其次，北极治理需要全球性组织和全球性大国在一些重要领域提供公共产品。面对沉重的治理任务，北极理事会应当承担起多渠道筹措治理公共产品的责任。

北极理事会的有效性在很大程度上取决于其从域内外行为体处筹措公共产品的能力，以及将这些公共品进行有效组合和投放的制度优势。北极理事会作为区域治理的多边机构，在北极国家之间可以起到协调公共产品的分担并使区内收益效果最大化的作用。公共产品的合理配置可以减少政府间的重复投入，节省开支，并增加各国对跨国基础设施项目的兴趣。对外，它可以以独立的一方与域外

行为体发展合作关系。区域性的治理机构应通过全球联系解决区域间和区域外的外部性问题，最大程度地体现区域利益，最有效减少域外行为体带来的成本，增加域外行为体提供公共产品的意愿。北极治理要求全球性公共产品的供给也有其正当性，因为北极的有效治理，特别是在环境、气候、航道等领域的治理，可以延缓环境和气候的恶化，给全球带来福利。

第三节　北极理事会和北极国家纳入域外因素的策略

一、北极治理的排外性和包容性

北极治理与当今世界许多区域治理一样，都有一个区域治理集团的排外性和包容性问题。一个区域组织倾向于采取包容还是排外的立场主要有以下几个考虑：（1）治理决策的效率因素。组织成本是集团中成员数量的一个单调递增函数。成员国越多，形成一致意见的可能性就越小，达成行动纲领的谈判耗时就越长。（2）利益分配因素。区域利益尽量由区域内部成员分享，减少外部的利益竞争者。（3）看域外行为体提供公共产品的能力。（4）看外部因素在多大程度上会成为治理的成本。一般意义上讲，要提高效率就应当减少成本，拒绝可能产生成本的域外因素。但如果一个治理制度不能将重要的相关要素有效纳入，成本则不能得到控制，效率也会低下。例如，某个外部国家，虽然在治理组织之外，但其他机制仍然可以给予其享有区域内相关权益，因为缺少了区域机制的约束，反而更容易给区域治理带来成本。

如果从公共产品理论来看这一问题，一般意义上讲，区域边界的清晰有利于保证公共产品利益分享的有限性和治理投入的有效性。"俱乐部"边界不清，就有可能让"俱乐部"外的成员无偿使用，成为"搭便车"者，进而使分享收益的人增加，分担成本者减少，最终影响提供公共产品者的积极性。但是如果治理成本远远超过域内国家的承受水平或付出巨大成本产生的益处，也无法阻止域外成员享有的话，纳入域外因素，采取更加包容的立场也成为选项。北极治理所需成本巨大，限制成员数量的做法无法保证公共产品的充分供给，也无法解决北极治理的主要问题。

北极资源分配的市场特性和北极环境治理的非市场特性左右着北极国家的排外性和包容性倾向。北极的资源分享具有市场特征，也就是说在市场条件下区域利益分配的数量是有限的。有限的资源利益驱使区域集团的成员拒绝新的加入者，以减少竞争者。实在无法拒绝的情况下，提高加入的门槛或者进行歧视性地位安排则成为选择。如果从环境治理和气候变化角度看，北极治理具有非市场特性。也就是说，集团扩大不会带来竞争，而是使分享收益和分担成本的成员数增加，这样原来成员分担的成本就会减少。北极国家正是因为存在着减少利益分享和增加公共品投入两种思考，很容易在气候、环境、生态问题上采取开放兼容的态度，与域外行为体寻求共同利益和共同责任；但在资源等问题上采取排外的政策，独享其利。正如北欧学者所说，北极俱乐部在成员数量问题上，当考虑资源分配时，成员是越少越好；当考虑环境治理分担成本时，成员是越多越好。[1]

综上所析，北极国家仅从自身利益出发，无论是纳入还是拒绝域外参与者都有充分的理由。在这种情况下，有条件纳入域外国家参与北极治理机制成为一个选项，即如果要纳入外部成员加入，该成员应当与俱乐部的任务有很大程度的关联性，其做贡献的能力要

---

① Olav Schram Stokke, Arctic Change and International Governance, SIIS-FNI workshop on Arctic and global governance, Shanghai, 23 Novmeber, 2012.

大于可能分享的利益。再就是域外参与者对区域俱乐部的决策不能影响过大，以免使域内国家失去了对区域事务的主导权。

二、北极域内国家的策略和外交实践

对于是否纳入域外国家参与北极事务，纳入哪些国家和国家组织，以何种方式纳入，北极内部国家的考虑并不相同。相对而言，俄罗斯和加拿大两个北极领土大国在北极事务上更强调主权，更重视北极事务的边界；而北欧国家和美国则更倾向国际合作。美国前国务卿希拉里·克林顿曾对加拿大组织的排他性的北极会议表达不满，指出："北极事务任务如此繁重，时间如此紧迫，为此我们需要广泛的参与。"① 但经过努克会议和基律纳会议协商之后，北极理事会关于如何处理与重要域外国家关系的策略已基本形成。

首先，北极国家在外部成员感兴趣的资源利益分配问题上，进行了国家层面和区域层面的有效切割，有意识地将环境和气候变化问题列为北极理事会国际合作问题，而将资源拥有权和处置权以及与域外国家的经济合作的决定权牢牢把握在本国政府手上，并不交由北极理事会协调处理，减少了域外国家通过参与地区平台影响北极资源分配的可能。北极理事会则以正式组织或非正式协调的方式分别处理域内国家关系和域外国家关系，保证既能从不同的任务中获得域外行为体提供的公共产品，同时限制域外行为体的利益分享。

其次，通过提高入会门槛和划分域内外国家间的权限来保证决策的排他性，同时避免重要域外国家因为被拒绝而另组协商机制，与北极域内机制形成分庭抗礼的局面。俄罗斯学者亚历山大·谢尔

---

① Kristofer Bergh, "The Arctic Policies of Canada and the United States: Domestic Motives and International Context", SIPRI Insights on Peace and Security, No. 2012/1, July 2012, p. 11.

古在谈及俄罗斯最后关头转变立场同意多个东亚国家成为北极理事会正式观察员国时说："除了其他原因外，如果不给东亚国家以正式观察员身份，非北极国家将会成立另一论坛。"① 因此，北极国家最终决定，在域外国家参与北极事务问题上采取有限制纳入和歧视性的权利安排加以处理。

北极理事会2013年部长级会议通过的基律纳宣言对中国、韩国等域外国家成为正式观察员表示了欢迎，特别强调，观察员们所做贡献的可贵之处在于提供了科学和专业知识、信息和金融支持。② 会议发布的观察员手册明言："北极理事会所有层级的决定权是北极八国的排他性权利和责任，永久参与者可以参与其中。所有决定均基于北极国家达成的共识。观察员的基本作用就是观察理事会的工作。同时，理事会鼓励观察员继续通过参与工作组层面的事务来做出相关贡献。"③ 这种左右两分的提法明显是在限制域外国家参与领域治理的决策过程，同时鼓励上述几个领域来自外部的贡献。

基律纳部长级会议正式宣布，北极理事会设立观察员身份并向非北极国家、全球层面和区域层面的政府间和议会间组织、非政府组织开放，由理事会根据它们对北极委员会工作的贡献来决定。《努克宣言》中对观察员的资格有关联性、共享性的标准，同时也有参与权的限制，还要求尊重北极理事会高官文件和观察员手册。高官文件和观察员手册明确了北极理事会治理主体与外围国家的关系，规范了外部影响力输入的标准、方式、路径。④ 非北极国家要

---

① Alexander Sergunin, "Russia and the East Asian Countries in the Arctic: an Emerging Cooperative Agenda?" Paper presented at the SIPRI/IMEMO International Workshop, Moscow, 1 October 2013.

② The Eighth Ministerial Meeting of the Arctic Council, "Sweden Kiruna Declaration", MM08 - 15, Kiruna, Sweden, May 2013.

③ Arctic Council, "Observer Manual For Subsidiary Bodies", Document of Kiruna-ministerial-meeting, 2013, http://www.arctic-council.org/index.php/en/document-archive/category/425 - main-documents-from-kiruna-ministerial-meeting#.

④ The Seventh Ministerial Meeting of the Arctic Council, "Nuuk Declaration", Nuuk, Greenland, May 12, 2011.

成为观察员国首先要承认北极国家主权和司法管辖权，提出的治理主张也不得超越北极国家和永久参与者的政策目标，不得挑战北极理事会已经确立或承认的法律框架，同时要尊重北极地区的文化、利益、价值观。在操作层面也为观察员国设置了不少障碍：首先是参与的间接性，观察员国的提议权需经过北极国家间接递交；其次是为域外国家影响力设立了"天花板"，项目资助贡献不得超过北极国家；再次是身份的被动性，参与的资格并非长久不变，需不断审议，借此北极国家削弱域外国家在北极的影响力和参与治理的合法性。[①] 北极理事会通过这种方式吸纳域外国家参与，实现了限制和利用的双重目标，也有效提升了北极在全球政治中的重要性。

第四节　域外国家参与北极事务的意义和责任

以上我们对北极治理的任务和机制进行了讨论，并对北极国家在纳入域外国家参与时表现出来的"权利限制、责任分担"的做法和动机进行了分析。尽管这些做法受到广泛质疑，但国际政治的现实就是如此，目前的制度安排将长期存在。面对这样一种治理结构，域外国家应当如何作为，才能更好地促进北极的治理并实现自身的利益？以下以中国为例，从域外国家的角度分析如何完善北极治理机制，以及如何合理合法地实现域外国家在北极的利益。

---

① Arctic Council, "Observer Manual For Subsidiary Bodies", Document of Kiruna-ministerial-meeting, 2013, http：//www. arctic-council. org/index. php/en/document-archive/category/425 – main-documents-from-kiruna-ministerial-meeting#.

一、域外国家参与有助于完善治理制度并实现治理目标

北极理事会纳入域外成员是由北极治理的任务和世界发展的潮流决定的。从制度经济学角度看，如果原先的制度安排已无法保证区域治理的效率和结果的正向性的话，用一种效率更高的制度安排对前一种安排进行替代或补充就成为必要。如果新的制度安排能够对所有的成本与收益进行考虑的话，那么它将增加社会总收入。[①]

域外竞争者的存在对于治理制度完善是有裨益的。如苏珊·斯特兰奇所言："全球治理制度——如果能够称为制度的话，所缺乏的是一个竞争者、一个反对者——在过去是确保自由国家能够担当起民主的责任的一种工具。要使一个权威能够被接受，使其有效率并受人尊重，那么就必须要有某种联合起来的力量来制约权力的任意使用或为谋取私利而使用权力，保证权力的使用至少是部分地为公益着想。"[②] 北极国家在北极治理中"分担其责，独享其利"的做法，会使北极治理无法有效纳入新的因素，忽略治理的一些重要问题。域外重要国家的参与，能够弥补北极机制因强调北极国家私利而忽略的因素，提出多层面的治理方案，特别是帮助解决北极国家利益与人类共同利益之间的矛盾以及治理机制滞后问题的方案。在全球层面，中国是全球经济大国，是联合国安理会常任理事国，是《联合国海洋法公约》的签署国，是众多环境保护国际制度的重要建设者，这些身份决定了中国可以在维护和平问题上，在合理处理国家主权与人类共同遗产之间的矛盾问题上，在平衡北极国家与非北极国家利益上，在维护北极脆弱环境、保护人类共同家园问题上

---

① 黄新华：《当代西方新政治经济学》，上海人民出版社，2008 年版，第 163 页。
② ［英］苏珊·斯特兰奇：《权力流散：世界经济中的国家与非国家权威》，肖宏宇等译，北京大学出版社，2005 年版，第 174 页。

扮演领导者和协调者的角色。

另外，重要的北极域外国家可以提供北极治理所需要的一些公共产品，对治理任务的完成起到直接的作用。中国的资金、市场和基础设施建设能力，受到一些北极国家的重视；国际科学家团体将中国的极地科学家视为解决极地科学难题的重要方面军；北极的治理需要更多地由陆、海、空、太一体的技术系统进行相关监测，减少灾难发生。中国正是拥有这些技术系统的少数国家之一，具备为北极科研和经济活动提供公共产品的条件和能力。

二、域外国家实现自身利益和责任的方式

域外国家在北极地区虽然没有领土和管辖海域，但在北极同样享有国际法所规定的相关权益。国际著名治理理论家奥兰·杨认为域外国家在北极地区享有一系列使用海洋的权利，如航行权、深海捕鱼权、海底铺设电缆权以及空中飞越的权利。[1]

以中国为例，作为《斯匹次卑尔根群岛条约》[2]、《联合国海洋法公约》等重要国际条约的缔约国，中国与其他缔约国一样，在承担相应义务的同时，在北极地区享有多方面的权益。根据《斯匹次卑尔根群岛条约》，中国的船舶和国民可以平等地享有在该条约所指地域和水域内捕鱼和狩猎的权利，自由进出该条约所指范围的水域、峡湾和港口的权利，从事一切海洋、工业、矿业和商业活动并享有国民待遇等。20 世纪 90 年代我国进入北极地区建立科考站，

---

① Oran R. Young, "Informal Arctic Governance Mechanisms: Listening to the voices of non-Arctic Ocean governance", in Oran R. Young (eds.), *The Arctic in World Affairs: A North Pacific Dialogue on Arctic Marine Issues*, KMI press, 2012, p. 282.

② 斯匹次卑尔根群岛（挪威称之为斯瓦尔巴群岛）位于北冰洋、挪威海、巴伦支海、格陵兰海之间。1920 年，挪威与美国、丹麦、英国、瑞典、荷兰、日本等国签订了《斯匹次卑尔根群岛条约》。之后陆续有国家加入该条约。中国于 1925 年 7 月 1 日加入该条约。

主要法律依据即在于此。根据《联合国海洋法公约》，中国的船舶和飞机享有在环北极国家的专属经济区内航行和飞越的自由、北冰洋公海海域的航行自由，享有公约所规定的船旗国的权益。

中国等重要域外国家在北极的主要利益集中表现在环境利益、航行利益、资源利益、海洋科考和研究利益等方面。[①] 作为占全球人口 1/6 强的新兴大国，中国是世界能源利用、产品生产和消费的所在地，以重要市场的身份与北极经济相联系。作为北半球的一个贸易大国，海上航道的法律制度与我航行利益直接相关。北极地区的自然变化对我周边海域和气候等将会产生影响，因此，北极科考和研究对我国社会经济和科技发展也将产生深刻影响。

尽管域外国家在北极拥有正当的权益和合法的利益，但北极国家对域外国家谈及北极利益非常在意，特别是对经济迅速崛起的中国疑惑丛生。在这样的情况下，域外国家实现其在北极地区的利益，不能完全从自身利益和能力出发，需要在国际机制与国内政策目标之间进行协调。域外国家在参与北极事务时，应将北极国家对域外国家的期待和定位与自身定位三者之间的关系进行协调，在矛盾中寻求统一。寻找利益共同点，减少利益冲突面，创造可分享的新利益。

在中国根据相关国际法享有参与北极事务的权利、获取相关权益的同时，中国作为一个发展中的大国也必须承担起维护北极地区和平、保持环境友好、促进可持续发展的全球责任。率团参加在瑞典基律纳举行的北极理事会部长级会议的中国代表团团长高风强调：加入北极理事会，对中国的考验才刚开始。中国成为正式观察员，标志着北极理事会承认中国在北极事务中的地位、作用和贡献，认为中国是北极事务的利益相关方。今后中国的主要任务有三

---

① 曲探宙等编：《北极问题研究》，海洋出版社，2011年版，第283页。

个：第一，认识北极，从自然科学、政治环境、法律环境等方面全面深入了解北极。第二，保护北极。北极在自然条件方面很敏感，对中国气候的影响也非常大。我们要从环境、资源等各方面保护好北极。第三，可持续利用。北极的可持续发展符合世界各国的利益，中国要与国际社会携手努力，确保北极开发以可持续的方式进行。[①]

域外主要大国体现北极责任也应当从多个层面加以落实。首先，在全球层面体现大国的责任，在联合国等全球组织中为北极环境治理、气候变化、生态保护作出自己的贡献，坚持环境保护的重要性，反对任何以破坏环境为代价的开发。其次，在北极区域组织中发挥正面作用，与北极理事会等治理组织加强联系和沟通，在过程中体现域外国家参与的必要性。在航运、环保、旅游、资源开发等领域性或者功能性议题上加大参与力度，使未来的机制安排能够体现全球利益、体现域外国家的利益、体现贸易大国的利益。第三，在与北极国家开展的经济和科技合作中，注意体现合作者的所在地社会责任。实现双边利益共赢的同时，在具体投资地和合作地体现应有的人文关切和环境关切。

---

① 姚冬琴：《开发北极一定要谨慎：独家专访外交部特别代表高风》，《中国经济周刊》2013 年第 20 期，http：//paper. people. com. cn/zgjjzk/html/2013 - 05/27/content_ 1248042. htm? div = -1#。

第四章
北极治理评估体系的构建思路

正如本书第一章所述，北极治理现存三对矛盾——资源开发与生态保护的矛盾、北极国家权利主张与保护人类共同利益的矛盾以及各行为体积极活动激增与治理机制相对滞后的矛盾。为更好地理解这些问题，更好地制定治理方案和观察治理效果，有必要全面系统地记录和评估北极地区的安全态势、发展水平、生态环境、合作空间，以及主要国家、国际组织和其他行为体在北极地区的存在与活动。为此，我们提出从北极圈、环北极、近北极、外北极等多个层次，从北极圈内部变化、自内向外的影响、外部动向以及由外而内的影响等多个视角，尝试构建一个较为完善的北极治理评估体系框架，为北极治理提供依据。

第一节　构建北极治理评估体系的必要性与重要性

近年来，由于北极融冰速度加快，连接欧洲与东亚、北美与东亚的北极航道开通前景日益明朗，存储于北极的资源的可开采性大大提升。北极商业航道的开通以及油气资源的商业利用必将改变世界贸易格局，推动形成以俄罗斯、北美、欧洲为主体的环北极经济圈，从而影响整个世界的经济和地缘政治格局。在商业航运、油气开发、矿产开采、捕鱼业以及旅游业等经济机会的刺激下，包括主权国家、国际组织、跨国公司等在内的全球行为体对北极的兴趣日渐高涨。特别是北极国家开始了各个方面的准备，力图在北极新的地缘经济和地缘政治中掌握主动权，占领制高点，为大规模的开发利用提前布局。与此同时，各国围绕该地区海上航道归属、自然资源权利等产生的新一轮"北极争夺战"也日趋激烈。

在当今世界的国际政治与国际关系中，气候、环境、生态等因素的作用明显上升，这些因素正是北极治理的重要组成部分。北极地区是全球气候变暖最明显的地区，是反映全球气候变暖的"指示器"。北极气候变化、海冰融化造成的全球性环境变化，严重地威胁到人类所依赖的地球生态。环境和生态的剧烈变化也使国际社会认识到，人们需要通过多方参与的综合治理才可能延缓环境的恶化，实现可持续发展。北极气候环境的保持对人类星球的意义重大，因此可以说北极政治地位在全球的提升与气候外交、环境政治密不可分。

在气候快速变化且新的国际政治经济格局逐渐形成的条件下，北极以其区位独特的战略位置、储量惊人的能源资源、潜力无限的航运贸易、影响全球环境的特殊意义，在全球格局与国际体系中的战略地位进一步提升，引起全球各方的高度关注，也成为嵌入全球治理的重要区域治理。北极地区与世界其他地区之间的经济与地缘政治联系进一步加强也说明从更广泛的视角对北极治理进行评估的必要性。

第一，有必要对北极的资源状况、开发潜力与承载能力进行统计分析与综合评估。北极的化石能源、矿产资源、海洋生物资源和航道资源等是世界各国关注的重点与争夺的焦点，我们应根据相关统计资料和调查数据，从一个比较客观的视角分析与评估北极能源资源的储量规模、大规模开发的可能以及总体承载能力。这是北极治理评估的重要基础。

第二，有必要对北极的气候变化、生态环境与可持续发展进行长期的跟踪监测。北极的气候变化速度相对而言更快，而生态系统又十分脆弱，北极地区环境变化的外部性很强。北极地区的可持续发展问题需要特别关注，这是北极治理的核心内容之一，需要全球主要大国和国际组织一起提供必要的公共产品来共同保护北极。

第三，有必要对北极地区的人口状况、发展水平与人文环境等进行广泛的关注和评估。由于自然环境的特殊性和北极原住民社会生态的特殊性，北极地区的生存与发展模式与世界其他地区大为不同，存在很多制约因素，需要对其发展条件、发展水平与发展潜力等进行综合分析与评估。

第四，北极的地缘竞争与大国博弈状况十分复杂，也需要进行多层次、多角度的深入剖析。在北极，政治与经济、大国与国际组织、传统安全与非传统安全、合作与竞争等交织在一起，近年来环北极国家以及北极理事会等有关国际组织普遍提升北极的战略地位，非北极国家也希望以观察员的身份涉入北极事务，大国的竞争与博弈对全球政治经济格局的变化与长期走势都产生了深远影响，需要进行深入的分析与解构。

第五，北极争端争议问题复杂，而解决机制和治理体系尚在形成过程中，需要从更宽广的视野、更长远的角度进行分析评估和提出建议。北极地区存在的争议包括领土主权、领海划界、航道所有权和通行权以及捕鱼权等。为此，有必要加强北极治理机制的能力，包括整合现有的多层面的北极治理机制，对北极理事会进行改革，以及加强其他国际机构在北极治理方面的效力等。有些国家也表示，根据《联合国海洋法公约》，北极点及其附近海域具有人类共同财产的国际属性，认为北极国家必需采取更为开放的姿态吸纳所有的利益相关方的参与，方可实现北极事务的有效治理。

为了更好地应对北极地缘竞争态势，更全面地把握北极区域发展状况和更加科学地开发和利用北极资源与航道，人类应该比较系统地对各主要国家在北极的战略动向作出评估、对北极地区发展的外部条件与周边环境进行分析，对包括各主要国家在内的各种行为体在北极地区的活动以及北极内部区域的经济、社会与可持续发展状况等进行全面评估，为建立系统而有效的北极治理机制提供参考和依据。

第二节　北极治理评估体系的构建思路

北极治理评估体系的构建应当以既有的北极地区监测手段和经验为基础，积极采用科学的建构理念、指标设计与评估方法。

一、国内外关于北极地区监测与评估的相关研究

关于对北极地区的监测，最早或可追溯到斯科尔斯拜根据他的捕鲸队于 1807—1818 年在斯匹兹卑尔根沿海得到的气象和冰情观测资料。[①] 20 世纪以来，世界主要国家，特别是环北极国家及有关国际组织、科学研究机构，都对北极地区开展了大量专项或综合的跟踪监测研究。比较有影响的单项监测报告包括北极理事会（The Arctic Council）和国际北极科学委员会（IASC）发布的《北极气候影响评估报告（ACIA）》[②]、北极监测与评估规划工作组（AMAP）发布的《北极雪、水、冰和冻土监测（2012）》、《黑炭对北极气候

---

① R. G. 巴里、章永伟：《北极海冰与气候：北极研究一百年的回顾》，《地理科学进展》1986 年第 2 期。

② The Arctic Council, the International Arctic Science Committee (IASC), *Arctic Climate Impact Assessment*, Cambridge University Press, 2004.

的影响（2011）》① 等报告以及北极动植物保护工作组（CAFF）发布的《北极生物多样性科学评估报告（2010）》② 等。比较有代表性的综合评估报告主要有联合国开发计划署（UNDP）发布的《北极地区人类发展报告（2004）》③、美国国家海洋和大气管理局（NOAA）发布的《北极年度报告（2011）》④ 等。

在对北极气候、冰层、环境、生物多样性等进行跟踪监测的同时，国内外有关研究机构和国际组织也在构建北极指标体系和评估方法等方面进行了深入研究。北欧部长理事会（Nordic Council of Ministers）于 2010 年发布了《北极社会指标》（Arctic Social Indicators），构建了一套北极的社会指标体系并进行了初步评估。⑤ 北极动植物保护工作组（CAFF）在《北极生活多样性评估报告》中创建了"北极物种变化趋势指数"（Arctic Species Trend Index）。国际北极科学委员会（IASC）、北极监测与评估规划工作组（AMAP）等机构在《北极海岸状况报告》（2010）中构建了一个由物理视角、生态学视角、人类视角等多个维度表征的北极海岸线状况评估指标。⑥ 中国极地研究中心在构建中国极地科学数据库系统、极地生态环境监测指标、北极地区人口指标和区域经济发展指标等方面进

---

① The Arctic Monitoring and Assessment Working Group（AMAP）, *Snow*, *Water*, *Ice*, *Permafrost in the Arctic*, 2012. AMAP: *Report on the Impact of Black Carbon on Arctic Climate*, 2011, http: // amap. no/ swipa/.

② The Conservation of Arctic Flora and Fauna（CAFF）: *Arctic Biodiversity Trends 2010——Selected indicators of change*. CAFF International Secretariat, Akureyri, Iceland, May 2010.

③ UNDP, *Arctic Human Development Report 2004*, Akureyri: Stefansson Arctic Institute.

④ NOAA, Richter-Menge, J., M. O. Jeffries and J. E. Overland, Eds., *Arctic Report Card 2011*.

⑤ Nordic Council of Ministers, *Arctic Social Indicators*: *a follow-up to the Arctic Human Development Report*, Copenhagen 2010.

⑥ IASC, AMAP, etc., *State of the Arctic Coast 2010*: *Scientific Review and Outlook*, April 2011.

行了一系列研究。① 国内有关专家在北极航线地缘政治分析中也引进了定量分析方法，构建了"北极航线地缘政治安全指数"。②

这些国内外现有研究成果为北极治理评估体系的设计提供了重要参考，包括各类指标选择与应用、综合评估与指数合成以及大量基础数据的搜集、整理与分析等。在此基础上，我们在评估理念、研究对象与分析视角等方面进行了完善与创新，提出了一个比较综合的北极治理评估体系。

二、北极治理评估的理念与目标

我们认为，从中国的立场去构建北极治理评估体系，首先必须立足于全人类共同利益，同时要符合中国走和平发展道路和构建和谐世界的基本主张，积极倡导与推动国际社会共同构筑"和平的北极、发展的北极、绿色的北极、合作的北极"。

首先，要把维护北极的和平、稳定与和谐作为该评估体系的基本理念和首要目标。北极在政治与军事上具有极为重要的战略价值，曾一度是大国部署军力与军事对抗的重要基地。冷战结束后，对抗的气氛大为淡化，环北极国家把重心转向对北极环境与生态等的关注。但随着北极环境的快速变化和全球力量格局的新调整，主要国家对北极航道、能源资源等的争夺变得越来越激烈，北极主要大国的北极战略中不乏军事上的考虑。就全球共同利益而言，北极的任何国家间冲突都可能带来灾难性后果。和平开发利用北极应该成为各国的共同追求。

其次，要高度关注北极地区的经济、社会与人文发展。北极的

---

① 可参考朱建钢等：《中国极地科学数据库系统建设》，《中国测绘学会 2006 年学术年会论文集》；张侠等：《北极地区区域经济特征研究》，《世界地理研究》2009 年第 1 期；程文芳等：《极地生态环境监测与研究信息平台的设计与实现》，《极地研究》2009 年第 4 期。

② 李振福：《北极航线地缘政治安全指数研究》，《计算机工程与应用》2011 年第 35 期。

发展条件比较特殊，一方面能源资源非常丰富，而人口比较稀少，发展的基础条件有待改善；另一方面，北极地区气候条件比较恶劣，生态环境比较脆弱，经济发展形态相对比较单一，北极的环境承载能力及其对全球气候、生态与环境的影响都是不可忽视的因素。因此，北极地区的发展目标应当是适度发展与适当发展，可通过对北极地区的发展条件（气候、环境、生态等）、发展水平（经济、社会、文化等）与发展潜力（人口结构、移民状况、科技研发等）进行长期的跟踪监测，总结其特殊性，提出符合当地实际、切实可行的发展建议，同时应重视原住民的历史经验和政治诉求。

第三，在北极治理评估中要更加重视可持续发展的理念与目标。全球气候环境是一个不可分割的整体。北极地区是全球大气环境监测的重要区域，对研究人类活动与全球气候环境变化的关系有重要意义。而且，北极环境和生态十分脆弱，自我修复和调节能力较差。北极对全球气候环境变化极为敏感，所受影响可能要比人们预期的范围更大、速度更快。北极地区的气温上升幅度是全球气候变化值的两倍，有关气候模型表明，到2100年北极的温度将上升到2℃—9℃。[①] 一旦北极地区环境进一步恶化，其影响对全人类来说将难以预测。因此，无论是当地的资源开发和冶炼，还是北半球国家的工业发展，都必须考虑到对北极环境的影响和破坏。北极治理评估体系的构建中也将充分考虑可持续发展方面的指标，包括内部的变化与外部的影响。

第四，要大力提倡合作的理念，包括各个层面的双边与多边合作，这是实现北极和平与发展目标的重要基础。随着气候环境的变化，北极地区现在面临的很多问题，都不是一个国家甚至若干国家

---

① Duncan French and Karen Scott, "International Legal Implications of Climate Change for the Polar Regions: Too Much, Too Little, Too Late?", *Melbourne Journal of International Law*, Vol. 10, 2009.

能独立解决的，包括北冰洋大陆架划界、北极航道通行、能源资源开采等。这些看似只是北极国家间的事务，但由于北极的特殊性，这些其实都关乎全人类的共同利益，将其放到一个多边平台上可能更有利于解决。

三、北极治理的评估对象

北极治理的评估对象包括北极圈、环北极、近北极、外北极等不同层次的国家或地区，根据其与北冰洋的利益交汇程度，评估重点各有侧重。

一是北极圈，包括环北极 8 国的 30 个行政区以及这些主权国家领土环绕的海洋。从存在的争议上来说，目前主要是在海域的划界和开发等方面，这些需要在双边和多边平台上以及在国际法的框架下协商解决。对于北极圈内的 30 个行政区，要重点评估各个区域的发展条件、发展水平、发展阶段和发展瓶颈以及跨区域合作与区域间人员流动等指标。

二是环北极，主要是指俄罗斯、加拿大、美国、丹麦、挪威、冰岛、芬兰和瑞典等八个在北极拥有领土主权的国家，以及包括部分环北极国家的欧盟、北约等国际组织。环北极国家以及相关国际组织在北极地区的战略规划、政策主张、军事存在、经济开发、争议解决、合作协商等，是影响北极和平与发展的决定性因素，应从多个方面予以长期跟踪监测与评估。

三是近北极，指非北冰洋沿岸国家但受北极影响较大的国家，主要是北半球国家，可以重点关注二十国集团（G20）成员国中的北半球国家，包括中国、日本、韩国、德国、英国、法国、印度、意大利、墨西哥、土耳其、沙特阿拉伯等。对于这些国家受北极的影响（气候、环境、生态等）、在北极的活动（科考、旅游等）、与北极地区的合作与往来（贸易、航运、科技等领域）等，我们都需要进行全方位的记录、监测与评估。

四是外北极，泛指所有其他国家与地区，与北极的关联主要是气候、环境以及其他与全球治理相关的话题。从全球治理机制考虑，可重点监测 G20 中的南半球国家，包括巴西、澳大利亚、南非、阿根廷和印度尼西亚，对这些国家在北极的存在与活动以及关于北极事务的观点与主张等进行记录、分析与评估。在外北极范畴内还要对全球相关的非政府组织、公民社会关于北极的活动和主张进行分析。

四、北极治理评估体系的构建思路

关于北极治理评估体系的构建，针对上述多重治理目标与多层评估对象，还需要从多个视角进行全方位的评估：

一是内部评估，是指要跟踪监测、评估分析北极内部的变化，主要包括北极地区内部的环境、气候、生态等自然条件的变化，拥有的能源、资源储量及被开采程度，航道开通与利用程度，以及各行政区的经济与社会发展水平等。

二是自内而外的评估，即要研究与评估北极内部变化对全球和各国带来的各种影响，既有不利的影响，比如北极气候与环境加速变化给世界各国与地区带来的影响，包括北半球大气物理状况改变、温室效应正反馈恶性循环和海平面上升等；也有有利的影响，比如北极冰层大规模消融后，将使北极地区的能源资源更容易开发，北极西北航道和东北航道可能实现商业化运作等。

三是外部评估，是指要分析与评估北极以外地区的相关动向，主要包括环北极国家、相关国际组织、近北极国家、外北极国家等的国际地位、国际影响、发展前景的变化和遇到的突发事件以及这些国家（国际组织）出台或形成的关乎北极地区和平与发展的规划、战略、政策、法律、机制等。

四是由外而内的评估，即分析与评估北极外部动向对北极地区的影响。第一是直接影响，主要指环北极国家、近北极国家、外北极国家以及相关国际组织直接到北极地区开展活动，包括科学考察、开采资源、人口迁移、贸易往来、军事存在等。第二是间接影响，有好的、创造性的影响，比如在这些国家间形成对维护北极和平稳定发展有利的全球治理机制、合作平台、争端解决机制等；也可能有破坏性的影响，比如北半球国家的工业污染，通过长距离传输到北极区内，形成"北极霾"，或外界生物入侵和传染病毒入侵等；或者为了争夺北极利益，国与国之间形成恶性竞争、军备竞赛，破坏了北极地区和平、发展、合作原有的机制与平台等。另外，还有一些可能要视具体情况而定的影响，比如多边框架内对北极事务的治理与裁定（如大陆架外部界限划定等问题）将直接影响北极地区的地缘格局、经济利益划分和区域平衡发展，有的区域可能受益，有的区域不一定。

综合起来，构建北极治理评估体系的总体思路可通过图4-1来表述：治理目标是立足于全人类共同利益，努力在北极地区实现和平稳定、适度发展、生态环保与合作共赢；评估对象由近及远包括北极圈、环北极、近北极和外北极；设计思路要综合考虑北极地区内部变化、自内向外的影响、外部动向和由外而内的影响四个维度。

第三节 北极治理评估体系的基本框架

根据以上总体思路，我们用层次分析法来设计北极治理评估体

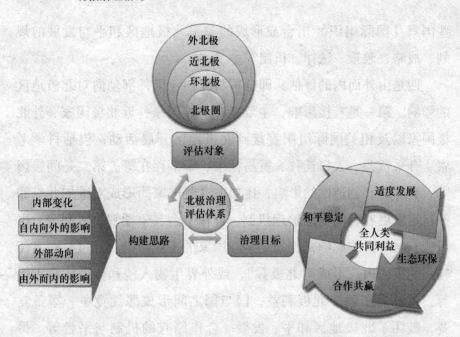

图 4 - 1　构建北极治理评估体系的总体思路

系。目标层包括和平稳定程度、适度发展能力、生态环保质量和合作共赢水平四个大项，每个目标层可分解为若干准则，然后再根据前述不同层次的评估对象（北极圈、环北极、近北极、外北极）以及不同维度的影响（内部变化、自内向外的影响、外部动向、由外而内的影响）对每个准则设计若干评估方案，最后再根据这些方案挑选一组有代表性的指标来衡量。

一、和平稳定程度

（一）基本目标

治理目标是维持北极地区的和平、稳定与和谐，拟在各种定量与定性指标的基础上进行综合评估，用"很危险"、"有风险"、"较稳定"、"很太平"等表示每个特定时间段北极地区的和平稳定程度。

（二）准则层

初步考虑用以下三个准则来衡量北极地区的和平稳定程度：

1. 地区和平。主要是指传统安全层面的状况，比如该地区是否存在战争风险、军备竞赛、军事威慑等。

2. 社会安定。主要是指非传统安全层面的状况，包含战争风险以外的其他各种风险因素，比如恐怖主义、跨国犯罪、走私贩毒、流行疾病等。

3. 和谐相处。主要是指各相关行为体之间竞争与博弈的总体状况，比如主要国家北极战略的竞争态势，环北极国家解决相互间北极领土、主权和海洋权益争端的手段与方式，环北极国家对非北极国家接纳或排斥的领域和程度等。

（三）方案层与指标层

1. 地区和平的评估方案与指标

第一，北极圈内：（1）诱发战争的因素，比如能源资源开采、领土领海争端、航道通行权等；（2）北极的地缘优势及其可能的变化，比如冰层融化后更有利于军事部署和作战安排等；（3）本地区准军事力量和军事力量的发展，是否严重超越本行政区的治安与边防需要。

第二，环北极国家：（1）北极战略中的军力部署计划；（2）关于北极事务的军费支出；（3）在其北极圈所辖区域的军事存在；（4）在北极地区的军事演习和武器试验。

第三，近北极国家与外北极国家：（1）因北极事务及其相关权益与环北极国家产生军事冲突的可能性；（2）作为环北极国家的盟友或战略性合作伙伴在北极发生军事冲突后主动或被动卷入的可能性；（3）其他地区发生的战争影响到或蔓延到北极地区的可能性。

2. 社会安定的评估方案与指标

第一，北极圈内：（1）本地区恐怖主义组织的存在与分布；（2）本地区海上跨国有组织犯罪；（3）是否存在走私贩毒；（4）本地区的流行疾病。

第二，由外而内（从环北极、近北极、外北极国家到北极圈内）的直接影响：（1）外部恐怖主义组织的渗透；（2）报复性恐怖活动延伸至北极圈内，比如部分环北极国家在有些地区引发的恐怖活动，延伸到该国家在北极的所管辖区域；（3）其他地区的海上有组织犯罪会否因为北极航道商业化运作后拓展到北极地区；（4）外部的走私贩毒集团有没有可能在北极设立据点开展非法活动；（5）外部流行疾病传播到北极地区的可能性。

第三，外部动向对北极地区的间接影响：（1）国际性经济危机爆发后引起的经济环境变化对北极地区社会发展的负面影响；（2）因局部战争或突发事件造成的全球能源供需状况突变对北极地区的间接影响；（3）重大自然灾害和次生灾害引发的恐慌效应，比如大地震引发的核泄露引起的各种心理恐慌。

3. 和谐相处的评估方案与指标

第一，北极圈内：（1）各行政区间的和谐相处；（2）移民与原住民之间的和谐相处。

第二，环北极国家：（1）各国制定的北极战略的竞争态势，是相互理解，还是针锋相对；（2）处理北极圈内存在的领土、领海等争端的手段、路径与方式方法是否和平理性。

第三，北极国家与非北极国家间：（1）北极国家对近北极国家、外北极国家在某些领域加强合作的善意和提出的合理诉求是完全排斥还是适度接受；（2）非北极国家是否过度干预或采取不适当的方式干预北极事务。

二、适度发展水平

（一）基本目标

治理目标是推动实现北极地区的适度发展，包括经济增长与民生改善、科技进步与教育发展以及实现一定程度的开放。通过各种定量与定性指标的综合评估，可用"发展过快"、"发展适度"、"发展不足"、"发展缓慢"等表示每个特定时间段北极地区的发展水平。

（二）准则层

初步考虑用以下三个准则来衡量北极地区的适度发展水平：

1. 民生改善，指通过适度的经济增长实现北极地区人民生活水平的逐步改善。

2. 科教发展，指北极地区能够实现一定程度的科技进步，北极地区人民能获得较好的受教育机会。

3. 适度开放，指北极地区可以实现一定程度的开放，贸易、投资、金融与旅游等有一定程度的发展，实现北极圈内、圈外各种资源的适度有效配置。

（三）方案层与指标层

1. 民生改善的评估方案与指标

第一，北极圈内：（1）经济社会发展现状评估，包括民生改善的程度；（2）现有的发展条件与经济增长的制约因素评估；（3）各行政区域制定的经济增长与民生改善目标是否适度。

第二，环北极国家：（1）对于北极圈内所辖区域经济增长、社会发展是否高度关注、大力支持，如本国财政收入的转移支付等；
（2）对于北极圈内各区域发展规划的制定与实施的指引、指导；
（3）环北极国家间对于各自所辖区域的发展是否有沟通、协调机制，以保持各区域发展的相对平衡。

2. 科教发展的评估方案与指标

第一，北极圈内：（1）科学技术水平的现状评估，包括基础设施、经费投入、产出水平等；（2）教育发展水平的现状评估，包括教育经费投入、平均受教育年限、成人识字率等。

第二，环北极国家：（1）北极战略中的科技与教育投入与举措；（2）对于北极圈内所辖行政区的科教专项投入和其他支持力度。

第三，近北极国家和外北极国家：（1）在北极地区的科学考察活动，包括与当地联合开展科考与技术攻关；（2）对北极地区科教发展的资金与技术支持；（3）将国内先进技术或教育资源引入到北极地区；（4）非北极地区的能源革命和资源利用技术变化（如页岩气开采技术）所引起的对北极资源的需求变化。

3. 适度开放的评估方案与指标

第一，北极圈内：（1）对外开放意愿与政策；（2）开放条件，如开展贸易、吸引投资的便利化措施，开发旅游的配套设施等。

第二，环北极国家：（1）到北极圈内定居的移民数量是否适度；（2）商品与服务贸易往来；（3）在北极的投资；（4）到北极地区的旅游。

第三，近北极国家与外北极国家：（1）贸易与投资；（2）到北极地区的旅游；（3）开放限制，有的来自于北极圈内，有的来自环北极国家。

三、生态环保质量

（一）基本目标

治理目标是实现北极地区的可持续发展，包括有节制地开发能源资源、保持生态平衡以及保护环境等。通过各种定量与定性指标的跟踪监测与综合评估，可用"不可持续"、"风险较大"、"总体可控"、"可持续"等标出每个特定时间段的生态环保质量和可持续发展水平。

（二）准则层

初步考虑用以下三个准则来衡量北极地区的生态环保质量：

1. 开采有度，指对于北极地区的石油与天然气、矿产资源、森林资源、渔业资源等的开发要有节制，可持续发展的相关法律和规则得到各方有效遵守。

2. 生态平衡，指要共同保护北极地区脆弱的自然生态，尽可能减少人为的破坏，动植物生物链得到有效维持，防止气候变化等对北极生态造成严重破坏。

3. 环境保护，指要保护北极圈的生存与发展环境，在内部尽可能实现低消耗、少污染的绿色发展，同时也要尽可能减少北极圈外的工业化、城市化等的过度发展造成对北极圈环境的间接影响。

（三）方案层与指标层

1. 开采有度的评估方案与指标

第一，北极圈内：（1）能源资源储量的综合评估与单项评估；（2）航道资源可利用程度评估；（3）渔业和其他动植物资源利用程度的评估；（4）对于有节制开发利用是否已形成共识和相应的规则；（5）对北极资源商业开发利用的评估。

第二，环北极国家：（1）北极战略中的能源资源开发规划是否适当；（2）已开采现状和影响评估，是否出现了无节制开采或者不顾及后果的乱开采；（3）在开采规则上是否在多边层面上进行协调。

第三，近北极国家和外北极国家：（1）在有机会参与共同开发时是否注重适度开采、有效使用；（2）是否有机会参与制定适度开采的相应规则。

2. 生态平衡的评估方案与指标

第一，北极圈内：（1）生物物种的监测、统计与评估；（2）本地保护生态平衡的法律、条例和规章及其执行情况评估；（3）气候变化等客观环境变化对生态平衡产生的影响评估；（4）区域经济社会发展以及其他人类活动造成生态平衡破坏的状况评估。

第二，由外而内的影响。（1）圈外对圈内直接的负面影响：圈外国家和其他行为体在北极圈的存在与活动对其生态平衡造成的影响。（2）圈外对圈内间接的负面影响：比如圈外过度工业化造成的污染通过大气回流等传递到北极圈内，然后对北极圈内的生态平衡造成破坏。（3）圈外对圈内的积极影响：共同保护北极圈的生态平衡，包括在宏观上共同商讨与应对全球气候变化等共同挑战，以及微观上各国组建专家小组赴北极考察生物物种进行直接保护，如对候鸟的全程观察和保护，并提出保护生态平衡的建议和方案等。

3. 环境保护的评估方案与指标

第一，北极圈内：（1）本地居民生产、生活方式的环保效应评估；（2）居民生产、生活方式变化的趋势及对环境的可能影响；（3）当地环境保护的意识、规范与标准等；（4）对当地的气候与环境变化进行长期跟踪监测，获取基础数据。

第二，由外而内的影响。（1）消极方面，北极圈外的工业化、城市化等的过度发展造成对北极圈环境的间接影响。（2）积极方面：一是各国积累的先进的环保理念与有效的环保措施等应用到北极圈内的环境保护；二是全球的环保专家和环保组织积极呼吁保护北极圈的自然环境，并直接采取一系列行动。

四、合作共赢状态

（一）基本目标

治理目标是实现各相关主体在北极地区的合作共赢，包括优势互补，合作开发利用北极地区的能源、资源和航道，共同提供公共产品、联合保护北极地区的生态环境，以及广泛参与、协商，建立比较有效、合理的北极治理机制等。通过各种定量与定性指标的深入分析与综合评估，可用"难以合作"、"空间极小"、"少量合作"、"广泛合作"等标出每个特定时间段北极地区的合作共赢状态。

（二）准则层

初步考虑用以下三个准则来衡量北极地区的合作共赢状态：

1. 利益共享，指通过各相关国家发挥在资金、技术、人员等方面的各自不同优势，合作开发利用北极地区的能源资源，扩大共同利益，减少相互间的分歧。

2. 责任共担，指北极治理相关主体共同为北极地区的和平与发展提供必要的公共产品，包括当地发展所需要的基础设施、技术、资金等，以及保护北极地区生态环境、实现可持续发展所需要的科学考察和联合攻关等。

3. 机制共建，指在现有北极相关治理机制的基础上，通过与北极治理密切相关的各个国家和国际组织，以及其他非国家行为体的广泛参与讨论，不断完善、拓展与创制，形成一套更为合理、有效、公平的北极治理机制。

（三）方案层与指标层

1. 利益共享的评估方案与指标

第一，北极圈和环北极国家：（1）共同财富和共同利益的评测；（2）北极圈内和环北极国家对于与外部共享一部分能源资源开发利益的意愿评测；（3）对部分资源进行共同开发的必要性评估。

第二，近北极国家和外北极国家：（1）各国所具备的资源与优势评估，比如资金优势、技术优势、人才优势等；（2）合作开发的可能性以及合作对象的选择等。

2. 责任共担的评估方案与指标

第一，北极圈和环北极国家：（1）北极地区生存与可持续发展面临的危机与挑战，以及内部问题的外溢可能；（2）环北极国家与北极圈内各区域自身可提供的公共产品的有效性、充足性等的评估。

第二，内外互动：（1）北极圈内外共同面临的全球性问题，如气候变化、环境污染与生态平衡破坏的变化等；（2）近北极国家、外北极国家与国际组织和其他行为体对北极圈内各种挑战与问题的关注与解决方案；（3）北极圈外国家与地区的条件与优势，以及提供各类公共品的能力与意愿评估。

3. 机制共建的评估方案与指标

第一，北极圈内：（1）区域内经济、社会发展的协调机制；（2）区域间的协作与治理机制。

第二，环北极国家：（1）国内治理方略的拓展与延伸；（2）对于北极地区治理的主张与异同；（3）现有北极治理机制的成效与改革，如北极理事会等。

第三，近北极国家和外北极国家以及其他国际组织和各类行为体：（1）北极治理的特殊性评估；（2）全球各主要国家、国际组织和非国家行为体对于北极治理的主张与建议，包括现有机制的改革与完善，以及创建新的治理机制；（3）北极圈外一些行之有效的全球治理机制和工具在北极圈的应用评估。

综合起来，北极治理评估体系的基本框架如图 4－2 所示。

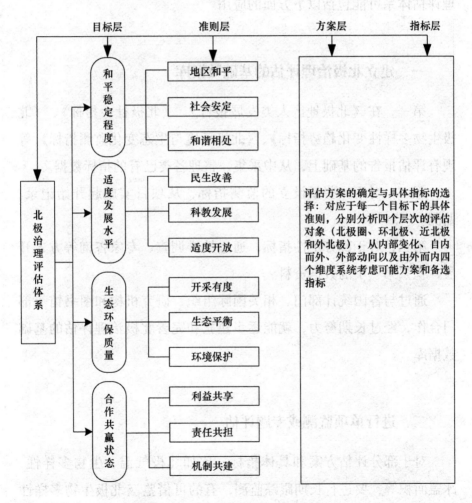

图 4－2　北极治理评估体系的基本框架

第四节　北极治理评估体系的实践意义

通过构建如上所述的更为系统和科学的北极治理评估体系，然后进行长期的跟踪监测、数据采集和整理入库，并通过层次分析与数据合成，即可对北极治理的每项评估目标进行综合判定。北极治理评估体系可能包括以下方面的应用。

一、建立北极治理评估的基础数据库

第一，在《北极地区人类发展报告》、《北极社会指标》、《北极生物多样性变化趋势指标》、《北极环境与生态变化监测指标》等现有评估报告的基础上，从中采集、整理各类已有的指标数据。

第二，对于一些新设立的监测指标，从项目实施起开始记录、监测。

第三，对于部分定性指标，通过抽样调查、专家咨询等方式开展，积累第一手的数据资料。

通过与各国统计部门、相关国际组织、研究机构和图书馆等部门合作，经过长期努力，就能逐步建立和完善北极治理评估的基础数据库。

二、进行单项监测或专题评估

对于部分评估方案和具体指标，比如北极气温、生物多样性、冰盖面积等，要进行长期跟踪监测，有的可借鉴《北极生物多样性变化趋势指标》、《北极环境与生态变化监测指标》等的监测、记录、绘制方法；对于主要国家和国际组织的北极战略，在充分收集有关战略文件和政策的基础上可进行专题评估。

三、进行数据合成并发布指数

根据数据的完备性、可比性等要求，对于基本符合指数计算条件的部分指标，通过缺失数据补足、无量纲化处理、确定加权权重和指数合成等多个步骤，进行逐层合成，计算得出准则层、目标层的综合评估分。在数据有一定积累后，就可以进行各类比较和趋势分析。

四、可以灵活进行各类专项评估

比如，对于北极圈、环北极、近北极和外北极等不同层次的评估对象，可以进行同类型国家或地区的专项评估与比较分析；对于所有选入的具体指标，都明确其影响范畴（内部变化、自内向外、外部动向、由外而内），在建立比较完整的数据库后，即可对于同一范畴的数据指标进行分类汇总、二次整合和合成分析。

第二部分
治理机制和行为体研究

第五章

BEI JI ZHI LI
XIN LUN

北极治理机制的结构与功能

关于北极治理的讨论是近些年才兴起的，但北极治理机制并非白纸一张；[①] 现有机制安排既包括《联合国海洋法公约》和《联合国气候变化框架公约》这样的全球性治理框架，还包括诸如建立北极理事会和巴伦支欧洲—北极理事会的区域协议，以及像国际海事组织主持下制定的航运守则等。而在区域生态因全球气候变暖而发生深刻变化的背景下，有关北极机制安排还能满足一系列新的治理需求吗？

第一节　北极地区的既有治理机制概览

具体而言，北极地区既有的治理机制又可细分为以下四个层次：

一是全球层面的安排。如 1982 年《联合国海洋法公约》（以下简称《海洋法公约》），它并不是专门为北极地区而设计的，但是由于其普遍性，北极理所当然也在公约约束的范围之内。除《海洋法公约》外，国际海事组织有关船舶航行和海洋环境污染的一系列国

---

① Oran R. Young, "The future of the Arctic: cauldron of conflict or zone of peace?", *International Affairs*, Volume 87 Issue 1, pp. 185 – 193 (2011).

际公约，以及"软法"性质的《北极冰封水域船只航行指南》同样适用于北极海域。① 此外，与北极气候与环境问题紧密相关的协议及组织机构，如《关于持久性有机污染物的斯德哥尔摩公约》、《联合国气候变化框架公约》、以及政府间气候变化专门委员会、联合国环境规划署《联合国生物多样性公约》等也涉及北极治理问题。

二是多边层面的安排。如 1920 年的《斯匹次卑尔根德群岛条约》，其规定了斯瓦尔巴德群岛的主权归属于挪威，但保留其他国家在斯瓦尔巴德群岛的开采权利，并保持群岛的非军事化。该条约被视作解决北极地区主权争夺问题模式的典范。此外，还有 1973 年的《保护北极熊协定》，它由加拿大、丹麦、挪威、美国和苏联五国签署，旨在拯救和保护北极熊的生存环境，规定"除科研目的外，禁止捕杀北极熊"。除有关专门性条约外，北极地区最出名的治理机制当属由北极环境保护战略②发展而来的北极理事会，该理事会为北极地区的环境保护合作与可持续发展提供了重要平台。另外，北极地区议员会议、巴伦支欧洲—北极理事会、北欧部长理事会、欧盟北极论坛等次区域组织，也日益在北极治理问题上发挥着重要作用。

三是双边层面的安排。例如 1988 年美国和加拿大签订的《北极合作协议》、1994 年《美国政府和俄罗斯联邦政府关于防止北极地区环境污染的协议》、1998 年挪威与俄罗斯签订的《环境合作协

---

① 如《海上人命安全国际公约》、1973/1978 年的《防止船舶造成污染的国际公约》及附件、1972 年《防止因倾倒废物及其他废物污染海洋公约》、1990 年的《油污防备反应和合作国际公约》、2000 年的《有害物质引起的污染事故的防备、反应和合作议定书》、有关油污责任的 1969 年《国际油污损害民事责任公约》、1971 年《设立国际油污损害赔偿基金公约》及《极地冰封海域船舶运营指引》等。

② 1989 年，芬兰提议八个极地国家应该为保护北极环境采取一项区域性方案。随后，美国、俄罗斯、加拿大、芬兰、瑞典、冰岛、挪威和丹麦（格陵兰）八个极地国家于 1991 年签署了《北极环境保护宣言》，宣布成立北极环境保护战略（AEPS）。AEPS 从未设立具有法律约束力的义务，而是寻求通过集体的政策发展以达到由单个国家的环境法律和政策加以最终实施的目的。

议》、2010 年俄罗斯和挪威签订的两国《关于巴伦支海和北冰洋海域划界与合作条约》等。

四是北极国家的有关国内法律和政策措施。由于北极油气资源多数位于沿岸国管辖的领海、专属经济区、大陆架及外大陆架区域内，在这些区域进行油气开发需遵守相关国家国内法律规定。各国对北极航道的法律地位还有不同看法，俄罗斯、加拿大等航道沿岸国关于航道使用的国内法律和政策实践就值得深入研究。

简而言之，当前北极治理的主要依据是由主权国家主导的无约束性的"软法"和有约束性的"硬法"的混合；北极地区现有的机制安排都是针对具体问题的，缺乏统一、全面、综合的机制。无论是对于资源、航道还是安全问题，无论在多边还是双边层面，目前的北极治理机制主要集中在低级政治领域，尤其是环境保护或合作领域，而关于地区整体治理或主权安全的安排则非常之少。北极地区目前还缺乏一种具有支配性的政治和法律机制，缺乏能促进区域总体发展的机制，更缺乏一种能够协调各国就北极资源或远洋通道达成共识的机制。[①]

第二节　北极既有治理机制的功能评估

鉴于在上述既有北极治理机制中，《海洋法公约》和北极理事会最具代表性，以下主要就二者在该地区"治理上的漏洞或空隙"（governance gaps or rifts）进行评估。

---

① Scott G. Borgerson, "Arctic Meltdown", *Foreign Affairs*, Volume 87 Issue 2, pp. 63 – 77 (March/April 2008).

一、《联合国海洋法公约》适用于北极具有一定的局限性

作为全球性的"海洋大宪章",《联合国海洋法公约》有关海域划分和法律地位的规定同样适用于北极海域。据此,北冰洋沿海国可以对以下几个区域主张主权或管辖权:(1)一国测算领海宽度的基线与该国陆地之间的水域构成该国的内水;(2)从测算领海宽度的基线量起可以向外划定不超过 12 海里的领海;(3)从测算领海宽度的基线量起,沿海国可以划定不超过 200 海里的专属经济区;(4)一国陆地向海洋自然延伸部分构成该国大陆架。其中,内水和领海构成一国领土的组成部分,专属经济区和大陆架则不属于沿海国领土。由于目前没有科学证据表明任何一个国家的大陆架延伸至北极点,北极点周边为冰所覆盖的北冰洋被视为公海和属于"人类共同继承财产"的国际海底区域;根据《联合国海洋法公约》,前者实行公海自由原则,后者则由国际海底管理局负责管理和开发,它们都不能成为国家占有的对象。

但《联合国海洋法公约》对超过 200 海里的大陆架外部界限的规定充满了争议,第 76 条规定:"沿海国大陆架在海床上的外部界限的各定点不应超过从测算领海宽度的基线量起 350 海里,或不应超过连接 2500 米深度各点的 2500 米等深线 100 海里。"这条包含"或"字的含混规定导致了许多争端,① 北冰洋沿海国都试图使本国大陆架外部界限尽可能向外扩张,以争取更多的资源和战略利益。俄罗斯是第一个向联合国大陆架界限委员会提交这种申请的国家,但遭到了加拿大、挪威等国的反对。2002 年 6 月,大陆架界限委员会以协商一致的方式通过了对俄划界案的建议,认为俄的申请"证

---

① 吴慧:《"北极争夺战"的国际法分析》,《国际关系学院学报》2007 年第 5 期。

据不足",要求俄重新进行科学考察、补充证据。2005 年及 2007年,俄展开了声势浩大的北极科考活动。2008 年以来,俄在北冰洋开展了更深入的勘察活动,进一步搜集相关数据,为再次提交北冰洋外大陆架划界做好科学准备。俄罗斯以外的北极地区国家中,挪威(2006 年)、冰岛(2009 年)、丹麦(2009 年)等都先后向大陆架界限委员会正式提出了划定北极海域外大陆架的申请,加拿大也于 2013 年 12 月 6 日向大陆架界限委员会递交了有关北冰洋海底大陆架延伸的初步信息,涵盖面积达 170 万平方公里。显然,北冰洋沿海国扩大其大陆架范围,就意味着作为"人类共同继承财产"的国际海底区域相对缩小。

此外,《联合国海洋法公约》的第 234 条是唯一涉及北极海域"冰封区域"的条款,因此有时又被称为"北极条款"。该条款明确规制船舶在冰封区域航行以及海洋环境污染的问题,即"沿海国有权制定和执行非歧视性的法律和规章,以防止、减少和控制船只在专属经济区范围内冰封区域对海洋的污染,这种区域内的特别严寒气候和一年中大部分时候冰封的情形对航行造成障碍或特别危险,而且海洋环境污染可能对生态平衡造成重大的损害或无可挽救的扰乱。这种法律和规章应适当顾及航行和以现有最可靠的科学证据为基础对海洋环境的保护和保全"。但对于冰雪正在不断消融的北极地区而言,该条款还不足以提供一个全面的治理机制。北极环境迅速发生变化这一事实,预示着也许在不久的将来,大面积的北冰洋海域就能实现海面航行、海洋科学研究及海洋生物资源的开发,而在现行国际海洋法框架内,上述活动不应受北极国家的完全管控。然而俄罗斯和加拿大出于国家利益考虑,以历史性水域和直线基线为法律依据,认为北方海航道和西北航道是其国内航道,并制定相应国内法加强对航道的管理,要求过往船只通行需获得其许可并接受其管辖。美国、欧盟及一些非北极沿岸国则认为俄、加的有关做法与《联合国海洋法公约》不符，长期反对并挑战俄、加管辖，主张北极航道属于用于国际航行的海峡，各国有权不经批准自由航行。[①] 各方围绕北极航道法律地位的争议彼此龃龉不断。

尽管丹麦、俄罗斯、美国、加拿大和挪威等北冰洋沿海五国于 2008 年 5 月在格陵兰的伊鲁利萨特达成共识，决定在现行《联合国海洋法公约》框架内以文明方式与和平磋商来解决北极领土和自然资源归属的纠纷，认为无需构建新的综合性的北极治理机制；但我们也应看到，《联合国海洋法公约》所体现的国际海洋法的一般性规定并不足以解决北极地区的科学考察、资源开发、航道开辟、渔业捕捞、环境保护与军事化利用等若干特殊问题，《联合国海洋法公约》有关外大陆架的规定更是有可能成为北极争夺加剧的突破口。[②]

二、北极理事会在地区治理上"先天不足"

作为冷战结束后的一项积极成果，1996 年设立的北极理事会在一定意义上实现了包括美、俄在内的环北极八国在该地区进行实质性合作。为实现北极环境保护与可持续发展的目标，理事会每两年举行部长或副部长级的会议，在其组织下面则设立了 6 个工作组，即北极监测和评估工作组（AMAP），保护北极动、植物群落工作组（CAFF），保护北极海洋环境工作组（PAME），突发事件预防、准备和反应工作组（EPPR），可持续发展工作组（SDWG）和消除北极污染行动计划工作组（ACAP），由这些工作组具体开展各项工作。为确保北极原住民有参与理事会议程的机会，北极理事会还接受 6 个有资格代表原住民的组织作为"永久性参与者"参与理事会

---

① 贾桂德、石午虹：《对新形势下中国参与北极事务的思考》，《国际展望》2014 年第 4 期。

② Donald Rothwell，"The Arctic in International Affairs: Time for a New Regime?" *Brown Journal of World Affairs*，2008（1），pp. 248 – 250；另参见黄志雄：《北极问题的国际法分析和思考》，《国际论坛》2009 年第 6 期。

的各项工作。同时，北极理事会向非北极国家、政府间组织和议会间组织，以及非政府组织等实体开放观察员地位。

客观而言，北极理事会自成立以来，在监测与评估北极环境、气候变化，促进原住民参与地区可持续发展方面还是取得了一系列显著成果，但它与生俱来的机制性缺陷也不断为人诟病，例如：（1）没有法律约束性的义务。建立北极理事会的《渥太华宣言》未对参加方施加具有法律约束力的义务，北极理事会也未获得这方面的授权；虽然在其框架下也制定了一些无约束力的"软法"性质的指导建议，但其影响力很难确定，因为北极理事会从未系统地评估过这些建议是否得到遵循。[①]（2）并非一个严格意义上的国际组织，理事会运作仅依靠项目驱动。（3）参加方的有限性。北极理事会的独特性在于其对该地区原住民社群的关注，但非北极国家只能获得观察员资格。（4）没有常设性的独立秘书处。（5）没有机制性的资金来源。[②] 因此，北极理事会这种缺少条约约束力的体制是否能够成功协调多方主体在北极事务上复杂多变的利益关系，是否会在该区域面临重大问题时丧失功能，是理事会未来需认真面对的问题。[③]

尽管自 2011 年 5 月的努克部长级会议以来，北极理事会在机制化、法律化方面取得了显著进展，但理事会在授权方面仍只能探讨环保和发展问题，并不涉及战略安全合作，因此组织性质并未发生根本变化，其发展前景也还有待继续观察。总之，北极理事会要实现其全面、有效管理北极事务的潜力，最终成为一个管理北极事

---

① 当然也有个别例外，例如 2009 年北极理事会发布的《北极海运评估报告》以及随后对成员国如何遵循该报告中的政策建议所进行的检查。

② 程志志：《北极治理机制的构建与完善：法律与政策层面的思考》，《国际观察》2011 年第 4 期。

③ David Vanderzwaag, Rob Huebert, Stacey Ferrara, "The Arctic Eenvironmental Protection Strategy, Arctic Council and Multilateral Environmental Initiatives: Tinkering While the Arctic Marine Environment Totters," *Denver Journal of International Law and Policy*, Spring 2002.

务的最主要的国际机构还有很长的一段路要走，正所谓"任重而道远"。

三、北极治理机制的"多样化"和"碎片化"并存

正如前文所述，当前北极治理机制在主体、层级和涉及的领域方面呈现多样化趋势，既有北极理事会、巴伦支欧洲—北极理事会、欧盟北极论坛等区域性机构，也有国际海事组织、联合国政府间气候变化专门委员会、大陆架界限委员会等全球性机构；既有政府间组织，也有非政府组织和论坛。各机构分别在政治、经济、科技、环保、气候变化、航运、海域划界等领域讨论和处理北极问题，对促进北极和平、稳定和可持续发展发挥着积极作用。

但如进一步考察，当前北极治理机制的整体架构还存在很多漏洞，包括在管辖范围和管理体制方面的缺口和重叠。由于北极生态系统的维系对全球环境安全至关重要，北极治理问题与国际社会其他领域之间的联系日益密切，以前属于北极地区某一特定领域的事项，现在已逐步开始向其他领域渗透和扩散，这就造成了北极相关区域性机制安排和全球制度之间的某种竞争或冲突，从而呈现"碎片化"的趋势。例如，由于1920年《斯匹次卑尔根群岛条约》缔结时尚无大陆架的概念，未能明确规定条约适用范围是否包括周边的大陆架和专属经济区，因而产生适用范围的争议。① 尽管挪威在斯瓦尔巴德群岛的主权得到《斯匹次卑尔根群岛条约》的认可，其他缔约方也拥有在该领域捕鱼、自由穿行等平等权利，可是对后来确立的延伸性海洋区域，如专属经济区和大陆架相关条款的含义仍有争议。挪威并不同意冰岛和俄罗斯等国在其北部北冰洋的斯瓦尔

---

① 具体论述参见刘惠荣等：《海洋法视角下的北极法律问题研究》，中国政法大学出版社，2012年版，第11页、第41—42页。

巴德群岛开发资源。那么，其他国家的权利是仅仅限于领土和领海，还是延伸至 1920 年后确立的新区域呢？另外，根据《斯匹次卑尔根群岛条约》，缔约国公民仅需通报即可在群岛从事经济活动，而根据挪威 2001 年颁布的《斯瓦尔巴环境保护法令》，许多商业活动需经过挪威的许可。俄罗斯认为法令严重损害了缔约国在群岛从事经济活动的实质权利，俄"保留在法令与 1920 年条约冲突时不遵守法令的权利"。由于群岛地区现实和潜在的资源价值，上述争议直接关系各缔约国的经济权益，争议各方均不肯轻易放弃己方立场。①

至于相关机制安排"碎片化"的解决方法，主要还有赖于各国在各个条约体制、国际组织、国际机构之间建立尽可能的国际合作机制，通过信息分享交流对条约进行解释，并适当运用国际谈判等政治方法，最大程度地实现各国利益的协调。

第三节 北极治理机制的未来发展趋向

北极治理面临着巨大的挑战，而国际社会当前对北极治理的争论主要集中在是否应构建新的多边架构或者仅是利用既有的治理机制问题；② 这实际上涉及不同的国家对北极治理的定性问题，少数几个环北极国家认为北极治理只是一个区域性问题，没有必要构建新的综合性治理机制，因此尽管这些国家彼此之间纷争不断，但他们都力图不让"外人"介入北极，希望通过"北冰洋五国"、北极理事会等"小多边"途径进行闭门磋商，讨论北极资源开发、航道

---

① 贾桂德、石午虹：《对新形势下中国参与北极事务的思考》，《国际展望》2014 年第 4 期。

② Charles K. Ebinger & Evie Zambetakis, "The geopolitics of Arctic Belt", International Affairs, Volume 85 Issue 6, pp. 1215 – 1232 (November 2009).

管理等重大问题，而具体领土争端则依据《海洋法公约》，通过双边协商的方式加以解决。而更多的非北极国家则认为北极地区治理也涉及全球性问题，尤其是气候变暖的影响最大，北极海冰、冰川、冻土正以快于其他地区两倍的速度加速融化，将会导致全球海平面的日益上升，这对各国沿海地区利益攸关。因此，在气候变化的背景下，北极治理问题已不仅是环北极国家自身的问题，而是关系到北极圈外所有国家的共同利益。

一、关于北极治理机制发展趋向的国际学术争论

有的国际组织，如世界自然基金会、欧洲议会等认为《海洋法公约》不足以保证北极问题的解决，因此提议比照南极①拟制一个综合性的《北极条约》，以使该条约与南极条约体系相呼应，确保北极地区的可持续发展。国内外更有学者就未来《北极条约》可能涉及的几个主要问题进行了阐述，② 这无疑是一个十分美好而理想的愿景；但从现实政治的角度来看，由于国家间的利益冲突和立场分歧，要达成任何一项得到各国广泛接受的北极治理的新机制在短期内都绝非易事。

---

① 1959 年 12 月 1 日，阿根廷、澳大利亚、比利时、智利、法国、日本、新西兰、挪威、南非联邦、苏联、英国和美国 12 个国家经过 60 多次会议，签订了《南极条约》，条约自 1961 年 6 月 23 日生效。条约明确了南极地区的法律地位，南极洲永远继续专用于和平的目的，不成为国际纠纷的场所或对象，在南极洲实行科学考察的自由并促进相关的国际合作，而所有针对南极的领土主权要求都被冻结。在此条约的基础上，南极条约协商国又于 1964 年签订了《保护南极动植物议定措施》，1972 年签订了《南极海豹保护公约》，1980 年签订了《南极生物资源保护公约》。1991 年 10 月在马德里通过了《南极环境保护议定书》和"南极环境评估"、"南极动植物保护"、"南极废物处理与管理"、"防止海洋污染"和"南极特别保护区"5 个附件等一系列关于南极地区生物资源和矿物资源的保护、开发和管理等方面的国际条约，形成了"南极条约体系"。参见阮振宇：《南极条约体系与国际海洋法：冲突与协调》，《复旦学报》2001 年第 1 期。

② 具体论述参见刘惠荣等：《海洋法视角下的北极法律问题研究》，中国政法大学出版社，2012 年版，第 93—96 页。

　　以奥兰·杨为代表的一些北极治理项目的学者则认为，[1] 尽管在可预见的未来北极不太可能出现一个以全面的、具有法律约束力的条约为基础的综合治理体系，但是该地区事实上已存在一系列复杂的治理安排。应当让现有的各个治理机构和组织齐心协力、相互支持、形成一个更加复杂的治理体系；采取共同管理的态度，使总的治理效果大于各个机构和组织治理效果的总和。因此至少就目前而言，要实现北极的良治，就必须尊重、执行和加强现有的北极各项治理机制，如《海洋法公约》、《联合国气候变化框架公约》，以及其他政府间的条约、协定和政府同原住民之间的安排及相应实践等。上述各种机制应构成一个动态的相互关联的网络，以促进北极地区的可持续发展、环境保护、社会正义，并承认原住民参与决策的权利。对于随北极地区开发活动而来的航运、环保问题，他们认为，应通过适当的国际机构保证这类关键的功能性或领域性的具体问题首先得到解决。如在国际海事组织的主持下，尽快制定一个具有法律效力的守则，以规制北极地区航运。鉴于北极理事会相关工作小组的研究报告已吸收了最新的科学研究成果，因此可在此基础上，尽快在搜救以及危机应对处理等方面制定具有法律效力的协议。在其他领域，如渔业和旅游业方面，则需要诸如国际南极旅游从业者协会这类独立机构的进一步发展。针对北极理事会的治理性缺陷，他们认为，应强化理事会作为审议北极事务首要论坛的地位，并突出理事会首要目标是成为北极治理的管理者；重新界定和扩大理事会的授权范围，使北极理事会的议题包括安全、卫生、教育等事项，并在成员国内设立一个常设性的秘书处；接纳北极国家之外的核心国家（如中国、意大利、日本、韩国等）以及欧盟委员会为理事会永久观察员；为北极理事会建立一个可靠的资助机制，

---

　　[1]　Arctic Governance in an Era of Transformative Change：Critical Questions，Governance Principles，Ways Forward，http：//www. arcticgovernance. org.

使理事会能够选择和实施相应的项目，而不至于只能逐案实施个别成员国自愿捐助的具体项目。

上述两种学术见解实际上都看到了现有机制安排还不能满足北极治理的需要，只是在治理方式上，前者采取的是一种"自上而下"的"先整体、后领域"模式，后者则强调在功能性或领域性机制安排未成熟之前，不应出台新的综合性治理机制。从近年来的北极治理实践考察，以奥兰·杨为代表的"北极治理学派"有关强化既有北极治理机制并使之体系化、网络化的观点更为北极国家政府所接受，也更符合当前国际政治经济关系发展的现实状况。

二、北极治理体系正逐步成型

北极地区目前并不存在纵向的、层级化和集中式的单一管理机制，权力横向地分散于众多国家与非国家行为体，并由各行为体就彼此关切的特定议题进行协作与管理。这一发展趋势与北极地区核心议题的复杂性，以及行为主体的多元性密切相关，因此只有通过多样化的治理机制加以治理，才能有效应对该地区迫切的治理难题。同时，以自然资源的勘探与开发、海上航道的归属与利用、原住民社群的经济社会发展，以及区域生态、环境保护等为代表的各种北极治理问题与全球治理进程是密切相关的。首先，在资源开发方面，北冰洋沿岸五国对其专属经济区和大陆架上的生物资源与非生物资源具有排他性开发、开采的权利，但在北冰洋沿岸五国专属经济区及大陆架外的公海和国际海底区域内应分别适用公海自由原则和人类共同继承遗产原则，依照全球治理理论来进行管理。其次，在航道通行方面，北极航道包括北方海航道、西北航道和穿极航道，其中经北方海航道需穿越俄罗斯若干海峡，经西北航道需穿越加拿大北极群岛，船舶在经过俄罗斯和加拿大有待定性和争议的水域后经过的是可供自由航行的专属经济区或公海，国际海事组织制定的国际航行规则应予以适用。再次，科学考察方面，联合国教科文组织下属的政府间海洋学委员会的主旨就是帮助发展中国家加强制度建设，获得在海洋科学方面自我驱动的可持续性能力，北冰洋是海洋学委员会关注的重点区域之一。最后，在环境保护方面，北极是人类最后待开发的"处女地"，北冰洋生物和非生物资源的开发都需要考虑到对全球海洋环境的影响。北冰洋作为世界四大洋之一，并非"闭海"。对北冰洋海洋环境的保护不应如同《联合国海洋法公约》对"闭海"的保护，即北冰洋沿岸国管辖范围外的水域和底土环境保护应充分顾及全人类的共同利益。另外，在气候变化方面，北冰洋被称为全球气候变化的反应器，联合国政府间气候变化专门委员会作为世界气象组织的下属机构，对气候变化的科学、技术和社会经济信息进行评估，北极因其与气候变化密不可分的关系而应成为人类共同关切的区域，吸收全球性国际组织参与治理。[①]

北极八国则通过北极理事会这一平台加强沟通和协调，谋求对北极事务的共同立场和政策。理事会于 2013 年正式在挪威特罗姆瑟设立常设秘书处，在搜救和油污处理等领域分别于 2011 年和 2013 年制定了《北极海空搜救协定》、《北极海上油污预防和反应协定》，强化了北极 8 国在理事会架构内的合作。与一般的国际组织相比，当前北极理事会的治理优势并不在于由北极八国行使投票权以形成最终决策，而在于其强大而具权威性的研究和评估能力。在环境、气候与可持续发展领域，北极理事会一般通过发布一系列科学研究基础上的评估报告向国际社会表达来自北极的关切，例如《北极气候影响评估报告》、《北极人类发展报告》、《北极生物多样性评

---

① 白佳玉：《中国北极权益及其实现的合作机制研究》，《学习与探索》2013 年第 12 期。

估》、《北极海运评估报告》及《北极地区污染报告》等。气候变化和环保问题仍是北极理事会加强北极治理的主要依托，而从搜救协定到航运规则及大规模资源开发（涉及海洋石油泄漏的预防与处理、黑炭排放标准的设定等）的能力建设则是其未来治理机制架构日趋完善的发展方向。今后，北极理事会作为北极事务首要合作平台的功能将进一步加强，其已逐步从环境与发展论坛向具有决策能力的政治组织转变。[①] 联合国气候变化与可持续发展会议、联合国大陆架界限委员会、国际海事组织极地航行规则谈判[②]等全球治理机制或进程也对引领涉北极的制度建设朝公平、合理的方向发展具有至关重要的作用。总之，以《海洋法公约》为基本法律框架，以北极理事会为首要平台，以议题性或功能性机构为骨干的北极"伞状"治理体系已逐步成型。

[①] 参见程保志：《试析北极理事会的功能转型与中国的应对策略》，《国际论坛》2013 年第 3 期。

[②] 2009 年，国际海事组织制定具有法律约束力的《极地水域船舶强制性规则》，内容涉及航行于北极的船舶建造、安全装备、航行要求、环境保护及损害控制等内容，将成为北极航运的重要法律之一。目前该规则制定已进入最后阶段，预计 2014 年完成，2016 年生效实施。

第六章

BEI JI ZHI LI
XIN LUN

北极问题的全球治理

　　虽然北极地区人口稀少，但因为其在气候、生态、环境和原住民等问题上的特殊地位，北极成为了全球治理的重点关注地区。气候变化对于极地地区有着很深远的影响。从较浅层面来看，极地地区温度上升速度远高于其他地区，越来越高的温度对于海冰、冰川和极地野生动物的影响已经凸显。较深层面上，气候变化所带来的海冰减少乃至消失以及更加温和的气候，不仅使得开辟通过西北航道和北海航线的商业海运的前景大增，而且使得极地地区的矿藏资源不再遥不可及。在利益的导引下，北极海洋权益的争议加剧，越来越多的与极地相关的争端被提交给联合国大陆架划界委员会。以上问题都使得北极治理更需要全球层面的国际组织和治理制度的介入。

第一节　国际法原则：国家主权与共同责任

　　约翰·贝斯利主编的《世界政治的全球化——国际关系导论》中对主权的特性描述为：全面的、最高的、绝对的和排他的统治。全面的统治是指主权国家对国内所有事务都有裁决权；最高的统治意味着在主权国家之上没有其他更高的权威，在本国的领土内主权国家对国内事务有最终发言权；绝对的统治意味着其他国家承认国家的主权是神圣不可侵犯的；排他的统治意味着在国内主权不可分享，在国家间不存在"联合主权"。① 这一描述在国际法中确认了国家主权原则，国家主权原则是指各国有权独立自主地处理自己的对内对外事务，禁止其他国家以任何方式加以干涉。国家主权原则是国际法最重要的基本原则，它是维护国家独立自主、免受外来侵略的法律依据，是国家进行自由合作和友好往来的法律基础。

国际社会始终强调保护国家管理资源的主权，1974 年的联合国《建立新的国际经济秩序宣言》从国际法角度进行规定："每个国家有权对其自然资源和经济活动行使永久主权。"为了保护发展中国家的主权，《联合国宪章》特别说明："受压迫、遭统治和被占领的人民，其环境和自然资源应予保护。各国应遵守国际法关于在武装冲突期间保护资源的规定，并按照《联合国宪章》用适当方法和平地解决一切环境资源争端。"1992 年的《联合国里约环境与发展宣言》（又称《地球宪章》）规定，"各国拥有按照本国的环境与发展政策开发本国自然资源的主权权利，并负有确保在其管辖范围内或在其控制下的活动不致损害其他国家或在各国管辖范围以外地区的环境的责任"。北极不同于主权没有确定归属的南极大陆。除了北冰洋核心地带的涉海区域外，北极地区大部分土地和海域都有明确的主权归属。主权国家的利益和责任构成了北极治理的一个重要基础。

《联合国海洋法公约》是北极治理最重要的治理制度。2008 年北冰洋五国（加拿大、丹麦、挪威、俄罗斯和美国）在格陵兰伊卢利萨特进行磋商，并发表了《伊卢利萨特宣言》。宣言明确指出，联合国海洋法公约明确了北冰洋治理所需要的重要的权利和义务，

---

① John Baylis, Patricia Owens, and Steve Smith, eds. , *The Globalization of World Politics*: *An Introduction to International Relation*, New York: Oxford University Press, 2007, p. 112.

包括大陆架外部界限的确定、海洋环境保护、自由通行、海洋科学研究和其他海洋利益等。宣言认为："这个法律框架为五个沿海国和其他有关的当事方执行和运用相关规定来进行有效的管理提供了一个基础性的文件。"[①] 根据《联合国海洋法公约》，沿海国家对各自离岸 200 海里以内的矿藏资源拥有勘探和开发的主权，通常被称为特别经济区（EEZ）。国家如果能够证明它们的大陆架在海底延伸得更远，它们就可以突破 200 海里的限制。滨海国家可能对扩展大陆架以内的矿藏资源实施主权，一直扩张到两大绝对限制：离海岸线 350 海里或者超过 2500 米等深线以外 100 海里。由于北冰洋较浅，北美和欧亚大陆架通常在达到所谓的 2500 米的临界线之前就已经超过了 350 海里，从而提高了在北极扩展大陆架的相对价值和战略重要性。

但是主权现象同国家一样，是一个历史的范畴，因而理解它也应具有历史的眼光。主权是随着近代民族国家体系一同诞生的，它也将随着世界体系的变迁而改变自己作用的形式。随着全球化的发展，主权的传统信条已经不能有效地解释当代国际政治舞台上发生的现实，其原因正如汉斯·摩根索所指出的："主权观念与政治现实已经脱节，而观念却被设想为政治现实的法律表现。"[②] 冷战后全球治理的兴起也给国家主权的行使带来了新的挑战。变化了的现实要求我们改变古典的主权观念。我们这个时代的复杂性在于：一方面，体现于国家当局身上的国家主权，作为国际法和国际惯例的基础和主要承受者，依然是无政府状态的现代国际关系不可或缺的中轴；另一方面，实现国家利益的最好办法之一，是积极参与全球和国际组织，善于妥协和让步，在整体利益发展的同时，保护和拓展自身的利益。

---

① 陆俊元：《北极地缘政治与中国应对》，时事出版社，2010 年版，第 351 页。
② 汉斯·摩根索：《国家间政治》，中国人民公安大学出版社，1991 年版，第 393 页。

　　传统上讲，国家对其疆域内的自然资源享有当然的主权，一国的环境保护与能源资源利用也应完全属于主权范围内的事情。但每个国家都意识到他们在能源安全与气候变化问题上处于相互依赖之中，在某种程度上各国之间是"一荣俱荣、一损俱损"的关系，因此合作和共同发展也是国际主要规范。《联合国里约环境与发展宣言》认为：各国应本着全球伙伴精神，为保存、保护和恢复地球生态系统的健康和完整进行合作，各国负有共同的但是有差别的责任。发达国家承认，鉴于它们的社会给全球环境带来的压力，以及它们所掌握的技术和财力资源，它们在追求可持续发展的国际努力中负有责任。联合国《发展纲领》在国际合作方面认为："由于全球化进程以及在经济、社会和环境领域内日益加强的相互依存关系，越来越多的问题光靠个别国家无法有效地解决。因此，需要进行国际合作……全球化和相互依存关系正在加深对国际合作的需求，并为国际合作创造了更多的机会。"2008年金融危机之后，围绕能源安全与气候变化的国际合作更加重要，《世界金融和经济危机及其对发展的影响问题会议成果》提出"促成国际合作，以解决国际间属于经济、社会、文化及人类福利性质之国际问题"，和"构成一协调各国行动之中心，以达成上述共同目的"的国际共同理念。

　　虽然北极治理合作在一定程度上对目前传统的国家主权原则产生了影响，但北极各国也通过治理的合作获得了实际的利益，如北极科学考察的合作，世界各国的科学家对北极生态、环境、海洋的基础性研究和应用性研究弥补了知识上的缺乏，对于北极各国制定相应的发展规划起到了关键性的作用。北极国家合作处理冷战时期留下的核废料，对于改善北极人口生存环境、发展经济都大有助益。在治理实践中，在尊重国家主权的前提下，必须坚持"共同但有区别的责任原则"。从全球层面看，特别是气候环境问题上，有关共同但有区别的责任原则主要是指：由于各国对全球环境恶化的责任不尽相同，因此虽然负有共同责任，但也应有所区别。发达国家应承担特殊的责任，并应在这个领域起领导作用。在北极治理问题上，共同但有区别的责任原则还体现在北极发达国家（美国、加拿大、瑞典、挪威等）与北极相对不发达国家（俄罗斯等）之间、北极大国与北极中小国家之间、国家行为体与非国家行为体之间以及北极国家与非北极国家之间。

第二节　全球资源环境治理的政治宣言

北极的主要问题包括气候变化、环境与发展、生态与动植物保护、科学观测、原住民保护等。围绕这些问题，包括联合国及其附属组织在内的全球性组织，制定和发表了许多公约和宣言，在这些公约和宣言中，北极所面临的问题从全球层面得到了重视和解决。

一、《联合国人类环境宣言》

《联合国人类环境会议宣言》又称《斯德哥尔摩人类环境会议宣言》，简称《人类环境宣言》，于1972年6月16日经联合国人类环境会议全体会议于斯德哥尔摩通过。该宣言是这次会议的主要成果，阐明了与会国和国际组织所取得的7点共同看法和26项原则，以鼓舞和指导世界各国人民保护和改善人类环境。该宣言认识到为现代人和子孙后代保护和改善人类环境，已成为人类一个紧迫的目标。这个目标将同争取和平和全世界的经济与社会发展两个基本目标共同和协调地实现。该宣言为实现这一环境目标，要求人民和团体以及企业和各级机关承担责任，大家平等地作出共同的努力。各级政府应承担最大的责任，国与国之间应进行广泛合作，国际组织应采取行动，以谋求共同的利益。会议呼吁各国政府和人民为全体人民及他们子孙后代的利益而共同努力。该宣言达成了以这些共同观点为基础的 26 项原则，包括：人的环境权利和保护环境的义务，保护和合理利用各种自然资源，防治污染，促进经济和社会发展，使发展同保护和改善环境协调一致，筹集资金，援助发展中国家，对发展和保护环境进行计划和规划，实行适当的人口政策，发展环境科学、技术和教育，销毁核武器和其他一切大规模毁灭手段，加强国家对环境的管理，加强国际合作等。

二、《联合国气候变化框架公约》

鉴于北极对于气候变化的极度敏感，研究全球变暖的科学家常把北极称为"在煤矿之上的生态金丝雀"。北极的天气变化预示着更大的变化即将到来。现今，这种状况也危及政治前线。北极的紧张局势预示着将来日益常见的一种冲突类型，这种冲突是日益减少的资源以及环境恶化的结果。但是如果能够谨慎起草一份国际法，这种处境并非完全绝望，这一国际法应该反映北极圈国家间相互竞争的领土要求，同时最大化未来合作的可能性。这样做需要耐心和运气，也需要以科学合作和碳氢化合物贸易领域共同利益为坚实背景。1992 年，155 个国家签署了《联合国气候变化框架公约》。《联合国气候变化框架公约》是第一部关于气候变化的具有法律约束力的全球性条约，是全球共同行动防止全球变暖的关键途径。1992 年的里约峰会确立"稳定大气层中温室气体的浓度水平以此来控制人类对全球气候系统的影响"的目标。它陈述了对每个缔约国都具有约束力的目标、原则和承诺，公约中陈述的原则是国际社会对待气候变化问题的重要行动依据。公约中陈述的主要原则有：气候变化是人类共同关心的问题；"共同但又有区别的责任"的原则，附件一国家（发达国家和东欧国家）承担实施温室气体减排的措施以缓和温室气体带来的变化，向发展中国家提供资金作为履行义务所需的费用，附件二国家（发展中国家）的义务，应自公约生效后3年内，通报温室气体排放源的清单，以及为缓和气候变化而采取措施；预防原则，公约要求各缔约方应当采取预防措施，预测、防止或尽量减少引起气候变化的因素，并缓和其不利影响，不应以科学上没有完全确定为理由而推迟采取这种措施；可持续发展原则，将应付气候变化的行动与社会和经济发展协调起来，以免各国受到不利影响，同时允分考虑到发展中国家实现持续经济增长和消除贫困的正当优先需求。

三、《联合国千年宣言》

2000年9月，千年首脑会议在联合国总部举行。189个国家的代表（其中有包括中国在内的150多个国家的元首或政府首脑）出席了会议。与会的各国领导人通过了《联合国千年宣言》，承诺在2015年之前将全球的贫困水平降低一半。随后的协商产生了千年发展目标。宣言提出"我们将不遗余力地帮助我们十亿多男女老少同胞摆脱目前凄苦可怜和毫无尊严的极端贫穷状况。我们决心使每一个人实现发展权，并使全人类免于匮乏"。宣言要求"我们必须不遗余力，使全人类、尤其是我们的子孙后代不致生活在一个被人类活动造成不可挽回的破坏、资源已不足以满足他们的需要的地球"。宣言重申支持联合国环境与发展会议商定的可持续发展原则，包括列于《21世纪议程》中的各项原则。

四、《京都议定书》

为了人类免受气候变暖的威胁，1997 年 12 月，《联合国气候框架公约》（以下简称《公约》）第三次缔约方大会在日本京都举行。149 个国家和地区的代表通过了旨在限制发达国家温室气体排放量以抑制全球变暖的《京都议定书》。议定书是《公约》的补充，它与《公约》的最主要区别是：《公约》鼓励发达国家减排；而议定书强制要求发达国家减排，具有法律约束力。议定书建立了旨在减排温室气体的三个灵活合作机制——国际排放贸易机制、联合履行机制和清洁发展机制。以清洁发展机制为例，它允许工业化国家的投资者从其在发展中国家实施的并有利于发展中国家可持续发展的减排项目中获取"经证明的减少排放量"。

五、《可持续发展北京宣言》

2008 年 10 月 24 日至 25 日，16 个亚洲国家和 27 个欧盟国家的国家元首和政府首脑以及欧盟委员会主席和东盟秘书长出席了在中国北京举行的第七届亚欧首脑会议，会议就可持续发展为主题达成了共识，发表了《可持续发展北京宣言》。宣言认识到当前全球人口不断增长与环境持续恶化、资源迅速枯竭及生态环境承载能力减弱等问题在许多国家和地区日益凸显，实现可持续发展是全人类共同面临的严峻挑战和重大紧迫任务。宣言重申可持续发展关系人类的现在和未来，关系各国的生存与发展，关系世界的稳定与繁荣，各国在追求经济增长的同时应努力保持和改善环境质量，充分考虑子孙后代的需求，走符合自身特点的可持续发展道路。

六、《里约环境与发展宣言》

《里约环境与发展宣言》确认了人类处于可持续发展问题的中心和人类具有健康生活的权利，确认了可持续发展是实现人类社会环境保护和社会经济发展的根本途径。宣言提倡为了实现可持续的发展，环境保护工作应该是发展过程的一个整体组成部分，不能脱离这一进程来考虑。宣言指出各国在根除贫穷这一基本任务上进行合作是实现可持续发展的一项必不可少的条件。为了实现可持续的发展，使所有人都享有较高的生活质量，各国应当减少和消除不能持续的生产和消费方式，并且推行适当的人口政策。

七、《21 世纪议程》

《21 世纪议程》是联合国环境与发展大会通过的另一重要文件。《议程》是国际社会继 1972 年联合国人类环境会议制定的《行动计划》之后制定的又一项关于人类环境与发展问题的行动计划。《议程》共分为 4 篇、40 章、1418 条，是一个空前宏大而详尽的行动计划。《议程》的内容涵盖人类环境与发展问题的各个方面，其中主要的有社会经济方面（第一篇）、促进发展的资源保护及管理方面（第二篇）、加强主要团体的作用方面（第三篇）和实施方面（第四篇）。《议程》各章都遵循"行动依据—目标—活动—实施手段"的体例，旨在鼓励发展的同时保护环境的全球可持续发展计划的行动蓝图。《议程》的目的是指出人类当前所面临的紧迫的环境与发展问题，并为各国提出相应的目标、活动和实施手段，以便"促使全世界为下一世纪的挑战做好准备"。《议程》"反映了关于发展与环境合作的全球共识和最高级别的政治承诺"。

八、《联合国原住民权利宣言》

2007 年联合国通过了共有46 条的《联合国原住民权利宣言》。宣言重申原住民族在行使其权利时，不应受任何形式的歧视；关注原住民族在历史上因殖民统治和自己土地、领土和资源被剥夺等原因，受到不公正的对待，致使他们无法按自己的需要和利益行使发展权；承认极需尊重和增进原住民族因其政治、经济和社会结构及其文化、精神传统、历史和思想体系而拥有的固有权利，特别是他们对其土地、领土和资源的权利；亦承认极需尊重并增进在同各国订立的条约、协议和其他建设性安排中得到确认的原住民族权利，欢迎原住民族为提高政治、经济、社会和文化地位，结束一切形式的歧视和压迫（无论它们在何处发生）而组织起来；深信原住民族掌管了与他们自己及他们的土地、领土和资源相关发展进程，将能够保持和加强他们的机构、文化和传统，并根据自己的愿望和需要促进自身发展；承认尊重原住民的知识、文化和传统习惯，会有助于实现环境的可持续公平发展，并有助于适当管理环境，强调实现原住民族土地和领土的非军事化，有利于和平、经济和社会进步与发展，有利于世界各国和民族之间的相互了解和友好关系。

九、《保护世界文化和自然遗产公约》

公约定义了文化遗产和自然遗产。北极属于自然遗产，"自然遗产"包括：从审美或科学角度看，具有突出的普遍价值的由物质和生物结构或这类结构群组成的自然景观；从科学或保护角度看，具有突出的普遍价值的地质和人文结构以及明确划为受到威胁的动物和植物生境区；从科学、保存或自然美角度看具有突出的普遍价值的天然名胜或明确划分的自然区域。国际社会要在尊重国家主权的基础上，建立国际合作和援助系统。

十、《控制危险废物越境转移及其处置的巴塞尔公约》

公约规定防止有害废物向北极转移。公约处置或按照国家法律规定必须加以处置的物质或物品。这里讲的处置既包括将废物置放于地下、存放于地表、排入海洋或排入海洋之外的水体等最终处置方式，也包括对废物的再循环和回收利用。公约将废物分为危险废物和其他废物两种，并在有关附件中做了具体规定。[①] 危险废物的范围很广，从被二恶英、汞、铬和铅等重金属污染的物质到有机废物，种类繁多。1989 年，在联合国环境规划署的主持下，《控制危险废物越境转移及其处置的巴塞尔公约》签署，1992 年生效。在北极，汞的污染影响十分严重。汞为银白色的液态金属，俗称水银。汞是非常危险的，因为它不容易分解，可以在大气、海洋或动物体内留存多年。汞的毒性是积累的，需要很长时间才能表现出来，它被归类为一种持久性生物累积性毒物。目前，世界各地的渔业都在抱怨，这种类型的污染影响他们的鱼群生长。而且北极地区的原住民特别容易受到甲基汞（methyl mercury）污染的危害，因为他们消耗大量的鱼类和海洋哺乳动物作为他们传统饮食的一部分。这种危险的化学品通过大气以及北极地区错综复杂的河流引入了该区域。该元素或将在这个世界上最敏感的栖息地之一不断累积。北极理事会已经将汞污染问题提上了议事日程。

---

① 　其中，在附件一"应加控制的废物类别"中，列有 45 种废物组别；在附件二"须加特别考虑的废物类别中，列有 2 种，一种是从住家收集的废物，另一种是焚化住家废物时产生的残余物；在附件三中，规定了"危险特性的等级"。

十一、《保护北极熊条约》

该条约旨在保护北极地区的生物多样性。北极海冰减少，是对北极熊这一物种生存的最大的长期威胁。加拿大哈德逊湾的雌性北极熊的平均体重已经从 1980 年的 650 磅下降到 2004 年的 507 磅，并且研究显示北极熊有可能成为在 21 世纪末第一个因为气候变化而灭绝的已知物种。在 2009 年的"保护北极熊"缔约方大会上，各国一致同意：为了长远地保护北极熊，必须成功地减缓气候变化。

第三节　全球性国际法与北极治理

北极相关治理法律包括《联合国海洋法公约》（UNCLOS）、《国际海上人命安全公约》（SOLAS）、《国际防止船舶污染公约》（MARPOL）、《联合国气候变化框架协议》（UNFCCC）以及《蒙特利尔破坏臭氧层物质管制议定书》。但是联合国和其他国家没有很好地利用这些工具强化对变化中北极的治理，这种治理方式应该推动可持续的经济发展和环境保护。《联合国海洋法公约》和《国际防止船舶造成污染公约》与北极特别相关，并且可以支撑美国在该地区的国家目标。在大规模的商业活动可行之前，利用这两个公约可以改善共同治理，推动地区稳定性。对于美国来说，现在正是加入《联合国海洋法公约》，把北极指定为《国际防止船舶造成污染公约》下的特别区域的合适时机。

一、《联合国海洋法公约》

《联合国海洋法公约》的主要作用是认证海上和陆地的大陆架

界限、保护环境和保障航行自由。《联合国海洋法公约》的大部分内容是重申已有的一些国际法和汇编管理。到今天为止，已经有157个国家批准了该条约，包括除美国之外的所有北极国家。

从处理国家间海洋权利角度看，《公约》主要具有以下6个基本特点：一是确立了领海宽度的最大范围，即国家可以将领海宽度确定为最大12海里的界限。二是根据海域的不同地位细化了海域范围。《公约》将海域分为内水、领海、毗连区、群岛水域、专属经济区、大陆架、公海、国际海底区域等。不同的海域具有不同的法律地位，沿海国对其的管辖权也不同。三是修改了大陆架制度的标准或范围，并创设了大陆架外部界限制度。《公约》第76条第1款规定，沿海国的大陆架包括其领海以外依其陆地领土的全部自然延伸，扩展到大陆边外缘的海底区域的海床和底土，如果从测算领海宽度的基线量起到大陆边的外缘的距离不到200海里，则扩展到200海里的距离。可见，《公约》对大陆架范围采用了自然延伸标准或200海里距离标准，从而极大地扩展了沿海国对大陆架的管辖范围。四是建立了专属经济区制度，包括专属经济区的范围、划界以及国家在专属经济区内的权利等。五是创设了国际海底制度，并设置了专职机构——国际海底管理局。六是创设了争端解决制度，并设立了国际海洋法法庭。《公约》为解决海洋争端提供了一套详尽而灵活的机制。它不仅规定了解决争端的方法，而且建立了解决争端的程序和机构——国际海洋法法庭。①

从环境保护和全球治理角度看，《公约》更重视"为海洋建立一种法律秩序，以便利国际交通和促进海洋的和平用途，海洋资源的公平而有效的利用，海洋生物资源的养护以及研究、保护和保全海洋环境"。其第三章专门定义了构成用于国际航行海峡的水域的

---

① 金永明：《〈联合国海洋法公约〉的基本特点》，《中国海洋报》2012年8月30日。

法律地位，确立了穿过用于国际航行的海峡的公海航道或穿过专属经济区的航道，规定了过境通行权、船舶和飞机在过境通行时的义务、用于国际航行的海峡内的海道和分道通航制、海峡沿岸国的义务，以及无害通过等多项规定，确保了国际交通的顺畅。第十二章，在明确主权国家的开采资源的权利前提下，《公约》规定了防止、减少和控制海洋环境污染的措施，确立了不将损害或危险或转移或将一种污染转变成另一种污染的义务，规定了对污染的应急计划、对污染危险或影响的监测，以及对各种污染源的识别和相关行为体的具体执行措施等，为保障海洋的环境确立了基本法则。在这一部分，《公约》还特别规定了涉及极地的第234条规定，这条规定确定了冰封区域的概念，在冰封区域"沿海国有权制定和执行非歧视性的法律和规章，以防止、减少和控制船只在专属经济区范围内冰封区域对海洋的污染，这种区域内的特别严寒气候和一年中大部分时候冰封的情形对航行造成障碍或特别危险，而且海洋环境污染可能对生态平衡造成重大的损害或无可挽救的扰乱。这种法律和规章应适当顾及航行和以现有最可靠的科学证据为基础对海洋环境的保护和保全"。① 在第十三章，《公约》还专门要求各国和各主管国际组织应按照本公约，促进和便利海洋科学研究的发展和进行。海洋科学研究的原则包括：(a) 海洋科学研究应专为和平目的而进行；(b) 海洋科学研究应以符合本公约的适当科学方法和工具进行；(c) 海洋科学研究不应对符合本公约的海洋其他正当用途有不当干扰，而这种研究在上述用途过程中应适当地受到尊重；(d) 海洋科学研究的进行应遵守依照本公约制定的一切有关规章，包括关于保护和保全海洋环境的规章。《公约》还规定了所有国家，不论其地理位置如何，以及各主管国际组织，在本公约所规定的其他国

---

① 联合国官方网站，http://www.un.org/zh/law/sea/los/article12.shtml。

家的权利和义务的限制下，均有权进行海洋科学研究。《公约》规定了在领海、专属经济区等不同海域中实施科学研究的国家和沿岸国之间的权利、义务和责任，要求缔约国促进国际合作和知识信息的传播。《公约》的上述规定应当视为自动适用于各国在北极的科考活动必须遵守的规范，对促进海洋治理的一体化，通过科学研究促进海洋的环境、生态、资源的有效治理起到了积极作用。

二、《国际防止船舶造成污染公约》

《国际防止船舶造成污染公约》设定了一个污染物排放的国际标准以防止由于商业航运和钻井平台造成的海洋污染。美国已经批准了这个公约，并且支持随后的修订。尽管《国际防止船舶造成污染公约》适用于极地地区，但是它并没有为遥远和脆弱的北极量身定做统一的标准。每个北极国家都采用额外的国际标准来管理船舶带来的污染，但是缺乏一致的标准去抑制持续的商业开发。《国际防止船舶造成污染公约》能填补这个空缺，它赋予成员国把选定的海洋设为"特别区域"，在该区域内可以采取保护性的措施来维持它。这些措施由国际海事社会统一选定和执行，有很多这样的先例。国际海事组织已经在21个不同地区设立了特别区域，包括地中海、大加勒比海地区和南极地区。特别区域的地位使国际社会能够采用统一的污染标准和为北极量身定做的保护性安全措施。商业航运和矿藏开发对于区域经济发展和可持续性具有重大意义，但是也对环境造成巨大的威胁。离岸油气开发产生大量的废物，影响了大范围的北极海洋野生动物，从章鱼和海床上的鱼卵到公开水域的鲸鱼和岸上的北极熊。意外的泄漏总是和油气开发相伴，在遥远却脆弱的北极进行油气开发的确存在着巨大风险和难以平复的环境后果。该地区地处偏远，孤立于监控和反应的基础设施之外，本地人更加依赖海洋生物和居住地来获取生活物质，脆弱的北极环境加上商业航运和钻探的固有风险，需要国际社会采取更加主动介入的管理制度。该制度必须提供更正式的议定书来降低风险，它必须能够防止事故和当事故发生时作出及时合适的反应。

表6-1 相关全球治理公约规则一览表 *

相关全球治理公约名称	订立年份	全球治理的领域
联合国海洋法公约	1982	主权与海洋利用
全球禁止捕鲸公约	1986	环境保护
生物多样性公约（CBD）	1992	环境保护
消除所有形式种族歧视国际公约	1969	人权
保护世界文化和自然遗产公约	1972	自然遗产保护
联合国大会关于原住民权利的宣言	2007	人权
IMO 极地冰覆盖水域船舶航行指南	2002	航运
国际防止船舶造成污染公约、伦敦公约等国际海事组织制定的规则	1978	航运
跨国界环境影响评价公约	1991	环境保护
联合国气候变化框架公约	1992	环境保护
长距离跨国界大气污染公约	1979	环境保护
保护臭氧层维也纳公约	1985	环境保护
国际民用航空公约	1944	空运
不扩散核武器条约	1968	安全
全面禁止核试验条约	1996	安全

* 作者自制。

第四节 全球治理中的政府间国际组织

联合国等政府间国际组织在北极的全球治理中扮演着日益重要

的作用。罗伯特·基欧汉等人提出全球有效治理必须满足三个条件：第一，政府对问题的关注（concern）必须非常高，高到足以推动政府将有限的资源用于环境保护。第二，有效解决全球治理问题必须有一个良好的契约和谈判环境（contractual environment），使国家免除对"搭便车"和欺诈的担忧，能作出可靠的承诺、遵守共同的规则，并以较低的成本监督相互的行为，从而实现互惠的合作。第三，国家必须拥有为遵守国际规范和原则而进行国内调整的政治和行政能力（capacity）。它不仅指政府制定和落实政策的能力，也包括市民社会在政治过程中的积极作用。因此，国际制度（包括政府间国际组织）在全球治理上的作用大小就取决于其对上述三个条件影响程度的高低。①

由于北极问题的全球性，北极的全球治理必然要求由全球性政府间国际组织发挥主导作用。联合国作为最具权威性和普遍性的政府间国际组织必然成为全球环境治理的中心。

从联合国成立到1972年，联合国零星地开展过一些相关的资源环境保护活动，如1949年，联合国举行了保护和利用资源的大会，来自50多个国家的代表就能源、矿产、水、森林、土地及鱼类问题展开了热烈讨论。联合国还推动了一些国际环境公约的签署，如《捕鱼和养护公海生物资源公约》（1958年）和《国际重要湿地特别是水禽栖息地公约》（1971年）等。1972年联合国人类环境会议召开，标志着环境问题从此被列入联合国的重要议事日程，国际环境治理正式启动。此后，联合国讨论环境问题的机构越来越多。联合国进行全球治理的主要架构表现为：以联合国大会和经济与社会理事会为最高决策机构，以联合国环境规划署为核心工作机构，以

---

① Peter M. Haas, Robert O. Keohane, and Marc A. Levy, eds., *Institutions for the Earth: Sources of Effective International Environmental Protection*, Massachusetts: The MIT Press, Third printing, 1995, pp. 19 – 20.

联合国各专门机构及其他机构为主体的跨领域、多层次的治理系统。具体情况如下：

一、联合国大会（The General Assembly）

联合国大会是联合国的主要审议机构，按宪章的规定拥有广泛的权力：对于有关维持国际和平与安全的任何问题，除安全理事会正在处理者外，均可由大会讨论，并向会员国或安全理事会提出建议；审议关于维持国际和平与安全的普遍原则，包括裁军和军备控制等，并提出有关这些原则的建议；研究促进在政治、经济、社会、文化、环境、教育和卫生等方面的国际合作；接受并审议联合国各机构的报告，选举安全理事会非常任理事国、经济及社会理事会理事国和托管理事会理事国；与安全理事会共同选举国际法院法官；经安全理事会的推荐，批准接纳新会员国和任命秘书长；经安全理事会的建议，停止会员国会籍或开除会员国或恢复会员国会籍，讨论联合国的预算、决算和会员国的会费，等等。联合国大会是全球治理的最高决策机构，有关全球治理最重大的决定都是由大会作出的。例如，联合国大会通过决议召开了迄今最重要的四次全球环境峰会：1972 年的联合国人类环境会议、1992 年的联合国环境与发展大会、2002 年的可持续发展世界首脑会议、2012 年的联合国"里约＋20"可持续发展大会。

二、经社理事会（The Economic and Social Council）

经社理事会是联合国 6 大主要机构之一，其主要职权是：在联合国大会之下，负责联合国的经济和社会方面的活动，研究有关国际间经济、社会、文化、教育、卫生及其他有关问题，并向大会提出报告和建议；可以为了促进对全体人类的人权和基本自由的尊重和遵守提出建议；可以就其职权范围内的事务，召集国际会议并起草提交大会的公约草案；可以与联合国各专门机构订立协定，确定专门机构与联合国的关系，并协助各专门机构的活动；可以就它负责处理的事项，与有关的非政府组织进行磋商。

环境问题是典型的综合性问题，与人类的经济社会活动密切相关。只有坚持可持续发展，才能有效解决环境问题。因此，经社理事会在国际环境治理中至关重要。联合国可持续发展委员会就设在经社理事会之下。在国际环境治理日趋复杂的今天，国际组织之间、国际条约之间、国际组织与国际条约之间的政策协调越来越重要，负责处理与联合国各专门机构及非政府组织关系的经社理事会在这方面无疑还有很大的作用空间。

三、联合国环境规划署（UNEP）

联合国环境规划署为"首要的全球环境权威机构，负责制定全球环境议程，促进统一执行可持续发展的环境事务，并作为全球环境的权威维护者"。环境规划署通过8个部门来实施其计划：早期预警与评价处，政策制定与法律处，政策实施处，技术、工业与经济处，环境公约处，区域合作处，交流与公共信息处，全球环境基金协调处。相关北极的环境治理问题都和联合国环境规划署相关，如：《濒危野生动植物物种国际贸易公约》、《保护臭氧层维也纳公约》、《蒙特利尔议定书》、《控制危险废物越境转移及其处置的巴塞尔公约》。

四、联合国开发计划署（UNDP）

联合国开发计划署一直是联合国系统开发活动的核心。20世纪

90 年代以来，联合国开发计划署朝可持续的人类发展、根除贫困、加强管理和能力开发的方向行动，在推动可持续发展、落实21 世纪议程方面，特别是在支持发展中国家的能力建设和制定国家环境战略等领域作用突出。

五、国际海事组织（IMO）

国际海事组织侧重海洋污染防治和危险物资的海运安全问题。国际海事组织（International Maritime Organization，IMO）总部设在伦敦，是联合国负责海上航行安全和防止船舶造成海洋污染的一个专门机构，属于政府间国际组织。为了能够成立一个由各国政府组成的海事协商机构，共同商讨有关海事事宜，1948 年联合国召开大会，通过《政府间海事协商组织公约》。1959 年 1 月 17 日"政府间海事协商组织"在英国伦敦正式成立，1982 年 5 月改称为国际海事组织。该组织宗旨为促进各国间的航运技术合作，鼓励各国在促进海上安全、提高船舶航行效率、防止和控制船舶对海洋污染方面采取统一的标准，处理有关的法律问题。该组织的主要活动是召开全体成员国大会，制定和修改有关海上安全、防止海洋污染、便利海上运输和提高航行效率及与此有关的海事责任方面的公约、规则、议定书和建议案，交流在上述事项方面的经验，研究相关海事报告。国际海事组织对北冰洋海域的管理也发挥着不可替代的作用。第一，国际海事组织主持制定的对于降低船只对北冰洋造成污染的《国际防止船舶造成污染公约》的附件六《防止船舶造成大气污染规则》于 2010 年 7 月正式生效。第二，国际海事组织制定的有关船舶航行安全的一系列公约，为日益繁荣的北极地区航行安全提供了重要指导。这些公约主要包括有关船舶安全的《1974 年国际海上人命安全公约（SOLAS）》，以及有关船员质量的《78/95 海员培训、发证和值班标准国际公约（STCW 78/95）》、《1966 年国际船舶载重线公约》、《1972 年国际海上避碰规则》和 1990 年《国际油污防备、反应和合作公约》等。第三，国际海事组织针对北极制定的专门规则，以适应北冰洋特殊条件下的管理需要。2002 年，国际海事组织针对北极的特别航行条件制定《北极冰封水域船舶操作指南》（The Guidelines for Ships Operating in Arctic Ice-covered Waters），为北极海域的管理提供了一个很重要的衡量指标。2009 年 5 月到 6 月召开的 MSC 第 86 届会议通过了修改过的《极地水域船舶操作指南》（Guidelines for Ships Operating in Polar Waters）。

六、国际民航组织（ICAO）

国际民航组织的主要职责是确定各国应采用的统一的民航技术业务标准，包括飞行程序、国际航路、空中交通管制、通信、气象、机务维修、适航、国际机场及设施等方面统一的国际标准；该组织还通过对各国航空运输政策和业务活动的调研（包括对各成员国航空协定进行登记汇集，统计运输业务数据，跟踪运力、运价市场变化等），并通过协调、简化机场联检手续等一系列活动，促进国际航空运输业务有效而经济地发展，力避不公平的竞争，管理在冰岛和丹麦设立的公海联营导航设施，充任联合国开发计划署向缔约国提供的民航技援项目的执行机构。国际民航组织理事会下设航空技术、航空运输、法律、联营导航设备、财务和制止非法干扰国际民航 6 个委员会。北极是世界重要的民用航空空域，从经济发达、人口众多的东亚到达美国东海岸都要从北极上空经过。

七、国际原子能机构（IAEA）

国际原子能机构负责处理与核材料有关的事务，如放射性废料的处理等。对北极地区核污染的研究、监测和预防的最终目标是保护人类健康和环境免受来自放射性污染的损害。国际机构长期的监测和规划，对保护北极环境和北极地区的人类健康无疑是十分必要的，但要彻底解决北极核污染问题，仍需要依靠世界海洋大国的共同努力与合作。

BEI JI ZHI LI
XIN LUN

第七章
区域层面及次区域的治理机制

北极地区治理包含全球和区域及次区域多个层次，全球治理涵盖区域和次区域治理，区域和次区域治理则是全球治理的有机组成部分和重要基础。北极区域治理最早可追溯到 1920 年《斯匹次卑尔根条约》（Treaty Concerning The Archipelago of Spitsbergen，也称《斯瓦尔巴德条约》）的签订，它是迄今为止唯一一个全球层面对北极区域的治理安排。此后经过近一个世纪以来的发展，特别是在冷战结束以后，北极区域治理机制呈现出蓬勃发展的趋势，形成了多层次、跨领域、泛功能的北极治理机制网络。这些治理机制既包括全球性的，也包括区域和次区域的，甚至地方上的；既有综合性的，也有领域性的；既有正式的，也有非正式的；既有多边协议，也有双边安排；既有交叉重叠，又有相异互补，它们共同构成了北极治理机制和架构。

本章重点阐述区域和次区域层面上的北极治理机制，以北极治理机制中最重要也是最有特色的三个治理机制——北极理事会、北极五国协商机制和巴伦支欧洲—北极地区治理机制进行案例分析，探讨其机制建设和发展状况，并对其模式效应作出评估。

第一节　区域和次区域层面的治理机制

区域和次区域治理就是治理理论在区域和次区域层面上的运用。对区域和次区域的界定有不同的理解，既有地理学上的划分，也有经济学上的划分，还有政治学和社会学层面的划分。治理也有多种定义，较权威的是全球治理委员会（Commission on Global Governance）在研究报告《我们的全球伙伴关系》中对治理所做的定义：治理是各种公共的或私人的个人和机构管理其共同事务的诸多方式的综合。治理是使相互冲突的或不同的利益得以调和并且采取联合行动的持续过程。所谓区域和次区域治理，就是在区域和次区域作出某种政治安排，"通过创建公共机构、形成公共权威、制定管理规则，以维持地区秩序，满足和增进地区共同利益所开展的活动和过程，它是地区内各种行为体共同管理地区各种事务的诸种方式的总和"。① 也就是说，区域和次区域治理是相关行为体通过一种制度安排，形成管理规则，创建公共政策，进行相互协调，以达到对区域或次区域集体行动和整体管理的目的。

就区域和次区域层面治理机制而言，北极治理机制萌芽于冷战时期。早在 1946 年，美国、苏联、加拿大、瑞典、丹麦等 15 国就签署了《国际捕鲸管制公约》（International Convention for the Regulation of Whaling）。1973 年 11 月 15 日，加拿大、丹麦、挪威、美国和苏联五国在挪威首都奥斯陆签署了《保护北极熊协定》（Agreement on the Conservation of Polar Bears），该协定规定除真正的科学研究，或出于保护的目的，或为避免干扰其他生物资源管理，或当地

---

① 杨毅、李向阳：《区域治理：地区主义视角下的治理模式》，《云南行政学院学报》2004年第 2 期，第 51 页。

人民依照法律采用传统方法行使其传统权利等外，禁止捕杀北极熊。为加强各国协调，协定还规定各国应开展国家保护北极熊及北极物种研究项目，相互磋商，并就研究和管理进行信息交流。[①]《保护北极熊协定》是北极国家第一个针对北极事务专门制定的条约，具有标志性意义，在北极熊保护和北极生态系统的保护上发挥了重要的作用。进入 20 世纪 80 年代后，随着冷战的缓和，国际社会签署了一系列有关北极环境保护和治理的公约，如《联合国海洋法公约》（UN Convention on the Law of Sea）、《保护臭氧层维也纳公约》（Convention for the Protection of the Ozone Layer）等。特别是在戈尔巴乔夫 1987 年 10 月摩尔曼斯克讲话后，东西方关系由严重对峙和冲突开始转向和解和国际合作，由此带来北极合作机制的一个重大转折，直接促成了北极治理机制的纷纷建立，如国际北极科学委员会（International Arctic Science Committee，IASC）、北极环境保护战略（Arctic Environmental Protection Strategy，AEPS）和后来的北极理事会（Arctic Council，AC）、北极五国机制（Arctic 5）、北极地区议员会议（Conference of Parliamentarians of the Arctic Region，CPAR）、北方论坛（Northern Forum，NF）、巴伦支欧洲—北极地区合作机制（Barents Euro-Arctic Region，BEAR）等，开启了北极治理的新篇章。

第二节　北极理事会

北极理事会诞生于 1996 年，是目前唯一涵盖环北极 8 个国家的区域论坛，是北极地区最有影响力的多边治理机制，也是北极多边

---

① *Agreement on the Conservation of Polar Bears*，http：//pbsg. npolar. no/en/agreements/agreement1973. html.

治理最重要的一个平台，在北极治理中发挥着关键作用。

一、北极理事会的成立

北极理事会是在 1991 年成立的北极环境保护战略基础上建立起来的，目的在于应对北极地区日益复杂的环境变化和资源纠纷等形势。北极的特殊地理位置，导致其生态环境异常脆弱。自 20 世纪 70 年代以来，北极地区持续变暖，永久性有机污染物、重金属、臭氧消耗、酸性物质的存在和扩散对北极环境构成了严峻挑战。随着 20 世纪七八十年代美苏关系的缓和，北极环境保护逐渐成为北极国家最为关注的话题，促使北极国家相继签署了一系列国际公约。但受制于冷战的大环境，这些国际公约大多是针对特定的物种或次区域地区签订的松散的多边条约，如 1973 年的《保护北极熊协定》、《濒危野生动植物物种国际贸易公约》，1979 年的《保护野生迁徙动物物种公约》，1985 年的《保护臭氧层维也纳公约》等，尚缺乏涵盖北极整个区域和总体的多边条约和治理机制。

这一状况在戈尔巴乔夫摩尔曼斯克讲话后开始出现重大转折。1989 年 1 月，芬兰政府倡议召开一个有关北极环境保护的国际会议，随即得到了北极八国的积极响应。1989 年 9 月，八国在芬兰罗瓦涅米召开了预备会议，开启了"罗瓦涅米进程"（Rovaniemi process）。1991 年 6 月，北极八国在罗瓦涅米举行了第一届"北极环境保护协商会议"，签署了《北极环境保护宣言》（Declaration on the Protection of the Arctic Environment），通过了北极环境保护战略。该战略的目的十分明确：保护北极生态系统和人类；为保护、提高和恢复环境质量以及可持续利用自然资源；在北极环境保护问题上，承认并寻求包容原住民特有的传统文化需求、价值和实践；定期评估北极环境状况；确认、减少并消除污染。①

北极环境保护战略是涵盖整个北极区域和国家的多边合作协定，促进了北极国家对北极环境保护的关注，也标志着北极多边合作和治理达到了一个新的高度。为贯彻实施北极环境保护战略，具体处理相关环保事务，北极八国先后成立了4个工作组，即北极监测与评估规划（Arctic Monitoring and Assessment Program，AMAP）、北极海洋环境保护（Protection of the Arctic Marine Environment，PAME）、突发事件预防、准备和响应（Emergency Prevention，Preparedness and Response，EPPR）和北极动植物保护（Conservation of Arctic Flora and Fauna，CAFF）工作组。在多边合作形式上，北极环境保护战略首次将3个原住民组织，即因纽特人北极圈理事会（the Inuit Circumpolar Council，ICC）、北欧萨米人理事会（the Nordic Saami Council）和俄罗斯北部西伯利亚和远东少数民族原住民协会（the USSR Association of Small Peoples of the North）纳入其中并赋予其永久性参与成员地位，表明北极国家在环保上对原住民利益的尊重、保护和兼顾。北极环境保护战略还显现出一定的全球倾向，吸纳了非北极国家和国际组织的参与，包括德国、波兰、英国、联合国一些机构以及国际北极科学委员会（International Arctic Science Committee）等均以观察员身份参与到了北极环境保护战略中。

尽管北极环境保护战略在促进北极多边治理和合作中迈出了可喜的一步，但该战略仍有较大的局限性。首先，北极环境保护战略只是北极国家间的一项协定而非条约，并没有法律的约束力，也缺乏履行协定的强制性措施。其次，该战略只是就北极环境保护达成的一种领域性的多边协定，涵盖面狭窄，未涉及政治、经济和社会等层面。此外，该战略更加关注的是对北极环境的研究和协商，但

---

① AEPS, *Declaration on the Protection of the Arctic Environment*, p. 9, http：//www. arctic-council. org/index. php/en/document-archive/category/4 – founding-documents.

却缺乏行动力，各国对该战略的财政资助也不足，这既严重影响到了该战略的实施和作用的发挥，也与北极急剧变化的复杂局面不相适应。

有鉴于此，在北极环境保护战略通过的第二年，加拿大就提议加强北极国家在更广泛意义上的合作，建立一个新的机制。在加拿大的倡议下，1996 年 9 月，北极 8 国外长在加拿大的渥太华举行会议，会议通过了《关于成立北极理事会的声明》（Declaration on the Establishment of Arctic Council，亦即《渥太华宣言》），宣布成立北极理事会。《声明》明确规定：北极理事会是一个新的政府间高层论坛，旨在就北极共同事务特别是北极的可持续发展和环境保护问题，在北极原住民团体和北极其他居民的参与下，为北极国家提供一个促进合作、协调和互动的平台。[①] 这表明北极理事会的使命从单纯的环境保护扩展到了可持续发展，增加了北极治理的经济、社会和文化内涵。

二、北极理事会的构成和工作机制

北极理事会的成立，是在扩展北极环境保护战略基础上发展起来的，基本延续了其构成和工作机制，但又有所创新。

北极理事会是一个等级制的政府间国际论坛，由享有不同待遇和身份的成员组成。其核心成员为北极 8 国，次核心成员是永久参与者，外围成员由观察员国和国际组织构成。不同身份成员待遇有很大差异。在北极理事会成立的《渥太华宣言》中对北极理事会的构成作出了明确规定：北极理事会成员由北极 8 国组成。北极原住民组织是北极理事会的永久参与者（permanent participants），享有

---

① Arctic Council, *Declaration on the Establishment of Arctic Council*, Ottawa, 1996, http://www. arctic-council. org/index. php/en/document-archive/category/4 – founding-documents.

积极参与和全面咨询的权利，可参加北极理事会所有会议，但没有投票权，而且其参与数量"在任何时候都不能超过成员国数量"。观察员国则可以是非北极国家、全球性或地区性政府间和议会间组织以及非政府组织，它们可接受邀请以适当的方式参与北极理事会，但不享有任何表决权，其成为观察员的前提是能对北极理事会的工作作出贡献。北极理事会所有层面的决定权采取成员国一致原则，是北极八国"独享的权利和责任"。① 经过几轮扩充，北极理事会形成了现有 8 个成员国、6 个原住民永久参与者组织和 32 个观察员（包括 12 个非北极国家、9 个政府间和议会间国际组织和 11 个非政府组织）的结构格局。

北极理事会工作机制主要由轮值主席国、成员国部长会议（ministerial meetings）、高官会议（SAO meetings）、工作小组（working groups）和秘书处构成。轮值主席国由 8 个成员国轮流执掌，每两年轮换一次，其职责主要是负责协调召开理事会部长会议、高官会议和相关研讨会，确定会议主题，设立临时秘书处负责理事会具体事务。② 部长会议通常每两年举行一次，一般是在轮值主席国届满前举行，是理事会的最高权力机构和决策机构，其职责主要是确立和评估理事会优先议题、财政支持、项目规划和理事会架构，审阅和批准高官会议报告，讨论和通过理事会宣言。③

高官会议是理事会主要执行机构，由八国高级官员和 6 个永久参与者的代表共同组成，基本上每年举行两次，负责讨论理事会工

---

① Arctic Council, *Arctic Council Observer Manual for Subsidiary Bodies*, http：//www. arctic-council. org/index. php/en/about-us/arctic-council/observers.

② Arctic Council, *Declaration on the Establishment of Arctic Council*, Ottawa, 1996, http：//www. arctic-council. org/index. php/en/document-archive/category/4 - founding-documents.

③ Arctic Council, *Declaration on the Establishment of Arctic Council*, Ottawa, 1996, http：//www. arctic-council. org/index. php/en/document-archive/category/4 - founding-documents；Arctic Council, *The First MinisterialMeeting of the Arctic Council*, Iqaluit, Canada, 1998, http：//www. arctic-council. org/index. php/en/document-archive/category/35 - 1st-ministerial-meeting-in-iqaluit-canada - 1998.

作组和其他附属机构的报告并协调、指导和监督理事会的活动，对各国和永久参与者提交的议案进行评估并提出建议。工作组和专项小组（task forces）以及其他附属机构则是在高官会议的指导和指示下开展各领域的专项研究工作，撰写研究报告。北极理事会成立后，原北极环境保护战略的 4 个工作组被整合进来，随后又增设了可持续发展工作组（Sustainable Development Working Group，SD-WG）和消除北极污染行动计划（Arctic Contaminants Action Program，ACAP）工作组，从而形成了北极理事会当前 6 个工作组的工作机制。①

秘书处是北极理事会的办事机构，主要负责秘书处行政和组织工作，包括安排会议和服务工作，传送各类成员和附属机构工作报告，协助主席起草会议文件和最终报告，对外交流和宣传，财政预算和人力资源管理以及其他事务性工作。② 自北极理事会成立以后，理事会一直保持着由主席国设立临时秘书处的传统，使得其工作延续性和效率受到许多质疑。2013 年 1 月 21 日，北极理事会秘书处在挪威特罗姆瑟宣告成立，标志着理事会最终有了永久常设机构，在制度化和机制化方面取得了一定的进展。

三、北极理事会治理模式评估

北极理事会自成立以来，作为唯一一个涵盖北极 8 个国家的治理机制，逐渐发展成为北极地区多边治理机制中最重要的治理

---

① Arctic Council, *Arctic Council Rules of Procedure*, Iqaluit, Canada, 1998 and Kiruna, Sweden, 2013, pp. 44 – 45, http：//www. arctic-council. org/index. php/en/document-archive/category/425 – main-documents-from-kiruna-ministerial-meeting？ download = 1781：rules-of-procedure.

② Arctic Council Secretariat, *Terms of Reference*, DMM02 – 15 May2012, Stockholm, Sweden, pp. 1 – 2, http：//www. arctic-council. org/index. php/en/document-archive/category/118 – deputy-ministers-meeting-stockholm – 15 – may – 2012.

平台，① 但对其模式评估却争议不断。学者们对北极理事会法律基础的缺失、有限的授权、结构性矛盾、行动能力不足等纷纷提出质疑，② 甚至有学者认为北极理事会只是承继了北极环境保护战略，在议题设置、组织架构、合作方式等问题上同北极环境保护战略并无二致，变化的只不过是原住民组织的地位和身份以及组织结构的规模。③

究竟应当如何来正确评价北极理事会，挪威学者斯托克（Stokke）提出了一个较为合理的分析框架。斯托克认为，判断一个机制的影响力和作用主要应从三个层面来观察：一是效用（effectiveness），即机制是否具有减缓和消除特殊问题的效果；二是政治动员力（political mobilization），即机制在参与和决策的模式上是否有所变化；三是地区构建（region building），即机制是否有助于强化地区民众之间的"功能性联系"（functional connectedness）和凝聚"散乱的地区意识"（discursive regionality），也就是说是否有助于构建一个政治性地区。④

借用这一框架来分析，我们可以对北极理事会作出较为客观的评估，北极理事会在这三个层面上的影响力和作用是十分明显的，但又都有所不足。

首先，从效用角度来看，北极理事会准确地抓住了北极所面临

---

① Oran R. Young, "Arctic Governance-Pathways to the Future", *Arctic Review on Law and Politics*, Vol. 1, 2/2010, p. 168.

② 关于学者对北极理事会的质疑可参见：Piotr Graczyk, "The Arctic Council Inclusive of Non-Arctic Perspectives: seeking a new balance," in Thomas S. Axworthy, Timo Koivurova, Waliul Hasanat (eds.), *The Arctic Council: Its place in the future of Arctic Governance*, Munk School of Global Affairs, 2012, pp. 265 – 266。

③ Timo Koivurova, "Limits and Possibilities of the Arctic Council in a Rapidly Changing Scene of Arctic Governance," *Polar Record*, Vol. 46, No. 2, 2010, pp. 1 – 2.

④ 斯托克关于北极机制模式的框架分析详见其著作第二章：Olav Schram Stokke and Geir Hønneland (eds.), *International Cooperation and Arctic Governance: Regime Effectiveness and Northern Region Building*, Routledge, 2007, pp. 13 – 26。

的紧迫问题和严峻挑战，形成了北极理事会两大战略支柱，即环境保护和可持续发展。可持续发展成为北极理事会的重要支柱之一，扩展了其治理对象和活动范围，增加了北极治理的经济、社会和文化内涵，也就是说北极治理的最终目的是要达到地区的环境、社会与经济的可持续和平衡发展。同时为保障这一目标的实现，北极理事会还增设了可持续发展工作组，开展北极人类健康、社会经济发展、能源和北极共同体、自然资源管理以及北极文化和语言等领域的专项研究工作。① 而北极理事会历届会议和工作组及其他附属机构也围绕这两大主题展开考察、评估活动，并提出相应行动方案，具备明确的针对性和指向性。

其次，从政治动员力角度来看，北极理事会在参与和决策模式上既延续了北极环境保护战略的一些做法，又有所创新。一个最重大的创新就是北极理事会提高了原住民组织的地位，将北极原住民组织确认为永久参与者，增加了原住民组织数量，扩展了其在理事会活动中的权利。原住民组织虽没有投票权，但享有全面参与理事会各种会议的权利和咨询权，理事会任何决议都应征询原住民组织的意见，原住民秘书处也被纳入北极理事会框架中。这在一定程度上保障了原住民组织对理事会决策的影响力，也使得理事会具有了更多的社会功能。

另一个积极的做法是北极理事会试图加强制度化和机制化建设，致力于从松散的"决策形塑"（decision-shaping）式软机制向强制性的"决策"（decision-making）性硬机制转化，强化其功能和权威性。北极理事会自成立以来，一直都将理事会定位为政府间高级论坛，历届部长理事会所通过的文件都是宣言而非法律文件，对北极各国并无法律约束力。但随着北极面临的问题日益严峻和复杂

---

① Sustainable Development Working Group （SDWG）, http：//www. arctic-council. org/index. php/en/about-us/working-groups/sustainable-development-working-group-sdwg.

化，北极国家不得不开始加强北极理事会的能力建设来加以应对，这直接促成了北极理事会两个法律文件的出台。2011 年 5 月，北极理事会签署了第一份具有法律约束力的《北极航空和海上搜寻与救援合作协定》（Agreement on Cooperation on Aeronautical and Maritime Search and Rescue in the Arctic），[①] 这是北极理事会成立 15 年以来的首个正式协议。2013 年 5 月，北极理事会又签署了第二份具有法律约束力的协议，即《北极海洋油污预防与反应合作协定》（Agreement on Cooperation on Marine Oil Pollution Preparedness and Response），[②] 同时还设立了北极理事会常设秘书处。通过这些措施，北极理事会促进了其制度化和机制化建设。

第三个积极做法是北极理事会延续了北极环境保护战略设立观察员的做法并不断扩充，吸收了包括中国在内的 30 个观察员国家和国际组织及非政府组织，这几乎将目前所有关注北极地区的重要参与者都纳入了其中。观察员虽在权利和参与程度上受到诸多限制，但众多观察员国家和国际组织及非政府组织被吸纳加入，不仅为北极理事会充分利用这些国家和组织的科学知识和专业技能打开了方便之门，而且也为其提供了更多的资金来源，还有助于北极理事会"从一个地区性组织一跃成为全球最有吸引力的论坛之一"。[③]

此外，北极理事会的决策程序也非常有特色，这就是科学家的深度参与和影响力的日益扩大。就北极理事会两大支柱而言，环境保护和可持续发展均与科学联系密切，其 6 个工作组的重要工作和行动也都是建立在对北极相关领域的科学研究、科学考察、科学评

---

① 协议详细内容可参见：Arctic Council, *Agreement on Cooperation on Aeronautical and Maritime Search and Rescue in the Arctic*, Nuuk, Greenland, May 2011, http：//www. arctic-council. org/index. php/en/document-archive/category/20 – main-documents-from-nuuk。

② 协议详细内容可参见：Arctic Council, *Agreement on Cooperation on Marine Oil Pollution Preparedness and Response*, Kiruna, Sweden, May, 2013, http：//www. arctic-council. org/index. php/en/document-archive/category/425 – main-documents-from-kiruna-ministerial-meeting。

③ "中国成为北极理事会正式观察员"，《人民日报》2013 年 5 月 16 日。

估基础上的。科学家既可以作为国家代表，也可以通过国际组织，如国际北极科学委员会、北极大学（University of the Arctic, UArctic）等都是北极理事会观察员，还可以以个人名义受邀参与北极各项领域工作。北极理事会出台的一系列研究报告大多为科学研究报告，以其2004年出台的、影响最为深远的《北极气候影响报告》（Arctic Climate Impact Assessment, ACIA）和《北极人类发展报告》（Arctic Human Development Report, AHDR）为例，其本身就是两份科学报告，而参与这两份研究报告撰写工作的科学家比例也分别占到了57%和79%。[1] 北极理事会为科学家参与和影响北极治理提供了一个极为重要的平台，北极科学合作、科学研究和知识体系构建也成为北极理事会最显著的成就。

最后，从地区构建角度来看，北极理事会在加强北极合作、凸出北极意识、强化北极话语等方面发挥了主渠道作用，促使北极地区国家之间、民众之间的交流日益增强，并成功地将北极事务日益全球化和中心化。北极理事会通过机制化和制度化建设，促进和加强了北极国家之间在北极事务上的合作、协调、互动、集体意识和共同行动。北极理事会鼓励和推动北极原住民团体和北极其他居民的积极参与，并要求参与的原住民组织必须是散居在多个北极国家的同一原住民形成的团体，或是居住在一个北极国家内的多个原住民组织组成的团体，[2] 客观上也加强了原住民共同体意识。北极理事会对北极科学研究的推动，改变了长期以来人们所固有的北极"冰冻荒漠"（frozen desert）的观念，强化了"变化中的北极"（arctic in change）观念，揭示了北极气候变化对全球气候变化的特

---

① Paula Kankaanpää, "Knowledge Structures of the Arctic Council for Sustainable Development," in Thomas S. Axworthy, Timo Koivurova, Waliul Hasanat（eds.）, *The Arctic Council: Its place in the future of Arctic Governance*, Munk School of Global Affairs, 2012, p. 93.

② Arctic Council, *Declaration on the Establishment of Arctic Council*, Ottawa, 1996, http://www.arctic-council.org/index.php/en/document-archive/category/4 – founding-documents.

殊含义以及由此带来的资源和航运价值，促使国际社会更多地关注北极。① 北极理事会还通过积极的内外沟通战略，加强同全球性、区域和次区域国际组织的合作关系，借助网站建设、媒体、国际会议、通信等手段，将北极问题中心化，区域问题全球化。

从以上三个方面来评估，北极理事会在北极治理机制中所发挥的主渠道和核心平台作用是显而易见的。但同时我们也应该看到，北极理事会自成立以来就存在许多缺陷和结构性矛盾，广受诟病。"先天不足，后天失调"，制约着北极理事会更大作用的发挥。

从效用角度来看，北极理事会虽然抓住了北极环境保护和可持续发展这两大关键问题，也提出了一系列相关报告和行动方案，但其行动效果却大打折扣，原因就在于北极理事会自成立以来就一直强调的论坛性。北极各国虽在加强北极理事会的核心机制建设上有共识，但又都不愿意将其打造成有法律约束力的合作机制。以其通过的两个法律文件为例，《北极航空和海上搜寻与救援合作协定》第 19 条第 3 款和《北极海洋油污预防与反应合作协定》第 22 条第 3 款都明确规定了缔约方在任何时候都可以退出，只要事先通过外交渠道通知理事会就可以了。后者更是因其条文规定的模糊、预防措施的不足、惩罚措施的缺失以及石油公司参与协定的起草等遭到严厉批评。② 因此，北极理事会的作用更多地体现在磋商、协调、提出观念、建议和规范上，而鲜见具体和强有力的行动。

从政治动员力角度来看，北极理事会虽创新性地赋予了原住民永久参与者的地位，但原住民在所享有的权利、代表性和话语权上都是不足的。根据北极理事会的规定，原住民组织数量不得超过成

---

① Timo Koivurova, "Limits and Possibilities of the Arctic Council in a Rapidly Changing Scene of Arctic Governance," *Polar Record*, Vol. 46, No. 2, 2010, p. 4.

② Greenpeace, "Leaked Arctic Council oil spill response agreement 'vague and inadequate'," http：//www. greenpeace. org/international/en/press/releases/Leaked-Arctic-Council-oil-spill-response-agreement-vague-and-inadequate-Greenpeace/.

员国数量，这使得北极地区一些原住民的权利无法得到体现。如仅俄罗斯北极地区就有 26 个原住民组织，但却只能由俄罗斯北方北极原住民协会一个组织来代表。而在参与的进程中，原住民组织虽享有全面咨询权，但却没有任何投票权，特别是由于原住民组织缺乏必要的财力、人力和物力，而理事会的财政支持又十分有限，导致原住民组织常常会被边缘化，难以形成自己的话语权。① 观察员国的参与虽有助于理事会更加开放和全球化，但其参与受到了严格的限制，其作用仅限于观察理事会的工作，并通过主要是参与工作组的活动作出相应的贡献。为加强对观察员的控制，理事会还出台了《观察员参与附属机构手册》（Observer Manual for Subsidiary Bodies）以加强理事会附属机构对观察员参与形式、范围和程度的管理。② 就此而言，北极理事会仍带有强烈的传统国家合作色彩，具有排他性和狭隘性，并有进一步加强约束力和排他性的趋向。

从地区构建角度来看，北极理事会在发挥功能联系和推进北极意识的构建以及加强北极区域问题同全球问题的联系等方面起到了"催化剂"的作用，但其效果仍然十分有限。在北极 400 万居民中，关于北极共同身份的意识总体来说仍是相对虚弱的，对北极理事会活动的了解也是极为不足的。2010 年，加拿大一家研究机构曾对北极 8 国民众做过一项民意调查，结果显示知道或曾经听说过北极理事会的民众所占比例分别是：加拿大北部 61%、南部 51%，冰岛 61%，丹麦 51%，芬兰 47%，挪威 40%，瑞典 27%，俄罗斯 21%，美国 16%。大部分国家民众超过一半的人没有听说过北极理事会，即使在知晓北极理事会民众占比较高的加拿大、冰岛和丹麦，大部

---

① Becky Rynor, "Indigenous voices 'marginalized' at Arctic Council," *IPOLITICS*, October 25, 2013, http://www.ipolitics.ca/2011/11/07/indigenous-voices-marginalized-at-arctic-council-inuit-leaders/.

② Arctic Council, *Observer Manual For Subsidiary Bodies*, http://www.arctic-council.org/index.php/en/document-archive/category/425 - main-documents-from-kiruna-ministerial-meeting.

分也只是模糊地听说过，而并非清晰地了解（见图7－1）。① 它表明北极理事会仍然缺乏一种内外、上下相互间双向作用和流动的北极意识构建功能。

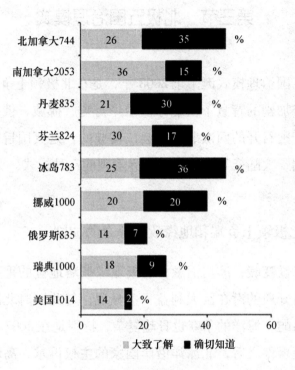

图7－1　北极地区民众对北极治理机制的了解调查图

资料来源：EKOS Research Associates Inc. WDGF Canadian Arctic Survey—North/South，2010。

尽管如此，但作为冷战结束以后成立的唯一涵盖整个区域的国际政府间高层次论坛，北极理事会依然以其独特的主题性、社会性、开放性、科学性和构建性的不断演进，在冷战后蓬勃发展的北

① Martin Breum，"When the Arctic Council speaks：how to move the Council's communication into the future，" in Thomas S. Axworthy, Timo Koivurova, Waliul Hasanat（eds.），*The Arctic Council：Its place in the future of Arctic Governance*，Munk School of Global Affairs，2012，p. 127.

极治理网络中脱颖而出，成为北极治理机制中最重要的合作平台，在北极治理中发挥着主渠道的作用。

第三节 北极五国治理模式

北极五国治理模式诞生于 2008 年，是在北极领土争端升温和地缘政治争夺加剧的背景下由北冰洋沿岸丹麦、挪威、俄罗斯、加拿大和美国五国召开的两次北冰洋会议构成的，是五国旨在加强北冰洋领土争端、大陆架划分和海洋划界管理的一种模式。

一、北极领土争端和地缘政治争夺的加剧

随着气候变暖，冰川消融，北极地缘战略地位的重要性和丰富资源、航道开通的潜在巨大利益日益显现，与此同时北冰洋沿岸国家对北极岛屿、海洋的争夺也日趋复杂，特别是在 2007 年俄罗斯北冰洋底插旗事件之后，北冰洋沿岸国家的主权诉求、岛屿归属以及海洋和大陆架划界争端开始升温。

北极主权争端由来已久，主要涉及岛屿主权归属、海洋和大陆架划界以及北极航线等问题，争端方主要体现在领土伸入北极圈的环北极 8 个国家之间。从地理意义上来说，北极地区是指北极圈以北，包括北冰洋的绝大部分及其岛屿和群岛、北美大陆和欧亚大陆的北部边缘地带，总面积为 2100 万平方公里，其中陆地部分（包括岛屿）占 800 万平方公里。近代以来，随着环北极国家通过发现、先占、购买以及司法判决等方式，解决了领土纠纷和部分岛屿问题，遗留下来的主要是某些岛屿和海洋及大陆架划界问题。这些争端在冷战时期和冷战结束后一段时期曾被抑制和疏忽，但随着气

候变暖以及潜在资源和航线开通的极大利益，促使这些争端再次凸显，并成为北冰洋沿岸五国北极战略最重要的优先原则（见表 7 - 1）。

表 7 - 1 环北极国家北极战略优先原则

国别	北极战略文件（颁布时间）	战略优先原则	主权诉求
美国	《国家安全暨国土安全关于北极地区政策总统令》（2009 年）	保护美国在北极的国家安全和国土安全	强
加拿大	《加拿大北方地区战略：我们的北方，我们的遗产，我们的未来》（2009 年） "加拿大北极外交政策声明"（2010 年）	实施加拿大的北极主权	强
俄罗斯	《2020 年前及以后俄罗斯联邦国家北极政策基础》（2008 年）	保障北极对俄罗斯各种战略原料的需求；保卫俄联邦在北极地带的领土边界	强
挪威	《挪威政府北极战略》（2006 年） 《北方新基石：政府北方战略的下一步》（2009 年）	增强挪威实施主权和可持续管理可再生、不可再生资源的能力；加强对北部海域的监测、应急准备和海上安全	强
丹麦	《丹麦王国北极战略（2011—2020)》（2011 年）	加强海上安全，实施主权和监管	强

资料来源：作者根据环北极国家北极战略文件自制。

从北冰洋沿岸五国主权争议来看，除个别岛屿外并不存在领土争端，主权争议主要涉及海洋划界和大陆架划界以及航道归属问题。由于北极缺乏像《南极条约》那样专门的法律体系以及类似"南极条约协商会议"的政府管理机制，北极国家大多根据国际法、

国内法和国家之间的双边条约对北极主权提出诉求，几乎将北极
"瓜分"殆尽，甚至连北极点都成为相关国家主权诉求对象。北极
五国对北极主权的诉求，存在着相互重叠和激烈竞争的局面，最主
要的争端体现在对包括岛屿归属、海洋划界、航道法律地位和大陆
架自然延伸问题上（见表7-2）。

表7-2　北极五国主权争端一览表

争端案例	争端国家	争端内容	争端结果
汉斯岛主权归属	加拿大、丹麦	争端范围仅涉及岛屿归属，不包括水域、海底、航道控制权	尚未解决
波弗特海海洋边界划分	加拿大、美国	海洋边界等距基线与中间线划分之争	尚未解决
斯瓦尔巴群岛渔业保护区和大陆架法律地位	挪威、俄罗斯	《斯匹次卑尔根条约》适用范围	尚未解决
巴伦支海专属经济区和大陆架划分	挪威、俄罗斯	扇形划界和中间线划界分歧	2010年通过双边条约达成协议
白令海和楚科奇海海洋划界	美国、俄罗斯	海洋边界划分	1990年双边达成划界协议，美批准，但俄尚未批准，导致双方渔业纠纷不断
北极200海里以外大陆架自然延伸争议	俄罗斯、加拿大、丹麦	大陆架权益之争	尚未解决
北方海航道	俄罗斯、美国	法律地位界定	尚未解决
西北航道	加拿大、美国	法律地位界定	尚未解决

资料来源：作者根据相关资料自制。

北极五国对北极领土和海洋权益的激烈竞争，促使北极五国召开了两次北冰洋会议，加强对话和磋商，寻求妥协和解决方案。

二、北极五国协商机制的成立

北极五国关于领土和海洋权益的争端协商机制最早可以追溯到2007年10月15—16日，在挪威政府的邀请下，北极五国在奥斯陆举行了高官会议，对国际法律框架，特别是《联合国海洋法公约》（United Nations Convention on the Law of the Sea，UNCLOS）在北极的适用和贯彻进行了非正式磋商，从而为两次北冰洋会议的召开打下了基础。

2008年5月27—29日，应丹麦外交大臣佩尔·斯蒂·穆勒（Per Stig Moller）和格陵兰总理汉斯·埃诺克森（Hans Enoksen）的邀请，挪威外交大臣、俄罗斯外交部长、加拿大资源部长、美国副国务卿等在格陵兰的伊卢利萨特（Ilulissat）召开了首届北冰洋会议，针对与北冰洋相关的领土诉求以及在海洋安全、紧急情况和联合搜救等方面的合作进行了商谈，并在会议结束时签署和发表了《伊卢利萨特宣言》（The Ilulissat Declaration）。[1]

首先，《伊卢利萨特宣言》（以下简称《宣言》）对北极五国在北极的主权和独特地位进行了阐明，声称北极正处在严峻变化的关键阶段，作为拥有北冰洋大部分领土主权、主权权利和管辖权的北极五国，在应对这些挑战方面处于独一无二的地位，在保护北冰洋生态环境方面发挥着管理者的角色。

其次，《宣言》对北极领土争端的法律框架进行了确认，认为《联合国海洋法公约》为解决北冰洋大陆架界限划分、海洋环境的

[1] Arctic Ocean Conference, *The Ilulissat Declaration*, Ilulissat, Greenland, 27–29 May 2008, http：//www.oceanlaw.org/downloads/arctic/Ilulissat_ Declaration.pdf.

保护、包括冰层覆盖水域、自由航行、海洋科学研究以及海洋的其他利用等争端提供了坚实的法律基础。五国承诺在这一法律框架内有序解决任何重叠的诉求。

第三，《宣言》明确排除了建立北极国际治理新机制的可能，认为既然《国际海洋法公约》已经为北冰洋五国和其他相关方负责任地管理北冰洋事务提供了坚实的基础，因此也就不需要建立一个新的综合国际法律机制来治理北冰洋。

第四，《宣言》强调了海洋安全合作的重要性，提出要通过国际海事组织（International Maritime Organization，IMO）强化既有措施并形成新的措施以促进海上航行安全以及防止和减少船舶污染，进一步加强搜救能力以对海上事故作出相应反应。五国愿意通过双边或多边合作加强对海上人的生命安全的保护。

第五，《宣言》要求五国之间加强合作，承诺推进彼此之间在涉及大陆架、海洋环境保护和其他科学研究、科学数据收集、交流和分析方面的合作，促进相互信任和透明度。在同其他北极治理机制关系方面，《宣言》表示五国将继续积极参与北极理事会和其他相关国际论坛的工作。

随着北极地区地缘政治争夺的持续升温以及北极冰雪加速融化带来的新机遇和新挑战，为进一步加强北冰洋沿岸国家之间的协调和磋商，2010 年 3 月 29 日，应加拿大外交部长劳伦斯·坎农（Lawrence Cannon）的邀请，美国、俄罗斯、丹麦和挪威的外交部长前往加拿大魁北克省的切尔西，召开了第二次北冰洋部长会议。会议就领土主权问题、海洋资源以及海洋公共安全等议题进行了商讨。

首先，同第一次北冰洋部长会议相同的是，此次会议再次强化了五国的领土主权诉求以及五国在解决北极面临的新机遇和挑战中所处的特殊地位，认为作为北冰洋主权国家和沿岸国家，五国在北冰洋管理上具有独特地位和责任，不仅要对北极的变化作出反应，还要对这些变化进行"塑造"，五国应当采取与其角色相适应的行动并显示出领导力。①

其次，会议重申在广泛国际法框架下有序解决重叠的领土诉求，在大陆架划界所需要的科学和技术方面加强密切联系。

第三，会议对海上公共安全给予了较多关注，强调五国致力于通过北极理事会形成具有法律约束力的北极搜救协议，并致力于通过国际海事组织形成具有强制约束力的航行准则。

第四，会议还强调了北极科学研究对海洋自然资源和渔业发展的特殊重要性，并承诺在发展过程中贯彻北极理事会关于北极离岸油气开采指导纲领，以保障北极海洋环境。②

同第一次北极五国部长会议所不同的是，此次会议仅是一次闭门会议，会期只有一天，会后也没有发表任何宣言和声明，而是由会议主席进行了总结。

三、北极五国协商机制评估

从严格意义上来讲，北极五国协商机制并非一个治理机制，它既没有创建出一种制度架构，形成类似于理事会之类的机构；也没能形成机制性安排，迄今仅举行过两次会议；更没能树立公共权威，两次会议均遭受到北极国家内外的强烈批评，其中最受质疑的就是其排他性的安排。会议参与者只有北冰洋沿岸五国的官方代

---

① Address by Minister Cannon at the News Conference for the Arctic Ocean Foreign Ministers' Meeting, No. 2010/15 – Chelsea, Quebec-March 29, 2010, http：//www. international. gc. ca/media/aff/speeches-discours/2010/2010 – 15. aspx#.

② Minister Cannon Highlights Canada's Arctic Leadership at Arctic Ocean Foreign Ministers' Meeting, March 29, 2010, http：//www. international. gc. ca/media/aff/news-communiques/2010/120. aspx.

表，完全将北极其他国家和原住民代表排除在外，这种做法引起了北极理事会其他各方的强烈抗议。反应最强烈的是因纽特人北极圈理事会（Inuit Circumpolar Council，ICC），他们强调因纽特人已经在北极居住了数千年，讨论北极任何问题都应该与因纽特人对话并尊重他们的权利。北冰洋会议涉及北极主权问题，却将他们排除在外，使他们感到正在被"边缘化"，其主权权利遭到了剥夺。《伊卢利萨特宣言》的发表促使因纽特人开始强调自己的主权、自治权和自决权，并最终促成了《北极圈因纽特人关于北极主权的宣言》的出台。①

北极其他国家也对北冰洋会议作出了强烈反应，瑞典、芬兰和冰岛都表示，北极所有问题都应该放在北极理事会框架内来讨论，北冰洋会议不仅破坏了这一主要架构，而且损害到了这些国家在北极的权利和利益。② 冰岛甚至断言，如果五国协商机制发展成为一个北极事务正式平台，北极八国之间的团结必将瓦解，北极理事会必然会被严重削弱。③ 就连首次出席第二次北冰洋会议的美国国务卿希拉里·克林顿也对会议的这种安排提出了异议，认为会议没有将所有"在这一区域享有合法利益者"都包括进来，并希望在北极问题上应该"总是展现出我们协作的能力，而不是制造新分歧"。④ 此外，北极五国将建立北极国际治理新机制的可能性完全排除以及

① Inuit Circumpolar Council（ICC），*Circumpolar Inuit Declaration on Arctic Sovereignty*，https：//www.itk.ca/front-page-story/circumpolar-inuit-declaration-arctic-sovereignty.

② Nordic Nations Criticize Canada for not Inviting Them to Arctic Meeting，http：//news.ca.msn.com/canada/cp-article.aspx? cp-documentid = 23762408；Address on Foreign Affairs by H.E. Mr. Össur Skarphéðinsson，Minister for Foreign Affairs and External Trade，Delivered at the Althing on 14 May 2010，http：//www.mfa.is/minister/speeches-and-articles/nr/5559.

③ *A Parliamentary Resolution on Iceland's Arctic Policy*，Approved by Althingi at the 139th legislative session March 28 2011，http：//www.mfa.is/media/nordurlandaskrifstofa/A-Parliamentary-Resolution-on-ICE-Arctic-Policy-approved-by-Althingi.pdf.

④ "Canada Gets Cold Shoulder at Arctic Meeting," *The Star*，http：//www.thestar.com/news/canada/2010/03/29/canada_gets_cold_shoulder_at_arctic_meeting.html.

对大陆架资源开发和利用的特别关注也引起了国际社会的强烈质疑。

北极五国协商机制的缺陷和不足是显而易见的，它的主权国家性、排他性、封闭性与北极治理的大趋势是不相吻合的，这也就是它难以为继的原因。但它的机制特征是存在的，《伊卢利萨特宣言》构成了其协商机制的基础。同时它所起的作用也并非是完全消极的。借用斯托克机制评估框架来分析，北极五国协商机制至少在效应和政治动员力上产生了一定的积极效果。

首先，从效用角度来看，北极五国协商机制是在北极地缘政治争夺加剧背景下形成的，它针对的主要问题就是要解决日益激烈的领土争端和海洋、大陆架划界问题，就五国共同的利益和关注的问题进行协商，消除或减缓北极地区地缘政治争夺的热度，其针对性和指向性也是非常明确的。而这些议题恰恰是北极理事会所欠缺和不愿意介入的，五国也一再强调这一机制并不谋求取代北极理事会，北极理事会仍是有关北极事务开展国际合作的主要论坛。因此，从某种意义上来讲，北极五国协商机制与北极理事会并不是一种竞争的关系，而是一种补充和补缺。

其次，从政治动员力来看，北极五国协商机制在参与和决策的模式上没有任何创新，反而是重新回归传统主权国家闭门协商模式，但它仍然确立了一些非常重要的行为规范并以《宣言》的形式固定下来，其中最重要的就是强调和重申五国要按照广泛的国际法，特别是《联合国海洋法公约》作为解决领土纠纷的法律框架，并承诺在这一法律框架内有序解决重叠的领土诉求。北极领土争端通过和平方式和在遵守国际法的准则下加以解决，是北极未来发展的一个非常重要的前提。

最后，北极五国协商机制对海洋安全和公共安全给予了特别的关注，致力于采取更加具有强制力的措施以促进海上航行安全，防止和减少船舶污染，加强搜救能力等，这些都与北极未来治理的发展方向相一致。

头衔穆勒在解释第一次北冰洋会议召开的意图时指出，会议就是要重申五国遵守现有国际法和条约的意愿，"我们需要向各自的国民和世界其他国家发出一个共同的政治信号，那就是环北冰洋五国会以负责任的态度应对机会及挑战"。[①] 丹麦在最新出台的北极战略文件中也声称，丹麦将保留这一模式，作为五国磋商相关事务特别是大陆架的一个论坛，丹麦将在所有相关机制包括五国协商机制中推行自己的战略。[②] 考虑到北极理事会明确将政治事务排除在日程之外，而北极五国也绝不愿意将领土争端问题诉诸北极理事会等多边治理机制，因此，北极五国协商机制应该被视为北极多重治理努力中的一种，在未来和平解决北极领土争端中仍会发挥一定积极作用。

第四节　巴伦支欧洲—北极地区合作机制

巴伦支欧洲—北极地区合作（Barents EURO-Arctic Region, BEAR）机制创建于1993年，是由北欧五国（挪威、丹麦、瑞典、芬兰和冰岛）同俄罗斯和欧盟共同建立的北极次区域治理机制。它包括一体的两个层面的合作机制：一个是国家层面的巴伦支欧洲—北极理事会（Barents EURO-Arctic Council, BEAC）；另一个是地方层面的巴伦支地区理事会（Barents Regional Council, BRC）。这是

---

① Russia's Lavrov to attend Arctic conference in Greenland, *RIANovosti*, 28/05/2008, http://en. ria. ru/world/20080528/108643266. html.

② Denmark, *Kingdom of Denmark's Strategy for the Arctic 2011 – 2020*, http://um. dk/en/~/media/UM/English-site/Documents/Politics-and-diplomacy/Arktis_ Rapport_ UK_ 210x270_ Final_ Web. ashx.

北极地区目前最活跃、最成功的一个合作机制，也是北欧国家同俄罗斯在北极合作的典范。

一、巴伦支海与巴伦支欧洲—北极地区

巴伦支地区（Barents Region）由两部分组成，一部分是巴伦支海（Barents Sea），另一部分则是巴伦支海南部沿岸地区及其延伸，即巴伦支欧洲—北极地区。巴伦支地区不仅是一个地理概念，而且还具有政治意涵，表现为苏联解体前后一些政治家努力在这一地区实现广泛国际合作的一系列政治倡议和行动。

巴伦支海是北冰洋的一个边缘海，位于欧洲西北岸和新地岛、瓦伊加奇岛、法兰士约瑟夫群岛、斯瓦尔巴群岛、熊岛之间，面积140.5万平方千米。海域南部大陆一侧为大陆架，面积达127万平方千米。巴伦支是一个非常独特的海洋生态系统，虽地处北冰洋，但由于暖流流入，巴伦支海水温适宜，营养盐类丰富，形成了巴伦支极为丰富的海洋资源，尤以渔业资源和油气资源最为突出。巴伦支海盛产鲽鱼、鲱鱼、鳕鱼、毛鳞鱼等，是世界上最大的渔场之一，也是世界海洋中最具生产效能的一个海区。巴伦支海南北两侧的大陆架极为宽阔，埋藏着大量石油和天然气资源，且便于勘测和开发，是俄罗斯及挪威两国重要的油气远景开发区。巴伦支海南部海域终年不结冰，全年均可通航，形成了许多优良的不冻港，如挪威的瓦德瑟（Vardø）和俄罗斯的摩尔曼斯克（Murmansk）。

巴伦支欧洲—北极地区是指巴伦支海南部沿岸地区及其延伸，它包括挪威、瑞典、芬兰的北部和俄罗斯的西北地区，面积达175万多平方千米，人口约530万，其中75%的领土和居民处在俄罗斯境内。区内还散居有一些原住民，包括萨米人（Saami）、涅涅茨人（Nenets）和维普斯人（Vepsian）。这一地区领土广袤，人烟稀少，

但资源极其丰富，不仅拥有广阔的森林地带，而且拥有大量的矿产资源和油气资源。仅俄罗斯的科拉半岛就拥有 700 多种不同的矿物资源，其种类约占世界已知矿物资源的 1/4。此外，这一地区海底拥有丰富的铁矿石、铝土矿、矿砂、煤、钻石等储藏。而这一地区周边的挪威海、巴伦支海、喀拉海和阿尔汉格尔斯克州等蕴藏有大量的油气资源。① 可以说，在欧洲乃至世界上都鲜有资源如此充足的地区。

巴伦支地区优越的地理位置和丰富的资源贮备，引起了各方的关注和争夺。历史上，这里曾战争不断，领土几经易手，边界不断被重新划分。两次世界大战期间，这里也是重要战场之一。冷战时期，这里更是成为西方与苏联严重对峙的前沿地区。苏联在科拉半岛驻守重兵，与西方在巴伦支地区展开了空中、地面和水下的激烈较量，特别是在空中，双方侦察与反侦察、拦截与反拦截事件频繁发生，甚至还曾出现过直接的空中冲突，如 1987 年 9 月巴伦支海上空的"空中手术刀"事件。② 此外，苏联还在这一地区集中了大量的核武器，将新地岛作为苏联重要的核试验场，并向巴伦支海和喀拉海倾倒核废料，造成严重的核污染隐患。

与此同时，由于海域界限不清，挪威与苏联海洋资源争夺也不断加剧，几乎每年两国都有渔民因跨界捕鱼而发生纠纷。而对渔业资源的过度捕捞，也对巴伦支海洋资源和生态环境造成严重破坏。

巴伦支地区安全形势和生态环境的日益恶化，对这一地区的所有国家都构成了严重威胁。因此，自 20 世纪 60 年代以来，北欧国家就先后提出了北欧无核区的倡议，特别是在 80 年代以后，逐步把这一概念发展成一场声势浩大的群众运动。而苏联在戈尔巴乔夫上

---

① Barents EURO-Arctic Council, *The Barents Region*, http://www.beac.st/in-English/Barents-Euro-Arctic-Council/Introduction/Facts-and-maps/Barents-Region.

② 指 1987 年苏联空军驾驶苏－27 战斗机撞伤挪威 P－3B 反潜巡逻机事件。

台后，也开始发生一些重大变化，尤其是 1987 年 10 月 1 日，戈尔巴乔夫在摩尔曼斯克发表了重要讲话，提出了"我们共同的欧洲家园"的概念，要把北极打造成有益于国家经济和欧洲近北极国家以及国际共同体的地区，把北极建设成为一个"和平北极"。为实现这一目标，戈尔巴乔夫还提出了 6 项具体建议，包括建立北欧无核区、限制北极海军活动、合作开发北极资源、合作开展北极科学研究、合作进行环境保护、开通北方海航道等。①

戈尔巴乔夫的讲话为北欧和解、合作打开了方便之门，也得到了北欧各国的积极响应。随着苏联的解体和冷战的结束，消除了巴伦支地区合作的最后障碍，最终推动了巴伦支欧洲—北极合作机制的成立。

二、巴伦支欧洲—北极地区合作机制的建立和工作机制

最早提出巴伦支地区合作倡议的是时任挪威外交大臣的托瓦尔·斯托尔滕贝格（Thorvald Stoltenberg）。1992 年 1 月，斯托尔滕贝格正式提出了"巴伦支地区"的概念，建议在芬兰、挪威、俄罗斯和瑞典北部建立一个跨国界的组织以加强互动。这一倡议得到了各国的积极响应，并最终形成了巴伦支欧洲—北极地区合作机制。②

1993 年 1 月，在挪威的邀请下，来自丹麦、瑞典、芬兰、冰岛、挪威、俄罗斯和欧盟委员会的外交部长或代表在挪威的基尔克

---

① Mikhail Gorbachev's Speech in Murmansk at the Ceremonial Meeting on the Occasion of the Presentation of the Order of Lenin and the Gold Star to the City of Murmansk, Murmansk, 1 Oct. 1987, http: //www. google. com. hk/url? sa = t&rct = j&q = &esrc = s&frm = 1&source = web&cd = 1&ved = 0CC0QFjAA&url = http% 3A% 2F% 2Fteacherweb. com% 2FFL% 2FCypressBayHS% 2FJJolley% 2FGorbachev_ speech. pdf&ei = n_ ZxUtuZFcKGtAbTpoDQDg&usg = AFQjCNHGYtQJa_ 8CofaTXoROj-uNNpv8eYg.

② Barents Cooperation at A Glance, http: //www. lansstyrelsen. se/norrbotten/SiteCollectionDocuments/Sv/om-lansstyrelsen/eu-och-internationellt/BARENTS/L% C3% 84N0000% 20Infoblad, % 20eng_ 111110. pdf.

内斯（Kirkenes）举行了部长会议。会议强调巴伦支欧洲—北极地区的广泛合作将会对这一地区和欧洲的稳定和进步以及世界的和平和安全作出实质性的贡献。[①] 会议的总体目标是要通过地区紧密合作加强环境保护，促进地区资源的可持续利用，会议发表了《巴伦支欧洲—北极地区合作宣言》（Declaration on Cooperation in the Barents EURO-Arctic，亦称《基尔克内斯宣言》），宣告巴伦支欧洲—北极地区合作机制正式成立。

巴伦支欧洲—北极地区合作机制是一个两位一体的合作机制，由两个密切联系但又平行的机制组成：一个是建立在政府间合作层面的"巴伦支欧洲—北极理事会"；另一个是建立在地区层面的"巴伦支地区理事会"。

（一）巴伦支欧洲—北极理事会的构成和工作机制

巴伦支欧洲—北极理事会是根据《基尔克内斯宣言》建立的政府间合作论坛，其主要目标是要促进地区的可持续发展，为此，理事会将在经济、贸易、科学和技术、旅游、环境、基础设施、教育和文化以及改善北部原住民生活状况等领域，开展双边和多边合作。

巴伦支欧洲—北极理事会成员由参加基尔克内斯会议的北欧五国和俄罗斯以及欧盟共同组成，此外还有观察员国，最初有 7 个，分别是美国、加拿大、法国、英国、德国、波兰、日本，后又增加意大利和荷兰。

理事会工作机制由轮值主席国、部长会议、高官会议、工作组、秘书处共同组成。轮值主席国由芬兰、挪威、俄罗斯和瑞典四国轮流，每一届主席由主席国外交部长担任，任期两年。理事会通

---

① *Declaration on Cooperation in the Barents EURO-Arctic*，http：//www. barentsinfo. fi/beac/docs/ 459_ doc_ KirkenesDeclaration. pdf.

常每年召开一次外交部长或相关部长层面的部长会议，自 2001 年后改为每两年召开一次。会议议程由主席国在咨询其他成员的基础上决定，会议决策采用成员国一致原则。除成员国和观察员外，会议还可邀请包括地区、次地区和国际组织的代表参与。①

高官会议由成员国和欧盟官员代表组成，主要职责是协助理事会工作，向理事会提交报告并接受理事会的指导，同时指导工作组开展工作。高官会议通常由理事会主席国召集，每年召开 4—5 次会议。

理事会还建立了一系列工作组和专项小组开展各领域的专项研究工作，成员由国家或地区的官员组成，其领域涉及经济、海关、环境、交通、救援等领域。此外，理事会还同北极地区理事会共同建立了一些工作组，包括健康与社会、教育和研究、能源、文化、旅游、青年等工作组。② 值得一提的是，理事会还专门建立了一个"原住民工作组"（The Working Group of Indigenous Peoples，WGIP），由萨米人、涅涅茨人和维普斯人三个原住民代表组成。这一工作组是一个永久性工作组，除了具有其他工作组一般性质外，对两个理事会还起到顾问作用，工作组主席代表原住民参加理事会部长会议，在地区理事会和地区委员会中也有其代表参与。③

理事会日常工作由理事会秘书处来处理，在 2007 年以前，这项工作由各轮值主席国设立的秘书处来进行。2008 年，为更连贯地和有效地加强理事会工作，根据 2008 年挪威、瑞典、丹麦和俄罗斯四国政府达成的协议，理事会在挪威的基尔克内斯建立了"国际巴伦

---

① *Annex to the Kirkenes Declaration*, Approved by Cooperation in the Barents EuroArctic Region Conference of Foreign Ministers, Kirkenes, Norway, 11 January, 1993, http：//www. barentsinfo. fi/beac/docs/460_ doc_ AnnextotheKirkenes Declaration. pdf.

② Barents Working Groups and Activities, http：//www. beac. st/in-English/Barents-Euro-Arctic-Council/Working-Groups.

③ Working Group of Indigenous Peoples, http：//www. beac. st/in-English/Barents-Euro-Arctic-Council/Working-Groups/Working-Group-of-Indigenous-Peoples.

支秘书处"（The International Barents Secretariat，IBS）作为理事会和巴伦支地区理事会共同的秘书处，提供日常管理服务和技术支持，并负责经营理事会网站、出版通信、做宣传和沟通工作等。与此同时，各国秘书处并未被取代，而是保留了下来。

（二）巴伦支地区理事会的构成和工作机制

巴伦支地区理事会成立于1993年1月，是挪威、瑞典、芬兰和俄罗斯北部地区地方代表和原住民代表根据共同签署的《巴伦支地区地区理事会法定会议协定》（Protocol Agreement from the Statutory Meeting of the Regional Council of the Barents Region）建立起来的地方政府论坛，宗旨是在巴伦支地区扩展地区合作，具体目标是要确保地区和平和稳定发展，巩固和发展地区人民之间的文化联系，建立新的或扩充已有的双边或多边关系，在积极和可持续管理资源基础上强化地区经济和社会发展，关注原住民利益并鼓励原住民积极参与。①

理事会成员由四国北部地方政府代表组成，最初参与的地方政府有7个，后逐步扩展至13个，涉及土地面积达175万平方公里，人口约530万。此外理事会还有一个原住民代表。其工作机制由轮值主席方、地区委员会（Regional Committee，RC）、工作小组构成。理事会轮值主席每两年轮换一次，每两年召开一次理事会，决策采取一致原则。理事会下设地区委员会作为其工作机构，由地方政府公务员和原住民代表组成，其职责是为理事会召开做准备工作，贯彻理事会的决议。理事会还设有三个主要工作组，即环境工作组、运输与物流工作组、投资和经济合作工作组。此外，理事会还同巴

---

① *Protocol Agreement from the Statutory Meeting of the Regional Council of the Barents Region*（*The Eruo-Arctic Region*），Kirkenes，11 January，1993，http：//www. beac. st/in-English/Barents-Euro-Arctic-Council/Barents-Regional-Council/Barents-Regional-Council-documents.

伦支欧洲—北极理事会联合建立了 6 个工作组。

三、巴伦支欧洲—北极地区治理模式评估

巴伦支欧洲—北极地区合作机制自创立以来已逾 20 年。20 年来，这一地区从一个冷战时期严重冲突的地区变成一个长期和平、合作的地区；从一个世界边缘的地区，变成一个快速发展的地区。这一切都与这一地区创建的独特的合作机制是分不开的。正如巴伦支欧洲—北极理事会第 20 届部长会议所明确指出的，20 年成就的取得"源于巴伦支合作在加强欧洲双边信任、稳定和安全方面重要作用的发挥，它是北欧在共享不可分割的和综合安全基础上共同努力的结果"。①

这里我们同样可以借用斯托克分析框架对该机制做一评估。首先从效用角度来看，巴伦支欧洲地区合作机制是针对这一地区冷战后特殊的地缘政治和安全环境建立起来的。冷战后，巴伦支地区军事对峙的传统安全问题解除了，但非传统安全问题凸显出来。巴伦支地区曾是欧洲军事化程度最高的地区，冷战遗留痕迹突出，包括核污染问题和海洋划界问题。它也是北极人口最密集、资源最丰富的一个地区，但同时也面临着环境日益脆弱、基础设施落后、社会经济发展严重分裂的挑战，特别是在东西方大门打开后，这一问题就显得更加突出。潜藏在巴伦支倡议背后的真正主题实际上是安全议题。这也就是《基尔克内斯宣言》（以下简称《宣言》）所强调的，巴伦支地区的政治缓和与合作不仅有助于地区的长期稳定与进步，而且对欧洲安全都会带来重大影响。从这一角度来看，巴伦支合作机制所取得的成就是突破性的。在核安全方面，2003 年，挪

---

① *Declaration on the 20th Anniversary of the Barents Euro-Arctic Cooperation*, Kirkenes, Norway, 3 – 4 June, 2013, http://www.barentsinfo.fi/beac/docs/Barents_Summit_Declaration_2013.pdf.

威、瑞典、丹麦、芬兰和俄罗斯共同签署了《俄罗斯联邦多方位核环境计划协议》（the Multilateral Nuclear Environmental Programme in the Russian Federation，MNEPR，以下简称《协议》），这一协议为俄罗斯安全使用核燃料和管理放射性废料提供了一个机制性框架。[1]在安全合作方面，自 2001 年起，挪威、瑞典、芬兰和俄罗斯四国就开始在巴伦支欧洲—北极理事会框架内轮流举行联合搜救演习。特别是 2010 年挪威和俄罗斯签署的《挪威王国与俄罗斯联邦关于在巴伦支海和北冰洋的海域划界与合作条约》（Treaty between the Kingdom of Norway and the Russian Federation concerning Maritime Delimitation and Cooperation in the Barents Sea and the Arctic Ocean），[2]结束了两国长达 40 年的海洋边界冲突，为两国合作开发北极石油天然气能源和渔业合作扫清了障碍。

其次从政治动员力来看，巴伦支欧洲—北极地区治理机制有一个非常独特的机制架构，它是由一体两面的两个治理机制共同构成，一个是政府层面的，一个是地方政府层面的。这两个机制建立在同一个基础之上，这就是《基尔克内斯宣言》，但又各有所侧重，相互补充，通过联合工作组和共有的国际巴伦支秘书处有机地联系在了一起。这样一种独特的机制非常适宜冷战后巴伦支地区特殊的政治、安全、社会形势。巴伦支地区是北极面积最大、人口最多、资源最丰富但又是一个特别多元化的地区，无论从政治状况、经济发展、官僚体制、法律体系等方面来看，还是从语言和社会文化等方面来看，都存在着很大的差异。这种异质性特别突出地表现在冷战结束后交流日益密切的地方层面，也成为地区发展的一个不稳定

---

① Olav Schram Stokke, Geir Honneland and Peter Johan Schei, "Pollution and Conservation," Olav Schram Stokke and Geir Hønneland (eds.), *International Cooperation and Arctic Governance：regime effectiveness and northern region building*, Routledge, 2007, p. 95.

② *Treaty between the Kingdom of Norway and the Russian Federation concerning Maritime Delimitation and Cooperation*, http：//www. regjeringen. no/upload/SMK/Vedlegg/2010/avtale_ engelsk. pdf.

因素。在这样一种多元环境下，仅仅依靠国家层面的合作显然很难对地方差异作出正确的应对。因此，地方政府层面的合作成为国家层面合作的一个有效补充，也取得了更加实质性的效果，体现在包括能源供应、交通运输、生态、医疗保健、教育、青年、原住民传统文化保留等各个领域。在原住民参与地区治理方面，巴伦支欧洲—北极地区治理机制也有创新，设立了独立的、永久性的"原住民工作组"，从两个层面来保障原住民参与地区治理的权利。此外，该机制在创建时期，欧盟就成为其创建者之一，这实际上体现出创建者们一个更深层次的考虑和期待，即把巴伦支欧洲—北极地区合作视为更广泛的欧洲合作和一体化的一部分，这就赋予了欧洲安全与合作以新的含义，为欧洲提供了一个新的合作框架，促进了北部欧洲和欧洲大陆更密切的联系。

最后从地区构建角度来看，巴伦支欧洲—北极地区治理机制在强化地区民众之间的"功能性联系"以及在凝聚"散乱的地区意识"、构建地区共同身份方面的作用也是巨大的。在《基尔克内斯宣言》中，加强地区合作的一个重要的支柱就在于推动民众之间的交往，通过宣传地区共有的历史和文化培育一种地区共同体意识。为此，该机制创建了一个联合文化工作组（Joint Working Group on Culture，JWGC），目的就是促进跨国界文化交流，强化巴伦支文化认同，增强巴伦支文化在内外的影响力。该工作组开展的文化项目主要有两个，一个是"巴伦支地区之声"，另一个是"巴伦支新风"，突出巴伦支文化和文化产业的重要性，是巴伦支内部文化合作的一个框架。① 随着地区交往的增多、地区经济发展水平差异的减少和签证手续的日益简化，地区民众跨境旅游人数不断上升。

---

① Md. Waliul Hasanat, "Cooperation in the Barents Euro-Arctic Region in the Light of International Law," in Gudmundur Alfredsson, Timo Koivurova (eds.), *The Yearbook of Polar Law*, Volume 2, 2010, NIJHOFF Publishers, 2010, p. 297.

2010 年，挪威和俄罗斯就两国边境地区之间免签证往来达成一致，而从俄罗斯经芬兰到欧洲的旅游也非常便捷，到芬兰或经芬兰前往欧洲游览的俄罗斯游客甚至超过了俄罗斯与挪威之间的人员往来。根据俄罗斯著名的"社会和市场研究中心"（Center of Social and Market Research，FORIS）自 2010 年在摩尔曼斯克等城市做的民调结果显示，超过50%的受访者知道巴伦支合作，而近90%的受访者支持摩尔曼斯克州能够更多地参与国际合作。[①] 这种密切交往对俄罗斯的青年一代产生了特别重大的影响，甚至催生了俄罗斯新的"巴伦支一代"（the Barents generation）。[②] 这为巴伦支欧洲—北极地区的一体化打下了坚实的基础。

巴伦支欧洲—北极地区独特的治理机制对该地区在安全、经济、社会、文化等方面的合作带来了重大影响，这实际上是自上而下和自下而上密切结合的结果，也因而被称为国家合作和地区合作的典范。但同时我们也看到，从机制评价三个标准来看，该机制依然存在着许多不足。比如，该机制同前两个机制一样，依然是通过《宣言》和《协定》而不是条约建立起来的，因此，尽管它拥有较成熟的和独特的机制，但它仍然不是一个符合传统国际法的国际组织，其决议并没有任何法律约束力，更多地还是依赖各国政府的政治承诺。其次，在原住民参与地区治理方面，尽管原住民是《宣言》和《协定》的签字方，合作机制也将原住民工作组独立出来，保障了原住民参与各种会议的权利，但令人惊异的是原住民既非两个理事会的成员也不是观察员，而且区域内三个原住民仅有一个代表，所扮演的角色也仅仅是顾问的角色（advisory role），这相比北极理事会而言不能不说是一种倒退。此外，在地区身份构建上，其

---

① "Appendix: Opinion Poll from Murmansk City and Pechenga Rayon," Barents Review 2012, p. 106.

② Geir Hønneland, "Identity Formation in the Barents Euro-Arctic Region," *Cooperation and Conflict*, September, Vol. 33, No. 3, 1998, pp. 277 – 297.

在俄罗斯所造成的影响要远大于在挪威、瑞典和芬兰所造成的影响，形成了一个鲜明的对比。

联合国环境规划署曾于 2004 年发表一份报告，指出巴伦支海的生态环境正遭到多方面的严重破坏，包括过度捕捞、石油和天然气的污染、放射性废料威胁和引进新的海洋物种对生态平衡的破坏等。[①] 它表明巴伦支欧洲—北极地区治理依然任重而道远。

上述三种有关北极的区域和次区域治理机制，既有相同点，如都属于"软法"性质，缺乏法律强制力和约束力，但又各具特色，难以相互取代。它们在关注的北极治理上既有相互重叠之处，如北极的和平、稳定与可持续发展，但又各有侧重，如北极理事会更强调环境与可持续发展，北极五国治理机制更突出领土、海洋划界和大陆架争端，巴伦支欧洲—北极地区合作治理机制则更关注安全和地方合作与构建，这决定了这些机制也难以相互融合。奥兰·杨在一篇文章中曾经指出，北极治理现状呈现出的是一种更加多向度的治理复合体（a moremultidimensional Arctic governance complex），而且很可能在未来会继续有所发展。[②] 三种机制并存又互补，并且相互制约、相互塑造，恰是对北极治理复杂性的一种现实反映。

① United Nations Environment Programme, *Global International Waters Assessment*: *Regional assessment 11*: *Barents Sea*, 2004, http：//www. unep. org/dewa/giwa/areas/reports/r11/giwa_ regional_ assessment_ 11. pdf.

② Oran R. Young, "If an Arctic Ocean Treaty Is Not the Solution, What Is the Aalternative?" *Polar Record*, Vol. 47, Issue 4, 2011, pp. 327 - 334.

第八章

国家行为体与北极治理

当我们讨论治理时，会强调治理与以往国家统治的区别，强调治理的多层级协调的含义，强调非国家行为体的作用，比如下一章将要讨论的非政府组织、原住民组织、科学家团体和企业。然而，无论是全球性的治理体系还是区域性的治理体系，都只是公共权威与私人机构之间一种逐渐演进的政治合作体系，是国家行为体、市场力量和公民社会组织相互作用的过程，国家行为体在其中仍然扮演着举足轻重的角色。在全球治理中，各国政府的作用不是弱化而是得到拓展和丰富。毕竟国家手中拥有最充分的资源和治理的工具，而且他们是国际治理机制的主要支撑，也是对所管辖区域进行国内治理的主要责任者。

第一节　俄罗斯与北极治理

俄罗斯是天然的北极大国，其拥有的北极领土、领海面积在所有北极国家中位居前列。俄罗斯共有 8 个行政区①的土地位于北极

---

① 根据《俄罗斯联邦北极地区陆地领土》总统令，8 个北极地区行政区自西向东分别为：卡雷利亚共和国、摩尔曼斯克州、阿尔汉格尔斯克州、涅涅茨自治区、科米共和国、亚马尔—涅涅茨自治区、克拉斯诺亚尔斯克边疆区、萨哈共和国（雅库特）和楚科奇自治区的部分或全部疆域。http：//Graph. document. kremlin. ru/page. aspx？3631997

圈内。截至2012年，俄罗斯北极地区的居住人口为195万（约占俄罗斯总人口的1.4%），其中原住民、少数民族人口约16万。俄罗斯北极地区是俄罗斯人口密度最低的地区，但却是北极国家中人口最多的地区。① 俄罗斯北极地区物产丰富，除矿藏资源外，60%以上未开发的北极油气资源集中在俄罗斯领土或专属经济区内。② 北极最重要的航运通道之一——连接欧洲和东亚的东北航道（俄罗斯部分称北方海航道）就位于俄罗斯北冰洋沿岸。从安全角度讲，北冰洋沿岸一直是苏联与美国进行战略核遏制的前沿阵地，北极战略防御思维至今仍植根于俄罗斯决策者的头脑之中。以上因素决定了俄罗斯必定是国际北极事务的关键性角色。

北极融冰所带来的经济发展前景，与普京这一代领导人决意"中兴俄罗斯"的梦想产生了历史性的重叠。在参与北极治理过程中，俄罗斯如何平衡经济开发与环境生态保护之间的关系，如何平衡坚持主权与国际合作之间的关系，如何在"全球—北极区域—俄联邦—俄北方地区"四个层面上发挥治理作用，都值得我们观察。

一、俄罗斯北极开发和治理立场的调整

北极地区能从美苏核对抗的前沿变成今日"共同治理，合作开发"的和平区域，很大程度上源于冷战的结束，源于苏联领导人戈尔巴乔夫首先提出的北极合作倡议。1987年戈尔巴乔夫提出"摩尔曼斯克倡议"，其主要内容：一是建立北欧无核区；二是限制北欧附近海域的海空军活动；三是和平合作开发北极资源；四是合作开

---

① Дёгтева Г. Н. Проблемы здравоохранения и социального развития Арктической зоны России［J］，Москва-Санкт-Петербург，2011，с.17. 作者注：根据俄罗斯1999年通过的"俄联邦少数民族权力保障法"和2000年俄罗斯政府批准的"俄联邦原住民统一目录"，俄罗斯共有45个少数民族，其中40个少数民族居住在俄罗斯北方地区。

② Конышев В. Н.，Сергунин А. А. Арктика в международний политике，Москва，2011.

展北极科学研究；五是开展北极地区环保合作；六是开通北极航线等。戈尔巴乔夫的讲话得到西方阵营的欢迎，苏联与北极国家签署了"北极环境保护战略"多方协议（1996年，该协议被纳入北极理事会）。该倡议标志着北极合作进入新时代，表明苏联在涉北极问题上长期持有的强硬、排斥和不合作的态度发生了变化。1991年苏联解体，俄罗斯在北极问题上继续推进戈尔巴乔夫时期制订的计划，先后成为波罗的海国家委员会、北方论坛、巴伦支—欧洲北极理事会、北极地区议会会议、北极理事会的成员。但在20世纪90年代，俄罗斯与北极国家在北极海域划分、资源利用、环境治理等方面的矛盾仍很尖锐，例如与挪威的巴伦支海海域划界问题曾严重影响了两国关系的正常化发展。在北极生态环境问题上，俄罗斯随意排放未经处理的工业污染物和倾倒核废料的做法引起周边国家的极大不满。美国、挪威、德国和芬兰等国曾向俄罗斯提供援助治理北极核废料等污染物，但是这些援助与治理所需的要求相差甚远，加之俄罗斯的不合作和资金不到位等因素，污染物治理的国际合作举步维艰。

21世纪伊始，普京任俄罗斯总统后，尤其是在普京总统第二任期内，随着俄罗斯对北极经济机会认识的深入和俄罗斯国力的恢复和增长，被搁置10多年的北极地区被列入国家发展规划。2004年4月，普京在俄罗斯联邦委员会主席团会议上表示，北极地区对国家具有特殊的地缘政治、经济和国防意义，制定北极地区的国家政策已刻不容缓。[①] 随后几年，俄罗斯相继通过一系列有关北极的法律文件，如2008年的《2020年前及更长期的俄罗斯联邦北极国家政策原则》（以下简称《原则》）[②]、2013年的、《2020年前俄罗斯联

[①] Заседание президиума Государственного совета №36, 《Основные направления государственной политики в отношении северных территорий России》, http：//archive. kremlin. ru/text/appears2/2004/04/28/97302. shtml.

[②] Основы государственной политики Российской Федерации в Арктике на период до 2020 года и дальнейшую перспективу, http：//www. scrf. gov. ru/documents/98. html.

邦北极地区发展和国家安全保障战略》（以下简称《战略》）^① 和
2014 年的《俄罗斯联邦北极地区陆地领土》总统令^②以及相关规则
和条例等。这些文件为俄罗斯参与北极开发和治理制定了明确的任
务及其完成时间表。《原则》提出了俄罗斯在北极地区的利益和主
要任务：一是完成争议边界的论证工作，解决北极地区的主权问
题；二是扩大国际合作力度，积极开发俄罗斯北极地区的自然资
源；三是建设北方海航道基础设施和建立交通管理体系；四是运用
高新技术，保障对北极经济、军事和生态活动进行有效监督；五是
强化俄罗斯北极地区的军事存在，保障俄罗斯在北极的利益和国家
安全等。同时，俄罗斯为了表明自己对北极开发和治理的开放立场
和态度，自 2010 年起俄罗斯开始在国内举办有关北极问题的大型系
列活动，其中级别最高和影响最大的是由俄罗斯地理学会举办的
"北极——对话之地"国际论坛和由俄联邦国家安全委员会主办的
北极理事会成员国高层代表年度国际会议。"北极——对话之地"
举办系列大型国际论坛邀请北极国家和域外国家和组织的官员和专
家与会，共同商讨北极开发和治理问题。每次会议普京都亲自出席
并发表讲话，阐述俄罗斯的北极政策。普京多次表示北极开发应建
立在保护环境基础之上，呼吁国际社会加强合作，保护北极环境，
促进北极发展，共同将北极建设成为国际合作平台。^③ 北极理事会

---

① Стратегия развития Арктической зоны Российской Федерации и обеспечения националь-
ной безопасности на период до 2020 года, http：//government. ru/news/432.

② Указ президента Российской Федерации о сухопутнвіх территориях Арктической зоны
Российской Федерации. Graph. decument. kremlin. ru/page. aspx？3631997

③ Выступление на пленарном заседании Ⅲ Международного арктического форума
《Арктика-территория диалога》，http：//www. kremlin. ru/transcripts/19281. 作者注：2010 年 9 月
22—23 日，第一届"北极——对话之地"国际论坛在莫斯科举行，主要议题是：（1）当前北极
问题：国家利益和国际对话。（2）北极环境：气候变化和人类活动的影响。（3）北极的自然资
源：繁荣本地区的合作领域。2011 年 9 月 21—24 日，第二届"北极——对话之地"国际论坛在
俄罗斯北极地区阿尔汉格尔斯克市举行，主要议题是："北方海航道及其基础设施和安全问题"。
2013 年 9 月 24—25 日，第三届"北极——对话之地"国际论坛在俄罗斯亚马尔—涅涅茨自治区
首府萨列哈尔德举行，主要议题是："北极生态安全"。

成员国高层代表年度国际会议是在 2011 年《北极海空搜救协定》签署后不久举办的，其目的是向国际社会展示俄罗斯在开发北极的同时，关注北极生态环境和保护原住民利益；俄罗斯在履行该协定和在北极环境治理领域所做的贡献等。2014 年度会议首次邀请正式观察员国中韩印新代表参加。

二、俄罗斯北极战略的政治经济诉求

北极的战略经济价值是俄罗斯在 21 世纪重塑大国地位，实现"强国富民"梦的重要保障之一。俄罗斯在北极的政治诉求主要表现在保障国家国土安全和拓展北极海域主权权利两个方面，经济目标主要体现在开发油气资源和航道资源等领域。

（一）加强北极军事部署，应对美欧战略挤压

冷战时期，北极防线承担着保卫俄罗斯中心地区的屏障作用。冷战结束后，美国和北约利用俄罗斯国力相对衰弱之际，不断挤压其战略空间。随着北冰洋冰盖融化，人类经济活动的加剧，俄罗斯北部和东北部的安全压力明显升级。美国战略核潜艇在北冰洋海底有增无减的游弋，对俄罗斯的北方边界形成遏制态势。

2007 年，俄罗斯在北冰洋罗蒙诺索夫海岭插上俄罗斯国旗以宣示主权，之后又恢复了战略导弹轰炸机在北冰洋上空的巡航，加强核潜艇在北冰洋的巡航。2013 年年底，普京命令俄罗斯国防部在 2014 年末完成俄罗斯在北极地区的新军事机构"北方舰队—联合战略司令部"的组建任务。[①] 此外，俄罗斯国防部启动北极地区军用机场和码头设施的修复和扩建项目。俄罗斯强化在北极的军事存在

---

① В Арктической зоне Рф появится военная структуа，http：//www. arctic-info. ru/News/Page/v-arkticeskoi-zone-rf-poavitsa-novaa-voennaa-strуktyra.

是为了化解以美国为首的西方国家从东、西、北三个方向对其进行战略挤压，保障俄罗斯在北极的政治和经济利益。

（二）扩大北极海域主权权利，实现北极利益最大化

俄罗斯强化北极军事存在的同时，加快扩大外大陆架边界的资料收集工作。根据《伊卢利萨特宣言》，俄罗斯、丹麦、美国、加拿大和挪威同意根据《联合国海洋法公约》，通过科学研究提供证据来决定外大陆架的权益问题。俄罗斯提出的扩大北部外大陆架边界的区域，是以俄罗斯最西北端的科拉半岛、最东北端的楚科奇自治区和北极为基准点确定的三角形区域，罗蒙诺索夫海岭延伸的部分地区位于这一区域，总面积为 120 万平方公里。2001 年，俄罗斯向联合国大陆架限界委员会提出申请，提出了对这一地区的海洋权益要求，结果被大陆架限界委员会以证据不足驳回。随后俄罗斯多次组织科考队对该地域进行考察，获取证据。根据计划，俄罗斯将于 2014 年底完成有关扩大外大陆架科学数据和资料的收集工作，之后会向联合国界限委员会提交新的申请。①

2010 年俄罗斯与挪威结束了长达 40 年的边界谈判，完成了争议海域的划界工作，两国签署了《关于在巴伦支海和北冰洋的海域划界与合作条约》。② 条约签署 4 年来，俄、挪关系大大改善，促进了两国渔业和跨界油气资源领域的合作，为两国在北极的合作打开了广阔的前景。同时，该条约也为解决北冰洋国家之间的海洋争端树立了范例，即在妥协、合作和互利的基础上，在国际法范畴内和

---

① Минприроды: Россия-первый претендент на расширение шельфа в Арктике, http://www.arctic-info.ru/News/Page/minprirodi-rossia-pervii-pretendent-na-rassirenie-sel_fa-v-arktike.

② Рекмендация "круглого стола" на тему: "О Договоре между Российской Федерацией и Королевством Норвегия о разграничении морскиз пространств и сотрудничестве в Баренцевом море и Северном Ледовитом океане", http://www.fishkamchatka.ru/?cont=long&id=28029&year=2011&today=17&month=02.

平解决争端。俄、挪划界的成功也使得俄罗斯的国际形象得到改善。

（三）掌握北极能源开发先机，保障能源安全

根据俄罗斯专家的评估，目前在俄罗斯北极地区已探明的有开发潜力的油气点超过 200 个，其中正进行开采的只有几十个油气田，主要位于巴伦支海和喀拉海大陆架海域，其中伯朝拉海域和相邻的亚马尔地区蕴藏着极其丰富的油气资源。[①] 用普京的话来说："亚马尔和北极大陆架石油天然气产地的开发将改变全球能源市场的力量排序。"[②]

俄罗斯北极地区的油气资源开发虽然前景看好，但是由于北极地处高纬度、高寒地带，开发难度极大。俄罗斯缺乏开发大陆架，尤其是极地大陆架油气资源的经验和技术；缺乏最基本的基础设施的支撑；缺乏稳定的能源出口大市场，以及国家财政的大力支持等。而且北极经济活动的加剧，势必加重污染问题，威胁生态安全。因此，俄罗斯在北极油气资源开发上积极寻求美欧等国技术先进、资金雄厚的大型石油天然气企业和公司的支持和参与。2011 年 8 月，俄罗斯石油公司与埃克森美孚公司签署协议合作开发喀拉海海域 3 个地块的油气资源，据初步评估，这里的石油和天然气储量分别为 50 亿吨和 10 万亿立方米[③][④]。2014 年 9 月，两家公司在该海域合作钻探出一个大型油气田，预计天然气储量为 3380 亿立方米

---

① Конышев В. Н. , Сергунин А. А. Арктика в международний политике. Москва，2011.

② Путин. Освоение Ямала и шельфа Арктики изменит расстановку сил на мировом энергетическом рынке，http：//www. arctic-info. ru/News/Page/pytin-osvoenie-amala-i-sel_ fa-arktiki-izmenit-rasstanovky-sil-na-mirovom-energeticeskom-rinke.

③ Роснефть и ВР договорились о сотрудничестве на шельфе в РФ. http：//top. rbc. ru/eco-nomics/15/01/2011/527697. shtml.

④ Роснефть нашла нового стратегического партнерства，http：//grani. ru/Politics/Russia/m. 191068. html.

和 1 亿多吨石油，而且周边区域也具有相同的地质构造。① 俄罗斯还与挪威国家石油公司、意大利埃尼集团等国际知名企业分别签署了有关开发俄罗斯北极资源的战略合作协议。

俄罗斯希望借助国际技术和资金开发北极资源，将北极地区建设成为俄罗斯保持世界能源出口大国地位和保证俄罗斯经济持续发展的重要战略产地。只有这样俄罗斯才能在北极的能源资源开发中掌握主动和先机，确保北极的能源安全。

（四）打造北冰洋国际贸易新航线

北方海航道是苏联连接其欧洲部分与远东地区的 3 条运输走廊之一（另两条是西伯利亚大铁路和横贯俄罗斯的空中航线）。20 世纪 90 年代，北方海航道的整体运输结构遭到破坏，航运公司和港口自由化，国家财政停止拨款，导致几十年航行良好的北方海航道交通系统崩溃。

21 世纪伊始，北方海航道的商业航运价值因北极冰盖融化和资源开发急速提升。2011 年 9 月，普京在第二届"北极——对话之地"国际论坛上强调了建设北方海航道的重要性和必要性。他表示，俄罗斯要将"这一航道变成最重要的、具有全球意义和规模的贸易航线之一"，并"使其在服务成本、安全性及质量方面能够与传统贸易航线形成竞争"。② 他还表示，为了实现这一目标，俄罗斯将在 2020 年前完成 3 艘大型核动力和 6 艘柴油电力混合破冰船的建造。为此，俄罗斯重新设立了北方海航道管理局，以加强对航道的管理。同时，俄罗斯修改有关"北方海航道"航运的国内法律文件，从法律上明确航行规则，维护其航道利益。2013 年 1 月正式生

---

① Роснефть открыла новое месторождение в карском море, http://www.rosneft.ru/news/today/27092014/html.

② Выступление путина на втором международном арктическом форуме Арктика территория диалога, http://archive.premier.gov.ru/visits/ru/16523/events/16536/.

效的《关于北方海航道水域商业航运的俄罗斯联邦特别法修正案》对俄罗斯涉及北方海航道的主要法律——《俄罗斯联邦商船航运法》、《俄罗斯联邦自然垄断法》和《俄罗斯联邦内水、领海和毗连区法》做了重要增补或修订。北方海航道管理局根据《俄罗斯联邦商船航运法》和《俄罗斯联邦运输部条例》，重新制定了《北方海航道水域航行规则》。最近几年，俄罗斯一直在北方海航道上进行国内和国际港口之间的商业试航，为北冰洋航道的全年通航做准备。一旦北冰洋实现全年通航，俄罗斯凭借北方海航道将极大地提升其国际地位和全球影响力。

三、俄罗斯参与北极治理的主要举措

俄罗斯希望通过北极资源开发和航道建设，推动俄罗斯北极地区社会经济的发展，将该地区建设成为国家战略物资储备地，并强化北部疆域的安全保障能力。同时，北极的生态系统和环境保护对俄罗斯同样至关重要。因此，俄罗斯在全球、联邦、北极地区等多个层面上积极推动并参与与北极治理相关的各种协议和项目。

（一）参与北极国际合作

俄国是主要参与北极科考国际合作的国家。成立于1846年的俄罗斯地理学会在1882—1883年第一个国际极地年期间参与了人类北极科技合作，并作出了巨大的贡献。20世纪俄国（苏联）围绕北极各领域的保护和治理开展了积极的国际合作。主要合作成果有：1911年的《保护毛皮海豹公约》；1923年的《保护太平洋北部和白令海峡的鱼类的协议》；1932—1933年的第二个国际极地年的科学活动；1946年15个国家签订的《国际捕鲸管制条约》，并成立了一个国际捕鲸委员会；1973年苏联和环北极国家美国、加拿大、挪

威、丹麦签定的《保护北极熊协议》；1982 年苏联签署《联合国海洋法公约》以及《防止倾倒废弃物和其他物质污染海洋公约》、《联合国气候变化框架公约》和《生物多样性公约》等。1991 年北极八国签署的《北极环境保护战略》开启了北极国际合作和治理的新时代。

俄罗斯作为苏联继承者，接受了苏联时期围绕北极签署的所有国内和国际多边和双边协定，并根据形势的发展和变化，修改了本国关于生态保护的法律，这些法律涉及采矿、生物多样性、海洋污染防止等各个方面。俄罗斯政府积极支持本国科学家团体对南北极进行科学考察，参与极地年等各种国际合作项目，并提供大量财政支持。

（二）强化北极理事会的地位和作用

俄罗斯积极推动北极八国和北极理事会在北极事务中的决定性作用。2008 年 5 月俄罗斯与丹麦、美国、加拿大和挪威五国签署了《伊卢利萨特宣言》，根据这份宣言，北极五国在处理北极海域的问题与挑战方面处于独特地位，并承诺在《联合国海洋法公约》框架内有序解决相互重叠的主权权利要求，因而没有必要建立一个类似《南极条约》的综合性的国际法律制度来管理北冰洋。2011 年 11 月，俄罗斯与全球环境基金会（GEF）共同制定了"保护俄罗斯北极环境战略行动计划"（又名"北极议程 2020"），在减缓气候变化、生物多样性、国际水域等方面推动了 6 个项目开展具体环保行动。在俄罗斯的积极运作下，2011 年 5 月，北极理事会成员国签署了第一份具有法律约束力的正式协议《北极海空搜救协定》；2013 年 5 月，第二份具有法律效力的国际条约《北极海洋油污预防与反应合作协定》被签署。但是，北极理事会因缺乏制度性的资金来源，其地位和管理北极事务的能力受到置疑。俄罗斯为了强化北极理事会的功能，支持成立北极理事会项目支持机制，即解决北极理事会项目资金问题，将成员国的缴款汇总为一个基金，该机制由俄罗斯主导。为此，俄罗斯曾在 2011—2013 年间向该基金交纳了 1000 多万欧元。俄罗斯为了宣传其北极事务的立场，推出了《北极论坛》杂志。最近几年，俄罗斯对域外国家和组织参与北极事务的态度也有所改变，2013 年俄罗斯终于同意吸收中、日、韩等国为北极理事会正式观察员国。

（三）政府出资清除北极地区污染物

俄罗斯北极地区的生态环境问题由来已久，污染源主要是核污染和来自内地的工业和军事生产企业排放的污染物。俄罗斯的鄂毕河、勒拿河和叶尼赛河自南向北流向北冰洋，沿途的重工业产生的污染物未经处理直接从陆地流入北冰洋，而在北冰洋海域进行核试验倾倒核废料产生的核污染问题对生态环境的威胁尤其严重。这里主要谈工业污染问题。根据统计，仅在法兰士·约瑟夫地群岛就积累了超过 50 万只装满各种燃料的油桶，许多油桶开始泄露。根据俄罗斯科学家的研究结果表明，俄罗斯北极地区能源企业和矿产业的发展对周边地区环境已经造成很大的影响，15% 的俄罗斯北极面积被测出受到严重的污染。① 在一些石油开采和运输地区因管道破裂污染饮用水源头的事故经常发生，许多工厂企业周边积累了大量的工业废料。如果俄罗斯进一步加大其北极地区的开发力度，建立更多的大型工业综合体和石油天然气开采基地，必然会加重对周边环境的污染程度，这是一个无法回避的现实问题。因此如何保护和保持北极地区的自然环境，消除在经济日益活跃和全球气候变化条件下，由于生产经营活动所造成的生态后果是俄罗斯政府必须解决的

---

① Боярский П., Великанов Ю., Павлов А. Арктику пора спасать. Нефть России. 1999. No3.

问题。

2010 年 4 月，普京视察法兰士·约瑟夫地群岛的亚历山大岛屿后发表了对俄罗斯北极地区进行"大扫除"的讲话。[①] 俄罗斯北极战略对保护和保障俄罗斯北极地区环境和生态安全向联邦和地方相关部门提出了具体任务：一是要求在扩大经济活动和全球气候变化条件下，保护北极植物和动物的多样性，其中包括扩大联邦级北极特殊自然保护区的土地面积和水域、扩大地区级北极特殊自然保护区、监督生态系统和植物界物种状况；二是清除俄罗斯北极地区过去遗留的经济、军事和其他活动所产生的生态后果，包括评估引发生态危机和采取措施清理北极海域和土地上的污染物；三是采取措施降低北极经济活动对环境造成的威胁；四是完善国家在北极地区的生态监督系统，采用现有和正在建立的国际环境监控系统，及时发现和分析自然和技术性突发事件；五是研究和推行促进再生产和合理利用矿产、生物资源、能源资源储备的经济机制，有效利用石油产地的油气伴生气体等。[②] 2011—2013 年间，俄联邦预算共划拨了 14.20 亿卢布用于北极的清理工作。2013 年俄罗斯完成了对亚历山大岛屿上废弃燃料桶的清理工作，并着手清理周边其他几个岛屿。除此之外，俄罗斯还将对 7 个北极地块的生态状况进行综合评估。

工业污染问题也已列入联邦政府的工作日程之中。2015 年俄罗斯将恢复由 12 艘救助船组成的专门清除北方水域石油溢出物的船队。[③] 为了配合政府对俄联邦北极地区环境的改善工程，阿尔汉格

① Путин предложил провести арктический субботник，http：//www. ntv. ru/novosti/191877/#ixzz22VGLrRJU.

② Стратегия развития Арктической зоны Российской Федерации и обеспечения национальной безопасности на период до 2020 года，http：//government. ru/news/432.

③ Выступление путина на втором международном арктическом форуме Арктика территория диалога，http：//archive. premier. gov. ru/visits/ru/16523/events/16536/.

尔斯克州政府与俄罗斯科学院合作于 2011 年在北方（北极）联邦大学内成立了"北极科研中心"，专门对北方地区的环境和生态等问题进行系统研究，以帮助解决北极的污染和原住民的生活质量问题。2013 年，亚马尔—涅涅茨自治区也成立了相关研究机构。同年，摩尔曼斯克州通过"生态宣言"，[①] 以响应普京总统宣布的保护环境倡议，得到北极地区政府和大企业的支持。俄罗斯其他北极地区，如亚马尔—涅涅茨自治区地方政府将对其辖内的白岛进行整治，届时将超过 500 公顷被占用的土地返还大自然。俄罗斯还计划扩大北极地区特别自然保护区面积。目前俄罗斯约 6% 的北极地区位于保护区内，面积近 32.2 万平方公里。根据联邦政府规划，北极自然保护区的面积将成倍扩大。

四、俄罗斯参与北极治理的趋势

"北极治理"这一概念在俄罗斯政界和学界存在一定异议。这场争论也反应了俄罗斯在治理问题上观念逐渐转变的过程。有一部分人认为北极问题属于地区性问题，而非全球性问题，使用"北极治理"这一概念无疑将北极问题划入全球范畴，从而削弱了俄罗斯在北极事务中的主导地位。"治理"一词的俄语（управление）是"操纵、管理"的意思，因此，俄罗斯一直坚持北极问题应该在北极理事会及其成员国之间通过双边和多边途径解决，域外国家无权参与北极事务，北极更不需要制定类似《南极条约》这样的文件。这些观点除了俄罗斯人的思维惯性所致外，很重要的原因就是西方至今仍在北极以"北约"的名义开展活动，挑动俄罗斯人的防备性神经。应当承认，最近几年，俄罗斯的这一思维定式发生了较大变

---

① Подписана Экологическая декларация Мурманской области, http://www.mbnews.ru/content/view/34955/100/.

化，尽管在他们的内心深处仍坚决反对域外国家介入北极事务，担心域外国家联合其他北极国家，削弱俄罗斯在北极的地位和影响力，但是在北极基础设施建设、资源开发、航道利用和环境治理等领域，俄罗斯对域外国家和组织非但不排斥，相反持欢迎的态度。2013 年，俄罗斯明显改变了对域外国家参与北极开发的态度。同年5 月，中国、日本、韩国、新加坡、印度5 个亚洲国家和意大利终于成为北极理事会正式观察员国，这一结果很大程度上是由于俄罗斯态度的改变。同年4 月、9 月和10 月日本首相安倍晋三、韩国总统朴槿惠和印度总理辛格先后访问俄罗斯，普京在与他们的会谈中均谈及开展北极合作的问题，并且在会谈后共同发表的联合声明中也提到有关北极资源开发和北极航道、港口建设等领域的合作意向。

俄罗斯在北极治理问题上的立场和态度正在发生变化。俄罗斯领导人普京多次公开表示，俄罗斯有责任保护北极生态安全和稳定。"保护北极大自然，保障经营活动、人类生存和环境保护之间的平衡是北极发展的主要原则和前提。"[1] 为此，俄罗斯通过"北极地区环境保护战略行动纲要"，清除苏联时期遗留下来的国防、工业、生活等污染物。从目前的进展来看，俄罗斯在北极的污染治理工作已初见成效。普京还承诺，作为北极最大国家的俄罗斯将在北极理事会、世界自然基金会和联合国环境署计划范围内与北极国家紧密合作，共同研究，并制定统一的北极生态标准。从普京的承诺中可以看出，俄罗斯参与北极治理的立场比较明确，即加深与北极国家和北极理事会正式成员国之间的双边和多边合作关系，对域外国家采取有限开放兼容的态度。

总之，普京的北极政策目标非常明确：在北极快速变化之际，

---

① Выступление на пленарном заседании III Международного арктического форума《Аркти-ка-территория диалога》, http：//www. kremlin. ru/transcripts/19281.

抓住机会，实现俄罗斯北极发展利益和安全利益的共同发展。在经济发展和主权确保的同时，通过国际合作改善北极环境和生态系统，使俄罗斯在北极事务中获得更大的话语权。除此之外，俄罗斯愿意与所有关心北极发展的国家和国际组织进行对话和合作。

第二节　加拿大与北极治理

加拿大将其国土北纬60°以北的地区称为北方地区，比地理学上的北极地区（即北极圈以北地区）更为辽阔，主要包括育空地区、西北地区和努纳武特地区，占加拿大国土面积的40%以上。加拿大北方领土西与美国阿拉斯加接壤，东与丹麦格陵兰岛毗邻，北与俄罗斯隔北冰洋遥遥相对。同时，从大西洋通往太平洋的"西北航道"须穿越加拿大北极群岛中的海峡水路。作为领土面积仅次于俄罗斯的第二大北极国家，加拿大对北极的治理既体现了加拿大对其北方地区自然和人文环境的维护，又体现了其在北极地区的主权和主权权利的行使。北极治理对国际合作有高度要求，这使得加拿大的北极外交政策要在国际合作和维护权益之间保持高超平衡。

一、北方：加拿大北极治理的认知基础

加拿大的建国历史并不长。1763年在英法"七年战争"中法国战败，英国从此开始对加拿大的长期殖民统治。1931年加拿大独立后，继承了英国在北极地区的所有"遗产"。[①] 早在20世纪初，加拿大就努力寻求国际社会对其北方陆地和水域主权的认同，积极倡

---

① 北极问题研究编写组编：《北极问题研究》，海洋出版社，2011年版，第249页。

导以"扇形原则"划分北极地区水域和岛屿的主权。但第二次世界大战前，加拿大并没有一套完整清晰的、具有针对性的北方政策。进入冷战后，北极成为北约和苏联军事上相互阻遏的战略要地，美加两国为加强防御合作，部署了远程预警系统并成立北美防空司令部（North American Aerospace Defense Command，NORAD）。20 世纪 60 年代后期，美加之间发生了关于西北航道权利的纠纷。1969 年 8 月到 9 月，美国"曼哈顿"号油轮首次成功穿越西北航道，将阿拉斯加开采的原油通过新航道运送到了美国东部海岸，该事件引发加拿大政府的忧虑。1970 年加拿大颁布《北极水域污染防治法》，限制可能具有污染性的船舶通过该水域。这项法案既体现了环境治理的理念，同时又强化了加拿大对北极水域的控制权。但美国认为西北航道理应属于国际航道，各国船舶应享有自由通行权，于是在其后的数次航行穿越中均未知会加拿大政府。美国的这一立场引发加拿大政府对西北航道主权安全的高度警惕。

冷战后，随着国际局势的缓和，以及经济全球化和全球气候变化的深远影响，加拿大政府的北方政策有了很大的拓展，在将主权安全列为首要关注议题的同时，也从生态环境保护、原住民权利等方面全力促进北方经济社会发展，加强北极国家在北极环境治理问题上的协同合作，积极拓宽北极外交的内涵。这一时期，北极地区首个重要的政府间合作机制——北极环境保护战略（Arctic Environmental Protection Strategy，AEPS）于 1991 年得以成立，标志着北极地区进行国际治理与合作的条件已趋成熟。鉴于环境变化对广袤的加拿大北方地区带来威胁，北极生态环境保护、气候变暖、濒危物种保护等问题逐步成为加拿大北极政策的重点。加拿大提倡生态保护和重视北极环境的立场和姿态，使之因为新型的治理理念而获得国际声望，与此同时也将一些重大主权权益问题（如加、美双边关于西北航道管辖权等问题）通过环境保护的方式获得国际社会一定程度的支持,以抵消美加彼此实力上的巨大差距。加拿大关注的其他议题如原住民权利、北极地区经济发展等也多与其国内政治议程相挂钩。近年来,加拿大在北极治理上则更为关注"人的安全"问题。强调尊重各种文化和身份认同以及原住民文化遗产的完整性,集合能源、矿业、林业、绿色食品、旅游、交通、动植物资源利用、环保和生物多样性保护于一体,推动北极地区的可持续发展。

二、加拿大北极治理的主要举措

(一) 推出系列北极战略和政策宣示北极治理目标

2000 年,加拿大政府颁布《加拿大外交政策的北方维度》,[①] 确定了加拿大涉北极外交政策的四大目的:提高北方人民的安全与繁荣发展;保护加拿大的北方主权;将环北极地区建设成一个充满活力的地缘政治实体;促进北方人类安全和可持续发展。2005 年,加拿大政府发表《加拿大国际政策声明》强调加拿大对北方水域的排他性权利。[②] 加拿大政府 2009 年制定的《北方战略》明确提出北极政策的四大支柱,[③] 即行使国家主权、促进经济社会发展、保护环境遗产、改善地区治理。行使主权、保障加拿大北极地区主权安全是加拿大北极政策的核心目标。这一政策目标一方面是要防范北极地区非国家行为体所带来的新的安全威胁,另一方面是要解决海洋划界和海洋权益争端(汉斯岛、波佛特海以及西北航道等问题),

---

① The Northern Dimension of Canada's Foreign Policy, http: //library. arcticportal. org/1255/1/The_ Northern_ Dimension_ Canada. pdf.

② Canada's International Policy Statement: A Role of Pride and Influence in the World, http: // www. isn. ethz. ch/Digital-Library/Publications/Detail/? lng = en&id = 156830.

③ Canada's Northern Strategy: Our North, Our Heritage, Our Future, http: //www. northern-strategy. gc. ca/cns/cns. pdf.

以便为北极地区资源开发提供安全保证。加拿大政府将通过三个方面的努力积极促进北方地区经济和社会发展：透过高效运作的机构、透明和可预期的规则确保北极地区可持续发展，并为国际能源、矿产开采合作和投资创造条件；寻求贸易和投资机会，使北方居民和所有加拿大人受益；更全面了解在北极生存的居民，做好基础设施建设和公共物品提供，提高北方居民的生活质量。在《北方战略》中加拿大政府希望依靠地理优势，发扬技术优势，使加拿大在北极科学和技术方面成为全球领先者；通过建立自然保护区保护其北方的土地和水域环境。加拿大政府重塑决策过程，扩大公民参与，目的都是为了提高加拿大北极政策的合法性，在北极地区实行有效治理。加拿大北极政策试图从三个方面巩固北方地区的善治：为北方居民提供参与制定涉北极外交政策的机会，支持参与北极理事会有关原住民问题的论坛，为加拿大青年提供机会参与环北极的青年对话。[1] 2010 年，加拿大政府根据其北方战略四大支柱的国际因素制定了《加拿大北极外交政策声明》（以下简称《声明》），宣示北方地区是加拿大国家认同的基础，是加拿大历史、文化和灵魂的重要组成部分。[2] 该声明的出台标志着加拿大北极外交政策的正式成型。

（二）重视北极理事会在治理中的核心作用

加拿大对于北极地区最重要的区域性治理机制——北极理事会的设立和发展起到了无可替代的独特作用。[3] 在加拿大的最初构想

---

① 陈道银：《加拿大北极安全事务决策分析》，《上海交通大学学报（哲学社会科学版）》2013 年第 4 期。

② Statement on Canada's Arctic Foreign Policy, 2010, http://www.international.gc.ca/arctic-arctique/assets/pdfs/canada_ arctic_ foreign_ policy-eng. pdf.

③ A Brief History of the Creation of the Arctic Council, http://gordonfoundation.ca/sites/default/files/publications/Axworthy_ 2010 - 12 -02_ ArcticCouncilHistory_ Summary. pdf.

中，北极理事会是一个全面涵盖经济、环境、社会、政治和军事等各个领域的，议程开放、多元参与的综合性国际机制，其宗旨是最终促进北极地区的和平、文明和可持续发展。由于美国的消极态度，1996 年 9 月，北极理事会在加拿大渥太华成立之时只能以一个"政府间的高级论坛"形式面世，其职权范围也仅限于环境保护和可持续发展，无法触及安全合作等议题，但作为理事会首届轮值主席国（1996—1998 年）的加拿大为理事会的平稳、顺利运行作出了不懈努力，如：规划和批准理事会的议事规则和职权范围；将北极环境保护战略下属的四个工作组顺利并入北极理事会；鼓励原住民组织积极参与理事会相关议题讨论；筹备设立可持续发展工作组等。这些举措对于理事会的正规化至关重要。其后，加拿大在理事会中扮演了强力支持者和引领者的角色，如资助提升北方社会发展能力项目、促进北极地区青少年发展、保护北极环境质量和生物多样性、筹建北极大学等。加拿大还在北极理事会《北极人类发展报告》、《北极石油和天然气评估报告》和《北极海运评估报告》等项目中发挥了主导作用。2013 年至 2015 年加拿大再次成为北极理事会轮值主席国。加拿大政府认为以下几项基本原则对于这一阶段的北极理事会的运作至关重要：首先，承认北极国家的主权、主权权利及管辖权；其次，认可既存的北极治理架构；第三，在应对气候变化、环境污染（如持续性有机污染物及汞）等紧迫挑战上，应尽快达成新的国际标准；第四，确保北极八国在理事会中的决策权不受损害。北极理事会已在海空搜救（SAR）及防止溢油（Oil Spill Agreement）方面达成有法律约束力的协议，这是理事会主要功能从科学研究与评估向达成具体政策成果转型的重要标志。[1] 当然，北极理事会的机制发展并不取决于其法律文件数量的多少，关键在于

---

① 程保志：《试析北极理事会的功能转型与中国的应对策略》，《国际论坛》2013 年第 3 期。

其具备一个强有力的运作架构。鉴于此，目前加拿大在北极理事会内主要围绕以下几个主题开展工作：负责任的资源开发、安全的北极航运、可持续的环北极社区的建立等。2014 年初成立的北极经济论坛——北极经济理事会（Arctic Economic Council）凸显出加拿大政府对北极经济开发的潜力充满期待，试图为企业与北极理事会的合作提供机遇。[①]

（三）通过国内立法加强对北方地区的管理

加拿大政府专门针对北极地区的立法工作具有很长的历史，1970 年加拿大就制定了《北极水域污染防治法》，而且在加拿大的坚持下，此法最终导致 1982 年《联合国海洋法公约》第 234 条的出现，而该条款是《公约》中唯一一项关于北极冰区管理的规定。另外，加拿大还专门针对北极制定法律以加强对北方地区的管理，如 1978 年制定了《北极水域污染防治规则》、《北极航运污染防治规则》和《航行安全控制区法令》，1995 年颁布了《北极船舶建造普遍标准》，1996 年出台《北极航行污染防治规则：北极冰区航行制度标准》，1997 年加拿大交通部颁布了《加拿大北极水域油轮和驳船活动指南》和《北极水域石油运输指南》，1998 年出台了《基于陆地活动保护北极海洋环境的地区行动计划》和《北极冰区航行制度标准》，1999 年出台了《加拿大冰区水域航行法》和《北极、西北航道海洋环境手册》，2005 年加拿大交通部出台了《加拿大北极水域游船活动指南》等。[②] 上述法律法规为防治北极水域污染，保护北极生态环境，规范北极地区的人类活动起到了积极作用。国内立法是加拿大为加强对北方地区的管理所采取的必要措施，尽管

---

① http://www. arctic-council. org/index. php/en/arctic-economic-council.
② 参见郭培清等：《北极航道的国际问题研究》，海洋出版社，2009 年版，第 175—177 页；刘惠荣等：《海洋法视角下的北极法律问题研究》，中国政法大学出版社，2012 年版，第 48—60 页。

其最终目的是为了加强主权控制，但客观上为北极地区治理的法制建设作出了不容小觑的正面贡献，同时对于规范北极国家以及非北极国家的北极开发活动也提供了相应的行为准则。

三、加拿大北极治理的主要特点

（一）维护北方主权下的综合治理

如前所述，在北极治理问题上，加拿大既重视维护北方主权安全，也重视环境安全、人类安全等议题，并采取各种措施以保护北极生态环境，改善北方居民生活，保护北方社区文化传统。由此加拿大的北极治理目标呈现出明显的多元化特征。但须指出的是，加拿大始终强调捍卫北方主权是其一切北极政策的首要目标。正如加拿大北极政策研究的先驱法兰克林·葛里费斯教授在指出加拿大人对"薄冰之上的主权"有着近乎妄想症的偏执时，认为这样一种心态使潜在的威胁被过度夸大，事实上，这已经不只是主权问题，而是国家认同的问题。从这个角度来看，"辽阔的北方"对加拿大人而言，就如同西部对美国人的意义，是一块神奇的、野性的土地，等待着人们去开拓，在壮阔的挑战中建构整个民族的共同命运。[①]

（二）善用规则维护利益

西北航道是加拿大命运的象征，[②] 为了保障其对北极航道的有效控制和管理，加拿大分别从国际法与国内法途径，贯彻本国捍卫"西北航道"主权的立场。在国际法层面，加拿大援引《联合国海

---

① ［加］朗斐德、罗史凡、林挺生：《加拿大面对的北极挑战：主权、安全与认同》，《国际展望》2012 年第 2 期。

② Franklin Griffiths, "The Shipping News. Canada Arctic Sovereignty not on Thinning Ice," *International Journal*, Vol. LVIII, No. 2, Spring 2003, p. 275.

洋法公约》第 7 条与第 8 条,同时积极争取汉斯岛的所有权,借以支持将"西北航道"划为本国"历史性内水"的主张,从而排除其他国家船只的无害通过权。在国内法层面,针对美国"曼哈顿"号破冰船穿越"西北航道"一事,加拿大国会通过《北极水域污染防治法》。该法以保护海洋环境为由,在北冰洋水域设置了 100 海里的污染防治区,并赋予加拿大在该区域规定船舶建造和航行标准的权利,在必要时亦可禁止航道的通行。目前看来,加拿大对西北航道采取绝对控制的做法尽管在国际上引发较大争议,但其善用规则维护自身利益的有关举措还是呼应了北极治理的某些趋势。

(三)外交手段灵活,多边协作与单边行动相结合

在北极治理问题上,加拿大既有同挪威、芬兰等国类似的强调国际合作的一面,也有类似于俄罗斯单边宣示主权的行动。这种"软硬兼施"的两面性与加拿大的"北极大国"定位和"世界中等强国"的国家属性相一致。一方面,加拿大非常重视通过国际合作来实现其北极治理目标和加拿大北方地区的治理目标。除了在北极理事会架构内的合作之外,加拿大还与欧洲在北大西洋进行渔业治理合作,与丹麦在大陆架测绘工作方面进行合作。加拿大政府与非政府组织在北极治理的合作也有很久的历史,如加拿大政府与世界自然基金会(WWF)在北极生态系统、环境保护、防止污染和油气泄漏、物种保护等方面开展了大量的合作项目。另一方面,在事关北极主权问题上,加拿大政府行动的单边主义色彩也很明显。例如哈珀(Stephen Harper)政府自 2007 年上台后,一年一度的北极巡视已成为加拿大的北极主权宣示之旅。2010 年 8 月的年度例行视察,包括观摩加拿大军队在北纬 75 度附近康沃利斯岛雷索卢特举行的代号为"纳努克行动"的年度最大规模军事演习,这次演习所在地为历次演习到达的最北位置。8 月 20 日哈珀在爱德华王子岛省视

察时就说，加北方战略最重要的内容就是加强和维护在其北方的主权，而主权问题是不容谈判的。① 加拿大政府更于 2013 年 12 月 6 日向联合国大陆架界限委员会递交了有关北冰洋海底大陆架延伸的申请，涵盖面积达 170 万平方公里，这进一步表明了哈珀政府在北极主权问题上的坚定立场。加拿大正是透过这种多边协作与单边行动相结合的灵活外交手段，在北极治理问题上和北极地缘政治问题上始终扮演着积极的角色。

第三节　美国与北极治理

1867 年 3 月 30 日，美国政府与沙俄政府正式签署购买阿拉斯加的协议。② 阿拉斯加总面积达 151.88 万平方公里，720 万美元的售价占美国当时年度财政支出的 2.6%，仅相当于每平方公里 4.74 美元。当年购买阿拉斯加这块广袤、荒芜而极寒领地的行为被斥之为"西沃德的蠢行"，③ 却是日后美国确立北极国家身份并得以主张相关权益的重要基础。美国一贯重视其在北极的主权及相关权益，第二次世界大战后曾多次颁布关于北极事务的立法和行政命令。④ 2010 年的《美国国家安全战略》文件中更明确指出：作为一个北极国家，美国在北极地区拥有广泛的根本利益。具体而言包括：确保国家安全的需要、保护环境、负责任地管理资源、对原住民社群负责、支持科学研究，以及加强在广泛事务上的国际合作。⑤ 美国北

---

① "加拿大重申北极战略　各国窥测能源与战略要地"，中国广播网，2010 年 8 月 23 日，http://www.cnr.cn/china/newszh/yaowen/201008/t20100823_506932539.html。

② 北极问题研究编写组：《北极问题研究》，海洋出版社，2011 年版，第 249 页。

③ 威廉·西沃德是时任美国国务卿，因其说服国会而最终促成购买阿拉斯加的交易。

④ 参见白佳玉等：《美国北极政策研究》，《中国海洋大学学报（社会科学版）》2009 年第 5 期；沈鹏：《美国的极地资源开发政策考察》，《国际政治研究》2012 年第 1 期。

⑤ National Security Strategy, May 2010.

极国家身份的强化以及美国对于北极治理问题的日益重视均与北极地区气候、环境的快速变化及其巨大的生态影响密切相关。对美国而言，北极升温所带来的不仅是新航路开辟、油气矿产资源开发的商机，更为重要的是必须承担的日益繁重的管理责任。与此同时，北极变暖对当地社会群体和只适应历史气候及生态条件的野生动植物而言则极具破坏性，由此，北极国家必须加强合作以协助相关社会群体适应不断变化的北极环境。

一、美国北极治理的政策与实践

（一）作为美国唯一的"北极州"，阿拉斯加在推动北极治理方面贡献良多

作为美国北极利益的直接攸关方，阿拉斯加州积极鼓动联邦政府制定北极战略，并对北极理事会、北方论坛等北极区域治理机制的设立与运作贡献颇多。代表阿州的联邦参议员丽萨·默考斯基（Lisa Murkowski）和马克·贝基奇（Mark Begich）在国会不断提交议案敦促联邦政府重视北极问题，提议设立美驻北极理事会特别代表一职。阿州更于2013年3月成立由该州政商学界及原住民代表组成的"北极政策委员会"，试图在原住民权利、油气矿产资源开发、基础设施建设等重点领域对联邦北极政策施加影响。阿州在北极地区治理机制的构建过程中，也发挥着重要作用。尽管美国联邦政府对于加拿大创立北极理事会的倡议态度极为消极，但阿州对于北极理事会1996年成立后最初几年的顺利运作发挥了积极而富有建设性的作用，尤其是在环保和气候领域，阿州通过"气候变化适应性项目"、"北极航空和海运数据库项目"等，积极参与理事会下属工作组的各项工作。作为美国政府代表团的成员，阿州代表也一直出席

理事会各项会议。阿州对于"北方论坛"① 的设立居功至伟，这一北方地区地方政府合作机制的设立正是由时任阿州州长沃尔特·J. 希科尔（Walter J. Hickel）倡议成立的。对于阿州而言，北方论坛在某种程度上比北极理事会更为重要。此外，阿州在美国北极科学研究上的引领作用也不容忽视，如美国北极科学研究委员会执行主任一职就长期由阿州代表担任，现任阿州副州长米德·泰特维尔（Mead Treadwell）就于 1994—2002 年担任这一职位，这对于美国北极研究的优先项目设置具有重要影响。

在联邦政府与州政府、州政府与各级地方政府、政府与非政府组织、政府与原住民部落团体等治理主体的互动关系方面，阿拉斯加所处地位十分独特。一方面，在联邦北极政策的发展方面，阿州扮演着积极鼓动者的角色，通过定期与美国国务院举行电话会议，敦促联邦政府尽快出台北极战略；另一方面，阿州在与各地方政府、原住民部落的关系上，又发挥着重要的引领和支持作用。因纽特等部落作为阿州北方地区的原住民，对于北极治理和美国北极政策的发展也具有重要影响。首先，在北极理事会 6 个"永久参与方"（原住民组织）中，阿州的原住民社群就是其中 4 个组织的成员，其声音在理事会架构中不容忽视；其次，美国联邦法律承认 229 个原住民部落的自治资格，在阿州就有数十个原住民部落据此成立地方政府和法院，发号施令，对于当地事务拥有高度的自治权；有的部落还发布了自己的北极政策。美国联邦政府、阿州政府以及原住民地方政府均发布了各自的北极战略/政策文件，彼此各有侧重，联邦政府除了北方地区经济社会发展需求外，更加关注国土安全和能源安全问题；阿州政府则更为偏重于油气开发和石油税

---

① 北方论坛成立于 1991 年 11 月，由加拿大、中国、芬兰、冰岛、日本、韩国、蒙古国、俄罗斯、美国 9 个国家的 17 个地区组成，是联合国下属的在北方地区唯一的一个非政府组织。论坛旨在创造机会使北方地区的领导人们分享解决问题的知识和经验，提高北方地区人民的生活水平；支持可持续发展，促进北方地区的社会经济合作，不涉及政治问题。

收的分配问题；原住民部落除了地方经济社会发展的考量外，则更有对自身生存环境和传统生活方式由于北极开发而遭到破坏的隐忧。美国北极战略正是在联邦、阿州以及原住民部落等众多行为体的多重互动和博弈中最终得以成型的。

（二）联邦政府出台相关政策和法令，反映其对北极环境关切和利益关切

早在 1928 年，美国地理协会就发表了《北极问题研究》报告，显示了对北极问题的重视。1983 年，里根总统签署的"美国的北极政策"，强调美国在北极地区有着独特的和至关重要的利益，直接关系到美国的国家安全、资源和能源开发、科学调查以及环境保护。1984 年，美国国会正式通过《北极考察和政策法案》，把美国对北极的科学研究、经济利益和战略考虑三者联系在一起，并以法律的形式确定下来。[1] 冷战结束后，美国北极政策面临调整。1994 年 9 月 29 日，老布什政府宣布了《美国北极政策指令》，该指令在认识到北极对冷战后美国保障其国家安全的重大意义的同时，强调了北极环境保护、环境的可持续发展以及土著人和其他北极地区居民的作用。1994 年美国北极政策更多地关注北极油气的开采，在2007 年俄罗斯北冰洋底插旗事件之后，时任美国副国务卿的内格罗蓬特在参议院听证会上指出：作为一个《联合国海洋法公约》非缔约国，美国无法在北极或其他地方将其主权权利最大化。[2] 2009 年1 月 9 日，在离任前两周，小布什总统签署了《美国北极政策指令》，该政策文件重申了北极与美国国土安全的重大关系，肯定了《海洋法公约》确保美国北极利益的重要性，明确大陆架划界的必

---

① 陆俊元：《北极地缘政治与中国应对》，时事出版社，2010 年版，第 147 页。
② 北极问题研究编写组编：《北极问题研究》，海洋出版社，2011 年版，第 336 页。

要性，并期待通过国际海事组织发展北极航运。其中，航行自由被置于"最优先"的地位；美国主张东北航道和西北航道是用于国际航行的海峡，美国船只拥有过境通行权。① 近两年来，在包括阿拉斯加州政府、原住民部落、国际能源公司、环保团体及政府智库的大力推动下，奥巴马政府更进一步加快了制定和实施美国北极战略的步伐。2013 年 5 月，白宫发布奥巴马任内首份《美国北极地区战略》，强调以可持续的方式开发能源和资源，着力改善脆弱的生态环境，保护原居民的利益与文化，同时以信任及合作精神与其盟国伙伴积极行动是美国北极治理的政策取向。② 2014 年 1 月 30 日，奥巴马政府发布《美国北极地区战略实施计划》，对于各战略目标予以细化，确定任务分解后的负责部门和工作完成时限，③ 这些举措标志着美国北极战略正式步入实施期，也与美国 2015 年 5 月接替加拿大成为北极理事会轮值主席国的时机相衔接。至此，美国对于北极治理的政策立场日益明晰，后续相关配套措施也不断出台。

（三）设立跨部门协调机制，协同推进美国北极政策的实施

根据《北极考察和政策法案》的规定，北极考察委员会和部门间北极研究政策委员会（Interagency Arctic Research Policy Committee，IARPC），这两个直接隶属于联邦总统和国会的平行机构得以设立。④ 北极考察委员会由总统直接任命的 8 名不同领域专家组成，其职能主要是咨询性质的，负责向总统和国会就北极科学研究方面

① White House, NSPD - 66/HSPD - 25 on Arctic Region Policy, January 9, 2009.

② 刘雨辰：《奥巴马政府的北极战略：动因、利益与行动》，《中国海洋大学学报（社会科学版）》2014 年第 1 期。

③ White House, National Strategy for the Arctic Region（Washington, D. C.：May 10, 2013）. White House, Implementation Plan for the National Strategy for the Arctic Region（Washington, D. C.：Jan. 30, 2014）

④ 刘惠荣等：《海洋法视角下的北极法律问题研究》，中国政法大学出版社，2012 年版，第 45—48 页。

的事务提出意见和建议；北极考察委员会还要协助和指导部门间北极研究政策委员会制订和修改美国的北极考察计划，以及就与北极相关的各种问题在联邦、州和地方政府之间进行协调。部门间北极研究政策委员负责对政府各部门的北极考察事务进行规划和协调，以避免各自为政、互相封锁和重复研究之弊，并负责制定国家统一的北极考察政策和计划。该委员会由 15 个部门的官员或代表组成，而主席则由美国国家科学基金委员会主任兼任。部门间北极研究政策委员会定期提出计划和费用报告；在其 2013 年 2 月向国会提交的未来 5 年的北极研究计划中，列出了北极研究 7 个重点研究领域，包括海洋冰和海洋生态系统、陆地冰和生态系统、表面热能量和质量平衡、观测系统、区域气候模式、可持续社区的适应于性、人类健康。上述领域都与美国的国家利益密切相关，表明在科技层面上，美国将继续加大对北极地区的研究力度，以保持自身的技术优势。美国联邦政府虽然在北极事务上居主导地位，但依然强调与阿拉斯加州政府进行咨询与协调以便发挥地方能动性，并鼓励美国公司、国民和非政府组织秉承早期西部开拓者的奉献与冒险精神参与北极开发。

在北极外交政策上，则以国务院为主导，成立一个统一的协调机构，负责联邦对北极政策的统一协调与管理；[①] 为准备 2015 年担任北极理事会轮值主席国，美国国务卿克里专门任命前海岸警卫队司令、退役将军罗伯特·帕普（Robert J. Papp）为美国北极事务特别代表（北极大使），[②] 这表明保障北极地区的海上安全仍是美国的战略重点，而未来两年在美国主导下的北极理事会架构内，北极国家有望在促进该地区海洋安全问题上取得进展。除国务院外，美国

---

① 国务院下属的海洋、国际环境与科学事务局专设海洋与极地办公室（Office of Ocean and Polar Affairs），专门负责美国与海洋、南北极相关的国际政策的制定和执行。

② "Retired Admiral Robert Papp to Serve as U. S. Special Representative for the Arctic", http：// www. state. gov/secretary/remarks/2014/07/229317. htm, 2014 – 7 – 25.

环境保护署、国家核安全局、国家海洋与大气管理局、美国鱼类和野生动物服务局以及美国全球变化研究项目等联邦机构均直接参与北极理事会有关工作组的具体项目工作。

二、美国北极治理的三大主题

美国北极治理的三大主题主要包括：增进美国在北极地区的安全利益、致力于北极地区的负责任管理，以及加强北极国际合作和多边治理。

（一）增进美国在北极地区的安全利益

当前美国在北极的安全利益涵盖了从安全的商业和科学行为到保护环境，乃至国防行动在内的最广泛意义上的各类活动，主要涵盖以下四个方面的内容：

首先，保障北极地区的海洋自由，确保船只和飞行器在该地区的运作符合国际法。美国认为，既有国际法已为规制海洋权利和自由提供了全面的基本规范，这类规范适用于北极就如同其在其他海区适用一样；对于北极水域需要解决的特殊问题，美国主张与其他北极国家及国际伙伴一道，根据既有国际法框架来发展专门针对北极的海洋管理机制。尽管美国目前还不是《联合国海洋法公约》缔约国，但其将继续支持和遵守《海洋法公约》所反映的习惯国际法规则。美国政府近年来多次试图推动国会着手优先考虑批准《海洋法公约》，摆脱其不是公约成员国的尴尬地位，以便能利用这一国际法武器为美国获取北极大陆架，参与北极治理提供合法性依据。[①]

其次，进一步提升海洋空间意识（domain awareness），从而有

---

① 由于受到健保法案、中期选举等国内政治因素的影响，美国参议院近期批准《海洋法公约》的可能性不大。

利于认识北极地区的活动和环境变化趋势对于美国安全、环境及商业利益的长远影响。北极地区的航空及电信需求是美国重点关注的领域，如无人飞行器系统有助于收集北极地区船只航行、气候、溢油以及水文方面的信息数据；远程识别与跟踪系统对于北极海事搜救大有裨益，而通信卫星对于环境数据的收集和分享则不可或缺。

第三，提升北极基础设施的能力建设，以便行使联邦政府职能，推动国际行动（如北极搜救）的开展。例如提升北极气候和海冰预测及预警能力，加强对北极生态系统的科学研究，支持对北极自然资源科学管理和养护，加强北极海域的测绘、制图，以及改善对北极环境事故的预防和响应等。①

最后，为美国未来能源安全提供保障。北极地区的能源利益构成美国能源安全战略的核心内容，因此负责任地开发北极油气资源符合美国"全方位"加强国家能源安全的战略。根据美国地质调察局的研究教据，美国仅在普拉德霍湾油田就有 299.6 亿桶可采原油和 221.3 万亿立方米的天然气储量。美国除持续开发阿拉斯加油田外，近年来也加入北冰洋大陆架的争夺战，把目光瞄准了楚科奇海和波弗特海，并指派"希利"号（Healy）破冰船进行海底地图绘制工作，同时为向联合国大陆架界限委员会登记边界信息做准备。②美国承诺将与其他利益攸关方、相关产业及其他北极国家一道分享开采经验、发展最佳实践，共同开发北极这一能源基地。

（二）致力于北极地区的负责任管理

在北极地区管理方面，保护北极独特而脆弱的环境是美国北极

---

① Kathryn D. Sullivan, *NOAA's Arctic Action Plan*: *Supporting the National Strategy for the Arctic Region*, U. S. Department of Commerce, National Oceanic and Atmospheric Administration, April 2014, p. 6, http：//www. arctic. noaa. gov/NOAAarcticactionplan2014. pdf.

② 美国认为楚科奇海台是阿拉斯加北极陆架的自然构成，并声称拥有面积比加利福尼亚州还大一倍半的北冰洋水下管辖区。参见桂静：《外大陆架划界中的不确定因素及其在北极的国际实践》，《法治研究》2013 年第 5 期。

政策的中心目标之一，强调依据可获取的最佳科学信息进行决策，并在资源开发过程中综合考虑经济发展、环境保护和文化价值等多重因素。在气候变化和生态保护问题上，美国重视利用科学研究和传统知识增进人们对北极自然和社会生态变化的理解，并致力于加强北极管理综合性架构的制度化建设；限制北极黑炭排放就是一个很好的例证。多年来，美国通过北极理事会、气候和清洁空气联盟及其他多边场合发起减少黑炭排放的全球倡议，由此减缓北极及全球范围内的海冰和冻土消融。为提升北极社群对于气候变化的适应性和弹性，美国将继续加强与北极理事会可持续发展工作组的合作。美国承诺将通过促进健康、可持续及富有弹性的社群行动来平衡北极地区日益增加的人类活动，并将传统知识和现代科学信息运用于决策过程。

为有效控制北极事务，保持和增强美国在北极治理中的决策权和话语权，美国势必充分利用其2015年接替加拿大担任北极理事会主席国的机会，巩固和加强其在北极治理中的"领导地位"。在议程设定上，气候变化、海冰监测、可持续发展等长期趋势性研究以及黑炭限排、预防石油泄漏、紧急搜救、管制公海捕鱼、食品安全以及饮用水安全等响应性措施将是美国作为理事会轮值主席国的工作重点。①

（三）加强北极国际合作和多边治理

美国重视在《海洋法公约》、国际海事组织、世界气象组织等多边框架内寻求国际合作，强调通过加强与俄加等北极国家的双边关系以及强化北极理事会的治理功能，达到增进北极国家集体利

---

① Kathryn D. Sullivan, *NOAA's Arctic Action Plan*: *Supporting the National Strategy for the Arctic Region*, U. S. Department of Commerce, National Oceanic and Atmospheric Administration, April 2014, p. 23, http://www.arctic.noaa.gov/NOAAarcticactionplan2014.pdf.

益、提升地区整体安全的目的。此外，在财政紧缩期间，为更有效地开发资源和运筹各项能力，美国还致力于追求创新性的制度安排，以对北极治理进行有效管治；美国不仅强调与北极国家和其他伙伴国的合作，同时也培育与阿拉斯加州以及私营企业的伙伴关系以增进美国的战略利益。因此在合作渠道上，美国不仅强调国际层面的合作，也日益重视联邦与阿拉斯加州之间国内层面的协调与合作。① 可见，在北极治理机制的构建上，美国既重视北极理事会作为处理地区事务首要平台的作用、又意识到当前有关地区治理机制多样化、碎片化并存的局面，② 有意借重其他多边机制和法律框架，包括加入《海洋法公约》以维护其根本利益，同时也不排除在适当情形下与其他北极国家协商制定"新的协调机制"，以赋予自己更多的灵活性和运作空间。

三、美国北极治理的主要特色

（一）安全利益与环境利益的平衡是美国在北极治理上的优先方向

维护国家安全利益在美国北极政策文件中一贯被置于优先位置。冷战时期它主要指传统安全/军事安全，但自小布什政府以来，美国的北极安全观开始趋向立体化和多元化。这充分地体现在小布什和奥巴马政府的北极政策均十分重视北极地区出现的新的威胁，尤其是气候变化和人类活动的增多对这一地区可能造成的潜在威胁。因此，环境利益和生物资源保护等内容成为美国北极政策的重

① 程保志：《北极治理与欧美政策实践的新发展》，《欧洲研究》2013 年第 6 期。
② 有关北极治理机制多样化、碎片化的论述参见程保志：《北极治理论纲：中国学者的视角》，《太平洋学报》2012 年第 10 期。

点关注事项。① 在北极能源、资源开发上，联邦政府在阿拉斯加就面临来自能源巨头和环保团体的双重压力。鉴于此，美国政府倡导环保与开发并举。一方面在经济上加大投入，着手制订北极经济战略，加大美国在北极地区港口、道路、航运中心数据库等基础设施的建设力度，以满足北极开发的需要；另一方面，又不断发布环境保护方面的相关立法，如 1980 年的《阿拉斯加国家重要土地保护法案》、1990 年的《石油污染法》（2005 年修订）、2007 年的《北极荒野法》等，对北极开发过程中的环境事故进行预警和规制。

（二）在北极航运、气候变化、生态保护等非传统安全议题的治理上，美国倡导多边治理与国际合作，较具开放性

美国重视在《海洋法公约》、国际海事组织等多边框架内寻求国际合作，并积极强化北极理事会的治理功能，注重发挥中国、日本、韩国、印度等非北极国家的作用，希望通过多边协调，达到有效治理北极的目的。例如，美国海军战争学院的詹姆斯·克拉斯卡（James Kraska）就认为西北航道问题不宜仅仅通过美加双边方式解决，应该引入外部势力甚至是中国、日本和韩国等对加拿大施压，即北极航道问题国际化，以此来削弱俄罗斯和加拿大的过度影响力。作为海权大国，美国历来坚持海洋航行自由原则，尤其是公海航行自由原则，并将其视为核心价值观的重要组成部分。② 因此，面对俄罗斯宣称东北航道绝大部分属于其国内航道和加拿大宣称西北航道大都属于加拿大"历史性内水"，小布什和奥巴马政府均持相同立场，对此不予承认。美国坚持这两条航道属于国际航道，任何国家可以过境通行而非仅仅是无害通过。

---

① 郭培清等：《论小布什和奥巴马政府的北极"保守"政策》，《国际观察》2014 年第 2 期。

② 同上。

美国新任北极事务特别代表罗伯特·帕普近期公开表示，2015年5月美国接任北极理事会轮值主席国后，海洋治理、气候变化以及北极当地居民的经济社会发展将是其优先考虑的议题，美国政府期待在上述领域与有关各方一道推动北极治理的进一步发展。

第四节　北欧国家与北极治理

随着气候变暖和北极冰层的加速融化和冰面的急剧缩小，北极因其蕴藏丰富的能源矿产资源和潜在的新航路开发的巨大前景，正日益从地缘政治、经济的边缘转向地缘政治、经济的中心，北极治理也成为全球治理关注的焦点。近年来，作为北极国家和北极理事会以及巴伦支欧洲—北极地区等区域和次区域治理机制成员国，挪威、丹麦、瑞典、芬兰和冰岛等北欧五国相继推出了多份关于北极的国家战略文件和政策，在北极治理上的重要作用日益凸显，成为北极治理中重要的一方。

一、北欧国家面临的挑战和机遇

从北极地区自有人类居住迄今的历史来看，北极经历了一个不断从地缘政治、经济边缘向地缘政治、经济中心转变的曲折历程，其对全球政治、经济、环境的重要性正在日益显现。随着全球化和多极化的深入发展，全球政治形势和政治生态正在持续发生深刻转变，为中小国家在全球治理和地区治理中发挥重要作用提供了有利契机和重要舞台。

进入21世纪以来，全球政治形势和政治生态呈现出三大趋势：一是地缘经济和地缘政治的"再分配"和平衡发展，国际格局正在发生新的变异；二是全球权力的扩散和非中心化，特别是全球化和国际金融危机，进一步凸显了全球治理的鸿沟，全球治理碎片化趋势更加明显。三是政策议程的变化，表现为竞争的政治经济重要性不断上升，社会理念以及价值观的竞争正在逐步超越地缘政治和安全的竞争，竞争内涵正在发生转变，更加突出经济、社会与环境的可持续发展和综合安全。

全球政治形势和政治生态的新变化需要全新的全球治理，解决全球事务和地区事务需要更多地依赖新理念。这使得传统权力作用在下降，为中小国家在全球治理和区域治理中发挥独特而重要的作用提供了更多的空间和机遇。

近年来，作为一个整体，北欧国家以其独特的制度模式、议程能力和区位优势，在全球、区域和北极治理中发挥了越来越重要的作用。北欧五国具有共同的政治、经济和政党体制，以及共同的文化、语言和历史，形成了一种特定的北欧身份特征和"北欧模式"，并且在世界上和各种论坛上常以北欧国家集体形象出现，模式效应日渐突出。北欧国家均为中小国家，但多是全球"最幸福的国家"。[①] 在全球竞争力排行榜上，北欧国家也经常被誉为最具竞争力的国家。同时，北欧国家还是世界上最为爱好和平的国家。[②] 北欧国家的重要性还表现在其重要的全球议程设定能力上，近年来，广为国际社会所接受的全球治理、可持续发展、环境保护、综合安全等概念都是由北欧国家率先提出并不断加以概念化进而推向全世界的。

---

① 根据 2010 年盖洛普世界民意调查显示，以丹麦为首的四个北欧国家，在"全球最幸福的国家和地区"排名中分列前四，依次为丹麦、芬兰、挪威、瑞典。

② 根据瑞典斯德哥尔摩和平研究所依据社会、经济、教育、卫生、治理和政治因素等指数测算出的结果，在 2011 年全球和平指数排名中，冰岛位居第一，其他四个北欧国家排名也都位居前列。参见：SIPRI Yearbook 2011, *Armaments, Disarmament and International Security*, Oxford University Press, 2011, p. 78。

作为北极国家，北欧五国利用其特殊的区位优势，在北极区域治理和次区域治理中扮演着更加突出的角色。北欧五国不仅构成了北极国家的多数，8 个北极国家中北欧就占到了 5 个；而且还是涉北极重要治理机制的倡导者和参与者，如北极现有治理机制都是在北欧国家倡导下建立起来的；更是北极治理取得重大效果的主要推动者和行动者，如巴伦支欧洲—北极地区合作机制所取得的特别明显的成效；加上北欧五国传统的密切合作和机制化建设，如北欧理事会（The Nordic Council）的不断发展。因此，北欧五国虽均为中小国家，但在北极区域和次区域治理中却发挥出了远超其实力之上的作用和能力。

二、北欧国家北极战略与政策

随着北极向地缘政治、经济中心的加速转变，作为北极国家，北欧五国越来越重视北极地区，纷纷推出了各国北极战略文件并不断加以更新，力求重新界定自己北极国家的身份，加强其在北极的存在权和话语权。

（一）挪威北极战略与政策

挪威是北冰洋沿岸国，一直以来就有在北极开展活动的传统，特别是随着北极地区环境的变化，挪威更加重视北极事务。挪威是最早关注北极事务的北极国家，也是最早形成和颁布北极战略和政策的国家。早在 2003 年，挪威政府就向议会提交了一份关于《北极的机遇和挑战》（Opportunities and Challenges in the North）的白皮书。2005 年秋季，挪威政府确定北方（the High North）是挪威战略和外交政策的核心。2006 年，挪威正式颁布《挪威政府北极战略》（The Norwegian Government's High North Strategy），2009 年又推出更新版的北极战略文件——《北方新基石：政府北方战略的下一步》（New Building Blocks in the North：The next Step in the Government's High North Strategy），这些文件构成了挪威政府北方战略框架。①

挪威北方战略的关键词是"存在、活动和知识"，总目标是创造北方可持续增长和发展的局面，重点在于将北极作为政府优先发展重要事项，加强挪威在这一地区的存在和主权，成为北极各领域活动和知识建设的领导者。挪威北方战略政策优先事项主要包括：首先，要确保挪威在北方地区的存在和行使权力，通过维护北方定居点和坚定地实施在北极的主权、管辖权和专属经济区的权利显示其存在。挪威北方地区包括斯瓦尔巴群岛、海域、海岸地带以及陆地上的定居点和城镇。其次，加强在北极的活动，增强挪威可持续管理北极可再生和不可再生资源的能力，加快发展北方基础设施建设，保障挪威在关键的活动领域中处于顶尖位置，包括从渔业及相关产业到旅游业和新近的生物勘探等，加强挪威在应对北极气候变化和环境保护以及北极海域监测等方面的知识建设。第三，加强对北极环境和资源的保护和利用，在监测该地区气候变化、环境有害物质和海洋环境领域里发挥领先作用。第四，为巴伦支海石油开发活动提供一个合适的制度框架，促进北方石油开发。第五，加强对原住民保护，发展现有的和新的经济活动方式，在维护原住民生计、传统和文化中发挥作用。第六，进一步发展北方民间合作，促进相互了解和信任，促进北方地区稳定和发展。第七，关注北极地

① Norwegian Ministry of Foreign Affairs，*The High North：Visions and strategies*，（white paper），http：//www. regjeringen. no/en/dep/ud/documents/propositions-and-reports/reports-to-the-storting/2011 − 2012/meld-st − 7 − 20112012 − 2. html? id = 697736. 挪威政府北极战略文件详见：Norwegian Ministry of Foreign Affairs，*The Norwegian Government's High North Strategy*，http：//www. regjeringen. no/up-load/UD/Vedlegg/strategien. pdf；Norwegian Ministry of Foreign Affairs，*New Building Blocks in the North：The next Step in the Government's High North Strategy*，http：//www. regjeringen. no/upload/UD/Vedlegg/Nordområdene/new_ building_ blocks_ in_ the_ north. pdf。

区跨国合作，特别是保持与俄罗斯之间密切的双边关系，解决巴伦支海国家面临的环境和资源的挑战。

2013 年 9 月，挪威举行大选，选出了由保守党和进步党组成的新政府。在其发布的《政治平台》（Political Platform）文件中，新政府明确表示将推行更加积极的北方政策，这一政策目的在于促进挪威工业发展，确保挪威利益，加强同俄罗斯和北极国家的合作，强化北极活动和定居点的活动。① 该文件对挪威在北极的国家利益、工业发展和自然资源的可持续管理以及基础设施建设作出了更明确的阐述。

（二）丹麦北极战略与政策

丹麦也是较早关注北极地区的国家。与挪威不同的是，丹麦本土并不与北冰洋直接相连，而是通过其自治领地格陵兰岛成为北冰洋沿岸国。2008 年 5 月份，丹麦在格陵兰岛召开了北极五国会议，发表《伊鲁利萨特宣言》，同月，丹麦外交部和格陵兰自治政府发表了一份联合文件，题为"转型时期的北极：北极地区活动战略草案"（Arktis I en brydningstid: Forslag til strategi for aktiviteter I det arktiske område），明确表示双方将形成一个对北极的统一战略，保障格陵兰—丹麦成为北极的一个主要的行为体。2011 年 8 月，丹麦颁布了新的北极战略文件，名为《丹麦王国北极战略（2011—2020)》全面规划了丹麦北极战略和政策。②

丹麦北极战略的关键词是"主权、安全、发展和合作"，战略

---

① *Political Platform for a Government Formed by the Conservative Party and the Progress Party*, Undvollen, 7 October 2013, http：//www. hoyre. no/filestore/Filer/Politikkdokumenter/Politisk_ platform_ ENGLISH_ final_ 241013_ revEH. pdf.

② 丹麦新北极战略文件可参见：*Kingdom of Denmark's Strategy for the Arctic 2011 – 2020*, http：//um. dk/en/ ~/media/UM/English-site/Documents/Politics-and-diplomacy/Arktis_ Rapport_ UK_ 210x270_ Final_ Web. ashx。

目标连同其自治领地格陵兰岛和法罗群岛一起，致力于建设一个"和平的、有保障的和安全的北极"，确立丹麦王国直到 2020 年的优先战略原则，强化丹麦在北极作为全球重要角色的地位。丹麦强调其北极战略的最重要原则在于发展，这种发展尊重北极人民利用和开发他们自己的资源的权利，尊重原住民文化、传统和生活方式并促进他们的权利，使北极居民获益。丹麦北极战略具体目标包括四点：首先要确保北极的和平、保障和安全，包括尊重国际法、加强海事安全和实施丹麦主权。其次要推动北极的自身持续增长和发展，包括运用先进技术开发矿产资源并利用新经济机遇，应用可持续能源，保持在北极研究中的领导作用，促进北极在人类健康和社会持续发展方面的合作。第三是提高建立在气候变化基础上的知识能力，更为科学合理地管理北极资源。第四是重点发展全球合作，加强北极理事会与北极五国之间以及同欧盟、北欧国家之间在北极的合作，尊重原住民的文化、语言和生活方式，确保他们的权利。

值得关注的是丹麦是北欧五国中唯一在战略文件中强调北极五国协商机制重要作用的，认为 2008 年的《伊卢利萨特宣言》为北冰洋沿岸五国政治解决和谈判协商领土纠纷和加强合作提供了重要基础，并有望一劳永逸地消除对北极点的争夺和竞争，并声称丹麦将保留这一模式，作为五国磋商相关事务特别是大陆架范围论坛的一个论坛，丹麦将在所有相关机制，包括五国协商机制中推行自己的战略。

（三）芬兰北极战略与政策

芬兰对北极的关注要更早些，但推出北极战略文件却相对晚些。早在 1989 年，芬兰就倡导北极各国就北极环境保护进行合作并促成了 1991 年北极环境保护战略的诞生。在加入欧盟后，芬兰又在欧盟中倡导北方政策（Northern Dimension）并最终形成了欧盟北方政策合作框架文件。但由于芬兰并非北冰洋沿岸国，对北极的关注远不如其对波罗地海事务的关注，因此芬兰迟至 2010 年 8 月才真正推出其北极战略文件——《芬兰的北极战略》。①

芬兰北极战略的关键词是"环境保护、经济发展和航运"。芬兰战略文件在其前言中就指出，作为一个北极国家，芬兰在北极事务中有其天然的利益，是北极地区一个天然的角色。芬兰北极战略目标有四点：一是加强北极地区环境保护；二是促进北极地区经济活动；三是是改进北极运输网络；四是要确保原住民在北极事务中的参与权和决策权。在北极事务管理机制中，芬兰认为有两个支柱：北极理事会是最重要的合作机制，因为这是唯一一个涵盖了 8 个北极国家的合作论坛，而且原住民也参与了这一理事会的工作，因此需要把该机构进一步促进为加强北极国际管理的一个"全球"论坛。另一个重要的合作机构是巴伦支欧洲—北极理事会和巴伦支地区理事会。芬兰还认为北欧部长理事会也是一个重要合作渠道。作为一个欧盟成员国，芬兰也特别欢迎欧盟在北极事务中积极参与，认为欧盟形成自己的北极政策对北极治理是非常重要的。对芬兰来说，北极地区合作一是应该建立在国际条约基础上；二是要致力于在全球、地区和双边层次上加强在北极事务方面的国际合作。

尽管芬兰推出北极战略文件相对其行动倡议较晚，但其战略更新速度却相对较快。就在第一份战略文件出台 3 年后，芬兰于 2013 年 8 月就发布了新的北极战略文件——《芬兰北极战略 2013》。同前一份北极战略文件相比，芬兰北极战略新文件有五个新特点：其一，芬兰新战略是建立在更加广泛事务基础之上的，而原来的战略更多关注的是芬兰同外部世界的关系。其二，更加强调芬兰的北极身份，认为芬兰整个都是北极国家，而不是仅仅部分领土属于北

---

① 芬兰北极战略文件可参见：*Finland's Strategy for the Arctic Region*，http：//www. geopolic-snorth. org/images/stories/attachments/Finland. pdf。

极,因为芬兰尽管不是北冰洋沿岸国,但它领土的大部分都在北极圈内,而且芬兰在北极拥有广泛的国家利益。其三,更加强调北极的商业开发和资源利用,认为芬兰拥有多重北极的专业技能。芬兰的目标是要促进增长和行动并加强芬兰在北极的竞争能力,努力开发在北极出现的经济机遇。芬兰认为北极环境保护与经济开发这两个目标并不冲突或相互排斥。其四,突出北极的稳定和安全,认为北极的稳定和安全是在北极开展任何活动的关键。芬兰的北极安全观念是建立在综合安全观念基础上的,这就意味着管理机构、企业和非政府以及国际之间的密切协作和合作。其五,更加强调国际合作,认为北极国际合作应体现在国际、国家和地区三个层面,而北极理事会是北极国际合作最主要的平台,芬兰还赞同将该理事会建设成为建立在条约基础上的国际组织,并且主张举行理事会峰会,而且认为在适当的情况下还可以邀请观察员国出席峰会。此外,同前一个文件一样,芬兰再次强调了欧盟参与并加强其在北极地区作用的重要性。①

(四) 瑞典北极战略与政策

瑞典同芬兰一样,既是北极国家,又非北冰洋沿岸国,所不同的是瑞典仅有一小部分国土和人口居住在北极圈内。因此,尽管瑞典与北极有着密切的历史、经济、安全和文化联系,也是北极理事会的创始会员国,但瑞典对北极的关注相对其他国家来说较弱,直到 2011 年 5 月,为配合瑞典担任北极理事会轮值主席国,瑞典政府才正式颁布了《瑞典北极地区战略》,成为北欧五国中最晚发布北

---

① Prime Minister's Office, *Finland's Strategy for the Arctic Region 2013*: *Government resolution on 23 August 2013*, http://vnk.fi/julkaisukansio/2013/j－14－arktinen－15－arktiska－16－arctic－17－saame/PDF/en.pdf.

极战略文件的国家。①

　　瑞典北极战略的关键词是"环境保护、经济发展和人类视野"，强调瑞典是一个拥有自身利益的北极国家，在北极双边和多边治理中扮演着非常重要的角色。瑞典北极战略优先原则主要有三个：一是关注北极气候变化和环境保护，致力于减少温室气体排放，保障北极地区生态多样化和可持续利用，加强对北极气候变化和影响的研究。二是促进北极地区经济、社会和环境的可持续发展，包括北极石油、天然气和森林资源的开发，北极地区陆地运输和基础设施的建设，海上航行的安全和旅游业的开发等。三是要保护北极原住民身份认同、文化和传统生活方式。此外，瑞典还特别强调北极国际合作的重要性，在合作途径上，瑞典强调北极理事会应成为北极相关事务治理的中心多边论坛，还要发挥巴伦支地区合作机制的作用。瑞典也积极推进欧盟北极政策的发展，主张欧盟应成为北极相关事务上的合作伙伴。

（五）冰岛北极战略与政策

　　冰岛认为自己是北极地区唯一领土完全处于北极的国家，而且冰岛的繁荣严重依赖对北极资源的可持续利用，因此，应不断增加冰岛参与北极政治决策的发言权和话语权。2009 年 9 月，冰岛外交部发布了一份名为《冰岛在北极》（Iceland in the High North）的报告，提出了六点主张，明确了冰岛在北极的地位和政策。2011 年 3 月，冰岛议会通过了《议会关于冰岛北极政策的决议》，将冰岛六项原则扩充为 12 项，构成了冰岛对北极的战略框架。②

　　冰岛关于北极的议会决议关键词是"国际合作、话语权、航道

---

① 瑞典北极战略文件可参见：*Sweden's Strategy for the Arctic region*，http：//www. government. se/content/1/c6/16/78/59/3baa039d. pdf。

② 冰岛北极战略文件可参见：http：//www. mfa. is/media/nordurlandaskrifstofa/A-Parliamentary-Resolution-on-ICE-Arctic-Policy-approved-by-Althingi. pdf。

开发、经济发展"。冰岛北极战略首先是要加强国际合作,促进和强化北极理事会,使之成为北极事务最重要的协商论坛并努力使之向国际决策机制方向发展,致力于同邻国在北极事务上的密切协作和合作,坚决反对加拿大、俄罗斯、丹麦、美国和挪威的所谓"北极五国合作机制"。其次是加强冰岛在北极事务中的话语权,确保冰岛在决定北极事务的北极沿岸国家中的地位,为冰岛参与北极事务决策准备法律和地理的论据。第三,要促进北极资源发展和环境保护,发展贸易关系,加强经济活动,支持原住民北极权利和参与决策权利。第四,要确保广泛意义上的北极安全,防止北极地区重新军事化。

表 8 - 1　北欧五国北极战略优先原则

国别	北极战略文件(颁布时间)	战略优先原则	主权诉求
挪威	《挪威政府北极战略》(The Norwegian Government's High North Strategy)(2006 年 12 月)《北方新基石:政府北方战略的下一步》(New Building Blocks in the North: The next Step in the Government's High North Strategy)(2009 年 3 月)	1. 增强挪威实施主权和可持续管理可再生、不可再生资源的能力 2. 发展关于北方气候和环境的知识 3. 加强对北部海域的监测、应急准备和海上安全 4. 鼓励对石油资源和海洋可再生资源的可持续性使用 5. 促进北方陆地产业发展 6. 继续发展北方基础设施 7. 继续坚定地实施主权并加强在北方的跨国合作 8. 保留土著民族的文化、保障其生存基础	强

续表

国别	北极战略文件（颁布时间）	战略优先原则	主权诉求
丹麦	《转型时代的北极：北极地区活动战略草案》（Arktis I en brydning-stid：Forslag til strategi for aktiv-iteter I det arktiske område）（2008年5月） 《丹麦王国北极战略（2011—2020）》（Kingdom of Denmark Strategy for the Arctic 2011 – 2020）（2011年8月）	1. 加强海上安全，实施主权和监管 2. 开发矿产资源并利用新经济机遇，应用可持续能源，保持在北极研究的领导作用，促进北极在人类健康和社会持续发展上的合作 3. 追求建立在气候变化基础上的知识能力，以最科学的方式管理北极资源 4. 重点发展全球合作，加强北极理事会中、北极五国之间，以及同欧盟、北欧国家之间的合作 5. 尊重原住民的文化、语言和生活方式，确保其权利	强
瑞典	《瑞典北极地区战略》（Sweden's Strategy for the Arctic Region）（2011年5月）	1. 关注气候变化和环境保护 2. 促进北极地区经济、社会和环境可持续发展 3. 保护原住民身份认同、文化和传统生活方式	弱
芬兰	《芬兰北极地区战略》（Finland's Strategy for the Arctic Region）（2010年6月） 《芬兰2013年北极地区战略》（Finland's Strategy for the Arctic Region 2013）（2013年8月）	1. 强化芬兰北极身份 2. 加强北极地区环境保护 3. 促进北极地区商业开发和资源利用 4. 突出北极稳定和安全 5. 确保原住民的参与和决策权 6. 强调北极合作和欧盟参与的重要性	弱

国别	北极战略文件（颁布时间）	战略优先原则	主权诉求
冰岛	《冰岛在北极》（Iceland in the High North）（2009年9月）《议会关于冰岛北极政策的决议》（A Parliamentary Resolution on Iceland's Arctic Policy（2011年3月）	1. 加强国际合作和邻国在北极事务上的密切协作和合作 2. 确保冰岛在北极沿岸国家中的地位和在北极事务上的话语权；确保广泛意义上的北极安全 3. 促进北极资源发展和环境保护，加强经济活动，支持原住民的北极权利和参与决策权利 4. 确保广泛意义上的北极安全，防止北极地区重新军事化	中

资料来源：作者根据北欧五国发表的北极战略文件自制。

三、北欧国家北极战略和政策特点分析

北欧五国均为北极国家，但又都是中小国家，共同的政治、经济体制和共同的理念和文化，使其北极战略具有共同性、整体性和包容性。同时，由于各国地理位置和内外政策的差异，五国对北极的关注并非完全一致，出台的北极战略文件也先后不一，侧重点亦有所不同，存在着一定的差异性、竞争性和排他性。

就其共同性、整体性和包容性而言，首先，北欧五国都想借北极地缘政治、经济地位上升之际，重新确认（reposition）或重新明晰（redefine）北欧五国北极国家身份，在此基础上重新构建（re-construct）其内政和外交政策，重新规划（remap）北极地区版图，[1]争夺在北极事务中的话语权和主导权。其次，北欧五国都强调北极

---

① Lassi Heininen, *Arctic Strategies and Policies*：*Inventory and Comparative Study*, University of Lapland Press, 2012, p. 67.

地区是其国家利益的重要组成部分，是各国北极战略和内外政策的优先原则。第三，极力推动北欧五国在北极事务上发挥真正重要的甚至是领导作用，特别重视涵盖北欧五国的北极理事会在北极治理机制中的核心作用，并努力将其逐渐从松散的"决策形塑"（decision-shaping）式"软机制"向强制性的"决策"（decision-making）性"硬机制"转化，强化其功能和权威性。如北极理事会2011年通过的具有法律约束力的《北极海空搜救协定》和2003年通过的《北极海洋油污预防与反应合作协定》，都是在北欧五国积极倡导和推动下达成的。第四，加强北欧五国之间的相互合作，通过次区域组织，如北欧部长理事会和巴伦支欧洲—北极地区合作机制等，强化五国相互间的协调甚至是军事合作，力求在北极治理决策程序中展示其整体性，增强其发言权和影响力。第五，突出北极发展问题，包括能源、资源的开发利用和可持续性，北极地区基础设施的建设和发展，北极航道、航空网络的开辟和拓展，气候变化和环境保护的适应和保护等，使其成为各国经济发展的新支撑。第六，北欧五国相对而言都有较强的国际视野和开放态度，主张积极参与国际合作，致力于在全球、地区和双边层次上开展多层次的合作，欢迎各种国际性、区域性（次区域性）组织及其他国际行为体在北极治理上发挥更大的作用，显示出更多的包容性。第七，北欧国家北极战略都具有较强的人文关怀和社会因素，强调了保护原住民独特文化和使其参与北极治理决策权利的重要性。

同时还应看到，北欧五国地理位置不同、资源禀赋有别、多重身份交织，也造成了各国北极战略的差异性、竞争性和排他性。其一，北欧国家均为北极国家，但有北冰洋沿岸国和非沿岸国之分，对各自北极利益界定和诉求有别。如挪威、丹麦（通过其海外属地格陵兰岛）、冰岛（专属经济区深入北冰洋）都对北极提出了领土和大陆架要求，甚至扩展至北极点，其中不乏相互重叠之处，形成了一定的主权竞争。而瑞典和芬兰则更强调与北极的经济、历史和文化联系。其二，北极蕴藏资源丰富，但并非完全是一个资源富足地区，[①] 资源分配并不均匀，如挪威丰富的油气资源和渔业资源、格陵兰岛巨大的矿产资源、冰岛潜在的航运资源等，这就决定了各国开发优先顺序和地区发展途径有所不同，同时也就造成了一定的资源竞争。其三，北欧五国多重身份交织，对借助域外势力或集团参与北极事务的期待也有所不同。如芬兰和瑞典均为欧盟成员国，对欧盟形成北极战略并实质性参与北极治理有更多的期望，而丹麦（虽也为欧盟成员国）、挪威、冰岛却对欧盟参与北极治理并不热心。再如丹麦、挪威、冰岛等均为北约创始成员国，对北约介入北极事务持一定欢迎态度，而作为坚持中立的瑞典和芬兰等国则更加强调综合安全。其四，在北极事务国际合作方面，北欧国家之间和对外也显示出一定的竞争性和排他性。对内，"北极五国合作机制"（美国、俄罗斯、加拿大、挪威和丹麦）与北极理事会就形成了竞争；对外，北极理事会也具有一定的排他性质。尽管北欧国家对于域外国家和各种行为体参与北极治理持开放态度，但却是以尊重、遵守北极国家和北极理事会在北极事务上的主权、管辖权和准则为前提的。国际多边机制和组织相对于北极理事会而言，也仅具有辅助性质。北极理事会对申请观察员国的条件不断提高门槛就是这种排他性的一种体现。而在双边合作中，北欧国家也以域内国家特别是邻国合作为重。如丹麦就特别重视同美国的合作，而芬兰更重视同挪威和俄罗斯的合作，挪威则强调了同俄罗斯合作的重要性。

四、北欧五国北极法律体系构建与北极治理

法律是实现治理的重要保障。它通过法律思维、法律知识、法

---

① Lloyd's, *Arctic Opening: Opportunity and Risk in the High North*, Chatham House, 2012, p. 9.

律技术、法律共同体、法律机构等要素，对政治权力形成某种制约，成为解决各种政治问题和社会问题的治理工具和法律基础。

北极法律体系构建极为复杂，它既包括国际法，也包括国内法；既有域内法，也有域外法；既包括国家法，也包括部门和地方法律法规。其原因就在于北极特殊的地理位置和人文环境。北极地处主权国家包围之中，人类居住历史已长达一万多年，而且北极缺乏如同南极那样综合的法律体系，这就形成了北极各种法律相互交错、相互影响、特别复杂的法律体系。概括而言，从国际和国内两个层面来看，适用于北极治理的法律体系包括：1. 国际环境法，包括气候变化和生物多样性国际法；2. 国际人权法，包括北极原住民权利和自治；3. 可持续发展相关法律；4. 资源法；5. 行政法；6. 刑法；7. 贸易法；8. 海洋法；9. 交通法；10. 野生动物保护法；11. 卫生法等。① 从域外法层面来看，由于北欧五国中丹麦、瑞典和芬兰是欧盟成员国，必须遵守欧盟相关法律。而挪威和冰岛虽非欧盟成员国，但却是欧洲经济区（European Economic Area，EEA）成员国，也须采纳和遵守欧盟相关法律。如挪威就采纳了欧盟大部分关于环境的法律和政策。②

作为主权国家，北欧五国也相继加强了国内法律制度建设，对涉北极地区进行有效管理。这些法律体系包括国家根本大法——《宪法》以及国家和地方层面涉北极的各项专门法律和法规。宪法涉及北欧五国对北极地区的主权和领土完整，国家和地方层面的法律法规则构成对北极地区的治理基础。从北欧五国近年来涉北极法律体系构建来看，更多的是从环境保护和可持续发展角度出发颁布了一系列法律文件。如丹麦的《环境保护法》、挪威的《自然保护

---

① Natalia Loukacheva（ed），*Polar Law Textbook*，Nordic Council of Ministers，Copenhagen 2010，pp. 15 – 16.

② 参见挪威欧盟使团网站：http：//www. eu-norway. org/eu/policyareas/Environment/。

法案》、瑞典的《瑞典环境法》、芬兰的《荒地保护法令》等。为加强对北极特殊地区的管理和治理，北欧五国还相继颁布了一系列专项法律和法规。如丹麦的《格陵兰岛自然保护法案》等；挪威的《海水渔业法案》和《限制渔区和禁止外国在渔区内钓鱼法案》等；瑞典的《驯鹿管理法令》和《瑞典森林法》等；芬兰的《荒地保护法令》和《驯鹿管理法令》等。此外，瑞典、芬兰、挪威三国还专门订立了"北极狐保护专案"，对北极狐采取动态的管理方法来检测和采取保护措施。[①]

北极地区正在加速跨入世界的中心，在展现出其诱人地缘政治、经济前景的同时，也带来了北极治理问题。北欧五国虽均为中小国家，但却因其先进的理念、可持续的发展模式、开放的社会和世界情怀在全球治理和区域治理中发挥着越来越重要的作用，并形成了一种特定的北欧身份特征和北欧现象。这些特征在各国北极战略中也得到了充分显现，展现出更多的共同性、整体性、包容性和开放性。将北欧国家北极战略作为整体加以研究，找到各利益攸关方在理念、利益、途径上的契合点，将会有利于各利益攸关方参与北极治理，使北极事务在国际性、跨学科性、包容性、责任和合作的基础上得到有效治理。

第五节　欧盟与北极治理

欧盟不是国家行为体，但也不是一般意义上的国际组织。欧盟朝着一个超国家行为体的方向发展，具有国际法人的地位，特别是《里斯本条约》生效后，欧盟在外交和防务方面的政策更趋一致。

---

① 关于北欧五国北极法律体系内容阐述可详见：刘惠荣、董跃著：《海洋法视角下的北极法律问题研究》，中国政法大学出版社，2012年版，第71—84页。

虽然欧盟本身申请成为北极理事会观察员的过程并不顺利，但欧盟是一个在北极治理中事实上的重要角色。欧盟之于北极地区，它是一个跨边界的行为体，欧盟的三个成员国是北极国家，并是北极理事会的成员国，其核心成员国也大多是北极理事会的观察员国。另外，欧盟在全球气候、环境问题的引导者身份，也使得欧盟的北极治理政策和实践是无法忽视的内容。

一、欧盟北极政策的演进与发展

在 1995 年之前，欧盟很少涉足北极事务，因为欧盟并没有与北极直接接壤，虽然欧盟成员国中丹麦拥有处于北极圈内的格陵兰岛的主权，但是 1985 年格陵兰退出了欧共体。1995 年欧盟扩大之后，开始介入北极问题，因为瑞典和芬兰的加入使欧盟成为与北极具有紧密联系的国家集团，不可避免地要与北极国家（尤其是挪威）发生联系。欧盟北扩到芬兰后，与俄罗斯接壤，同样需要欧盟加强与北极国家俄罗斯的合作。

（一）"北极之窗"项目：欧盟北极政策的序曲

1997 年芬兰提出北方政策（Northern Dimension，ND）倡议，目标是"提供一个共同框架，促进北欧的对话，巩固合作，加强稳定、繁荣与发展"。[①] 1999 年，该倡议得到欧盟理事会的批准，成为欧盟的北方政策。该政策的参与者为冰岛、挪威、欧盟和俄罗斯四方，加拿大与美国为观察员，其他利益攸关方还包括北极理事会、北欧部长理事会、巴伦支欧洲—北极理事会[②]、波罗的海国家理事

---

① http://eeas.europa.eu/north_dim/index_en.htm.
② 在北方政策框架下，北方政策伙伴国与北极理事会及巴伦支—欧洲北极理事会多次举行协调会议。这样的合作今后将更为频繁、更为机制化。

会等。该政策覆盖范围是从西边的冰岛、格陵兰到东边的俄罗斯西北部，从北部的北极地区到南部的波罗的海南部海岸。

北方政策中的"北极之窗"（Arctic Window）计划共设立了4个项目。环境伙伴关系项目（NDEP）[①]中的核安全项目是北极地区合作的一个实例。该项目为科拉半岛与阿尔汉格尔斯克地区放射性废料管理与乏燃料存储等总计投资约1.6亿欧元。公共卫生与社会福利合作项目（NDPHS）[②]则旨在改善和促进北极原住民的卫生与福利状况。通过文化合作项目（NDPC），来自文化领域的艺术家，尤其是原住民代表可寻求与其他艺术家、发行商及资助人进行合作的渠道。运输物流合作项目（NDPTL）则刚刚启动，其目的是通过区域与国家优先支持项目，改善北方政策区域内的运输与物流状况，促进当地经济的发展。可见，北方政策内部的合作项目具有较强的务实性，处理的均是环境治理、社会文化发展、公共产品提供等重要的治理问题。在北欧国家担任北方政策轮值主席国时，它们努力扩大"北极之窗"在欧盟政策中的份量，同时通过欧盟使他们在北极事务中的影响力得到放大。2006年，北方政策在多年实践的基础上进行了更新和拓展。在新政策中，北极和次北极地区（包括巴伦支地区），以及巴伦支海和加里宁格勒被划为政策实施的重点地区。

（二）欧盟一系列北极政策文件的出台

2007年以来，由于北极生态保护上的紧迫挑战、巨大的能源与资源利益、新航路开辟的诱人前景，以及保持其在全球问题上的影响力等因素的刺激，欧盟对于北极事务表现出更为积极主动的态度。

---

① http：//www.ndep.org/home.asp.

② http：//www.ndphs.org/.

2007 年，欧盟委员会通过附于《综合性海洋战略》文件中的行动计划首次宣示欧盟在北极的利益，2008 年 3 月委员会与外交事务高级代表联合发布的《气候变化与安全》战略文件提出欧盟应发展整体一致的北极政策以应对北极的演变。2008 年 11 月，欧盟委员会发布其首份北极政策报告《欧盟与北极地区》，强调无论在历史、地理、经济、科学等方面，欧盟都与北极具有重要而密切的联系。①丹麦、芬兰与瑞典等欧盟成员国均为北极理事会正式成员，法国、德国、荷兰、波兰、英国及西班牙 6 个欧盟成员国则是北极理事会的常任观察员；冰岛与挪威虽未加入欧盟，但却是"欧洲经济区"成员国，依条约应与欧盟进行环境、科学、旅游与公民保护等合作。基于此，欧盟认为它有必要也有义务通过各种渠道积极参与北极事务，主张将北极事务纳入到更为广泛的欧盟政策与协商进程之中。欧盟强调应在《联合国海洋法条约》架构下，推动北极多边治理体系的发展，以确保区域的安全稳定、环境保护以及资源可持续利用。欧盟委员会认为，在渐进发展的北极政策问题上，应强调欧盟的利益和责任并同时顾及成员国在北极的合法权益。

2009 年 12 月，欧盟外交部长理事会通过的关于北极事务的决议及 2011 年 1 月欧洲议会通过的《可持续的欧盟北方政策》决议均是对上述委员会政策文件的进一步阐释与发展。《里斯本条约》的正式生效与实施，则使欧盟对内与对外政策达致高度的整合。②2012 年 3 月，欧盟外交事务与安全政策高级代表阿什顿访问了芬兰、瑞典、挪威 3 个北欧国家，表示希望通过与北极国家的沟通和交流，推进欧盟的北极政策。2012 年 7 月 3 日，欧盟委员会正式发

---

① http：//eeas. europa. eu/arctic_ region/index_ en. htm.

② Steffen Weber and Andreas Raspotnik：EU-Arctic strategy，http：//www. theparliament. com/latest-news/article/newsarticle/eu-arctic-strategy-steffen-weber/.

表《发展中的欧盟北极政策：2008 年以来的进展和未来的行动步骤》① 战略文件，强调要加大欧盟在知识领域对北极的投入，并以负责任的行为参与北极治理和以可持续的方式开发北极，同时要与北极国家及原住民社群开展定期对话与协商。

表 8 – 2　欧盟正式发布的主要北极政策文件一览

2007 年	欧盟委员会：《欧盟综合性海洋政策》（Commission of the European Communities, An Integrated Maritime Policy for the European Union, COM（2007）575 final, Brussels, 10 Oct 2007）
2008 年	欧盟委员会与外交事务高级代表向欧洲理事会提交的《气候变化与安全》文件（亦称"索拉纳报告"）（"Climate Change and International Security," paper from the High Representative and the European Commission to the European Council, March 14, 2008（also known as the "Solana Report"）
2008 年	欧洲议会通过有关北极治理的决议（European Parliament, European Parliament Resolution of 9 October 2008 on Arctic Governance, Brussels, October 9 2008）
2008 年	欧盟委员会向欧洲议会及理事会提交的通告：《欧盟与北极地区》（European Commission, The European Union and the Arctic Region, Communication from the Commission to the European Parliament and the Council, Brussels, November 20, 2008）
2009 年	欧盟外交部长理事会通过的关于北极事务的决议（Council of the European Union, Council Conclusions on Arctic Issues, 2985th Foreign Affairs Council meeting, Brussels, December 8, 2009）

---

① European Commission and The High Representative, "Developing a European Union Policy Towards the Arctic Region: Progress Since 2008 and Next Steps," DG Maritime Affairs and Fisheries (Brussels, 2012), http://ec. europa. eu/maritimeaffairs/policy/sea_ basins/arctic_ ocean/documents/join_ 2012_ 19_ en. pdf.

2010 年	欧洲议会通过的《可持续的欧盟北方政策》报告（European Parliament，Committee on Foreign Affairs，Report on a Sustainable EU Policy for the High North，December 16，2010）
2012 年	欧盟委员会与欧盟外交事务高级代表共同发布《发展中的欧盟北极政策：2008 年以来的进展和未来的行动步骤》联合通报（The European Commission and the High Representative of the European Union for Foreign Affairs and Security Policy，A joint communication of "Developing a European Union Policy towards the Arctic Region：progress since 2008 and next steps"，July 3，2012）

二、欧盟北极政策的支点和目标

（一）欧盟的多支点北极政策

欧盟在北极政策上的支点大体可分为两类：一类属于地缘或机制联系，另一类则可归入政策或事务上的联系。前者如瑞典、芬兰和丹麦（格陵兰）三个北极国家均为欧盟成员国。冰岛则极有可能在未来成为欧盟在北极地区的第四个成员国；而且冰岛和挪威还是欧洲经济区成员。① 同时，格陵兰②属于欧盟的海外领地，欧盟则通过签订联系协定以支持其经济与社会发展；欧盟与格陵兰建立了全面的伙伴关系，签署了《渔业伙伴关系协定》以及有关原材料的合

---

① 必须指出的是，《欧洲经济区协定》并不适用于斯瓦尔巴德群岛，欧盟的共同渔业政策也被排除于经济区的内部市场之外。

② 格陵兰地处北极，是丹麦王国的海外自治领地，世界第一大岛，隔海峡与加拿大和冰岛两国相望，面积约为 216.6 万平方公里，其中约 81% 的面积都由冰雪覆盖，人口约为 5.5 万。在 2008 年的公投后逐渐走向独立之途，并在 2009 年 6 月获得"充分自治"（Self Rule），正式改制成为一个内政独立，但外交、国防与财政相关事务仍委由丹麦代管的过渡政体。2009 年 11 月 27 日，格陵兰政府通过了《矿产资源法案》，获得了管理辖区内矿产资源的权利。格陵兰蕴藏丰富的矿产资源，战略地位重要，是"北极争夺战"的桥头堡。

作协定。① 一般而言，欧盟从其成员国处获得了有关对外事务的决策权，又通过《欧洲经济区协定》将部分权能延伸至冰岛和挪威。在有关北极治理的国际谈判和国际缔约进程中，欧盟也发挥了重要作用，如《生物多样性公约》的缔结。

欧盟的区域发展政策与北极地区的经济和社会发展息息相关。欧盟通过欧洲地区发展基金、欧洲社会基金及聚合基金的一系列项目支持北极地区的发展。例如，旨在提升北方高纬度地区的创新能力和竞争力，促进自然与社会资源可持续发展的跨区域的北方边缘项目，就涵盖了芬兰、爱尔兰、英国、瑞典、法罗群岛、格陵兰、冰岛与挪威等国家和地区。欧盟还在与北极相关的多个政策领域发挥着积极影响，尤其是在环境和气候领域，例如应对全球气候变化以及跨界污染物的处理问题。此外，欧盟是北极科研方面的重要资助方。例如，欧洲环境署就参与了北极持续观测网络（SAON）的建设。在2012年发布的最新北极政策文件中，欧盟就突出其过去在北极研究方面已做以及未来可作出的贡献，强调在北极地区欧洲部分的跨区域合作与研究。

欧盟是北极产品最大的消费者和使用者，是北极地区经济社会发展的最大投资来源地和市场，同时在原材料、能源、基础设施、卫星定位等技术开发领域也是强有力的伙伴。

（二）欧盟北极政策的三大目标

结合以上欧盟出台的一系列政策文件，其北极政策目标大致可归纳为以下三个方面。

1. 北极环境和生态保护

在北极环境和生态保护方面，欧盟首先从气候变化入手，指出

---

① European Commission signs today agreement of cooperation with Greenland on raw materials. http://europa.eu/rapid/press-release_ IP－12－600_ en. htm.

气候变化是北极未来需要面对的主要挑战。欧盟作为应对气候变化和促进可持续发展的领导者，应加入全球行动以应对北极变暖。欧盟的目标是与国际社会一道，加强国际合作，尽最大努力防止和减轻气候变化的负面影响。欧盟支持并参与国际社会减少对北极地区的环境污染，提高北极环境标准；为减少环境污染，加强在北极地区节约能源、提高能源效率和可再生能源利用等方面的合作。支持保护北极生态系统，鼓励北极国家建立海洋保护区，欧盟委员会就监督、研究、限制在北极利用危险化学品问题制定方案。欧盟认为对于北极的长期监测以及获取数据的能力依然不足，必须将其列为"优先研究领域"，尤其是在气候变化方面。

为保护极地的动物，欧盟曾提出对鲸和海豹等的捕杀要实行严格管理，禁止海豹制品在市场上销售、进口、过境和出口。[①] 但这个禁令还是引起了北极原住民的不满。北极居民受气候变化的影响较大，因为其生活方式与捕猎北极地区的哺乳动物密切相关。他们的生活方式，包括以传统方式捕猎海豹等动物是北极社会生态的一个部分，也需要保护。欧盟为此强调支持原住民的可持续发展，包括支持他们的传统生活方式。在执行相关法律时考虑不影响原住民基本经济和社会利益。欧盟理事会鼓励北极居民加入到各种致力于环境保护的组织中去，为北极环境保护做出贡献。

2. 北极资源的绿色开发

欧盟将北极资源界定为油气、矿业、渔业、运输和旅游等方面。

对于油气和矿产资源，欧盟认为北极是一个矿藏和油气资源宝库，有助于欧盟资源和能源的安全供应。但是恶劣气候和环境的高

---

① 海豹皮制品及捕鲸问题成为欧盟与加拿大、冰岛、挪威及丹麦（格陵兰）之间发生争执的主要议题，加拿大甚至将欧盟海豹皮制品禁令问题诉诸 WTO，这也成为欧盟申请北极理事会常任观察员资格的主要障碍之一。

风险，使得北极矿产和油气资源的开采面临诸多挑战。在环保标准上，欧盟强调应适用具有国际约束力的最高环境标准。在油气资源开采方面，欧盟应致力于加强与挪威和俄罗斯的合作，保证欧盟油气供应；促进石油开采技术的发展，推广欧盟近海油气企业的开采经验，为绿色开采北极油气创造条件。

在渔业资源方面，欧盟是北极鱼类最重要的消费市场，其消费的北极鱼类产品大部分来自巴伦支海和挪威海的东南部渔场。欧盟认为气候变化和北极海冰消融可能带来渔业过度捕捞和渔区空间分布的变化。新渔场的增加可能导致更多的捕鱼活动，而部分北极高纬度海域尚未制订国际养护和管理制度，因此可能导致无序捕捞。为此，欧盟建议在北极新渔业开发出现之前，针对尚未被国际养护和管理制度覆盖的北极高纬海域制订和实施渔业框架规范；在水域养护和管理机制健全之前，不应在那里开展新的渔业活动。欧盟理事会强调对北极海洋生物资源的捕捞应以科学建议为基础，保持生态平衡。

在航运方面，欧盟成员国拥有世界上规模最大的商船队，其中多数都行驶在远洋航线上，而海冰的融化创造了北极水域通航的机会。这将大大缩短从欧洲到太平洋的海上航程，节约能源、减少排放，促进贸易并减轻对传统国际航道的压力。欧盟的目标是探索和改善通航条件，逐步引导北极商业航行，同时促进更严格的安全和环境标准以减少不利影响；同样，欧盟及其成员国应捍卫自由航行原则及无害通过新开放的海道和水域的权利。在涉及环境问题等方面，欧盟应促进现有航海义务的充分履行；欧盟国家应该在北极船舶技术上处于领先地位，促进北极的环保；支持国际海事组织制定北极水域航线的设计、环境与安全标准。欧盟理事会强调，成员国作为船旗国、港口所在国及沿海国负有充分实施及进一步发展可适用于北极的有关航行、海事安全、船舶路线及环境标准的国际规则，尤其是国际海事组织框架下的规则；促请成员国与委员会和北极国家密切合作以强化北极搜救及其他紧急情况下的援助；对于未来北极跨洋航线的逐步开通，重申船旗国、港口所在国及沿海国在包括海洋法公约在内的国际法项下的权利与义务，如航行自由、无害通过及过境通行权，并监督其遵行情况。

在旅游方面，欧盟持有的是支持旅游业发展，但是需注意环境保护的立场。欧盟将北极生态旅游及可再生能源产业视为创新型的经济活动。欧盟委员会支持并积极参加在国际海事组织、北极理事会等机构中对日益增加的北极游轮乘客安全及该地区现有的搜救能力进行评估与讨论。

3. 北极多边治理

欧盟强调应在《联合国海洋法公约》架构下，推动北极多边治理体系的发展，以确保区域的安全稳定、环境保护以及资源可持续利用。同时，欧盟持续加强与北冰洋沿岸国家之间的对话，反对任何将欧盟或欧洲经济区成员国排除在外的政策安排，并主张将北极事务纳入到更为广泛的欧盟政策与协商进程之中。欧盟委员会认为，在渐进发展的北极政策问题上，应强调欧盟的利益和责任并同时顾及成员国在北极的合法权益。在具体举措上，欧盟理事会承认北极理事会是环北极地区首要的区域性合作组织，并支持意大利与委员会申请成为该组织的观察员；欧盟应与北极国家及其他拥有北极利益的相关行为体加强合作以共识方式处理北极有关事务；重视巴伦支欧洲——北极理事会的工作，视之为欧洲大陆北部跨界合作最适宜的架构；理事会促请成员国与委员会考察在欧盟内部成立北极事务信息中心的意义；理事会同意委员会与非政府组织（NGO）就北极环境开展持续对话。

欧盟理事会决议确立了欧盟北极治理的五项原则：（1）有效实施国际社会旨在减轻气候变化影响的相关举措以保持北极地区的独

特性；（2）通过强化与一致实施相关国际、区域及双边协定、框架及安排来进一步发展与促进多边治理；（3）《联合国海洋法公约》及其他有关国际文件是多边治理的基础；（4）制定和实施有可能影响到北极的相关欧盟举措或政策时，尊重北极的独特性，尤其是生态系统的敏感性及其多样性，对包括原住民在内的北极居民也予以充分尊重；（5）维持北极地区的和平与稳定，并且，由于气候变化及海冰融化的影响导致北极航运、自然资源开发及其他企业化行为成为可能，因此强调必须采取负责任、可持续和审慎的行为。

三、欧盟的北极外交实践及其特点

（一）欧盟认清自身在北极的利益，但在形象塑造上一直着力将自己扮演成对北极国家而言具有吸引力的合作者及公共产品提供者的角色

欧盟运用其在全球气候治理及其他众多政治领域业已建立起来的环境保护者的影响力，积极倡导北极资源的绿色开发和可持续利用。在一些北极国家看来，欧盟应对气候变化的目标及其对北极研究的积极贡献对于该地区所有的利益攸关方而言均至关重要。就应对气候变化而言，为达到《京都议定书》规定的目标，欧盟已将其减排20％温室气体的承诺变为法律，并继续承诺到2050年将减排85％～90％温室气体的长期目标。就支持可持续发展而言，在2007年至2013年的财政期限内，欧盟提供11.4亿欧元的资金以支持欧盟北极区域及邻近区域的经济、社会和环境潜力的发展；支持并促进北极地区的采矿业和航运业采用环境友好型技术。在科学研究方面，欧盟在最近十年已通过第七框架项目（FP7）提供了约2亿欧

元的资金以支持北极国际研究活动的开展；欧盟委员会专门在"2020 研究与创新项目"下支持北极科学研究，并通过发射新一代的观测卫星促进北极搜救能力的提高。

（二）加强与北极国家机制沟通和合作，积极谋求北极理事会常任观察员资格

2008 年北冰洋沿岸五国（美国、俄罗斯、加拿大、挪威与丹麦）通过的《伊鲁利萨特宣言》强化了五国在北极事务中的决定性地位，排斥包括欧盟在内的域外行为体在地区事务中的作用。对此，欧盟及其德、法等成员国均表达了强烈不满，从而催生了有关《欧盟与北极地区》的战略文件，强调欧盟与北极在历史和地理上具有的紧密联系。2011 年 5 月，北极理事会第七届外长会议发布《努克宣言》，对申请常任观察员资格从程序和实体方面提出了更为苛刻的要求。针对北极国家一再排斥域外行为体参与北极事务的作法，欧盟采取了更为务实的应对策略，积极而稳妥地开展外交运作：2011 年底，欧盟向北极理事会递交了由欧盟外交事务与安全政策高级代表阿什顿及海洋与渔业事务委员达玛娜奇共同签署的文件，正式申请成为北极理事会常任观察员。其次，2012 年 3 月阿什顿赴芬兰、瑞典、挪威 3 个北极国家访问时，在多个场合均重申欧盟在北极地区的战略、经济和环境利益，表示希望通过与有关北极国家的沟通和交流，推进欧盟在北极地区的战略政策。对欧盟而言，获得北极理事会常任观察员资格意味着其可以进一步强化与北极理事会的合作，并在理事会的框架内清晰地认识北极伙伴国的具体关切。尽管欧盟的申请在 2013 年未能得到批准，但加强与北极理事会的关系与合作将是欧盟长期的政策。

（三）欧盟利用其技术优势参与北极治理

在最新的北极战略文件中，欧盟更为强调从"知识、责任与参

与"3个层面进行政策阐释，即通过进一步加大在北极生物多样性维护、基于生态系统的管理、持久性有机污染物的防治、国际海运环境标准与海事安全标准的制定及可再生能源产业等领域的投资以保护北极环境、促进地区和平与可持续发展，强调对商业机遇的开发采取负责任的行为，并与北极国家及原住民进行建设性的接触与对话。欧盟将北极突出的环境保护、航行安全及基础设施问题内化为其"北极责任"，试图将自身界定为北极治理公共产品提供者的身份，以便其更加有效地介入北极事务。鉴于北极地区矿业及油气开采不断升温，欧盟将与包括北欧矿产公司及有关大学和研究机构等在内的北极伙伴共同致力于开发适用于采矿业的环境友好型技术。2011年10月27日，欧盟委员会还递交了《有关海上油气前景勘探及生产活动安全条例》的法律提案。在北极航运海事安全方面，欧盟支持国际海事组织制定强制性的《极地航运规则》，并密切跟踪北极海运的发展状况，包括北极水域内商船及游轮的运输及频率，以及沿海国有关可能影响到国际航行的政策与实践。此外，计划于2014年运转的伽利略卫星定位系统将与其他类似的系统一起有助于提高北极地区的安全和搜救能力。欧盟愿意与北极国家就海洋生物资源的可持续管理开展良好合作，欧盟支持在尊重沿海国当地社群的情形下，在科学建议的基础上对北极渔业资源加以可持续利用。

（四）利用在治理制度建设上的优势，欧盟充分发挥其议题设定能力、多边协调能力和网络效应，对涉及北极的事务施加有效影响

作为欧盟的主要立法机构，欧洲议会已成为北极地区议员会议的正式成员，从而为欧盟提供了一个信息搜集、分享与发布的平

台，促进欧盟与北极国家间的对话，增强其对北极政策决策体系的影响；欧洲议会 2010 年成立的欧盟北极论坛①是一个跨越党派、跨越问题领域的桥梁，以帮助欧洲政界、学界、企业界及非政府组织和国际机构人员全面了解北极发生的深刻变化，对涉及北极问题的政治和经济决策施加高效影响。此外，欧盟还设立 100 万欧元的专款支持北极发展及其注册评估项目，建立以芬兰拉普兰大学北极中心为主干，涵盖全欧洲主要研究机构的北极信息中心，从而能分享包括北极监测、遥感、科研，以及北极社会传统知识等方面的信息，为其科学决策提供参考。

总之，近年来欧盟的北极政策实践更加强调其北极政策的连贯性和针对性，对外更加注重与北极域内主要行为体的合作，对内则整合不同部门的资源，将北极事务纳入到海洋、渔业、气候、环境、能源等政策领域。欧盟最新北极战略文件是对其前期分别由委员会、部长理事会及欧洲议会推出的一系列北极政策文件的进一步发展和细化，同时更加强调与美、加、俄等北极国家进行合作与妥协的必要性。欧盟在与格陵兰建立伙伴关系以及冰岛入盟等问题上态度颇为积极，有意建立介入北极事务的多个支点。欧盟对外行动署及海洋与渔业事务总司则在北极政策目标的协调和整合上发挥了重要作用。

---

① http://eu-arctic-forum.org/.

第九章
北极治理中的非国家行为体

在本书的第二章讨论嵌入全球治理的北极区域治理问题时，我们已经了解到，"治理是各种各样的个人、团体——公共的或个人的——处理其共同事务的总和"。[①] "治理"同时还是一个集体用来规范成员间关系以及成员与外部世界关系的原则、制度和惯例。治理规定如何对资源进行共享和管理并指导社会关系。[②] 因此，在北极区域治理中，除了国家之外，非国家行为体始终发挥着重要的作用，影响着北极治理的进程。本章将着重分析北极原住民组织，涉北极事务科学家非政府组织、环境保护组织和跨国公司在北极区域治理中的作用与影响。

---

① Oran Young, "Arctic Governance in an Era of Transformative Change: Critical Questions, Governance Principles, Ways Forward", Report of the Arctic Governance Project", http://arcticgovernance.custompublish.com/arctic-governance-in-an-era-of-transformative-change-critical-questions-governance-principles-ways-forward. 4774756 – 156783. html.

② Gail Fondahl & Stephanie Irlbacher-Fox, "Indigenous Governance in the Arctic", A Report for the Arctic Governance Project, November 2009. http://www.arcticgovernance.org/indigenous-governance-in-the-arctic. 4667323 – 142902. html

第一节　原住民非政府组织与北极治理

一、北极区域的原住民简介

北极区域的原住民①特指西方移民到来之前，就在北极地区生活和繁衍的民族。② 根据进入北极区域时间的不同，北极地区原住民可被分为东、西或新、旧两个世界的居民。欧亚大陆北极部分被称为东部或旧世界。旧世界的北极分布着从两万余年前就进入此地区的原住民，他们分别来自亚洲或欧洲的不同地区的多个种族，他们之间互相交融和代替，有着复杂的历史。美洲大陆的北极地区被称作西部或新世界。大约 1.4 万年以前，有一部分亚洲游牧民穿越白令海峡到达此地，他们中的一部分沿美洲大陆向南迁移，成为美洲印第安人的祖先。他们中的另一部分则沿北冰洋沿海扩散开，往东一直延伸到格陵兰岛，形成了今天称之为因纽特人（以前称作爱斯基摩人）的新世界北极原住民。1850 年左右，北极地区处于小冰期。期间，因纽特人被迫转入内地开始捕杀鱼和驯鹿，而欧亚大陆的北极居民则开始以驯养驯鹿为生。

在北极圈附近居住着大约 400 万人口，其中约 32 万人为原住民。北极理事会认定的北极原住民民族为 24 个。原住民在北极八国的分布也不均匀，在冰岛几乎为零，而在格陵兰则占据人口的多数。迄今，北极地区的原住民形成了北美、北欧以及俄罗斯等三大

---

① 原住民为英语"indigenous"的翻译，迄今依然有学者将"indigenous"翻译为土著居民或土著。本章节作者认为用"原住民"做表述应该更为妥帖一些，虽然 2007 年联合国通过的 *United Nation Declaration on the Rights of Indigenous Peoples* 的中文翻译依然为：《联合国土著人民权利宣言》。

② 北极问题编写组：《北极问题研究》，海洋出版社，2011 年版，第 44 页。

各具政治、经济和文化特色的区域群体。（见图9-1）

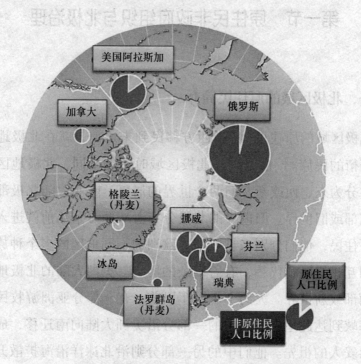

图9-1　北极地区原住民人口和非原住民人口比例分布图

资料来源：http://www.grida.no/polar/ipy/2840.aspx

（一）北欧北极地区的萨米人和因纽特人原住民

分布在挪威、芬兰和瑞典的萨米人是北欧北极地区最古老的原住民之一，同时也是获得欧盟成员国正式承认的唯一的原住民（the only indigenous people）。[①] 尽管分散居住在北欧北极地区的不同国家中，萨米人坚持把自己看作一个文化、经济和政治上的共同体。萨米人的人口很难统计，一方面，由于历史原因导致的对萨米人的歧

---

① 佩卡·萨马拉蒂、周旭芳译："历史上的萨米人与芬兰人"，《世界民族》1999年第3期，第51页。

视使得相当部分的萨米人隐瞒自己的族属身份。另一方面，北欧国家的人口普查并没有民族身份一栏。因而关于萨米人口的统计并不精确。根据最新的估计认为，萨米人总数约为13万，其中挪威约7万人、瑞典为2.5万人、芬兰7000人、俄罗斯为3000人，此外还有约3万萨米人后裔住在北美。① 在丹麦王国的海外自治领地格陵兰岛，人口总数约为5.7万人，其中5万人是因纽特人。截至2007年，北欧北极地区共有人口130万人，其中原住民约18万人。②

（二）北美北极地区的因纽特人和其他原住民

北美北极地区包括美国的阿拉斯加州和加拿大的育空地区、西北地区、纽芬兰和拉布拉多地区、努纳维克地区和努纳武特地区。其中努纳维克是加拿大魁北克省的一个自治区。根据2006年的统计，加拿大北极地区原住民约8.7万人。③ 其中约有4.42万人为因纽特人，居住在加拿大的北极地区。④ 除了因纽特人之外，在加拿大北极地区还有北美印第安人等原住民。阿拉斯加是美国在北极地区的唯一一个州，该州共有人口约62.7万人，原住民主要有因纽特人、阿留申人和印第安人，人口总数约9.8万，约占阿拉斯加总人口的15.6%。⑤

（三）俄罗斯北极地区的原住民

在俄罗斯，官方承认的原住民仅包括"人数较少的北方、西伯

---

① Deborah B. Robinso 著，张艺贝译：《北欧的萨米人》，中国水利水电出版社，2005年版，第4页。

② 数据来源：Arctic Human Development Report，p. 29.

③ 加拿大数据来自加拿大统计局：http：//www. statcan. gc. ca/tables-tableaux/sum-som/l01/cst01/demo60a-eng. htm。

④ 数据来源：Aboriginal identity population，by province and territory，http：//www. statcan. gc. ca/tables-tableaux/sum-som/l01/cst01/demo60a-eng. htm。

⑤ 数据来源：Arctic Human Development Report，p. 29.

利亚和远东地区的原住民族（简称原住小民族）"①。根据俄罗斯联邦法律，原住小民族是人口少于5万人、定居在祖先占领的土地上、保持着传统的生产和生活方式并且认为他们是一个独立的民族（ethnic groups）。② 2002年，俄罗斯在人口普查时提供了35个原住小民族，根据调查数据，生活于俄罗斯北方、西伯利亚和远东地区的原住小民族共有19.9万人。③ 人数较多的科米人有29.3万，雅库特人有44.4万。④ 俄罗斯北极地区原住民有约100万人，俄罗斯北极总人口约719万人，俄罗斯北极地区原住民约占俄北极地区总人口的14%。

二、北极区域原住民非政府组织的缘起与发展

北极的原住民面临着许多挑战和问题，大多数问题与世界各地所有的原住民类似，例如土地和资源的权利被剥夺、民族被国家边界所分割、生活贫困并受环境和气候影响等。此外还存在着在国际和国内政治中缺乏代表权的问题。

北极原住民又有其独特的方面，因为居住于地球的极地地区，他们与冰雪、极端气候世代相处发展出独特的文化传统。另外，他们所在的国家都是世界文明程度较高的国家，信息、媒体和政治渠道给予北极原住民更多地参与国家政治和区域治理的机会。北极所面临的环境、气候、生态危机影响范围涉及全球，因此北极原住民参与北极治理从一开始就具有全球的高度，他们除了关心本民族的

① International Work Group for Indigenous Affairs, *The Indigenous World 2008*, p. 39.

② Federal'noeSobranie RF. 1999. *O GarantiyakhPravKorennykhMalochislannykhNarodovRossiiskoi Frderatsii* (*On the Guarantees of Rights of the Numerically Small Peoples of the Russian North*). *Federal Law adopted on 30. 04. 1999.* Moscow.

③ Andrey N. Petrov," Indigenous Population of the Russian North in the Post-Soviet Era", *Canadian Studies in Population* Vol. 35. 2, 2008, p. 272.

④ 何俊芳：《2002年俄罗斯联邦的民族状况》，《世界民族》2007年第1期，第92页。

文化延续和生活方式、生活环境的保持问题之外，还关心地球的环境变化。因纽特人北极圈理事会主席谢拉·瓦特·克鲁迪亚曾说过，"我们现在的作用就是为地球的其他部分作预警。北极是整个地球的健康测量计。我们保护了北极就等于拯救了地球。"因此研究北极原住民与北极治理具有先行经验的意义。值得注意的是：北极区域原住民追求自身权利的运动从一开始就不是以争取民族独立和建立国家为导向，而是通过建立合法的非政府组织，以非暴力手段来实现自身的政治、经济和文化利益。

1948 年联合国通过的《世界人权宣言》、1957 年国际劳工组织大会要求的"关心和保护独立国家境内的原住民"以及 1965 年联合大会通过的《消除一切形式的种族歧视宣言》是北极区域原住民争取自身利益运动的国际法法理依据。成立于 1950 年的瑞典萨米人全国联合会是北欧乃至北极区域最早成立的原住民非政府组织。1956 年，北极区域第一个跨国的原住民组织——北欧萨米理事会（后改称为萨米理事会）在挪威卡拉绍克成立。之后，挪威萨米人全国联合会、芬兰萨米人全国联合会，以及世界驯鹿者协会等北欧原住民非政府组织也相继成立。1960 年，印第安和爱斯基摩人协会在加拿大成立。1971 年，因纽特人兄弟会（1973 年改名为因纽特人团结联盟）成立。随后，具有跨国性质的因纽特人北极圈理事会（最初名为因纽特人北极圈会议）、梅蒂斯人全国委员会等原住民组织也相继成立。北极区域这一系列原住民非政府组织的成立为北极区域原住民争取自身政治权利和经济权利，复兴诸如萨米文化和因纽特文化发挥了重要的作用。1990 年，在苏联解体前夕，第一届北方原住民代表大会在苏联召开，苏联境内的第一个原住民组织——俄罗斯北方土著人民协会成立。苏联解体之后，该原住民非政府组织继续在俄罗斯联邦的北极地区展开争取原住民自身权益的活动。

冷战终结之后，尤其是进入 21 世纪之后，北极区域的原住民非政府组织发展更为迅速，影响更为加强。其具体的表现为以下 3 个方面：

1. 北极原住民组织的数量激增。根据联合国经济和社会理事会的数据，截至 2012 年，北极区域八国的原住民组织数量已经高达 215 个。其中，俄罗斯 15 个、北欧国家 10 个、北美有 191 个。①

2. 北极原住民组织对所在国的国内事务影响力增强。在挪威、瑞典、芬兰的萨米人分别于 1989 年、1993 年、1996 年成立了本国的萨米议会。虽然萨米议会并非国家权力机关，不具有法人资格，但北欧各国的萨米议会以自我管理方式，对所在国内部促进萨米人利益和发展的政策制定具有重要的影响力。北美的因纽特人和阿留申人非政府组织虽然不具备北欧萨米议会的形式，但同样对加拿大和美国的内部北极事务具有重要的影响力。

3. 北极区域原住民组织跨国化发展日趋扩展。1992 年，俄罗斯的萨米人最终也加入了北欧萨米理事会，该组织也由此改名为萨米理事会。来自加拿大北极地区、格陵兰、阿拉斯加和楚克奇的因纽特人组织也共同建构起因纽特人北极圈理事会国际非政府组织。

也正是北极原住民组织在后冷战时期的迅速发展，使得进入 21 世纪之后的北极区域治理被深深地打上了北极区域非政府组织的印记。可以这样认为，今天北极原住民组织是参与北极区域治理的重要行为体之一。

三、北极区域原住民组织参与北极区域治理的历史过程

北极原住民组织参与北极区域治理首先从直接参与北极环境治

---

① 数据来源于联合国经济和社会理事会的统计资料，参见联合国网站：http://esango. un. org。

理开始。北极区域的跨国环境保护战略从"罗瓦涅米进程"① 开始。
20 世纪 80 年代末、90 年代初，北极区域的三个主要原住民组
织——因纽特人北极圈会议、萨米理事会和俄罗斯北方少数民族协
会就积极地参与其中。在北极保护战略的第一次罗瓦涅米会议所提
出的报告中就已经提到："在未来的工作中，原住民应该参与进来，
因为他们要直接承受环境变化带来的负担。"② 1990 年，在该进程的
耶洛奈夫会议上，因纽特人北极圈会议和萨米人代表参加了会议。
因纽特人北极圈会议代表指出，应确保原住民在各层次的北极可持
续发展战略中的参与权，这样，原住民的观点、价值观和实践能得
以完全体现。最终在 1991 年北极八国环境部长会议签署的《罗瓦
涅米宣言》中，原住民的独特作用被确认，宣言指出，北极国家认
识到"原住民和当地人与北极之间特别的关系以及他们对保护北极
环境作出的独特贡献"，③ 北极国家将"继续提升与北极原住民的合
作并将邀请他们的组织以观察员身份参与今后的会议"。④

《罗瓦涅米宣言》具有历史性的重要意义，因为这是北极原住
民组织第一次参与到制定一个国际宣言的筹备工作当中。随后，北
极原住民组织积极参与到了北极环境保护战略下的各个工作组的工
作之中。同时，原住民组织的参与也推动了对北极区域各国形成主
动使用"原住民知识"的这一想法，并且积极发展与原住民非政府
组织之间的充分协调。1993 年，在努克北极环境保护战略部长级会

----

① "罗瓦涅米进程"即"北极环境保护战略"（The Arctic Environmental Protection Strategy,
AEPS）的制订和确立的过程。之所以如此称之，是因为该战略起始于 1989 年芬兰的罗瓦涅米市
（Rovaniemi，该市是芬兰北部拉毕省省会，是世界上惟一设在北极圈上的省会，闻名世界的圣诞
老人村位于罗瓦涅米以北 8 公里处的北极圈上），并最终在 1991 年于罗瓦涅米市由环北极八国共
同签署关于北极区域环境合作的《罗瓦涅米宣言》。

② Consultative Meeting on the Protection of the Arctic Environment. Rovaniemi，September 20 –
26，1989. Report and Annex I：1（Helsinki：1989），p. 6.

③ Declaration on the Protection of the Arctic Environment. Ministerial Meeting, p3, http：//
www. arctic-council. org

④ Declaration on the Protection of the Arctic Environment. Ministerial Meeting, p3.

议上，丹麦政府提议建立一个秘书处以协调北极原住民组织和北极环境保护战略的合作。格陵兰自治政府也表示愿意开展北极原住民知识运用和推广工作。在丹麦政府的支持下，北极环境保护战略原住民秘书处于 1994 年正式成立。

北极区域重要的跨国原住民非政府组织经过自身的积极努力而成为北极理事会的"永久参与方"是它们参与北极区域治理的更为突出的表现。加拿大政府于 1992 年提出了一份关于北极理事会的组织和结构的提案，提案建议除了环北极八国政府的代表外，还应该有北极原住民非政府组织的代表出席。加拿大政府提议将北极环境保护战略下的三个原住民组织定义为"永久参与方"，以便与观察员区别开来。这一提议确立了原住民参与北极治理的特殊地位和权利。

经过北极区域原住民组织的积极努力，并通过相当漫长而又艰难的环北极八国之间以及八国政府与原住民非政府组织之间的磋商与讨论，在北极理事会筹备过程中逐渐地制定出一系列有关北极原住民组织参加理事会的规则。最终，在北极理事会成立宣言中，理事会强调：永久参与方的大门平等地向北极地区的原住民非政府组织打开，并为原住民非政府组织的加入提出了两个条件。原住民组织应该代表：第一，一个原住民民族生活在不止一个北极国家；第二，超过一个原住民民族生活在同一个北极国家。① 同时，永久参与方的数量不能超过国家的数量，不论他们是联合席位还是单独席位。因为永久参与方的数量将会直接影响到理事会未来工作的内容。1996 年 9 月，北极理事会正式成立，北极环境保护战略下的原住民秘书处被北极理事会继承。北极环境保护战略下代表北极地区原住民的三个原住民非政府组织②被赋予了"永久参与方"地位。

---

① Declaration on the Establishment of the Arctic Council, para 2. http：//www. arctic-council. org/index. php/en/about/documents/category/5 – declarations? download = 13：ottawa-declaration.

② 三个原住民组织是：因纽特人北极圈会议（后来改名为因纽特人北极圈理事会），萨米理事会，俄罗斯联邦北方、西伯利亚和远东地区原住民族理事会（其前身为苏联北方小民族协会，之后更名为俄罗斯北方原住民协会）。

1998 年，在加拿大伊魁特召开的首次北极理事会会议上，来自美国阿拉斯加的阿留申人国际协会被接受为永久参与方。2000 年，在阿拉斯加召开的第二次部长级会议上，哥威迅国际理事会和北极阿萨巴斯卡人理事会被接受为北极理事会的永久参与方。至此，北极理事会永久参与方共有六个原住民组织（具体参见下图表）。在北极理事会会议上，永久参与方代表与成员国、工作组和特别小组代表坐在一起。虽然原住民组织没有正式的政策制定权，但是他们的实际地位决定了他们对理事会的政策制定有着事实上的充分影响。北极原住民组织作为永久参与方加入到北极理事会之后，直接推动了北极区域治理过程中对原住民知识的利用。

表 9-1　北极区域原住民非政府组织参与北极理事会一览表

原住民非政府组织英文名称	中文名称	成立时间	参加该组织原住民的分布情况	加入北极理事会年份
Sami Council	萨米理事会	1956	芬兰、俄罗斯、挪威、瑞典	1996
Inuit Circumpolar Conference	因纽特人北极圈理事会	1977	阿拉斯加、加拿大、格陵兰与楚克奇	1996
Russian Association of Indigenous Peoples of the North	俄罗斯北方土著人民协会	1990	俄罗斯	1996
Aleut International Association	阿留申人国际协会	1998	俄罗斯、美国	1998
Gwich'in Council International	哥威迅国际理事会	1999	美国、加拿大	2000
Arctic Athabaskan Council	北极阿萨巴斯卡人理事会	2000	美国、加拿大	2000

四、原住民非政府组织参与北极治理的优势

北极区域原住民参与北极治理具有重要的意义，其具体优势体现如下：

1. 北极原住民常年生活在北极地区，他们是北极气候变化和北极生态的在地观察者。科学家往往只是在某一个季节前往北极进行考察，难以反映北极地区变化的全程。许多北极理事会和工作组的报告，甚至科学家报告中都引用北极原住民对气候、环境、生态变化的描述；2003—2005 年因纽特人北极圈理事会（ICC）就利用其原住民居住点为北极气候影响评估项目（ACIA）提供实地观察，从哈得逊湾北部、努那维克（Nunavik），再从萨奇（Sachs）港到美国的阿拉斯加因纽特居民区，不仅观察现实的状况，也从当地老人的口述中了解长时间跨度的变化。①

2. 北极原住民是北极地区的主人，在维护自身生存权、生活方式、文化传统的同时，对当地资源的处置等方面有着重要的发言权。无论是来自工业化商品世界的冲击，还是来自气候变暖和环境污染的挑战都对北极原住民的生存构成了巨大威胁。原住民是区别于现代大规模生产的以生存为目的的小规模生产者，他们依赖于环境，因此是环境变化的脆弱的一群，他们不愿意被国际和国内政治忽略。因纽特人北极圈理事会宣称气候问题在北极就是人类问题、家庭问题、社区问题和文化存续的问题，总而言之就是原住民的人权问题。正是原住民组织成功地说服联合国等国际组织将气候变化与北极原住民人权相联系，并动员国际人权机构也来参与北极治理事务。

---

① http：//www. inuitcircumpolar. com/index. php？ ID＝313&LANG＝En.

3. 北极区域原住民是北极文化的承载者，是人类北极文明的维护者。北极原住民的价值观深深影响着原住民的思维模式和行为特征。在参与北极治理过程中，原住民组织一直坚守其基本文化价值观，如（1）代际关怀和遗赠；（2）尊重自然界的所有生命；（3）共享与互惠等。

原住民领导人在决策时需要公开讨论决策对未来子孙的影响。影响的所有方面都会被考虑在内：精神、智力、身体、经济、生态及社会福利等。① 尊重环境是原住民的共同伦理，北极原住民认为生态系统具有灵性，人类是这一系统的一部分，并不是超越大自然之上，必须与动物和其他生命与灵魂共同存在并相互尊重，共享大自然的恩赐。② 因纽特人长老马里阿诺·奥皮拉如科（Mariano Aupilaarjuk）曾经说过："活着的人与土地是相互依存关系，你要保护土地，才能从土地中获得收成。如果你开始虐待土地，那么它就不会支持你……为了从土地中获得生存的资源，你必须保护它。"③ 北极民族乐于助人，他们分享食物、劳动力、设备和服务，而不期望立即得到回报。分享食物是北极原住民狩猎后表达感谢和庆祝的方式。共享食物为人们在一个开放的场地建立、维护和更新相互间关系提供了机会，人们分享彼此的狩猎故事和其他经历。分享食物再次确认了相互间的良好关系和分享义务。④

2. 原住民是北极传统知识的拥有者和适应变化的实践者。北极原住民知识被认为是"通过经验和观察获得的知识和价值观，这些

① Joanne Barnaby, "Indigenous decision making processes: what can we learn from traditional governance?", December 17, 2009. http://www.arcticgovernance.org/indigenous-decision-making-processes-what-can-we-learn-from-traditional-governance. 4667318 – 142902. html.

② Gail Fondahl & Stephanie Irlbacher-Fox, "Indigenous Governance in the Arctic: A Report for the Arctic Governance Project", November, 2009.

③ John Bennett & Susan Rowley (eds.), *Uqalurait: An Oral History of Nunavut*, McGill-Queen's University Press: Montreal, PQ & Kingston, On, 2004, p. 118.

④ Joanne Barnaby, "Indigenous decision making processes: what can we learn from traditional governance?", December 17, 2009.

知识来自于大地或神灵的传授并代代相传"。① 北极原住民的传统知识可以这样定义，它是一个不断积累的知识体系，其实践和信仰的演进是通过适应过程和文化的代际传递实现的，其主要内容是关于生物体（包括人类）之间的关系以及它们与其环境之间的关系。尽管北极各原住民群体的知识体系因为历史、文化、传统、地域和语言存在着较大差异，但它们所发展出来的独特的知识都是基于对气候、冰雪、自然资源、狩猎和旅行的认识。这些知识帮助他们世世代代在严酷的气候中得以生存和延续。主张建立绿色社会和生态政治的人士对传统知识有这样的理解，"历史上，原住民的习俗往往善于适应当地条件，由此保护了自然环境。要实现保护生物多样性这一重要的环境目标，还得依靠世界各地传统社会当地思想文化中仅存的独到智慧"。因为"最贴近环境而生活的人最了解环境"。②

五、北极原住民组织参与北极治理的主要方式

社会治理是指在某一群体中通过行使合法权力对资源进行分配、对公共事务和个人活动进行协调。作为北极区域的主人，且对北极治理具有直接和重要影响的原住民，主要通过由他们自己建立起来的非政府组织来积极参与北极区域治理。北极区域的原住民非政府组织又通过各种社会组织和渠道反映他们的诉求、经验和知识，让北极治理深深烙上原住民的印记。

---

① Frances Abele, "Traditional ecological knowledge in practice", *Arctic* 50 (4), 1997, P Ⅲ - Ⅳ.

② ［美］丹尼尔 A. 科尔曼著，梅俊杰译：《生态政治：建设一个绿色社会》，上海译文出版社，2006 年版，第 101 页。

（一）将原住民自我管理模式运用于北极地方治理

通过共识进行决策是许多北极原住民治理的一个基本准则。通过公开并相互尊重的意见交流方式做出决定。以共识为基础的决策原则意味着尊重其他人的意见，容纳不同的观点。这一利益共享的透明形式揭示了在进行决策时要考虑集体的最大利益，不仅考虑当前利益也要考虑未来利益。根据情境选择领导人意味着尊重不同个体具备的不同技能，以及他们在不同的时间与空间对社区的不同贡献。避免冲突可以被看作是尊重多样性的必然结果。依据传统，当意见分歧无法解决，共识无法达成时，北极原住民群体会选择空间上的分开——一部分人搬迁，形成新的群体。通过非强制性手段解决分歧，原住民的多样性仍得以维护。[①]

北极原住民组织在不断地推进北极区域治理，并且在北极区域的地方政府行政管理中，以及在北极区域的跨国政府间治理机制，如北极理事会的各项议程中注入原住民治理理念，将原住民治理理念与当代北极区域治理安排相互结合起来，进而影响着北极地区国家和原住民法律关系的构建。例如对因纽特人的独特治理方式源于"Inuit Qaujimanituqangit（简称 IQ）"中的基本原则。[②] Inuit Qauji-manituqangit 其含义可翻译为"因纽特人的传统知识、技能和机制"。作为一个独特的知识体系，IQ 对于自然环境、人类和动物关系的处理具有系统的处理方法。它在实践层面和认识论方面都有不同寻常之处，它确信人类是一种善于学习的理性的物种，知道与自然相处之道，同时具备掌握技术解决自然问题的潜力。如今 IQ 已得到努纳武特（Nunavut）共同管理委员会和政府机构的普遍认同与

---

① Gail Fondahl & Stephanie Irlbacher-Fox，"Indigenous Governance in the Arctic：A Report for the Arctic Governance Project"，November，2009.

② http：//en. wikipedia. org/wiki/Inuit_ Qaujimajatuqangit.

支持，并在地方自治中得到广泛应用。因纽特运用 IQ 促使自治方式与其世界观和文化特质更加一致。IQ 的使用遍及政府项目和服务的各个方面，包括关于资源使用的决策、北极熊狩猎配额的讨论等方面。[①]

（二）北极原住民组织通过参与国际治理机制扩大影响力

因纽特人北极圈理事会、俄罗斯北方土著人民协会和阿留申人国际协会分别于 1983 年、2001 年、2005 年获得了联合国经济和社会理事会特别咨商地位。因纽特人北极圈理事会还积极参与到《联合国土著人民权利宣言》的起草工作中，为该宣言的草案提供了大量的修改意见。这一宣言成为北极原住民参与国际治理的重要权利来源。

目前，在北极理事会的每一次会议上，原住民组织都会参与进来。它们已经完全成为北极区域治理过程中不可或缺的重要行为体，影响着北极区域治理的整个进程。原住民的知识可以帮助北极治理确定研究的重点领域并深刻理解自然变化进程。[②] 这对北极理事会各个工作组的工作有着具体的指导意义。例如，原住民组织参与北极监测与评估（AMAP）工作组，该评估报告中关于原住民生活方式以及传统饮食的这一章节就是由原住民非政府组织负责撰写的。在北极动植物保护（CAFF）工作组，有多个项目设计都使用了原住民知识，其中包括收集阿拉斯加地区原住民捕鲸的知识、创建一个原住民知识的数据库以及研究北极冰边缘的生态系统等。突

---

① Christine Wihak, "Psychologists in Nunavut: A comparison of the principles underlying Inuit Quajimanituqangit and the Canadian Psychological Association Code of Ethics", *Pimatisiwin: A Journal of Indigenous Health* 2 (1), 2004, pp. 25 – 40.

② A. Kalland, "Indigenous Knowledge-Local Knowledge: Prospects and Limitations," in B. V. Hansen, ed., AEPS and Indigenous Peoples Knowledge-Report on Seminar on Integration of Indigenous Peoples' Knowledge. Reykjavik, September 20 – 23, 1994 (Copenhagen: AEPS, 1994); and B. V. Hansen (1994), p. 16.

发事件预防、准备和处理（EPPR）工作组确定了北极地区原住民在紧急情况下的角色。原住民组织的参与让北极环境保护战略以及后来的北极理事会的各工作组的工作得以不断完善。

（三）在推动治理观念方面促进原住民传统知识与可持续发展观念的结合

原住民知识是一个知识体系，是交流和决策制定的一种方法，它反映了原住民特有的世界观。原住民将自己视为自然的一部分，人类与自然之间是互惠关系。动物和人也可以相互转世，人和动物都具有人性。在参与治理的过程中，北极原住民组织将原住民治理原则与可持续发展相关联，推动北极区域的环境治理。可持续的人类与环境关系是指人类在持续增进自身福祉的同时不使环境发生退化，不会破坏生态系统的多样性、生产力和承载力。人类与环境关系的可持续性在很大程度上依赖于人类对自身活动的管理。人类与环境不可分割性以及每个人都需要与大自然的其他物种保持恰当关系，这一直是可持续观念的核心，实际上北极区域原住民的许多传统的做法都与这一观念相一致。① 北极原住民组织正是抓住这一点，积极地将传统的北极原住民治理原则与当代新型的可持续人类与环境关系理念相互结合，在北极地区展开区域的环境治理。

原住民的知识也告诉人们，治理不能简单地理解为阻止改变，更在于顺应自然，提高对环境的调试能力。北极原住民是北极社会生态保持的主体。历史证明，源自原住民社会内部机制的反应和措施能够正面导引社会生态的延续。如果北极原住民能够发挥自身知识体系的作用，主动地感知变化、设计措施、发展并执行相关措施，这样的治理会更加有效。北极原住民面对快速的不可预测的北

---

① Gail Fondahl & Stephanie Irlbacher-Fox, "Indigenous Governance in the Arctic: A Report for the Arctic Governance Project", November, 2009.

极变化，努力维护它们的认同和独特文化，这种努力是北极治理一个重要的动力来源。

（四）对北极治理的重大问题直接发表意见影响治理方向和进度

北极资源开发可以改善北极居民的经济状态，但也可能给原住民的社会生态和生存环境带来致命的灾难。北极原住民组织在资源开发问题上通过直接发表意见的方式影响治理的方向和进度。如格陵兰因纽特人组织（Inuit Nunaat）2011 年针对日益升温的北极资源开发热发布了"关于资源开发原则的宣言"。[①] 宣言首先表明北极原住民参与北极治理的权利源自《联合国土著人民权利宣言》，"基于原住民自决的权利，因纽特人有权自由决定自己的政治、社会、经济和文化的发展"。而且"通过各土地权利处置立法、土地所有权协议（条约）、自治安排、政府和宪法规定等一系列机制，因纽特人已经获取了参与治理的重要手段和控制能力。这些机制为因纽特人直接参与包括规划、项目审查和监管为内容的资源管理机构提供了保障"。

基于这样的权利，因纽特人要求所有能够或期待在北极资源开发中发挥作用者，能依照这些原则行事。希望相关行为体能够尊重因纽特人的创造力、适应力及其祖先的传统智慧。在相关的决策过程中，能采用符合因纽特文化和传统知识的方法——坦率、清晰和透明的合作关系，以确保健康的环境和健康的经济之间的平衡，确保经济和社会文化共同发展。因纽特人期望资源开发能以合理的速度发展，要保持支撑经济多元化和持久增长的速度，同时能有力地控制环境恶化和外来劳动力的大量涌入。宣言要求资源开发所有阶

---

① "A Circumpolar Inuit Declaration on Resource Development Principles in Inuit Nunaat," (ICC 2011) Inuit Circumpolar Council, 2011. (https://www.itk.ca/sites/default/files/Declaration% 20on% 20Resource% 20Development% 20A3% 20FINAL% 5B1% 5D. pdf)

段的公共部门收入应该按照以下优先层原则进行公平透明的分配：（1）提供充分保障以应对意想不到的负面环境后果；（2）对社群和地区造成的负面影响进行补偿；（3）有助于改善社群和地区生活水平和总体幸福感；（4）有助于保障治理机构和机制的稳定性和因纽特人的参与度。

因纽特人在宣言中针对资源矿产开发对政府、国际组织、企业和标准制定机构提出了具体的要求：应将最新的科学知识和技术标准与因纽特人的传统知识相结合，来确保资源开发项目可持续性目标的实现；标准制定过程必须保证因纽特人的直接和有实质意义的参与；所有开发必须采用最严格的、最成熟的坏境标准，必须充分考虑到北极自然条件；采矿作业和海上气油开发过程中不允许将废弃物排放到土地和北极海水中；相关企业必须有效证明其在一种冰冻、破碎和重新结冰条件下仍有能力回收泄漏的石油，并建议将这一条作为防止北极水域油气泄漏的必要措施。宣言还特别强调资源开发的全过程监控与评估，要求在项目启动前、项目进行中、项目完成后，甚至场所废弃后，都要进行相应的检查和监控，对所有潜在的环境、社会经济和文化影响进行评估。

北极原住民的呼声得到了北极主要治理机构的回应。北极理事会发布的《北极近海油气开发指南》专门列一节来讨论北极原住民对这一领域治理的参与，认为北极国家应该制定出能广泛吸纳北极原住民和其他北极居民参与的决策机制和政治结构，充分应用原住民的传统知识，使之在开发选址研究和资源利用与分配的过程中发挥作用。

（五）以原住民的适应力经验为人类社会适应环境做出示范

适应性是指人类社会组织和社会生态系统应对社会变故和自然变化的内在的调适能力。原住民治理体系造就的社会体系因其内在的多样性与可塑性有助于系统的应变能力或适应能力。[①] 北极区域原住民在传统上通过经验认知世界，这种应对自然的治理方式促使原住民首领具备多方面的实际生活技能并面对众多挑战，这使得他们在面对新的环境时能够采取灵活措施进行应对。原住民组织依赖原住民的这种传统，加强对本地生态系统的深入了解，识别本地生态系统的变化，促进对这些变化的快速反应。与西方科学强调证据相比，原住民则更重视实际的感知，这就有可能使原住民治理体系在面对变化而进行调整时反应更加迅速。原住民非政府组织积极游说北极区域各国的地方政府乃至区域国际机制相信原住民的治理原则，并运用于北极地区的环境治理。北极区域原住民在应对气候变化及其对动物（如驯鹿和北极熊）的影响方面就是采取这样的方式，比如加拿大耶洛奈夫（Yellowknives）的提纳（Dene）人在原住民组织的协调下，决定不再进行 2009 年秋季的社区驯鹿狩猎活动。与此同时，原住民非政府组织还积极游说加拿大联邦政府制定相应的法律和法规以应对气候变化，并提倡其公民选择更具生态可持续性的生活方式。[②]

北极原住民关于北极环境的知识源自他们世代的实践，源自其生产和社会活动的体验。科学界也应当从这些传统的北极知识中寻找建立适应性的治理方式。目前的全球气候环境整体治理方式是自上而下的方式，而北极原住民利用传统知识进行所在区域的治理是对自上而下治理的重要补充。在高度商业化、全球化的时代，流动的资本、流动的技术、流动的劳动力对所在地的环境和生态都缺乏在地责任。从北极原住民的身上，以及从原住民非政府组织参与北极治理的实路中，我们看到了这些在地责任的巨大作用。这些在地

---

① Lance H. Gunderson and C. S. Holling, *Panarchy: Understanding Transformations in Human and Natural Systems*, Washington, D. C.: Island Press, 2002.

② Gail Fondahl & Stephanie Irlbacher-Fox, "Indigenous Governance in the Arctic: A Report for the Arctic Governance Project", November, 2009.

责任体现在强调当地的优先、当地的文化价值、当地的资源限制，治理措施必定以这些当地的因素为依据，而如何利用这些人类宝贵的经验进行治理是一个重大课题。传统知识是培养人类适应力的知识源泉。在当今全球快速变化的状况下，原住民传统知识能够帮助我们寻找合适的、合理的、经济的治理方式来应对北极的变化，在治理的同时又延续了北极宝贵的原住民文化。

第二节　非政府组织、科学家与北极治理

在北极治理问题上，除去原住民非政府组织外，环境保护类的非政府组织和科学家组织起着十分重要的作用。虽然这些组织手中没有同政府相类比的权力和资源，也没有企业那样雄厚的资金和技术，但是这些组织凭借着共同的价值理念，汇集全球众多的志向相同者的参与，形成了北极环境治理和生态治理中不可忽视的力量。

一、环保类非政府组织在北极治理中的作用

北极地区远离世界人口密集区，国际社会的关注度往往受其他热点地区和国内利益纷争的影响。如何提醒人们注意北极变化的实际情况以及这些变化对整个地球的影响、对未来人类生存环境的影响，成为许多环境保护类国际非政府组织的使命。这些组织通过各种场合的舆论宣导和社会监督，对北极治理起到了独特的作用。

（一）舆论宣导

1961 年成立的世界自然基金会（World Wilde Fund For Nature，WWF）将自己的使命设定为"阻止地球自然环境的恶化，建立一

个人类与自然和谐相处的未来"。① 完成使命的手段和路径包括："保护世界的生物多样性；确保可再生能源的使用是可持续的；减少污染和促进环保消费。"自1992年开始介入北极事务后，世界自然基金会就积极宣导北极对地球自然环境的重要性。世界自然基金会通过揭示北极变化的事实，预测北极变化的速度，研究形成变化的原因，以提醒人们关注并重视北极的环境。自然基金会的报告指出，"人类导致的气候变化对北极的影响比原先预料的更早一些。基金会的科学家发现，如果北极气候变化按照目前的速度发展，2050年2/3的北极熊将灭迹"。② 北极气候变化将对北半球的气候和天气产生致命的影响。全球洋流循环系统也会由于北极升温而发生变化。格陵兰冰盖的融化将造成全球海平面的上升。除非采取更加严格的温室气体控制措施，全球气候灾难性的变化将难以避免。北极海洋系统目前还发挥着碳沉降的重要作用，但是海冰的融化、淡水的注入以及海水的酸化会使这种作用难以为继。北极土壤生态系统将继续吸收碳，但地表温度的上升将释放更多的碳。

在舆论宣导过程中，世界自然基金会大声疾呼，气候变化需要重新审视人类不良行为对气候的干扰和影响，要正视问题的严重性，通过全球范围更宏大的计划和努力，减少温室气体排放，将气候变化控制在较低的水平和较慢的速度上。世界自然基金会为扩大社会支持度和治理的实际效果，以科学证据为基础，对治理的主要行为体不断提出政策建议，为北极治理调动一切可以调动的力量。世界自然基金会的报告建议相关各方在承认联合国海洋法公约等既有国际协定的权威性和合法性的基础上，研究制定具体领域的治理工具，特别是有关新的经济活动的法规和标准，如油气开发、渔业

---

① http：//www.wwf.org/.

② Martin Sommerkorn & Susan Joy Hassol， "Arctic Climate Feedbacks：Global Implications"，WWF International Arctic Programme，August，2009.

管理和航运安全等。

（二）社会监督

企业作为市场主体，常常盲目地追求利润最大化，其外部经济性始终存在。企业在北极的经济活动和逐利行为的增加，使环保组织站到了社会监督的第一线。另外，各国政府或当地政府为了当地利益和眼前利益也会有一些不符合环境保护和生态保护的行为和决策，同样需要接受社会的监督。作为社会新兴力量的主要代表，非政府环境组织在国家、地区和国际层次一直发挥着重要的环境监督作用。目前在国际环境保护领域中，很多全球环境监测网都是由非政府环境组织建设的，很多的批评、建议和抗议也来自非政府组织。

1. 对企业进行监督。2011 年 6 月 17 日绿色和平组织全球总干事库米·奈都率领来自 9 个国家的志愿者登上格陵兰岛西海岸冻结水域钻井平台上，要求该钻井的所有者——英国凯恩能源公司立即停止钻探，并公开发布其在北极泄漏石油的应急和善后计划。[①] 在北极发生的石油泄漏对海鸟、鱼类和一些海洋哺乳动物产生的影响更严重。目前尚无有效的方法控制并清理在海冰中的泄漏石油。世界自然基金会的极地专家罗德·唐尼（Rod Downie）批评说："在英国下院跨党派委员会已经呼吁停止在北极开采石油后，英国却仍然有公司这么做。对于英国石油公司不顾风险执意要开发北极地区石油的言行我感到失望。"[②] 绿色和平组织本·艾利夫说："北极是北半球最后一个未被破坏的地区，我们很难接受石油公司冒着引发

---

① http：//www. greenpeace. org/china/zh/news/releases/climate-energy/2011/06/kumi-naidoo-boards-arctic-oil-rig/.

② WWF-Government needs to reconcile green ambitions with Arctic oil exploration M2 Presswire [Coventry] 17 Oct 2012. Denmark Opts for Private Investment in the ArcticfalseHansen, Flemming Emil. Wall Street Journal（Online）[New York，N. Y] 24 Aug 2011：n/a.

灾难的危险在北极进行开采，我们会抗争到底。"①

在国际非政府组织的压力下，英国凯恩能源公司终于承认，在开阔水域使用的收油机等传统清理技术在冻结水域不起作用。所谓的清洁技术在北极可能对生态造成很大破坏。自然修复在北极冰区是一个缓慢的过程，而且任何清理工作在北极漫长的冬天将不得不完全停止。受到非政府组织的影响，凯恩能源公司减缓了它在北极的开发进度，法国安道尔石油公司也有意退出北极石油开发。

2. 对国家政府进行监督。2012 年 12 月，一场剧烈的风暴掀翻了荷兰皇家壳牌石油的库鲁克号（Kulluk）钻井平台，这再次引发了国际环保组织对石油公司在阿拉斯加附近的楚科奇海和波弗特海开发的反对声。环保团体给美国内政部长肯·萨拉查（Ken Salazar）写信表明最近壳牌石油的一系列事故证明该公司没有能力在北极严寒水域安全地开采石油。环保组织 Oceana 质疑道，"壳牌究竟是否有能力在北极钻井，壳牌还不能做到不发生重大问题地完成作业的每一个环节。从建造符合保护空气与水要求的应急船到钻井船的航行，壳牌疲于应付各种问题，而且连连失误，几乎酿成大祸"。自然资源保护委员会和野生动物协会也召开新闻发布会表示，"北极钻井的危害胜过任何潜在利益"。② 各种环保组织几乎同时要求，在北极这样难于开采的地区，政府必须重新评估准许开发的授权。为此，美国内政部发起了新一轮对阿拉斯加北极水域油气开发活动的调查和评估，重点是安全和环保。美国内政部 2013 年 3 月专门对壳牌公司的未来作业开出了一份监管要求清单。由此可见环保组织的压力可以促使各国政府加强监管的力度。

---

① National：Environment：Greenpeace fears new Deepwater disaster as rigs probe Arctic for oil under the ice：ExxonMobil and Shell compete to drill in wilderness despite fears a blowout would cause destruction like that in Gulf of MexicofalseMcKie，Robin. The Observer［London（UK）］29 Aug 2010：16.

② http：//www. pbnews. com. cn/system/2013/02/16/001412878. shtml.

　　3. 对国际组织进行监督。2013 年初，绿色和平组织对北极理事会工作小组所撰写的《北极海洋油污预防及反应合作协定》大加批评，专门监督北极油气开发的绿色和平组织项目主管 Ben Ayliffe 指出："这份合作协定草稿显示，一旦出现漏油事故，北极理事会根本没有能力保护脆弱的北极环境，也不能确保肇事的石油公司承担责任。"[1] 绿色和平组织认为这份合作协定仅仅要求各国"以现有资源采取适当措施"是不够的。协定没能就漏油应变设备的最低要求、建造救援井、清理油污或拯救受污染动物提供方案和指南，更没有提及具有威慑力的惩处机制、石油公司责任及跨国漏油事故处置问题，仅仅要求各国"确保尽力以现有资源去采取适当措施应对漏油事故"。绿色和平组织认为这样的处理方式是不负责任的。绿色和平组织对于协定起草者的人员组成也提出批评，称北极理事会竟然让企图从开发中牟利的石油公司派代表参与了制定草稿的工作小组，甚至出席内容定稿的最后一次会议。认为这种做法令人难以容忍。

二、彩虹勇士——绿色和平组织在北极

　　绿色和平组织总部设在荷兰的阿姆斯特丹。目前有超过 1330 名工作人员，这些专业人员包括环境问题专家、媒体专业人士、有政府工作经验者以及有各种职业背景的人。绿色和平组织的分支机构分布在三十多个国家和地区。国际绿色和平组织将自己的宗旨确定为：（1）保护物种多样性，确保我们的地球得以永久地滋养其千万物种；（2）避免海洋、陆地、空气与淡水遭受污染和过度利用；（3）应对核威胁，促进世界和平，全球裁军及不使用暴力。

---

① http://www.greenpeace.org/china/zh/news/stories/climate-energy/2013/02/arctic-council/.

彩虹勇士几乎成了绿色和平组织的代名词。"彩虹勇士号"（Rainbow Warrior）是一艘荷兰注册的三桅机帆船，是绿色和平组织船队的旗舰。"彩虹勇士"号周游世界，从事反捕鲸、反核试验和环境保护的宣传和抗争活动。彩虹勇士名字的由来源自印第安克里族（Cree）的一个预言，预言说世界将会进入由白人掠夺地球资源的时期。在情势还没有到达无法挽救的时候，印第安人的伟大勇士将会重生，教会白人如何善待地球——这群勇士被尊称为"彩虹勇士"。在1971年第一批绿色和平行动成员前往安奇卡岛途中，随行的记者 Robert Hunter 为绿色和平组织的第一条船起了这样一个名字。彩虹勇士更反映了绿色和平组织的不断自诩的"非暴力直接行动"（Non-violent direct action）的行为方式。绿色和平组织自称，"非暴力直接行动是指公众通过和平手段，采取直接的行动，表达对社会公平正义的要求，或是以此来达成促进社会变革的目的。这通常是在其他'正常'渠道处处'此路不通'的情况下，无可奈何的最后选择。"① 在公众看来，绿色和平组织是一个善于制造新闻的团体，其成员的表现也有一些激进和非理性。他们常常阻碍正常活动，甚至扰乱既有秩序。绿色和平组织对此解释道，非暴力的直接行动有时会对某些日常运作构成短暂阻碍，但造成阻碍的目的，是希望让更多公众参与，或阻止不公正的事情继续发生。更重要的是，这些行动的最终目的，是希望凸显有关政策或行为的不公正，给予强权强势一方极大的公众压力，迫使其让步。这种行为方式使绿色和平组织的行为更具有"勇士"的色彩。

北极一直是绿色和平组织的重点保护区域和工作区域。1975年秋天，绿色和平组织带着记者团去拍摄因纽特人猎取海豹的"残酷镜头"。绿色和平组织借此在欧美大肆宣导，如果不禁猎，格陵兰

---

① http://baike.baidu.com/view/191689.htm?from_id=8802144&type=syn&fromtitle=%E7%BB%BF%E8%89%B2%E5%92%8C%E5%B9%B3&fr=aladdin.

海豹将在 5 年内绝种。在新闻媒体和明星人物的配合下，1983 年欧洲议会宣布禁止海豹皮在欧洲出售，此举令整个海豹皮市场崩溃，加拿大北极圈内的以此为生计的原住民陷入生活困境。加拿大政府和原住民至今认为以传统方式有限度猎杀海豹并出售海豹产品是原住民的生活方式，是一种值得保护的文化。加拿大与欧盟关于海豹制品禁售问题的分歧至今还是欧盟成为北极理事会正式观察员的一道障碍。

2013 年 9 月 18 日，绿色和平组织的船舰"极地曙光"号到巴伦支海俄罗斯专属经济区内的俄罗斯天然气工业股份公司（Gazprom）的钻井平台进行非暴力直接行动式的抗议，阻碍生产活动，要求石油公司停止北极钻油计划。在行动的第二天俄罗斯边防人员强行登上了"极地曙光"号，扣押了来自 19 个国家的 30 名成员，并向俄罗斯国内相关司法机构提出控诉。其后荷兰方面又在国际海洋法法庭反诉俄罗斯，要求其立即放人。[①] 这一事件再次引起了世人对北极油气开发可能产生的环境问题的关注。

在 1997 年，"极地曙光"号航行南极，提醒世人对气候变化的关注，因为原来连接杰姆斯罗斯岛（James Ross Island）与南极大陆的 200 米厚的大冰块因气候变化而崩塌。"极地曙光"号通过实地拍摄见证了气候变化对人类和动物生存家园的破坏。在南大洋上，"极地曙光"号也曾出海反对日本进行所谓的"科学捕鲸"计划。在北极，"极地曙光"号反对英国石油公司开设新的离岸油井"北星"的计划。2000 年为了阻止美国军方测试导弹防御系统，阻止可能产生的新的核武军备竞赛，"极地曙光"号竟然开进了导弹预设目标区，试图阻止美国导弹测试。

---

① 国家海洋局海洋发展战略研究所编：《中国海洋发展报告（2014）》，海洋出版社，2014年版，第 25 页。

三、极地熊猫——世界自然基金会在北极

世界自然基金会是北极治理中另一个积极作为者。它为自己设定的北极愿景是：通过有效的国际管理，保护北极免受快速变化的负面影响，促进健康的生命系统，造福于北极当地人民和全人类。世界自然基金会在冰岛之外的所有北极国家都设有办公室，指导在地项目的实施。熊猫是自然基金会标志，作为以保护全球自然环境和生态为己任的世界自然基金会对于北极的快速变化及其对世界的影响给予了高度的关注。世界自然基金会是北极治理的积极参与者，与绿色和平组织相比，它更多地是通过参与和合作，通过自己实质的贡献而不是抗议来体现自己的价值。

世界自然基金会自1992年开始在北极地区推进环保项目。全球约有5400人投入到基金会的北极项目之中。基金会通过实地研究、社会宣传、参与规则制订和在地保护等多种手段，来参与北极治理，应对北极快速变化及其环境和社会影响。世界自然基金会通过各种报告、项目和媒体，告诉世人北极气候是怎样影响整个世界的，鼓励整个社会行动起来；与此同时，基金会还直接组织科学家和志愿者参与北极生态系统的恢复工作；针对北极治理机制中的缺陷，基金会通过研究提出弥补和改善治理的建议；推广北极开发和治理的新思路和新方法，建立基于适应力的生态系统治理，为航运、捕鱼和碳氢化合物的开发建立最佳范例，且促进最佳治理。

世界自然基金会认为，快速变化的北极带来的巨大挑战需要得到当地乃至全球层面立体的应对。最令世界自然基金会骄傲的是他们在所有层面都能找到发挥作用的地方。世界自然基金会在7个北极国家设立有国际办事处，以加强与北极各国特别是北冰洋沿岸国的政府、研究界、企业和公众的联系。基金会与北极理事会等区域

治理组织通力合作，宣传北极治理、践行北极治理。它是最早获得北极理事会观察员身份的非政府组织，这一身份使之可以就北极治理问题在理事会平台上与北极国家和原住民组织进行沟通与交流。

世界自然基金会在北极治理的四大项目分别是：

（1）北极海洋治理。自然基金会专门研究并发布了"国际治理与北极海洋规则报告"（International Governance and Regulation of the Marine Arctic）。报告认为：北极海洋的有效治理仅由北极相邻国家的司法管辖是不可能完成的。报告指出了当前北极治理机制的碎片化和相对滞后的缺陷，从顶层框架上提出了有关北极治理规则的系统性和协调性原则，并且对渔业、航运、防止污染、油气开发、海洋生态保护各个领域的治理提出了具体的治理建议。[①] 世界自然基金会不同于绿色和平组织，采取的是对话合作达成共识，鼓励支持为主、批评抗议为辅的方式。它愿意与北极国家和原住民组织一起实现北极治理的目标。

（2）气候问题研究和宣传。世界自然基金会的项目不仅要从整体上描绘出北极变暖这幅图画，而且要从具体地点、具体物种、具体变化机理来揭示整个北极变化的驱动过程。自然基金会召集了许多科学专家开展了许多在地研究。根据实地研究专门出版了系列的气候对北极影响的系列报告，[②] 如气候变化对北极熊的影响报告、气候变化对北极植物的影响报告、气候变化对北极渔类的影响报告、气候变化对北极社群影响报告等。作为一个非政府组织它并不满足于通过研究得出结论，而是进一步将研究的成果和结论向全球、向北极国家、向当地居民广为宣传，促进他们对北极变化的认

---

① Timo Koivurova, and Erik J. Molenaar: International Governance and Regulation of the Marine Arctic. WWF International Arctic Programme, 2009.

② WWF, "Effects of climate change on polar bears", "Effects of climate change on arctic vegetation", "Effects of climate change on arctic fish", WWF-Norway, WWF International Arctic Programme, 2008.

识，提升保护北极自然环境的责任。在形成了共识之后，自然基金会会通过提供必要信息和知识帮助当地人民做出决定来应对变化着的生态系统。同时帮助全球的国际组织开展国际间的气候谈判，切实推动治理的落实。

（3）促进经济与环保的共赢。与绿色和平组织不同的是，世界自然基金会在开发北极的问题上并不采取理想主义的立场和态度。他们认识到"北极不可能成为自然主题公园，生活在那里的人民需要经济发展机会"，他们强调的是开发过程中的"企业责任"。[①] 自然基金会与当地人民和经济开发商保持沟通和协商，确保开发的速度和规模必须控制在脆弱的北极生态系统可以支持的范围内。为他们提供对北极生态系统意义重大自然区域划分图。这样的做法帮助企业合理选择开发区域，例如选择不同的航运路线，避开生态极为脆弱地区等，实现经济开发和生态保护的共赢。

（4）规划养护和保护蓝图。随着北极的变化，原先建立的各种动植物保护区已经难以实现其最初设定的对物种保护功能，需要与时俱进，加以改进。世界自然基金会开展了联合行动，从生态和社会双重意义的角度对北极保护区域进行了深度评估。在描绘出环北极生态系统内在联系的基础上，为当地政府提供最佳保护区划分和保护措施方案。[②] 在生物多样性方面，自然基金会重点关注北极驯鹿、北极熊、海象和独角鲸等。保护工作包括对这些动物的种群数量、生存环境的监测，保证其重要迁徙通道、穴巢不受影响，防止和移除类似于油气开采、航运等工商活动对动物的影响。之所以选择这些动物进行保护和研究，是因为这些动物在北极生态系统和北极原住民生活中所占据的重要性。

---

① WWF, "Drilling for Oil in the Arctic: Too Soon, Too Risky, December 1, 2010.

② WWF, "Global Arctic Programme: A global response to a global challenge", WWF factsheet, Jan, 2012.

　　世界自然基金会在多年的实践中，把多学科和多元文化的经验带入北极的研究和治理中去，开展了一系列科学评估和治理计划。其中包括：北极气候变化评估、北极生物多样性评估和北极生态系统复原能力评估；北极物种多样性保护计划，建立相应保护区和其他养护的计划和措施；为北极原住民提供文化和知识保护的计划；针对北极的资源、航道开发，世界自然基金会参与制定北极水域航运规则，强调企业在北极开展经济活动的社会责任和环境责任，创立北极海洋石油污染防治最佳范例，参与制定石油污染防范和应对的法律文件等等。

　　世界自然基金会主张北极治理要保证利益攸关方的广泛参与。在参与和推进北极治理过程中，基金会感觉到北极理事会在有些方面不能顺应治理需求，展现其包容性并对此提出了批评。世界自然基金会全球北极项目主管亚历山大·雪斯塔可夫认为北极理事会存在着封闭性和排他性错误。认为这是与北极治理的目标不一致的。"如果北极理事会真正要成为一个有权威的、合法的政府间机构，有能力促进北极治理制度的建立和北极治理行动的落实，它必须聚集所有参与者的力量去实现北极治理的基本目标"。[①] 由于北极理事会成员国的排他性思维作祟，一些新成立的专门议题的"特别工作组"对世界自然基金会等组织采取了婉拒的政策，这也招致自然基金会的不满。世界自然基金会认为，理事会的讨论和决策过程必须是透明的、包容的，无论是原住民，还是产业界、环保团体和其他有专业知识和能力的组织都应当参与到决策过程中。北极理事会都应当继续沟通，以确保其工作能够被北极所有利益相关者和世界其他地区的人民了解和认识。

---

　　① Alexander Shestakov," Panda at the pole-WWF's vision of future work with the Arctic Council", WWF Global Arctic Programme, *The Circle*, 2. 2011, pp. 26 – 27.

四、北极需要知识和科学家

长期以来，由于北极天寒地冻，交通不便，生存条件差，长期居住于此的人口极少，人类对北极的研究甚少，关于北极知识的积累严重不足。如今无论是北极自然资源开发、可持续经济增长，还是应对气候变化和保护生态都迫切需要科学知识。基于科学调查的数据可以更为准确地预测未来的变化；对生态系统和物种生存条件的研究有利于制定出保护生态的办法；在北极进行的技术测试和技术革新有利于提高北极经济开发的可靠性和环境保护能力。所有这些都需要科学家的精力和智慧的投入。只有加强北极地区科学研究，才能有效地评估北极当前的自然状况，并建立起长期观测的能力和科学推演北极和世界未来变化的能力。

北极治理所需要的科学研究是综合性多学科的，既包含基础性的研究，也包括许多应用性的研究。重点科学研究包括以下六个方面：(1) 北极海洋地质和海洋学研究；(2) 海冰、永冻层和冰川学研究；(3) 大气科学研究；(4) 北极生态系统研究；(5) 北极自然资源分析；(6) 应用科学及工程开发。①

北极海洋地质和海洋学重点解决北冰洋洋底壳、大陆壳和大陆边缘测绘不足的问题，以及海底地质采样数据数量奇缺的问题。这种严重的信息缺乏限制了人们对北极海底及其资源的年龄和起源的认识。测绘北冰洋海底等深线难度很大，但它对于模拟洋流以及洋流对气候的影响，甚至对开发安全航道都是至关重要的。北冰洋目前只有大约8%~9%水域的海图达到国际标准。尽管水体的化学性

---

① World Economic Forum, "Demystifying the Arctic", Authored by the Members of the World Economic Forum Global Agenda Council on the Arctic, Davos-Klosters, Switzerland 22–25 January 2014, pp. 13–14.

质和生物多样性提供了海洋环流和生物繁殖率的信息，但围绕这一领域的抽样调查和样本研究却相当不足。北冰洋吸纳了世界上大约10%的淡水河流流量，其中主要包括了俄罗斯联邦北冰洋沿岸的大多数河流。这些河流在气候变暖的条件下向北冰洋输送了大量的淡水生物和水污染物，但对相关海岸带的河口研究有待加强。

关于海冰、永冻层和冰川学的研究对于人类了解和解释不断融化和萎缩的北极冰冻圈十分重要。海冰范围和季节性海冰厚度逐渐减少的事实表明：北极气候变暖速度远远超过了全球平均水平。对海冰范围、厚度、漂移、分布以及物理特性的观察，对海洋、冰、大气相互作用的研究有助于人类对北极升温与全球气候相互作用的认识。围绕海洋生态系统健康、海洋的酸化、气候的反馈循环、地球上的能量平衡和海洋可及性研究都需要对北极海域进行长期的观测和模拟。北极陆地永冻层土壤解冻很有可能释放出大量的二氧化碳和温室气体甲烷。更好地理解和模拟这些现象需要综合性的卫星监测、实地考察和仪器观测，同时结合对冰盖滑动地球物理学和永冻层稳定性的基本理论研究。

大气科学研究在北极的重点是研究北极大气的区域系统以及它对世界其他地区的天气系统的影响。充分的监测和预测区域天气系统对北极海洋作业、海上搜救有很大帮助。借助于风力污染物从远距离外被带到北极，并对北极气候、环境和生态带来的影响，这些需要进一步研究；拓展气候观测网络和坚持长期记录气候都是研究数据获得的必要条件；开发和利用新的低成本技术，采用无人操作的自动化和智能化观测技术都是目前北极治理的需求。

北极海洋和陆地生态系统、以及公众安全与健康需要更加深入的生命科学研究。科学家已经证实：气候变化正对北极生态系统造成重大变化和威胁，包括物种范围变化、湿地丧失、海洋食物链破坏等。北极治理需要了解气候变化以及人类在北极经济活动的增加对北极物种及其多样性的影响，如北极驯鹿、北极熊、海象、独角鲸和候鸟种群所受到的影响。气候变化及人类活动如何对北极物种迁徙、繁殖行为构成障碍，海上溢油等环境污染对脆弱生态如何造成影响，这些知识对于在北极进行可持续的资源开发是必要的。

北极自然资源丰富，煤矿、金属、石油、天然气、鱼和生态旅游都是重要自然资源。但这些丰富的资源却贮存于生态脆弱和生产条件十分恶劣的环境之中。所以对北极自然资源的探测和研究，除了勘测和测量北极自然资源储量外，还要同时进行开采的环境风险、生产安全风险和生态敏感性评估和研究。

应用科学及工程技术研究呼应了北极治理中对治理技术的需求。与勘测、远程数据采集、能源生产、水上交通安全、搜索与救援、可持续渔业和资源开发相关的技术进步是北极治理中最需要优先发展的领域。北极理事会下属每一个工作组任务的完成，无论是北极监测还是动植物保护，无论是海洋环境保护还是污染物的处理，无论是突发事件应急还是船舶航行，都需要应用科学的支撑和技术手段的创新，尤其是迫切需要新的技术来应对冰区水域漏油事件。围绕通信、破冰、交通运输、基础设施和物流领域的应用研究对于人类在北极未来活动的安全性是至关重要的。

以上每一个领域的研究对我们理解该地区的变化以及推行治理措施都是非常重要的。这些研究需要各国政府、跨国公司、国际组织及非政府组织的帮助，但真正起作用的是从事研究和观测的科学家和科学家团体。在认识北极和治理北极过程中，国际北极科学委员会等科学家组织正发挥着无法替代的作用。

五、科学家组织在治理中的特殊作用

（一）具有合法性和有效性的"认知共同体"

在全球化时代，科学家和科学家组织在国际事务中不再是一种边缘的角色，而是一种推动国际事务治理更加科学、更加民主、更加符合全球利益的角色。他们和许多重要的非政府组织一起推动着国际政治新的政治运行模式和新型政治空间的形成。全球化时代的发展，全球问题的产生以及信息化的网络联系给了科学家和科学家组织一个发挥重要作用的机会和平台。科学家的角色已经不再限于实验室的研究与发明，全球的网络系统使他们相互的联系更加组织化，变成国际事务中独特的行为体。通过这些组织，科学家们能够超越民族和地域，为和平、为美好生活、为全球治理发出自己的声音，做出自己的贡献。

在全球化时代，超越国际政治的全球政治议题快速增加，国家政府在处理全球性问题时的正当性和有效性被广泛质疑。国家政府的合法性来源于选民，也就是某个国家的民众，因此他们的代表性很有可能有益于某些地区的民众而给整个地球带来灾难。在全球问题领域，在环境、生态、传染病、消除武器等问题中，国家政府往往成为追逐自身国家利益的"私者"，在很多方面忽略了全球责任。因为没有全球政府的存在，因为没有足够的全球公共产品的提供，科学家组织和其他一些非政府组织在环境、气候、能源等领域的治理主张和原则代表了全球公共利益。科学家组织在参与国际制度建设的过程中具有的合法性不是来源于国家人民授权，而是非政府组织所具有的独立性和科学家职业的诚信度。科学家组织往往比政府官员更具有创造性，也没有迎合特定国家利益和特定群体利益的负担。科学家组织可以更加自由地思考人类整体面临的挑战，采纳世界性的立场，而不用理会那些有局限性的国家利益。以科学家的发现为支撑的"非政府组织和公民社会并不是一种公共权力机关，它只是模拟了一个应当由世界政府扮演的全球公共利益代言人的角色，我们可以称其为模拟的公域"。① 科学家组织和个人在这些领域发挥作用，也指示着未来全球治理的发展方向。

科学家依靠专业优势和在公众中的道德形象和可信度，占据着知识和道德两个高地，其影响力也是无法替代的。科学家组织可以有效地启发民智，并依照专业特点提出技术治理的方案。科学家组织具有政府所不具有的信息来源，科学家提供的事实、理论、观念、模型、因果关系和政策选择具有客观性和科学性。科学家的专业知识和训练是作出明智决策的基础。由于环境、生态等全球性问题的专业性和复杂性，决策者进行决策的时候不得不求助于相关专家。科学家组织参与决策能够提高政策酝酿过程的质量，使政策选择能被广泛认同。科学家所要努力的是保证能及时提供准确的信息，提供社会和决策者当时所需要的信息。

学术界在解释科学家在环境和生态领域治理中的作用时，使用了"认知共同体"（epistemic communities）这一术语。John G. Ruggie 最早把认知共同体概念引入国际关系研究。② 彼得·哈斯（Peter M. Haas）对认知共同体进行了更为深入的研究。根据哈斯阐述，认知共同体"指的是一个由某一特定领域有公认的专长和能

---

① 刘贞晔："非政府组织、全球社团革命与全球公民社会的兴起"，载于黄志雄主编：《国际法视角下的非政府组织：趋势、影响与回应》，中国政府大学出版社，2012 年版，第 35 页。

② John G. Ruggie, International Responses to Technology: Concept s and Trends, in International Organization, Vol. 29, Issue. 3, J une 1975, pp. 557 - 583.

力、具有该领域政策上的知识权威所组成的专家网络"。① 虽然一个
"认知共同体"的成员来自不同学科、不同背景，但他们分享着一
套共同的信念、规范和原则，这也是认知共同体开展社会活动的意
识形态和价值基础；他们对某一领域核心问题的因果关系的知识体
系有着来自科学实践的共同的认知，这能够帮助他们建立起政策行
为和期待中的治理结果之间的联系；他们对相关专业领域知识的重
要性和价值标准具有共同理念；而且他们有共同的政策计划和专业
指导下的一系列最佳实践，他们深信这些以专业指导的最佳实践一
定会增进人类的福祉。② 作为"认知共同体"的科学家组织成员往
往都有多学科合作的经验，不受某一特定学科的限制，这为科学家
组织从容面对各种挑战，为决策者提供综合有效的治理方案奠定了
基础。科学实践的训练和超越私利追求真理的道德水平，使得科学
家组织区别于其他治理行为体。

　　从历史的发展角度看，科学家组织的崛起是对资本主义经济控
制和利用技术的局面的重大修正。"技术的选择不是在孤立状态中
进行的，它们受制于形成主导世界观的文化与社会制度"。③ "哪里
有现代技术破坏了地球，此技术必定是受功利性世界观和资本主义
经济的物欲至上价值观所驾驭。假如要让技术去修复地球，这种技
术必须重新构建，而且必须按照从根本上尊崇自然和人类社群的宽
泛价值观来构建"。技术是工具，技术在治理中的作用，需要推动
决定技术发展方向的社会动力的转变。科学家不仅要发现问题的因

---

① Ernst B. Haas, When Knowledge is Power: Three Models of Change in International Organizations, Berkeley: University of California Press, 1990; Peter M. Haas & Ernst B. Haas, Learning to Learn: Improving International Governance, in Global Governance, Vol. 1, Issue. 3, Autumn 1995, 2552285.

② 孙凯，"认知共同体与全球环境治理"，《中国海洋大学学报》（社会科学版）2010 年第 1 期，第 125 页。

③ ［美］丹尼尔·A. 科尔曼著，梅俊杰译：《生态政治：建设一个绿色社会》，上海译文出版社，2006 年版，第 26 页。

果关系，发明必要的治理工具，更要从一开始创造新的世界观和治理理念。科学家将发明治理技术与保护环境的生态主义运动的结合，使得技术开始发生转变。

（二）科学家组织在北极治理中的活动方式

在北极治理过程中，我们看到许多科学家组织在国际舞台上积极活动的身影。科学家组织在现实国际社会中有多种组成形式：其一是作为国际组织的专家委员会或专家工作组，如国际海事组织中的海洋污染科学专家组、联合国气候变化专门委员会（IPCC）下属四个工作组、北极理事会下属的工作组（如可持续发展工作组、检测与评估计划工作组、海洋环境保护工作组、动植物保护工作组、污染物行动计划工作组等）；其二是政府间的科学合作组织，如国际北极科学委员会（IASC）、北太平洋海洋科学组织（The North Pacific Marine Science Organization, PICES）；其三是国家政府资助的科学团体，如冰岛研究中心（RANNIS）、中国极地研究中心（PRIC）、韩国极地研究所（KOPRI）；其四是国际非政府组织的专家团队，如世界自然基金会的科学专家组（WWF Global Arctic Programme）；其五是独立的国际科学家组织，如北冰洋科学委员会（The Arctic Ocean Science Board, AOSB）、国际极地基金会（International Polar Foundation, IPF）、北极治理项目组织（The Arctic Governance Project, AGP）等。

从他们的工作中可以看出，生态与环境保护和发展是科学家组织参与北极治理的最主要的领域。他们在重要治理领域，与政策和社会的关系主要表现为：为国家政府的治理制度和治理行为提供智力支撑；为政府间国际组织提供科学依据和技术层面的工具；为非政府组织的环境保护和生态保护提供科学支撑；当其独立行为时，往往会提出与政府和政府间国际组织相竞争的治理方案。① 科学家组织的主要活动方式可以概括如下：

1. 披露新发现、倡导新知识、树立新观念，通过舆论为建立治理机制和制度汇聚民间动力，形成治理的意识形态。许多科学家组织策划出版宣传手册和专题报告，兴办网站、举办会议、制作影视节目、对青少年进行科普和治理观念教育，或直接接受媒体访问，加深人们对北极变化、环境问题和风险的认识。

2. 提出政策主张和治理方案，通过政策游说和信息提供提高主张和方案的接受度。科学家组织和个人在掌握信息方面具有独特的优势，特别是环境、海洋、生态、气候等方面的专业知识。这些知识在政策主张上对国家政府构成了竞争性，因此有的时候国家政府和国际组织并不是主动接受这些信息和相关的政策主张，这个时候科学家组织会与一些非政府组织结合，以各种方式宣导其治理主张，甚至在政府间国际组织会议期间举办平行会议，吸引媒体和公众，使国家政府和政府间国际组织形成依赖，迫使其改变某些日程、立场和制度。

3. 促进国际治理机制和国际法律制度的形成，并监督各国政府和国际组织的行为。有些科学家组织甚至帮助起草相关国际制度关键的最初版本，一些国际治理公约正式版本的附件大多是具有科学技术专业人士帮助起草修订的。许多国际组织都在制度安排上给予科学家组织提供政策建议的渠道和场所，并保证这些咨询意见能够得到应有的反馈。

4. 参与政府间国际组织中的工作组活动，实际从事国际救助和国际协调工作，帮助国际组织完成具体的治理协调任务，这样可以保证国际组织的资源投入更加符合科学家组织的意识形态。

---

① 刘贞晔："非政府组织、全球社团革命与全球公民社会的兴起"，载于黄志雄主编：《国际法视角下的非政府组织：趋势、影响与回应》，中国政法大学出版社，2012年版，第20—24页。

5. 作为专业智库和咨询伙伴的非政府组织。科学家组织提供了所需要的专业技能，提供了可靠治理的技术路径和技术工具，科学家的政策建议和技术方案加强了国际决策的合法性和有效性，使国家政府和政府间国际组织的政策变成更加有效的、可见的政绩，而且科学家提出的基于事实的政策（evidence-based policy）和基于技术有效性分析的方案，也提升了公众对环境维护成本支付的意愿。

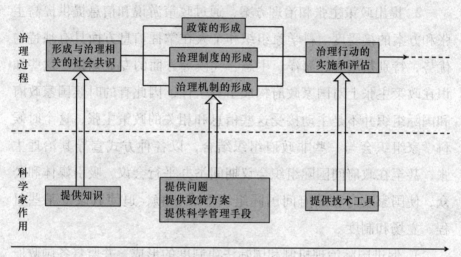

图 9 - 2   科学家组织参与治理的主要作用图

北极在各个领域的治理总体上包括三个阶段：第一阶段是社会共识阶段，在这一阶段，要形成与正确政策相关的意识形态和价值观；第二阶段主要包括治理制度的形成、治理机构的形成和政策的形成；第三阶段主要是治理行动的实施和评估。（见图 9 - 2）我们从北极治理的主要活动来看科学家组织在治理的每个环节中的功能反映出"从知识到行动"的过程。在形成社会共识的第一阶段，科学家主要任务是提供事实发现和科学解释以及解决这些新问题的知识体系；在治理制度、机构、政策形成的第二阶段，科学家的主要任务是提供问题的领域分类、提供政策和机制方案、提供科学管理手段；在治理行动的实施和评估的第三阶段，科学家主要是提供相应的技术工具和方法。

北极治理中的三大问题都包含着科学家组织的重要贡献：其一是治理问题的提出；其二是治理议程的设定；其三是治理制度变迁。在北极治理最关键的气候变化这个问题上，科学家及其科学家组织的参与规模和程度是其他许多议题所不可比拟的。没有来自科学界的声音，气候变化议题根本无法进入国际政治话语。[①] 可以想象，在当今世界各种政治安全问题、经济问题和社会问题层出不穷，气候变化问题如果没有科学界的强烈呼吁和影响，很难在诸多问题中脱颖而出，并引发公众和政治决策者的高度关注。[②] 在议程设定中，科学家组织，特别是那些作为政府间国际组织的工作组在治理日程设定中的职能十分显著。政府代表往往只能以科学家组织报告中的方案和时间表为基础进行讨论，并从政治资源投入的角度进行时间进度和程度的调整。

北极治理制度相对于日益增长的人类活动来说存在着严重滞后的问题，这种状况必然会导致治理制度的跟进和变迁。在这个制度变迁过程中，科学家及其他们所掌握的科学知识对北极治理制度的发展方向起着重要的作用。新的知识体系一旦得到社会广泛认可，就会激发社会治理制度的重新安排。某一特定领域科学发现和知识普及可以起到动员社会的作用，从而降低制度变迁的成本。正如戴维·赫尔德和安东尼·麦克格鲁所言："现有知识积累限制了制度创新可供选择的范围，而知识存量的增加有助于提高人们发现制度不均衡进而产生改变这种状况的能力。更重要的是，在一个社会中

① Sonja Boehmer Christiansen, "Britain and the International Panel on Climate Change: The Impacts of Scientific Advice on Global Warming Part I: Integrated Policy Analysis and the Global Dimension," Environmental Politics, 4: 1 (1995), p. 1.

② 罗辉，"国际非政府组织在全球气候变化治理中的影响——基于认知共同体路径的分析"，《国际关系研究》2013 年第 2 期，第 55 页。

占统治地位的知识体系一旦产生，它就会激发和加速该社会政治经济制度的重新安排。知识的积累和教育体制的发展促进了知识和技术的广泛传播，以及与工商业和政府机构的发展密切相关的统计资料储备的增长，从而在很大程度上减少了与制度创新相联系的成本。因此鼓励科学研究以及对外交流学习，加强知识存量的积累，就能增加制度的进取能力，促进制度变迁。"①

以下我们以北极治理中被广泛使用的适应力知识体系为例，来说明科学家及其知识体系的建立对治理的独到作用。适应力（resilience）的概念最早是由加拿大生物学家克劳福德·斯坦利·霍林（Crawford Stanley Holling）于1973年提出的。霍林用它来描述自然生态系统面临由自然引发的或人为导致的生态系统变量变化时所呈现出的持久力。适应力指的是社会—生态系统所具备的应对干扰和恢复的能力，系统借此来维持其核心功能和存在。适应力概念是基于人类社会与生态系统相互交织、相互依赖而存在的。

霍林教授1999年从佛罗里达大学退休后，他将一系列重要概念引入了生态和进化的理论应用，这些概念包括了适应力、适应性管理、系统转型等，理论的系统性和可应用性更加显著。他创办了生态与社会杂志（Ecology and Society）和全新的国际科学网络组织——"适应力联盟"（the Resilience Alliance）。适应力联盟是一个研究组织，它包括了多领域科学家和实践者的合作，旨在开发社会—生态系统的动力，通过适应力的研究发展出可持续的政策和操作实践。因其在生态领域开创性的贡献，特别是其在生态动力学、适应力理论和生态经济学理论方面的贡献，霍林教授获得了国际社会超越学术界的广泛尊重。

这一理论很快就被应用到北极治理当中。无论是非政府组织还

---

① 戴维·赫尔德、安东尼·麦克格鲁：《治理全球化：权力、权威与全球治理》，社会科学文献出版社，2004年版，第6页、第188页。

是北极重要的治理平台——北极理事会都开始应用适应力理论来开展其治理活动并依此来制定治理制度。世界自然基金会全球北极项目负责人表示，世界自然基金会采用"基于适应力的生态系统的治理方法"来建立适用于北极航运、渔业和油气开采活动的最佳实践，进而提升治理水平。①

2011年11月的北极理事会高官会议决定由斯德哥尔摩环境研究所与斯德哥尔摩适应力中心共同开展北极适应性研究并形成《北极适应力报告》（the Arctic resilience report）。这份报告的目的是要，（1）辨析可能影响到北极人类福利的生态系统灾难和重大变迁的潜在因素；（2）分析各种产生变化的驱动因素之间互动的方式及其对生态系统和在地人口耐受变化、适应变化和转型的能力进行研究；（3）帮助拟定和评估应对变化的适应措施和转型战略。报告对决策者提出了一系列提示和建议。报告认为："科学家已经观测到北极环境剧烈的变化，这些变化存在着跨越环境变化门槛的风险，会对未来发展的选择产生长期后果；而且北极的变化具有全球影响，对世界各地的生态、社会和发展的选项都有潜在影响；北极治理需要对社会和生态系统之间的联系进行跨领域评估，需要对变化越过不可回复的门槛的风险进行评估，需要针对应对能力的建设进行评估。而适应力框架为这些评估提供了一个整体性的方法；北极的变化具有突然性，北极治理战略应包括适应战略，必要时还需要转型战略，这些战略应当具备对应性、灵活性和广泛适应性；北极治理存在着多种利益关系和任务优先选择的差异和冲突，适应力方法可以帮助建立一系列复杂且相关联的治理程序，促进有效决策。"② 北极理事会在多个项目中采取了适应力的理论和方法，如北极生物多

① Alexander Shestakov," Panda at the pole-WWF's vision of future work with the Arctic Council", WWF Global Arctic Programme, The Circle, 2. 2011, pp. 26 – 27.

② Arctic Council, Arctic Resilience Interim Report 2013, Stockholm Environment Institute and Stockholm Resilience Center, Stockholm, 2013, p. IX.

样性评估工作、北冰洋酸化评估以及基于生态管理专家组的项目都大量采用了这一方法。

适应力理论框架在多个层面和环节指导北极治理，而北极治理的实践也可以检验和丰富这些理论。各种领域的个案研究以及适应力管理方法的应用，进一步发展出指导生态治理的原则和指南，帮助科学家以外的人群和组织运用人与自然互动系统适应力方法，形成政策和管理工具来支撑北极的可持续发展。

总而言之，在北极治理中，科学家及其科学家组织的作用十分显著。有学者言道，科学家组织是真正的 NGO，这里的 NGO 不是指非政府组织而是指"对治理而言不可缺少的组织"——Necessary to Governance Organizations。[①] 科学家组织社会功能的发挥，能够在科学技术成果和政策之间、在各国政府之间、在学界与政府及社会之间、在政府和非政府组织之间架起一个有助于通往有效治理的桥梁。科学家组织在当地国、区域和全球层面推动国际社会利益和在地责任的可实现方案，在具体领域治理的同时，建立其全球的规范和道德。科学家组织从制度建设、政策制定、方案实施和监测管理多个环节的全程参与，使自身成为北极治理的重要组织者。

第三节　企业与北极治理

气候变化和北极治理的同步发展，给全球企业带来重大发展机遇，也带来巨大挑战。北极治理的主要矛盾就是经济开发与生态环境保护之间的矛盾，以及人类经济活动增加与治理制度滞后之间的矛盾。北极大量的石油和天然气储量，以及北极航道开发利用的前

---

① Steve Charnovitz："非政府组织与国际法"，载于黄志雄主编：《国际法视角下的非政府组织：趋势、影响与回应》，中国政法大学出版社，2012 年版，第 46 页。

景都吸引着能源、航运等业界的企业在北极进行大规模投资前的布局和准备。与此同时，北极脆弱的环境和生态也迫使这些企业谨慎对待开发，开始进行开发前的技术更新和技术标准制定。跨国公司的逐利性使之成为国际治理体系，特别是环境治理体系中重要的被制约对象，要求其承担社会责任和环境责任，同时跨国公司的技术能力和资本也使之成为不可忽略的治理行为体。本节主要从环境保护、社会责任等角度来分析跨国公司和北极治理的关系。

一、应对气候变化和保护环境是企业的重要责任

企业作为一个经济组织，通常将追究利益最大化作为首要目标。现代企业制度要求必须将社会责任和追求利润相结合。[1] 如果只讲经济效益，不讲社会责任；只讲商品的发展，不讲人的发展；只讲近期利益，不讲远期利益；只讲生产成本，不讲环境资源代价，就会导致企业的行为失范，社会制度的制约和法律惩罚会使那些不讲生产安全和环境保护的企业走向衰退。

企业在北极开发过程中必须遵守企业社会责任，企业社会责任（CSR）中企业的环境责任（EROCC）越来越成为各国企业发展必须关注的问题。当前的社会责任主要和环保有关。20 世纪中叶，雷切尔·卡逊女士《寂静的春天》和罗马俱乐部《增长的极限》等著作的发表反映了人类环境保护意识的猛然升华。从美国到欧洲，从北方到南方，从太空到海洋，无不闪现着环保主义印迹。从社会治理角度看，各国环保部的设立以及一些国家"绿党"的诞生都使全球企业认识到环境保护能力已经成为一个企业竞争和生存的基础。围绕企业的环境责任的准则和契约不断地在全球延展，其中包括：

---

① 周中之、高惠珠著：《经济伦理学》，华东师范大学出版社，2002 年版，第 187 页。

《环境责任经济联盟原则（CERES）》、联合国全球契约（UNGC）、《OECD 跨国公司行为准则》（2000 年修订版）、SAI（SA8000）与企业社会责任、ISO 与企业社会责任（ISO14000，ISO26000）等。

企业对利润是敏感的，对于环境制度的制约也是敏感的。现在具有一定规模的企业都十分清楚，今后任何一种大的经济机会一定与环境保护和生态保护相关联，一定是那些具有先进的环境保护和生态保护能力的企业能获得这些经济机会。一定的制度环境会导引企业的发展，会改变它们对于环境保护的认识和态度。

P. 普拉利在其《商业伦理》一书中提出，企业必须承担三种责任：其一是对消费者的关心，包括功能齐全、产品安全和使用便利等；其二是对环境的关心；其三是对最低工作条件和生产者安全的关心。① 联系到北极治理，对环境的责任主要体现在减少资源消耗（输入导向的环境保护）、限制有害物质污染环境（输出导向的环境保护），从企业内部要建立处理废物的规范和标准，设计和采用低排放和低倾倒的设备，实现物资的再循环利用，以及设备由安装到拆除的过程管理等。同时要确保生产人员在极地冰区的生产安全和救护保障，提供必要的、能应用于极地寒冷条件下的工具设备。

看一个企业或一个行业是否主动承担责任并参与治理，主要考察其以下几个方面的工作：其一是如何面对社会压力。正向的反应应当是承认该负起的社会责任，积极与企业外部团体充分沟通，随时向社会提供有关信息，接受社会对企业的评估；其二是参与各种立法和标准的制定。积极参与有关环境保护法规的制定，不追求符合企业特殊利益的法律规定，企业与立法机构和行业管理机构保持坦诚的合作；其三，在企业内部建立起遵守道德伦理的企业文化，

---

① P. 普拉利著，洪成文等译：《商业伦理》，中信出版社，1999 年 2 月版。

致力于完善现行的技术标准，对不安全的和非环保的设备进行改造，在没有法律明确规定的前提下仍愿意承担赔偿污染受害者的道义责任。[1]

　　企业除了在社会上对治理体现责任外，其对治理更实际的贡献是在企业内部的生产过程产生的。企业追逐利益是企业发展的驱动力，构成一个具体社会的经济秩序和企业的经济秩序除了经济考虑外，相关的国际法律和国内法律以及社会中主流伦理道德和社会舆论是非常重要的社会压力。这些制度制约和社会压力结合企业的利润核算，会作用于企业的管理过程和生产过程，使生产和管理过程与治理的目标趋同。这个过程会在企业的实践中产生技术改造和新的更加严格的管理制度和技术标准。（如图9－3所示）在北极地区进行经营的企业，通过这些管理制度、技术标准的运用，通过技术改造使生产活动更加环保和生态友好。这些经过多年的实践形成的制度、技术和标准还可以对其他进入北极的企业形成示范。

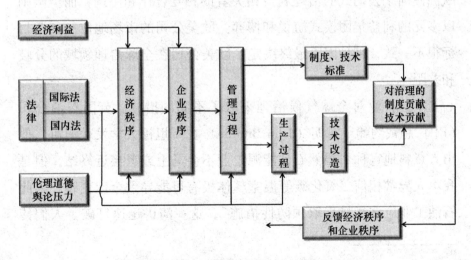

图9－3　企业内部治理制度和技术形成过程图

---

①　周中之、高惠珠著：《经济伦理学》，华东师范大学出版社，2002年版，第201页。

卢丹（Sarianna M. Lundan）等认为跨国企业在全球环境治理中的态度和政策并不仅仅决定于其本身的资源禀赋，因为一些污染型企业也出现了环境投资的情况。卢丹认为跨国公司由于在全球范围内生产和活动，除了面对国内和国际的消费者还要面对国内和国际的环境管制以及 WTO、联合国和京都议定书等国际机制，也就是说市场、政府、非政府组织以及国际组织等这些外在的力量非常可能加剧跨国公司在环境问题上态度的分裂①。当然还有别的学者从公司内部治理结构和公司本身特点叙述了跨国公司的环境战略，跨国公司为对股东和利益相关者负责，通过环境倡议和环境投资在公众中树立良好形象，降低政府管制风险的同时取得竞争优势②。李维和纽维尔（Levy and Newell）则认为欧美对全球治理的看法、相关国家政策的制定过程以及大西洋两岸公司的市场地位也是有差异的，欧洲人更关注代际公平、环境和经济发展的和谐，而美国更关注环境与发展的博弈。欧美之间的政治制度设计也存在巨大差异，欧洲倾向于公司式的治理利益相关者的相互合作和协调，而美国则以多元的利益集团模式游说和博弈。欧美公司的市场地位和利益目标很不一致，种种因素最终决定了欧美公司在全球治理领域的分歧和差距③。

不同企业对全球气候治理采取了不同的措施。英国石油公司（BP）总裁约翰·布朗（John Browne）在斯坦福大学发表演讲，他出人意料地宣称"虽然石油能源工业不会马上或者接近终结，但是我本人异常相信二氧化碳等温室气体极有可能导致全球变暖，因此石油工业应该尽早采取预防性措施"，这一演讲迅速打破了人们传

---

① Sarianna M. Lundan, "Multinationals, Environment and global competition", *Oxford*: *Elsevier*, 2004, pp. 1 – 22.

② Tove Malmqvist, "Climate change: Can oil companies move beyond petroleum", *University of Toronto*, *MA thesis*, 2003.

③ David L. Levy and Peter Newell, "oceans apart", *Environment*, November 2000, pp. 8 – 20.

统上理解的能源公司是温室气派减排政策的坚定反对者这一形象①。布朗明确而坚定地把自己所领导的公司与全球变暖联系起来，说明石油能源公司对全球气候变暖适应有了新的模式，即开始承认自己的生产经营活动或者产品排放的二氧化碳有可能导致气候变化，BP公司因此赢得了"石油工业的反叛者"称号②，《经济学家》杂志也称"布朗的这一举动颠覆了与其他石油公司老板的联合阵线"③。很快 BP 便将所谓的"预防性的措施"落实到行动，除明确表示《京都议定书》的正确性和必要性外，还切实根据《京都议定书》的安排公布了自己 1990 年基准线、2010 年减排 10% 的方案并在公司内部分配减排额。此外 BP 还明确表示自己支持限额—排放权交易机制，在欧盟框架下积极实践碳减排。2004 年布朗在《外交事务》杂志上称，虽然全球变暖的科学性没有得到完全的证实，《京都议定书》也存在着重大缺陷，政府也没有形成应有的激励机制，但商业团体仍然应该为减排方面任何一个微小的进步而努力④。埃克森美孚（ExxsonMobile）石油公司认为全球变暖虽然千真万确，但是并没有严格确凿的证据证明我们目前对气候理解的能力已经到了可以制定政策的地步，而《京都议定书》对美国减排义务的安排将会使得所有的能源供应停顿，因此埃克森认为除非发展中国家也参与到减排的努力中，否则即使全球变暖是一个科学的事实，京都机制的安排也不是有效的和合理的⑤。埃克森不但在言词上对京都机制表示了强烈反对，还通过实际行动落实自己的主张。近些年来随着 IPCC 报告的陆续出台和来自环保组织压力的逐渐增大，埃克

① Ian H Rowlands，"Beauty and the beast？BP's and Exxon's positions on global climate change"，*Environment and planning C*：*government and policy*，volume18，2000，pp. 339－354.

② Mark Schrope，"A change of climate for big oil"，*Nature*，（31 May 2001）：pp. 516－518.

③ *The economist*，1997，p. 102.

④ John Browne，"Beyond Kyoto"，*Foreign Affairs*，July/August，2004.

⑤ Ian H Rowlands，"Beauty and the beast？BP's and Exxon's positions on global climate change"，*Environment and planning C*：*government and policy*，volume18，2000，pp. 339—354.

森的立场似乎有点松动，他们认为温室气体的排放可能导致了全球
变暖一定程度上是可靠的[①]。企业在赢利和承担气候责任之间有分
歧也有徘徊，但企业和消费者都是控制温室气体减排的主体：消费
者改变消费方式，可以帮助减少温室气体和碳排放；企业则通过生
产过程中的设备改良和清洁能源的使用，实现减少碳排放的目标，
对气候治理做出贡献。

二、企业与北极环境保护

《北极环境保护战略》是北极国家之间一项联合行动计划，
1991年在芬兰罗瓦涅米召开的第一届保护北极环境部长会议上作为
宣言通过。在这项联合计划中，北极八国要合作进行科学研究以确
定污染源、污染途径以及污染的影响。优先治理的污染为难降解有
机物污染物、石油、重金属、放射性以及酸性引起的污染。另外还
包括特殊关照传统的和文化的需求、当地居民与原住民的价值观和
习惯等。如果说1991年的北极环境治理主要针对的是冷战期间遗留
的军事工业和其他工业活动造成的污染问题，而今天北极环境治理
主要针对的是日益增多的北极经济活动，特别是北极能源开发和航
运开发造成的石油污染。北极环境保护战略以及后来发展出来的北
极理事会相关环境保护机制对于在北极开展经济活动的企业来说就
是一种制度的压力。

美国地质调查局2008年发布的报告显示，北极圈北部地区蕴藏
世界上13%的未开采石油储量和30%的未开采天然气储量。[②] 全球

---

① Jeffrey Ball, "Exxon Mobil softens its climate-change stance", *The Wall Street Journal Thursday*, January 11, 2007.

② Sidortsov·Roman, "Measuring our investment in the carbon status quo: Case study of new oil development in the Russian Arctic", *Vermont Journal of Environmental Law*, Vol. 13 Issue 4 (Summer 2012), pp. 613 – 649.

主要的石油公司已开始在相关区域进行探险考察，准备开展其所期望的卓有成效的石油和天然气生产的活动。埃克森美孚公司是世界领先的石油和化工公司，总部设在美国得克萨斯州欧文市。作为全球最大的、最成功的上下游一体化的能源及化石公司之一，埃克森美孚 2013 年 1 月宣布，该公司将对加拿大东北部海岸附近的希伯伦油田项目投资 140 亿美元，并希望该项目的开采量能超过 7 亿桶。埃克森美孚 2012 年也和俄罗斯签署了一项协议，希望在冰层覆盖的喀拉海域寻找油气资源。英国凯恩能源公司，已开始在格陵兰外海的四座测试井钻探油气；"壳牌"投资二十多亿美元，开始在阿拉斯加北方波福海、楚科奇海探勘。俄罗斯企业一直是大力开发北极资源的推动者。俄罗斯石油公司也和埃克森美孚、埃尼公司和挪威国家石油公司签署了一系列北极勘探协议。这些都让北极油气资源争夺战更加激烈。

剑桥能源咨询公司的莱斯利·布林克尔称，"在北极寻找能源是一项有风险的任务。开发公司正向未知的、颇具考验的勘探水域前进"。绿色和平组织以非暴力的激烈行动不断阻止逐渐推进的北极资源开发和航道开发活动。这些对企业形成了巨大的社会压力。

面对制度压力和社会压力，大多数的大型企业还是积极回应，认真面对，从技术和管理上去寻找企业利益和环境生态保护的平衡点。2013 年俄罗斯国有石油公司与埃克森美孚公司发表了一项在俄罗斯北极勘探油气过程中保护环境和生物多样性的宣言。由俄罗斯石油公司总裁伊戈尔·谢钦和埃克森美孚公司的总裁雷克斯·蒂勒森签署的宣言指出，俄罗斯石油公司及其合作伙伴在石油和天然气的勘探和开发过程中提出相关措施，确保对北极环境和生态系统的保护[1]。俄罗斯天然气工业股份公司和俄罗斯石油公司（Rosneft），

---

① Rosneft, "Exxon sign environmental protection declaration for Arctic shelf development", *Interfax: Russia & CIS Business and Financial Newswire*, December 12, 2012.

正通过技术改造和企业管理使其生产更加符合高水准的国家和国际标准①。法国能源公司道达尔（Total）在北极资源开发中采取了负责任的态度。②道达尔的执行长马吉瑞指出，能源公司应完全避免在北极区钻探原油，至少就目前而言，因为若北极区发生漏油，在冰冻而危险的海域将极难清理。"在这样的环境敏感地区，石油泄漏的风险实在太高。格陵兰岛的石油泄露将是一场灾难，这样的泄漏会给公司形象造成太大的损害"。

企业在航运和油气开发领域参与治理的贡献主要体现在，它们拥有在北极地区操作的经验，他们也将是北极治理制度的执行者。在知识和经验方面工业界都胜过政府。人们所获得的相关实际操作的信息时，企业的自身技术的完善和操作规程的严格化都对北极经济活动的治理产生最直接的影响。这也是北极治理需要企业这个利益攸关方参与的重要原因。冰岛总统格里姆松在2013年10月"北极圈"论坛的开幕式上表示，尽管《搜索与营救协议》和《北极石油污染协议》是很值得注意的，但是很重要的是要意识到在发展中缺少私营部门的参与会损害这些协议的可行性，因为企业可能比沿岸政府掌握更多的资源。③企业在应对这些紧急情况时拥有更多可使用的设备，它们也最有能力和资金来准备这些应急设备。

私营部门在围绕治理的技术标准制定上具有难以替代的作用。根据经验和治理的总体要求，制定出在冰封环境下的操作程序和技术标准，并将这些标准有效地应用到开发的实践中。大型企业往往是一个开发项目的总包，它必须制定标准并加强监督来迫使那些没有知识和经验的分包商的行为符合环境标准，不会造成环境灾难和

---

① Rosneft，Exxon sign environmental protection declaration for Arctic shelf development 2012 年 12 月 7 日 18：42Interfax：Russia & CIS Business and Financial Newswire.

② Total warns against drilling for offshore oil in Arctic over fears of damaging environment-falseChazan，Guy. Irish Times［Dublin］26 Sep 2012：3.

③ http：//english. forseti. is/media/PDF/2013_ 10_ 12_ Arctic_ Circle_ opening. pdf.

生产安全事故，保证项目不会造成企业的经济损失和名誉损失。壳牌公司根据 2012 年夏在楚科奇海的经历建立了完善的管理系统，来指导、监控和评估承包商的活动。

企业另一种贡献方式，就是通过行业协会参与到北极治理制度的建设过程中。在国际海事组织关于极地冰区航行的规则讨论中，相关的行业协会积极参与其中并发挥作用。如在解决极地冰区航行需要足够大的主机功率和保持一定水平的能效设计指数的矛盾过程中，由国际船级社协会（International Association of Classification Societies，简称 IACS）提出的最大主机功率要求，涉及非强制性，也得到广泛支持。代表超过世界上 80% 商业船队的国际航运公会（international Chamber of Shipping，简称 ICS）关于船舶冰级划分就成为国际海事组织对在极地航行的船舶进行分类的技术依据。

第十章

中国参与北极治理的政策定位与实践

北极地区海冰的快速融化使北极航道开发前景日益明朗，也使得北极资源开采的可能性和便利性大大增加。气候变化造成的北极海冰快速融化促使全球气候进一步恶化，北极环境和生态的压力也由此增大。以上两方面的变化对于处于北半球并靠近北极地区的中国都将产生影响。对于中国这个成长中的世界重要经济体来说，北极航道开通是否会改变全球贸易和航运格局并促进北极经济增长带的产生，具有很大的不确定性；北极气候变化在未来几十年的时间里，将对中国人民的生活和生产活动产生什么样的影响，同样具有很大的不确定性。这两方面的不确定性促使中国政府、学界和业界认真了解北极，积极应对北极的变化，以合理合法的方式加强与北极国家的科技合作和经济合作，积极参与北极的环境治理和其他领域的治理。

第一节　北极环境治理需要跨区域国际合作

北极资源和航道的开发将给世界经济带来益处，但人类在北极商业活动的增加会导致脆弱的北极自然生态环境恶化，并给该地区原住民的传统社会生态带来风险，会给人类后代带来巨大的社会成本。北冰洋航道一旦发生油船泄漏等污染事件，对海洋生态环境将造成无以复加的破坏。石油污染过的海冰难以清除，污染将威胁以大块浮冰为依托的海象、海豹和北极熊的生存。北极的法律制度越来越集中于环境和生态的保护，相关立法的指向不在于鼓励投资，而在于减少开发利用过程中对环境的破坏。近年来围绕着生物多样性保护、气候变化应对、污染控制、濒危动物保护、核污染治理等方面，国际社会从全球层面和区域层面制定了各种保护性的法律，一些北极国家也通过国内立法来强化环境保护。1991 年 6 月北极地区国家签署了《保护北极环境宣言》，并通过了共同的《北极环境保护战略》。1996 年北极国家又通过了《北极环境保护和可持续发展宣言》。北极理事会所罗列的重要工作包括协调相关国家在气候、环境、污染物处理、生态保护等领域的行动。此外，《国际防止船舶造成污染公约》（MARPOL 公约）、《关于对油污染的预防、应对和合作的国际公约》（OPRC 条约）等重要的环保公约，也适用于北极地区。

《联合国海洋法公约》第十二部分制定了保护海洋环境、防治和减轻海洋环境污染等行为准则。公约的第 234 条关于冰封区域做出了专门规定："沿海国有权制定和执行非歧视的法律和规章，以防止、减少和控制船只在专属经济区范围内冰封区域对海洋的污染。这种法律和规章应当适当顾及航行和以现有最可靠的科学证据为基础对海洋环境的保护和保全。""冰封区域"是极地环境保护的一个特定概念。这一个概念的确立是为了防止冰封地区海洋污染可能对生态平衡造成重大损失或无可挽救的扰乱，也防止冰封区域对航行造成危险。俄罗斯和加拿大等国以此为据，制定了关于北极海域船舶污染的国内法。这些法律既有符合整体环保的一方面，也有扩大自身权力和利益的考虑。

北极事务并不仅限于北极国家参加的事务，它具有广泛的国际性。在全球化时代，北极地区的航道利用、资源开发所影响的范围远超出北极地区；而应对气候变化、保护北极环境更是国际社会共同的责任。因此，北极事务需要北极国家和非北极国家的共同参与，北极地区之外的国家在北极地区存在合理的利益，同时肩负共同治理北极的责任。为了遏制灾难性的气候和环境的变化，人类社会不仅要调整已经习惯的生产方式和生活方式，同时要投入技术、资金和人力去防止状况严重恶化。北极治理是一个需要大量公共产品的人类治理活动，仅靠北极国家不可能完成这一任务。它需要世界各种有能力的行为体为此做出贡献，一些域外大国和新兴经济体的作用应当得到重视。

北极集中了太多的全球挑战和全球关注。全球化促进了全球相互依赖和经济要素的国际流动，北极地区资源和航道的开发利用会使物资、资金、人员跨越国界的流动成倍增加。这就需要所有利益攸关方围绕各种行为体在国际领域的各种活动订立共同行为准则、协议、法律等。北极域外国家在北极事务中具有航道使用者、资源产品购买者、环境影响者等多重身份，也是不可排除的参与者。

2013 年 5 月在瑞典基律纳召开的部长会议上，北极理事会通过了接纳中国、韩国、日本、意大利、新加坡、印度等国成为正式观察员国的申请。这次会议最重要的突破就是北极治理进一步纳入了域内外国家的互动关系。会议通过的基律纳宣言对域外国家成为正式观察员表示了欢迎。① 理事会发布的观察员手册明言："北极理事会所有层级的决定权是北极八国的排他性权利和责任，永久参与者可以参与其中。所有决定均基于北极国家达成的共识。观察员的基本作用就是观察理事会的工作。同时，理事会鼓励观察员继续通过

---

① The Eighth Ministerial Meeting of the Arctic Council," Sweden Kiruna Declaration", MM08 – 15, Kiruna, Sweden, May 2013.

参与工作组层面的事务来做出相关贡献。"① 这种接纳方式明显是在限制域外国家参与领域治理的决策过程，同时鼓励域外国家对科学技术、信息和知识分享、环境保护和监测、基础设施和资金投入方面做出贡献。中国作为一个新兴经济大国，应当积极参与北极事务，承担相应责任，和相关国家一起进一步认识北极，保护北极的环境和生态，在北极实现可持续发展。

第二节　北极航运开通的前景影响中国

一、航道利用是北极经济活动的集中体现

在很多关于北极经济资源的分析文献中，航道资源是和油气资源、矿藏资源、渔业资源、旅游资源等相提并论的。② 然而仔细考虑不难发现，在北极无论是捕鱼、采矿、运输、旅游还是进行科学考察，几乎所有的活动都离不开海上航行。因此，航道利用是北极经济开发活动的集中体现。深入考察北极航运和航道利用中蕴含的机会和遇到的问题，能帮助我们完整认识北极资源开发和环境保护的相互关系，以及如何在技术创新和有效治理的前提下，实现经济的适度发展。

北极航运已经有很长的历史，但许多世纪以来北极的航运主要集中于与北大西洋相连接的北冰洋海域和巴伦支海海域。北极航运

---

① Arctic Council, "Observer Manual For Subsidiary Bodies", Document of Kiruna-ministerial-meeting, 2013. http://www.arctic-council.org/index.php/en/document-archive/category/425 - main-documents-from-kiruna-ministerial-meeting#.

② 参见曲探宙等编：《北极问题研究》，海洋出版社，2011 年版；欧盟委员会文件 Commission of the European Communities, Communication from the Commission to the European Parliament and the Council: the European Union and the Arctic Region, Brussels, 20.11.2008, COM (2008) 763 final。

的商业价值到冷战结束后才开始显现出来。北极航运包括了北极内部航运、北极域内港口到域外港口的航运、穿越北极的跨洋航运三类。随着北极海冰的融化，夏季航运周期的延长，这三类航运的业务量都有大幅增长。从目前状况看，北极相关航道主要承担的是夏季北极地区内部的运输，比如说格陵兰沿海航运，加拿大北极群岛航运，以及在巴伦支海附近俄罗斯和北欧国家之间的航运等。穿越北极连接大西洋和太平洋的航运线路还在形成之中。2010 年之前，德国、挪威等国的船只先后利用了北方海航道进行商业试航，实现了欧洲与太平洋沿岸国之间的货物运输。2013 年中国远洋公司和韩国现代公司也进行了穿越北冰洋的商业试航。这些试航都证明了采用北极航道缩短了亚洲和欧洲之间的航程，缩短了运输时间，也节省了油料。[①] 每一年使用北极航道的船只数量呈快速上升趋势。2010 年共有 6 艘船只通过北方海航道穿越欧洲和太平洋地区，2013 年（截止到 9 月 30 日）就增加到 42 艘。[②]

　　未来从北极港口到域外港口的航运，很大程度上是因为丰富的北极资源的开发和利用。北极地区蕴藏着丰富的油气资源和其他资源，气候变暖使得这些资源开采的条件大为改善。相关资源勘探表明，北极地区拥有世界未探明天然气的 30% 以及世界未探明石油的 13%。[③] 这些油气主要集中于北冰洋国家的沿岸和附近海域，特别

---

　　① 2009 年 8 月，德国 Beluga 航运公司派遣两艘船，从韩国港口出发，经过北方海航道，中途在俄罗斯的阿克汉格尔斯克加装钢管，然后运往尼日利亚。根据该公司的计算，与走传统的苏伊士运河相比，每艘船节省航程 3000 海里，节省燃油 200 吨。加上别的成本计算，此一航程每艘船共节省 30 万美金。Willy Østreng, 'Shipping and Resources in the Arctic Ocean: A Hemispheric Perspective', in: Lassi Heininen, Heather Exner-Pirot, Joël Plouffe. (eds.), Arctic Yearbook 2012, 2012. p. 256. Available at: http://www.arcticyearbook.com/images/Articles_2012/Oestering.pdf.

　　② Stanislav Golovinsky, The Navigation on the Northern Sea Route Today & in the Future, Presentation at the International Workshop on the Russia's Strategy for Developing the Arctic Region through 2020: Economics, Security, Environment, International Cooperation, Moscow, 30 September – 1 October 2013.

　　③ Donald L. Gautier et al., 'Assessment of undiscovered oil and gas in the Arctic', Science, Vol. 324, 2009, No. 5931, p. 1175.

是在俄罗斯北部沿海与巴伦支海地区。此外，北极地区还拥有丰富的稀有金属、石墨、稀土等矿藏。关于北极资源与北极航运之间的关系，德国航运协会国际和欧盟事务部部长丹迪·豪瑟（Dandiel Hosseus）指出，"气候变化使得欧亚之间的航行变得容易。但真正驱动北极航行的动力是自然资源的价格。价格瓶颈一旦打破，北极地区资源的开采就会启动，与资源开采相关的设备运输、资源运输和其他物品运输将日益频繁"。[①] 北极资源开发后的资源产品的主要市场都在北极之外，特别是欧洲大陆和东亚地区。另外，反向贸易主要是域外国家向北极出口用于建设基础设施所需要的设备和材料。

二、部分北冰洋沿岸国致力于开发北极

部分北冰洋沿岸国出于自身利益，基于对海冰融化和世界经济的需求的判断，开展了一系列学术活动和社会活动，推广北极航道的商业价值。从 2002 年起挪威开展了"北方海上走廊"专项研究，探讨如何完善北极地区海陆运输系统，将北极航道打造成运输成本低廉的跨地区航道，同时实现北极航道输送能源的商业价值。2004 年北极域内国家联合英国、德国和日本等国组成了北极海运研究工作组。2005 年加拿大交通部开展了"加拿大北极航运评估"的研究，对于加拿大北极群岛的导航设施、海上通信、领航、搜救，以及港口状况、航运服务水平、环境保护和危机应对等进行了全面分析。冰岛于 2007 年发起了"北极开发与海上交通"研究，讨论北极航运的条件及相关法律问题等。北极理事会也于 2009 年发布了"北极海运评估报告"。这一评估性研究从 2004 年开始由加拿大、

---

① Dandiel Hosseus, "A global Approach", Parliament magazine, 4 April 2011. p. 64.

芬兰、美国领衔开展，研究过程中进行了广泛调查，调查范围包括世界范围内主要的航运公司、造船业主、船级社、航运保险业、航运协会等。报告对 2020 年的北极航运及其经济影响和环境影响进行了预测。① 2011 年 9 月，时任俄罗斯总理的普京在俄罗斯北方海港口城市阿尔汉格尔斯克宣布将把北方海航道打造成与苏伊士运河等传统航线一样重要的全球海上通道。② 北极国家开展一系列活动的目的之一就是吸引域外国家商船使用北极航道，体现其商业价值。另外北极地区人口相对稀少，基础设施落后，社会经济发展条件相对不足，要想真正实现北极航道的商业利用，必须完善基础设施和提高环境保护能力，这些在很大程度上有赖于域外国家的参与。

非北极行为体，特别是世界主要贸易国家对此也有积极回应。2009 年欧盟委员会出台了《面向 2018 年的欧盟海运战略目标和建议》的报告，规划了欧盟参与北极航道利用和环境治理的长远战略。③ 2010 年欧盟委员会就北极航运前景发布了研究报告，分析了北极航运的法律问题和北极各国航运战略和政策。④ 历史已经证明，海上贸易通道的重大变化对世界经济格局的影响甚巨。围绕着北极资源与航道的利益预期，全球的投资者将开始大规模开发前的布局和抢位。西方国家石油公司和航运公司已经进入北极开展试探性的运营。

---

① The Arctic Council, Arctic Marine Shipping Assessment 2009 Report, p. 5.

② Gleb Bryanski, Russia's Putin says Arctic trade route to rival Suez, Reuters, September 22, 2011, http://www.reuters.com/article/2011/09/22/russia-arctic-idAFL5E7KM43C20110922.

③ European Commission, Strategic goals and recommendations for the EU's maritime transport policy until 2018, COM (209), 21 Feb. 2009.

④ European Commission, Legal aspects of Arctic shipping summary report: Legal and socio-economic studies in the field of the Integrated Maritime Policy for the European Union' (Project No. ZF0924 - S03), 23 February 2010.

第三节　中国参与北极经济活动的内在动因

一、为拓展新的经济空间参与北极航道利用

要理解中国在北极问题上的政策选择，一定要从国家经济新一轮的发展和中国的国际责任两个层面来加以理解。中国的国际责任将在文章的最后一节进行讨论，这里先讨论中国的经济发展和需求。

从新一轮经济发展角度看，拓展新的经济空间和开展新领域中国际经济合作，对培育国际竞争的新优势非常重要。中国政府关于中长期经济发展及其国际环境做出如下判断：在国际环境总体上有利于我国和平发展的同时，"国际金融危机影响深远，世界经济增长速度减缓，全球需求结构出现明显变化，围绕市场、资源、人才、技术、标准等的竞争更加激烈，气候变化以及能源资源安全、粮食安全等全球性问题更加突出，各种形式的保护主义抬头，我国发展的外部环境更趋复杂"。[1] 我国的对外开放将由出口和吸收外资为主转向进口和出口、吸收外资和对外投资并重的新格局。中国将更加主动地拓展新的领域和空间，扩大和深化同各方利益的汇合点。也就是说，中国的开放战略发展成全方位的开放，中国的经济要素的配置和利益分布更加全球化。与此同时，中国开放经济发展所受到的外部制约将更加显著，如欲在经济高速运行中保障经济安全，就要通过拓展新的领域和新的渠道积极创造参与国际经济合作与竞争的新优势。

---

① 新华社北京 2010 年 10 月 27 日全文发表《中共中央关于制定国民经济和社会发展第十二个五年规划的建议》。

未来十年，中国贸易大国的身份基本不变，中国经济对贸易和航运的依赖还会增加。首先，从吸引外资角度看，跨国公司是否选择中国作为生产地，货物运输成本是关键因素。随着中国劳动力价格的提升，海上航运价格对维持外资在华投资和贸易的作用就会更加凸显。实体经济的规模以及与之相关的贸易量是检验一个国家经济健康的重要指标。中国人口众多，资源短缺，进出口贸易对增加就业岗位、保持经济增长、实现人民富裕起到关键性的作用。其次，新航道的开辟以及由此带来的运输成本下降将有助于中国企业保持现有出口竞争优势，有助于拓展外需市场的战略和投资"走出去"战略。对北极航道利用的经济意义并不是简单地将北极航线与传统航线进行时间、成本、收益上的比较，更重要的是北极航道开发过程中形成环北极经济圈的重大机会。为此相关国家正加紧制定发展战略，为开发做各种准备。中国作为全球重要的经济体，在全球化时代不应当缺席这样一个经济发展的机会。

中国是一个贸易大国、航运大国，也是一个造船大国，如何在航道开通带来的新的经济机会中占据有利位置是中国的重要课题。中国在北极航道利用上应当重视双边的合作。通过双边合作可以获得双赢的利益，同时通过双边合作能够影响合作方的政策，进而促进双方在多边场合的合作。北欧国家、俄罗斯增加对中国的资源出口可改善其经济结构和提升发展水平。未来围绕着北极航道将形成新的经济带，俄罗斯、挪威、冰岛等航线沿岸国家的基础设施的建设也会给中国的投资者带来新的机会。北极航道的开通以及常态化，将缩短欧洲和东北亚的航程。节约成本将有助于稳固欧洲在中国的投资，维持贸易总量的稳定。

中国造船业需要准确判断北极航道开通后国际海运业对船舶需求的变化。具有抗冰能力的大型船舶的市场需求有可能增加。国际北极航运的船舶标准正在制定之中，中国造船业应当通过我国在国际海事组织和国际标准化组织船舶与海洋技术委员会的中国专家，掌握技术标准发展的动态，提前进行技术攻关或者开展国际合作，以保持我国造船业的国际市场份额。中国的港口和航运服务业应当提前布局，开始在航线主要停靠港口城市建立据点，开展业务。新航道的开通会带来新的航运服务业，适应于冰区航行的航运服务和保险业务应当开始计划。

二、为保障中国经济安全积极拓展海外能源供给

2012 年中国的石油对外依存度已经超过了 58%。据 2011 年国务院发展中心世界形势报告称，在未来 20 年，随着城市化的进程，中国的生产性能源消费和生活性能源消费将同时增长。到 2030 年，我国所需石油的 70% 需要进口，40% 天然气需要进口。[①] 无论中国经济结构如何优化，中国作为世界最主要的能源消耗国的身份在中短期内无法改变。中国必须保持一定水平的经济增长，以保障就业和改善福利，因此必须克服环境制约和保障能源供给。从这个意义上讲，参与北极航道的开发和利用，通过双边合作获得北极资源的供给，是在为中国的经济安全探索新的空间和选择。

经济安全是一个战略问题。在开放条件下，国家间经济上的相互依赖是一个普遍现象，减少依赖的脆弱性是保障经济安全的重要原则。由于地缘政治的原因，中国能源海外获取形势异常严峻。中国是后起大国，此前的国际能源合作对象国大多集中于政治动荡和社会冲突地区。中国原油进口的 70% 来源于中东和非洲地区，如伊拉克、伊朗、利比亚、苏丹等国。这些国家或者自身内部政局不稳，或者与西方大国存在矛盾和冲突。这种能源合作局面也致使我

---

① 谢明干："中国经济发展与十二五规划实施"，国务院发展研究中心编《世界发展状况 2011》，时事出版社，2011 年版，第 16 页。

国在处理地区问题时，外交立场和手段的选择空间受到很大程度的压缩。2009—2012 年，苏丹、利比亚的动荡，以及伊朗核危机的升级都说明，开拓新的能源获取地势在必行。北极是世界上最大的尚未有效开发的资源贮藏地。中国应从战略需要出发，通过国际技术和经济合作将北极建成保障我国社会经济发展的重要海外资源基地之一。

三、为国家中长期发展进行知识储备和技术创新

目前正处于新技术革命的孕育期。资源和环境是制约当前经济进一步发展的重要因素，恰恰说明新的技术革命一定与解决能源和环境制约的技术突破有关。北极地区是资源和环境脆弱连接地区，也是资源的绿色开发技术最容易取得突破性进展的地区。北极应当成为中国在一些特定科技领域取得世界领先地位的重要试验场所。中国从 1999 年开始北极考察，后又建立了黄河科考站，在极地研究中已取得重大进步。

如果说南极是科学考察的理想场所，那么北极重要的意义在于它是技术突破的试验场。未来中国北极科技重点应放在开发利用上，放在气候变化、资源、环境以及冰冻地区的应用技术等重大科技前沿问题上，力争创新性的成果，更好地服务于国民经济和社会发展。各种科学监测和探测技术、适合极地环境的工程技术、适合北极冰区的造船技术和航行技术，冻土地区勘探和开采技术设备的研发都应当成为重点方向。关于脆弱环境下资源利用的技术创新和知识储备，是中国以科技领先者和知识产权拥有者的身份参与北极资源开发的重要基础。技术领先可以减少北极国家以环境壁垒和技术壁垒拒绝我国参与北极事务的理由，可以为中国提升在极地国际事务的发言权提供技术支撑。另外，加强对北极气候和环境系统的

科学调查，获取第一手科学论据，可以减少或避免欧美以其所谓的
"科学数据"为筹码在全球气候谈判中对中国施压。

总之，中国有效参与北极事务的问题应当放在国家整体发展战
略中来分析、来谋划、来实施。关于中国北极政策的研究应当为新
一轮发展中所面临的经济安全问题提供解决方案，为中国科技发展
占据世界领先地位创造条件，为中国成为世界强国进行战略运筹。
参与北极事务是统筹国内国际两个大局的一次具有考验性的外交
实践。

第四节　中国参与北极事务的历程和制约

一、中国参与北极事务的法理基础和历史经验

世界将中国视为北极事务的新来者，其实中国参与北极事务的
时间可以追溯到 1925 年。当时的段祺瑞政府代表中国加入了《斯
匹次卑尔根群岛条约》（以下简称《斯约》）。根据该条约，中国的
船舶和国民可以平等地享有在该条约所指地域及其领水内捕鱼和狩
猎的权利，自由进出该条约所指范围的水域、峡湾和港口的权利，
从事一切海洋、工业、矿业和商业活动并享有国民待遇等。此后，
由于中国战乱和科学能力的限制，一直没有在北极地区开展实际
活动。

改革开放后，中国在开始全面融入世界经济的同时，积极投入
极地科学研究，在极地治理和海洋环境治理中承担起大国的责任。
1982 年中国作为签约国加入了《联合国海洋法公约》，中国的船舶
和飞机享有在环北极国家的专属经济区内航行和飞越的自由、北冰
洋公海海域的航海自由、享有公约所规定的船旗国的权益。上述两

个条约保证了中国在北冰洋和斯匹次卑尔根群岛（斯瓦尔巴群岛）地区从事相应活动，特别是航行的权益。中国参与北极科学考察的法律依据主要来自《联合国海洋法公约》对领海、专属经济区和大陆架上的海洋科学研究制度所做的权利认定和行为规范。①

在南极科考取得经验的基础上，中国科考队于1999年开展首次北冰洋科学考察，进行综合性海洋调查。截至2014年底共进行6次北冰洋科学考察。主要在白令海和北冰洋东侧（楚科奇海、波弗特海、加拿大海盆等区域）开展北极气候系统与全球气候系统的相互作用科学调查与研究。2004年，根据《斯匹次卑尔根群岛条约》所赋予的权利，在挪威的帮助下，中国在斯瓦尔巴群岛地区建立了固定的科学考察站——黄河站，常年连续开展北极高层大气物理、海洋与气象学观测调查。2012年第5次北极考察还进行了通过东北航道的试航。10多年来，中国北极考察活动获得了一定的冰区海洋活动能力、知识和经验。作为国际北极科学委员会的重要组成部分，中国极地科学家通过开展广泛的北极科技合作，积累极地知识，为北极治理提供智力和技术支撑，为中国积极参与北极事务起到了先导作用。

中国对北极的重要贡献还在于参与了涉北极国际规则的制订活动。在全球层面，中国积极参加与北极航行和环境生态保护相关的国际规则。中国参加的涉北极多边条约包括《联合国海洋法公约》、《联合国气候变化框架公约》、《京都议定书》、《国际捕鲸管制公约》、《濒危野生动植物物种国际贸易公约》、《保护臭氧层维也纳公

---

① 根据《联合国海洋法公约》，沿海国有权针对其领海、专属经济区或大陆架上的科学考察活动制定法律和规章并实施管理。公约第245条同时规定，任何其他国家和各主管国际组织，如果有意在一国领海内从事海洋科学研究，须经沿海国的明示同意，并在其规定的条件下进行。在专属经济区或大陆架进行海洋科学研究须经沿海国同意。正常情况下，沿海国对外国在其专属经济区和大陆架上进行的有益科学研究计划应给予同意。行使无害通过权的外国船舶，在无害通过一国领海时，不得从事任何研究和测量活动。

约》、《1997 年消耗臭氧层物种蒙特利尔议定书》、《生物多样性公约》、《关于持久性有机污染物的斯德哥尔摩公约》、《斯匹次卑尔根群岛条约》等。中国参与的涉北极国际组织或论坛包括北极理事会、北极研究之旅、国际海事组织、国际北极科学委员会、新奥尔松科学管理委员会、极地研究亚洲论坛、北方论坛等。

国际海事组织（IMO）近年来正在制订《极地水域航行船舶强制性规则》（极地规则），该规则将于不久的将来正式出台，将成为规范北极航运行为、保障北极航行安全、保护航行海域环境和生态平衡的、最有约束力的法律文件和技术标准。"极地规则"的制定是一个系统工程，它的产生需要各国的合作。中国是该组织的领导成员之一。在"极地规则"的酝酿、草拟和制订过程中，中国专家组代表始终从维护航运安全和提高环境保护出发，平衡现有技术和未来发展的需要，平衡北极域内国家和域外国家的利益，客观、公正地提出了许多合理化建议，在技术上很好地支持和支撑了谈判，使得所制定的条款更加符合业界发展的需要。①

如果按照历史进程的时间坐标来看，中国参与北极事务的路径是，首先通过国际条约缔造和签署获得北极活动的权益，然后在全球和地区层面参与制定北极治理规则的活动，再后是投身北极科学考察活动，直到现在才开始参与北极经济活动。

二、中国参与北极事务的法律制约

中国经过了改革开放以后三十多年的发展，已经成为一个经济相对发达、对国际贸易高度依赖的重要经济体，中国的航运、造船、港口等产业已进入世界先进行列。2012 年中国极地科考船"雪

---

① 张俊杰，"极地航行安全之约"，《中国船检》2013 年第 7 期，第 16 页。

龙号"穿越东北航道进行北极科考。2013 年 5 月，中国与多个亚洲国家一起被批准成为北极理事会的正式观察员。2013 年夏，中国远洋公司"永盛号"商船满载货物，从中国港口出发，经白令海峡，穿越北极东北航道，顺利到达荷兰鹿特丹港。中国面临着参与北极事务重大的机遇，同时也面临着诸多限制。

国际法律制度是国际权力博弈所形成的国际间利益和责任的契约，是国际社会斗争与妥协的产物。国际法的形成反映出不同历史时期国际社会关切的变化，也反映出国际关系的发展轨迹。国际法在引导某一地区或某一领域国际关系实践的同时，也制约着国际关系中的行为。北极的法律制度是一个多层级的法律复合体。1982 年《联合国海洋法公约》为北极航道的国际秩序提供了一般性的国际法框架，而更早的 1920 年《斯匹茨卑尔根群岛条约》适用于北极地区的斯瓦尔巴群岛及其附近海域，迄今依然具有法律效力。此外，北极地区国家之间签订了一些双边条约和协议，就本地区的资源开发、生态环境保护、船舶航行等问题作出规定，这些国际条约和协定相互之间及与《联合国海洋法公约》有关规定之间在某些方面也存在矛盾。

部分北极国家对北极航道的主权和海洋权利的伸张排斥了他国船只在部分海域自由航行和无害通过的权利。俄罗斯在 1991 年颁布的《北方海航道海上航行规则》中对该航道正式定义为位于俄罗斯内海、领海（领水）或者毗连俄罗斯北方沿海的专属经济区内的基本海运线。1996 年俄罗斯连续发布了《北方海航道航行指南》、《北方海航道破冰和领航指南规则》等文件。1998 年又颁布了《俄罗斯联邦内海、领海和所属海域法》。俄罗斯宣称北方海航道位于其内水，坚持相关的主权和主权权利。通过各种法规对该航道实行单方面控制，另外还收取高昂的破冰和领航服务费和通行费。西北航道从加拿大北方群岛中穿过，加拿大认为该航道的一部分为加拿大内水，并不适用"无害通过"原则。关于西北航道，加拿大政府是坚定的主权捍卫者。加拿大的北极战略文件声称，加政府"正在坚定维持在北方地区的存在，有效保护和监测北极领土主权范围内的陆地、海洋和天空"。[①] 加拿大制订的相关法规，要求所有船只进入加拿大北极水域时，须向加拿大海岸警卫队北方交通管理系统（NORD REG）报告。[②]

在北极航道问题上，美国、欧盟、中国、日本等贸易大国比较强调无害通过新开辟的航道和水域的权利。认为根据《公约》，东北航道和西北航道为"用于国际航行的海峡"，应适用过境通行制度，反对沿岸国单方面控制航道水域。俄、加两国都认为，两航道中属于沿海国领海基线内外一定范围的海域属于其内水或领海，外国船舶在此航行要遵守沿岸国的国内相关法律。《联合国海洋法公约》出于保护冰封地区环境的目的，赋予了"冰封区域"沿海国进行非歧视的环境立法权。沿岸国对这一条款的过度使用，也将成为北极航道使用的一个法律障碍。

签订于1920年的《斯匹次卑尔根群岛条约》确认了挪威对北极斯瓦尔巴群岛及其领海的领土主权，同时赋予其他缔约国以自由进出《斯约》地区、进行科学考察、从事生产经营和商业活动等宽泛的权利。美国、英国、德国、俄罗斯等国都主张《斯约》赋予它们在该群岛专属经济区和大陆架的非歧视性经济权利，而挪威对此持异议。挪威还通过国内立法，片面强化本国的海洋权利，削弱其他《斯约》缔约国的合法权利。2012年8月雪龙号考察船在途径斯瓦尔巴群岛北侧附近海域时，挪威方面曾提出警示。

中国使用北极航道的法律障碍还没有消除，围绕北极航道权益

---

① Government of Canada, Canada's Northern Strategy: Our North, Our Heritage, Our Future. , 2009. p. 9.

② 刘惠荣、董跃：《海洋法视角下的北极法律问题研究》，中国政法大学出版社，2012年版，第131—145页。

的博弈会在相当长的一段时间存在，但北极航道的开放趋势也不可遏制。中国政府需要与国际社会合作进行具体事务的谈判，减少法律障碍，减少相关成本，实现共赢。

第五节　中国政府对北极治理的立场和态度

世界对中国参与北极事务表达了高度的关注。中国面对北极资源利用和北极治理的双重任务也正在协调各领域的涉北极活动，形成统筹内外的综合性的北极政策。

外界对中国在北极治理问题上的立场和政策的关注点主要体现在以下三个方面：一是中国政府如何看待北极的现有法律秩序和北极治理机制；二是中国政府如何看待并解决北极治理中重要的环境合作、科学合作和经济合作问题；三是在北极事务中中国如何看待和处理与北极国家的关系问题。

关于如何看待北极的现有法律秩序问题，中国政府代表曾明确表示，"北极陆地领土归属明确，法律地位与南极不同。因此虽然南极条约中关于科学合作、环境保护等方面的具体制度对北极合作具有参考意义，但以冻结领土主张为基石的《南极条约》制度不能照搬于北极。尊重北极国家主权是处理北极事务的首要法律基础。"[1] 中国方面认为，当代海洋法涉及海域划界、海洋环境保护、航行、海洋科研等各个方面，对沿海国以及其他国家的权利义务作出了基本规定，是处理各种北极活动时应遵守的法律基础。"中国支持包括海洋法在内的现行北极法律秩序，同时认为这一法律秩序

---

① 刘振民："中国对北极合作的看法"，中国外交部长助理刘振民2010年出席"北极研究之旅"的演讲。

需要因应形势落实与细化，渐进发展。"① 希望有关国家在国际法的基础上，以科学数据为基础，通过协商早日解决相关问题。在确定外大陆架界限时，除妥善处理相邻北极地区国家之间关系，还应充分考虑外大陆架与作为人类共同继承财产的国际海底区域之间的关系，确保沿海国的利益和国际社会共同利益之间的平衡。

关于北极理事会，中国政府多次肯定了理事会在北极重要治理领域的贡献。兰立俊大使在出席"北极理事会主席国与观察员会议"上，代表中国政府高度评价了理事会的工作，兰大使指出："北极理事会是关于北极环境和可持续发展问题最重要的区域政府间论坛，在协调北极科研、促进北极环境保护、推动北极地区经济和社会发展中发挥着重要作用。理事会在现有国际法框架下开展相关工作，有助于有关各方共同携手，有效应对北极的各种紧迫的区域和跨区域问题。理事会围绕气候变化、北极航运等跨区域问题的研究和讨论，已经对相关国际组织决策产生了重要影响。"②

中国政府在其提交给北极理事会的申请观察员的材料中明确指出：中国政府"赞赏理事会在北极事务中发挥的积极作用，接受并支持《渥太华宣言》规定的理事会各项目标，希望在理事会框架内，通过参与工作组内有关项目等方式积极支持理事会工作。与有关方面加强北极科研交流与合作，增进对北极问题的科学认识。而且中国尊重北极地区原住民和其他居民的价值观、利益、文化和传统，愿意进一步加强与原住民组织的交流，增进对原住民关注的理解，积极参与有关项目并探讨可能的合作，为促进原住民权益做出贡献。

---

① 胡正跃："中国北极政策"，中国外交部部长助理胡正跃出席"北极研究之旅"的发言。2009年。

② 兰立俊大使在"北极理事会主席国与观察员会议"上的发言，2012年11月6日，瑞典外交部。http：//www. arctic-council. org/index. php/en/events/meetings-overview/observer-meeting－2012。

中国政府认为北极域外国家作为观察员参与理事会工作，对理事会工作具有积极作用。而且观察员参与理事会工作，是以承认北极国家的北极主权、主权权利和管辖权，以及北极国家在理事会中的决策权为基础的，并不影响北极国家在理事会中的主导权。中国方面将参与北极事务的重点放在北极跨区域的问题上，如气候变化、国际航运等。北极国家和非北极国家在跨区域问题上有共同利益，应当加强沟通。①

中国政府重视北极气候变化给全球和中国带来的负面影响。胡正跃部长助理在2009年出席"北极研究之旅"时指出："中国政府认识到，北极地区生态环境独特而脆弱，受气候变化、持久性有机污染物等全球环境问题的影响严重，需要北极地区国家和整个国际社会携手努力，共同呵护。"② 中国在北极的活动主要是科学活动，中国科学家在北极的科学研究主要集中于高空物理、气候变化、生态、海洋等方面。这些专题与环境、生态的保护紧密相关，也是全球科学家团体为弥补北极治理知识缺乏共同努力的一个重要组成部分。中国科学家总体上是沿着北极国际科学委员会的指南组织和开展北极科考活动的。1996年中国正式加入北极国际科学委员会，2004年在北极地区建立了科学考察站——黄河站，2005年中国科学家承办了"北极科学高峰周"活动。中国积极参加了有关国家倡导的极地年项目，组织了"北冰洋变化及其对中纬度的影响"系列项目研究，支持并积极参与北极持久观测网络的建设，为应对北极的气候变化和环境问题做出的贡献。

在北极资源和航道开发问题上，中国政府的态度是审慎的。在

① 兰立俊大使在"北极理事会主席国与观察员会议"上的发言，2012年11月6日，瑞典外交部。http://www.arctic-council.org/index.php/en/events/meetings-overview/observer-meeting – 2012。

② 胡正跃："中国北极政策"，中国外交部部长助理胡正跃出席"北极研究之旅"的发言，2009年。

谈到中国在资源的开发和利用方面的计划时，中国政府特别代表高风指出："我们也要理性认识北极的资源价值。虽说北极蕴藏着丰富的油气，但是去北极开发，自然、政治、经济等条件是极其严酷的，成本会非常高。进入北极，一定要谨慎。"① 高风代表特别强调，北极经济开发将对北极独特的政治环境、生态环境和社会文化造成新的挑战，需要北极地区国家和整个国际社会共同努力，确保北极可持续开发，均衡考虑经济、环境因素。中国目前尚未开展关于北极开发的系统研究。个别中国企业正探询通过与当地企业开展商业合作的方式参与北极开发。中国认为未来北极开发应保护北极环境，尊重原住民利益和关切，实现北极可持续发展，具体开发活动应遵守相关北极国家国内法及有关国际协议。

在各方特别关注的中国如何处理与北极国家关系问题上，中国政府代表已经明确表达了四个方面的意见：② 第一，承认和尊重彼此权利是北极国家和非北极国家开展合作的法律基础。根据《联合国海洋发公约》等有关国际法，北极国家在北极享有主权以及相应的主权权利和管辖权，非北极国家也享有航行、科研等各方面的权利。发展相互之间的合作伙伴关系，首先需要承认和尊重彼此根据国际法享用的权利。第二，相互理解、相互信任是北极国家与非北极国家合作的政治保障。北极国家在北极治理中发挥着更为重要的作用。因为气候、环境和动物保护等跨区域问题的凸显，受到影响的非北极国家在北极问题上也拥有合法的利益和诉求。解决这些问题需要相互配合，通过不断沟通，加强理解和信任，寻找利益交汇点，互补互助。第三，共同研究和解决跨区域问题是域内外国家合

① 姚冬琴："专访外交部气候变化谈判特别代表高风：开发北极成本高，一定要谨慎"，《中国经济周刊》2013 年 5 月 28 日。http：//news. ifeng. com/shendu/zgjjzk/detail_ 2013_ 05/28/25769583_ 0. shtml。
② 刘振民："中国对北极合作的看法"，中国外交部部长助理刘振民 2010 年出席"北极研究之旅"的演讲。

作的主要方向。北极国家与非北极国家加强科研合作，可以用更广阔的视野来看待区域问题，向国际社会传达更全面的信息，促进有关问题的解决。第四，北极的和平、稳定和可持续发展是北极国家与非北极国家合作的共同目标。尽管域内外国家在权利、利益和主要关注上存在差异，但北极的和平、稳定和可持续发展符合全球共同利益。在这个目标上，北极域内外国家之间不是竞争对手，而是合作伙伴。

第六节 北极治理与中国的大国责任

一、中国参与北极事务的国内协调

中国北极事业的发展是国家综合国力的体现，国内涉北极相关领域的发展积累着中国参与北极事务的能力。同时，发展必将带来各领域新的需求。这些需求既包括对国内其他部门的需求、政策和资源投入的需求，也包括对外交手段的需求。各领域需求之间总体是一致的，但也存在时序上的差异，存在着内外的差异，存在着与国家其他方面的利益之间的轻重缓急的差异。中国的北极政策需要机构间的协调、目标间的协调以及时序进度上的协调。进入21世纪以来，北极进入了大规模开发利用的准备期，北极事务的领域扩展迅速，从科学调查与研究扩展到能源、运输、经济贸易、政治、外交等领域，其复杂度开始超过南极事务，其管理事务大大超越某一单个职能部门。北极事务已经从科学和经贸领域的国际合作，上升到外交战略运筹的层面。2011年，国务院决定成立跨部委的北极事务协调组，从国家层面来进行跨部门的协调，以新的决策机制适应变化了的北极形势和需要。用高风特别代表的话来说，就是从国家层面上，应该对北极的工作有整体规划。北极事务涉及国内多个部门工作，宜统筹处理，各部门共同商讨制定开展北极工作的总体规划。①

中国领导人李克强在2011年6月的一份批示中肯定了极地事业在我国海洋事业中占有重要地位，对促进可持续发展具有重大意义。他同时指出："十二五时期，我国极地考察事业正处于可以大有作为的战略机遇期。希望全体极地考察工作者紧紧围绕现代化建设，继续发扬南极精神，进一步加强能力建设，深入开展极地战略和科学研究，积极参与国际交流合作，有效维护国家权益，为我国极地事业发展、为人类和平利用极地做出新的贡献。"② 国务院领导的批示反映了极地事业在中国新一轮发展中的地位，反映了中国北极事业和北极政策的重点和方向。中国的极地事业有助于推动可持续发展、促进现代化建设并为人类和平做出贡献。中国极地事业相关部门在行动上应当积极作为。大有作为的领域包括：能力建设、科学研究、战略研究、维护权益、国际合作等诸多方面。

中国北极政策的战略目标应当是：在北极快速变化之际，着眼于环境问题对全球发展的重要意义，着眼于中国长远的发展利益，依托现有科学技术基础和外交工作基础，整合国内各部门力量，以科学考察和环境技术为先导，以航道和资源利用为主线，以国际合作为平台，遵从和利用相关国际机制确立的责任和权益，加快实现由单纯科考向综合利用、局部合作向全面参与的转变，积累极地研究的知识和人才储备，实现技术领先，减少中国参与北极事务的技术壁垒和环境壁垒，为保障未来中国经济安全，增强国际威望，为

①　姚冬琴："专访外交部气候变化谈判特别代表高风：开发北极成本高，一定要谨慎"，《中国经济周刊》2013年5月28日。http：//news. ifeng. com/shendu/zgjjzk/detail_ 2013_ 05/28/25769583_ 0. shtml。

②　新华社北京2011年6月21日电。http：//news. xinhuanet. com/politics/2011 – 06/21/c_121566059. htm。

保障地球环境、人类和平和技术进步做出贡献。

中国的北极政策要与中国经济发展需求相适应，要与中国的大国地位相适应，要与中国的科技发展水平相适应。中国北极政策的选择源自对自身发展利益和能力的评估，源自对北极地区自然环境变化和政治经济秩序变化的评估，源自对国际规则和外交手段的有效运用。中国北极事业的发展与单纯的国内地区和领域发展有很大的不同，它需要将国内经济发展需求、科学技术能力准备、战略资源投入、外交策略运用与国际环境配合有机地结合在一起。

国际地位和国际合作能力是一国参与国际事务的重要筹码。在同样的国际法规定面前，有能力者可以合法地获取更多的权力和利益。中国能否有效参与北极资源利用和环境保护，与各个领域的能力和成就息息相关。一个部门能力建设方面的发展，不仅可以为所辖领域提供参与途径，也能为整个国家的北极事业发展铺就道路。在能力建设方面，中国应当通过加强北极国际交流与合作，积累相关的知识和经验，加紧引导和培养北极专门人才。在参与北极事务的循序渐进过程中，应当综合利用经济实力、科技能力、外交能力、文化影响力，探索在不同领域中参与北极事务的有效途径，实现中国北极政策的战略目标。

二、中国参与北极事务的大国责任

北极资源的利用和开发会形成一个全球化的产业链和利益链，北极环保也会构成一个超越北极地区的责任链和贡献链。在北极开发和北极环境保护两个方面，中国都将不可回避地扮演重要角色。作为占全球人口 1/6 左右的新兴大国，中国是世界能源利用、产品生产和消费的所在地，以重要市场的身份与北极经济相联系。作为北半球的一个贸易大国，海上航道的法律制度与我国航行利益直接相关。在中国根据相关国际法享有参与北极航道利用的权利、获取相关权益的同时，中国作为一个发展中的大国也必须承担起维护北极地区和平、保持环境友好、促进可持续发展的全球责任。

北极治理由全球、区域以及国家间双边和国内治理多层面组成。中国的大国责任应当从多个层面加以落实。首先在全球层面，应当在联合国等全球组织中为北极环境治理、气候变化、生态保护做出自己的贡献。在全球层面，中国是全球大国，是联合国安理会常任理事国，是国际海洋法公约的缔约国，是环境保护国际制度的重要建设者。这些身份决定了中国可以在维护和平问题上、在合理处理国家主权与人类共同遗产之间的矛盾问题上、在平衡北极国家与非北极国家利益上、在维护北极脆弱环境问题上扮演领导者和协调者的角色。其次，在北极区域组织中发挥正面作用，与北极理事会等组织加强沟通，在过程中体现域外国家参与的必要性。第三，在与北极国家开展的经济和科技合作中，注意体现合作者的在地社会责任，实现两国根本利益共赢的同时，在具体投资地和合作地体现应有的人文关切和环境关切。

作为未来航道的利用国，同时也是承担国际义务的北极理事会的正式观察员，中国尊重北极国家的主权和主权权利。中国注意到北极国家之间围绕航道利用的法律定位存在着分歧和矛盾。随着北极航道大规模商业化利用日期的临近，利益相关方有可能坐下来协商解决相关问题。中国应当关注并在不同的国际平台上参与解决如下问题：（1）加拿大在北极群岛的相关直线基线划法与国际法的不一致性，以及相关水域的法律地位问题，还应尽早明确外国船只通过西北航道的航行权利等问题；（2）北方海航道相关水域的法律地位问题；（3）联合国海洋法公约第234条（关于冰封区域）的适用空间范围问题；（4）厘清联合国海洋法公约第234条与海洋法公约中用于国际航行的海峡之过境通行制度之间的关系；（5）《斯约》

缔约国之间，特别是其他缔约国与挪威之间关于专属经济区的划分、资源利益划分、科考具体规定的制定应当进行相关的谈判加以明确。

尽管中国在北极拥有正当的权益和适当的利益关切，但国际社会特别是北极国家对中国在北极的活动充满了疑惑和不信任感。有关中国"攫取北极资源，破坏北极环境"的论调，对中国参与北极事务产生阻碍。中国的北极政策不是国内发展政策，不能完全从自身利益和能力出发，需要在国际机制与中国政策目标之间进行协调和统筹，需要合理、有效地运用外交手段，充分利用既有国际机制获取和保护合法利益。中国各部门参与北极事务过程中存在着时序上的渐进性、内力外力的综合性、整体参与和局部参与的互助性关系。中国参与北极航道利用应当遵循三符合原则：符合国际法相关基本准则，符合经济全球化的趋势，符合中国与相关国家双边利益的需要。要考虑北极国家、北极原住民和其他涉北极行为体的关切。树立中国参与北极事务的正面形象，减少可能遇到的排斥力。

中国应当向国际社会明确表示：北极的可持续发展是人类共同的利益，北极的地区和平、有效治理、环境友好、绿色开发、科技进步符合包括中国在内的世界各国的利益。中国愿意为此做出自己的贡献。中国不谋求在北极拥有领土主权，尊重北极国家的主权和主权权利。中国鼓励北极国家承担起维护北极和平、生态环境的相应责任。中国将加强与北极国家、北极地区国际组织之间的合作，按照互利共赢的原则为人类和平、为环境美好、为经济发展携手共进。

第三部分
领域治理的案例研究

第十一章

国际海事组织与北极航运治理

BEI JI ZHI LI
XIN LUN

北极融冰使航道开发和离岸油气开采前景日益明朗。近几年穿越北极航道的船只数量快速增长，德国、挪威、中国、韩国等国的船只先后利用了北方海航道进行商业试航，实现了欧洲与太平洋之间的货物运输。气候变化使得欧洲和亚洲之间的跨洋航行变得较为容易。北极地区资源的开采已经开始。围绕设备运输、资源运输和其他原材料的运输正催生着北极航运机制架构的形成。航道利用和离岸油气资源开采等经济活动迅速激增，国际社会需要对船只和海上生产设备在极地冰区的活动进行更高标准的规范，要求有更高的航行安全标准、更为可靠的航行管制系统、更加严格的环境保护措施、更高水平的救援能力。这个责任自然地落到了国际海事组织（International Maritime Organization，简称IMO）的身上。

第一节　北极航运治理对国际海事组织的期待

2009年北极理事会第6次部长会议在挪威的特罗姆瑟召开，八国部长和北极理事会的永久参与者组织的代表参加了会议。会议通过的《特罗姆瑟宣言》特别提到了北冰洋海冰融化后航行活动的增加所引发的规范开发活动的需求。这些规范应当提高海上运输的安全性，既包括减少意外事故风险、推动有效的应急响应，也包括防止海洋污染，保护自然生态环境不受破坏方面。宣言"鼓励北极理事会与国际海事组织开展积极合作，开发旨在减少北极水域航运环境影响的相关措施"。[①] 会议还敦请国际海事组织完成其正在进行的《北极冰区船舶操作指南》的更新工作，而且认为其部分条款的应用必须具有强制性。希望国际海事组织以航行安全和北极环境保护为目标，将船舶建造、设计、装备、船员、培训、运营等方面的特殊要求补充到全球性船舶安全和防止污染公约中去。

这个宣言反映了北极八国关于北冰洋航运的立场。从中可以得出两点结论：一是北极八国承认北极航运治理的全球性。北极域内国家小范围确定的规则难以要求所有可能行走于北极海域的各国船只遵守，因此北极八国没有单独去制定北极航运规则。二是北极国家希望在北极航运规则制定过程中能充分反映北极国家的利益和诉求。在他国尚未准备好之际，北极国家可利用自己长期积累的技术和产业优势制定有利于域内国家利益的安全标准和技术标准，在解决北极开发与环境问题的同时使本国占据资源分配的有利位置。宣言这部分内容也暴露了北极理事会的有限参与性这一缺陷。非北极国家在北极理事会中只能获得观察员地位，这直接影响了非北极国家在北极事务中的权益。

欧盟在 2008 年发表了《欧盟与北极》政策报告，报告谈及了欧盟在北极海上运输中的利益所在。[②] 欧盟成员国拥有世界上最大的商船队。海冰的融化造成了北极水域通航的机会，缩短了从欧洲到太平洋的海上航程，既节约能源，又促进贸易。欧盟的政策目标是探索和改善北极通航条件，逐步引导北极商业航行，同时促进更

---

① 北极理事会第六次部长会议《特罗姆瑟宣言》，2009 年 4 月 29 日。

② Commission of the European Communities, *Communication from the Commission to the European Parliament and the Council: the European Union and the Arctic Region*, Brussels, 20. 11. 2008, COM (2008) 763 final. pp. 8 – 9.

严格的安全和环境标准以避免不利影响。在行动上，欧盟着重强调了国际海事组织的作用，表示欧盟"支持国际海事组织制定适用于北极水域的环境和安全标准方面的进一步努力"；欧盟"支持北冰洋国家建议的，在国际海事组织规则指导之下的，作为特殊敏感海区设计的北极航道"；而且欧盟保证"促进现有义务的充分履行，这些义务包括航海规则、北极海上安全、航道系统和环境标准，特别是履行国际海事组织指定的相关规则"。当然，欧盟也希望"保持欧洲造船业在建造北极船舶方面的技术领先地位"。因为欧盟国家在设计和建造包括破冰船在内的环境高标准船舶方面具有技术潜力，这也是欧洲未来在北极开发中的一项重要资产。

无论是北极治理的主要平台——北极理事会，还是重要的北极域外国际行为体——欧盟，在北极航运治理问题上都强调了国际海事组织的重要性。这说明国际海事组织已经成为公认的全球海运治理机构，在极地航运治理领域具有不可替代的地位和功能，同时也进一步说明北极治理的全球性。

第二节 国际海事组织与海上航运治理

一、国际海事组织的缘起、发展和任务

国际海事组织是联合国负责国际海事领域治理的专门机构，对保障全球海上航行安全和防止船舶造成环境污染发挥着至关重要的作用。1948 年联合国召开各国政府会议，通过了《政府间海事协商组织公约》，该公约于 1958 年 3 月 17 日生效。次年，该组织召开了第一届大会，宣告政府间海事协商组织（Inter-Governmental Maritime Consultative Organization，IMCO）正式成立。1982 年，该组织更名

为国际海事组织。国际海事组织成立的目的是："在与从事国际贸易的各种航运技术事宜有关的政府规定和惯例方面，为各国政府提供合作机制；并在与海上安全、航行效率和防止及控制船舶造成海洋污染有关问题上鼓励和便利各国普遍采用最高可行标准"（《国际海事组织公约》第 1（a）条）。国际海事组织还负责与上述目标相关的行政和法律事宜。国际海事组织总部设在英国伦敦，截至 2013 年底该组织拥有 170 个正式成员、3 个联系成员。中国是国际海事组织的正式成员，中国的香港和澳门特别行政区为该组织的联系成员。

国际海事组织运作之初，主要致力于创制有关海上安全和防止海洋污染的国际公约。到 20 世纪末，这一工作已基本上完成。新世纪来临后，国际海事组织的工作主要集中于实现安全高效的航运和海洋环境的共同治理，不断完善海上航运的国际立法，促进更多的国家加入到这些国际制度中来。国际间的人员、货物、服务和信息在全球化时代需要以更快的速度和更便捷的方式更自由地流动。随着人类海上活动数量和内容的增加，人们担心缺乏制度管理的航运自由化以及由此带来的竞争会威胁海上的人身安全和船舶安全，会导致海洋环境的恶化。作为全球最重要的海事治理机构，国际海事组织主动回应国际航运的新发展和新挑战，努力协调各方立场和利益，采用全面而综合的方法来处理航运事务，鼓励各成员国积极参与新形势下国际海事制度的完善、采纳和实施。

国际海事组织的使命是提供海事领域的技术、行政、法律保障，通过合作促进航运业的安全、可靠、高效和可持续发展。完成该使命的措施是：在海上安全和保安、高效航行及防止和控制船舶造成污染方面采取最高可行标准。与此同时，审议有关的法律事项，并使国际海事组织的各项公约在全球得到有效的统一实施。"① 具体来说，目前该组织的工作重点是：保证《国际海事组织公约》及其他条约被已经接受的国家正确地履行，促进更多的国家通过相应的国内立法。通过召开全体成员国大会，制定和修改有关海上安全、防止海洋污染、便利海上运输和提高航行效率，以及与此有关的海事责任方面的公约、规则、议定书和建议案。同时就上述事项促进成员国之间的实际经验交流。研究相关海事报告，利用联合国开发计划署等国际组织提供的经费和捐助国的捐款，向发展中国家提供技术援助；召开各委员会会议，研究与各专业委员会职责有关的事务并提出建议等。

　　国际海事组织的最高决策机构为"大会"，大会每两年举行一届会议，在必要情况下也可召开特别会议。理事会是国际海事组织的执行机构，由大会选举组成，每两年改选一次。在两届大会之间，理事会履行大会的所有职能，但向成员国提供海上安全和防污染方面建议的职能除外（该职能仅由大会行使）。根据《国际海事组织公约》的规定，国际海事组织理事会由 40 个成员国组成，其中 10 个航运大国组成 A 类理事国，10 个海上贸易大国组成 B 类理事国，另外 20 个代表世界主要地理区域的在海上运输或航行方面有特殊利害关系的国家组成 C 类理事国。中国是国际海事组织中的重要成员国，这是由中国的航运大国和贸易大国地位决定的。中华人民共和国于 1973 年恢复了在国际海事组织中的成员国地位，从 1989 年第 16 届大会起连续担任该组织的 A 类理事国。2005 年 11 月 22 日，中国驻英国大使查培新在伦敦举行的国际海事组织第 24 届大会上当选国际海事组织大会主席。2013 年，中国再次当选国际海事组织理事会 A 类理事，这已是中国连续第 13 次当选 A 类理事国。

---

① IMO," Strategy Plan for the Organization（for the Six-year Period 2012 – 2017）", Resolution A. 1037（27）adopted on 22，November 2011，Assembly 27th Session. p. 3.

表 11－1　国际海事组织理事会（2014—2015 年）组成

A 类：10 个全球航运大国			
A	中国	希腊	意大利	日本
	挪威	巴拿马	韩国	俄罗斯
	英国	美国		

B 类：10 个海上贸易大国			
B	阿根廷	孟加拉国	巴西	加拿大
	法国	德国	印度	荷兰
	西班牙	瑞典		

C 类：20 个代表世界主要地理区域的重要海运国家			
C	澳大利亚	巴哈马群岛	比利时	智利
	塞浦路斯	丹麦	印尼	牙买加
	肯尼亚	利比里亚	马来西亚	马耳他
	墨西哥	摩洛哥	秘鲁	菲律宾
	新加坡	南非	泰国	土耳其

资料来源：国际海事组织官方网站 http：//www. imo. org/About/Pages/Structure. aspx。

　　国际海事组织设有秘书处，秘书长由理事会任命并须获得大会的批准，约有 300 多名国际公务员协助秘书长进行日常工作。国际海事组织共有五个委员会，分别是海上安全委员会、海上环境保护委员会、法律委员会、技术合作委员会和航运便利委员会。海上安全委员会成立得最早，是负责海上人员和船舶安全的技术性机构；海上环境保护委员会负责防止和控制船舶造成海洋污染的事宜；法律委员会负责审议法律事项；技术合作委员会负责审议由国际海事组织实施或者与其他国际组织合作实施的技术合作项目，以及国际海事组织在技术合作领域内的其他活动；便利委员会负责促进海上运输活动的便利化等相关职责，如简化船舶进港和出港的手续等。

其中主体工作委员会是海上安全委员会和海上环境保护委员会。

在海上安全委员会和海上环境保护委员会下，还设有若干个分委员会，协助上述委员会的工作。2013 年底之前，分委员会有以下若干机构：1. 散装液体和气体分委员会（Sub-Committee on Bulk Liquids and Gases，简称 BLG）；2. 危险品、固体货物和集装箱分委员会（Sub-Committee on Carriage of Dangerous Goods, Solid Cargoes and Containers，简称 DSC）；3. 消防分委员会（Sub-Committee on Fire Protection，简称 FP）；4. 无线电通讯和搜救与救助分委员会（Sub-Committee on Radio-communications and Search and Rescue，简称 COMSAR）；5. 航行安全分委员会（Sub-Committee on Safety of Navigation，简称 NAV）；6. 稳性和载重线及渔船安全分委员会（Sub-Committee on Stability and Load Lines and Fishing Vessels Safety，简称 SLF）；7. 培训和值班标准分委员会（Sub-Committee on Standards of Training and Watchkeeping，简称 STW）；8. 船旗国履约分委员会（Sub-Committee on Flag State Implementation，简称 FSI）；9. 船舶设计和设备分委员会（Sub-Committee on Ship Design and Equipment，简称 DE）。国际海事组织研拟船舶在极地水域航行规则就是 DE 负责协调汇总的。

经过 2013 年底国际海事组织的组织机构和功能的调整，分委员会压缩至 7 个，分别是：1. 人的因素、培训和值班分委员会（Sub-Committee on Human Element, Training and Watchkeeping，简称 HTW）；2. IMO 文件实施分委员会（Sub-Committee on Implementation of IMO Instruments，简称 III）；3. 航行、通讯与搜救分委员会（Sub-Committee on Navigation, Communications and Search and Rescue，简称 NCSR）；4. 污染防止和响应分委员会（Sub-Committee on Pollution Prevention and Response，简称 PPR）；5. 船舶系统与设备分委员会（Sub-Committee on Ship Systems and Equipment，简称 SSE）；

6. 货物和集装箱载运分委员会（Sub-Committee on Carriage of Cargoes and Containers，简称 CCC）；7. 船舶设计和建造分委员会（Sub-Committee on Ship Design and Construction，简称 SDC）。从 2014 年起，船舶极地航行规则制定的任务就由 SDC 接手。

国际海事组织作为联合国下属的一个保障海上运输的专业技术领域的全球组织，它必须做到多方面的平衡：一是本领域的特殊专业制度与联合国其他制度和主张的平衡；二是发达国家或技术先进国家与发展中国家利益需求的平衡；三是船旗国、港口国和沿海国、船东、船级社和其他利益相关者之间利益的平衡；其四是，随着安全和环境保护的规范措施的增加，在安全、环保、高效航运各项目标之间达到适当的平衡，以免这些措施对航运效率产生不当影响。制定和实施这些措施以提高航运效率至关重要，从而使航运业能继续服务于国际海事运输和世界贸易。

当国际条约和机制能迫使人们去做他们原本不愿做的事情时，条约和机制才体现出其价值。一个机制中的遵约体系的强弱程度和完善程度将决定条约和机制是否被遵守，将决定条约和机制是否能实现其设定的目标，并改变行为体的行为。① 作为国际海事最权威的组织，海上活动的增加要求国际海事组织不仅要制定和修改相应的规则以满足治理的需要，而且要从制定规则向制定规则和监督执行并举的方向发展。2009 年 11 月举行的国际海事组织第 26 届大会特别提出了关于进一步发展成员国自愿审核机制的第 A. 1018（26）号大会决议，明确提出将成员国自愿审核机制逐步强制化。审核机制强制化标志着国际海事组织未来的工作重心将由传统的制定公约向监督实施公约转变。

---

① 罗纳德·B. 米切尔："机制设计事关重大：故意排放油污染与条约遵守"，载于［美］莉萨·马丁、贝思·西蒙斯编，黄仁伟、蔡鹏鸿等译：《国际制度》，上海人民出版社，2006 年版，第105—106 页。

二、海上治理制度的主要内容

国际海事组织是讨论和解决国际航运的各种技术问题及有关法律问题的主要国际论坛，是一个在低政治领域对全球海洋进行有效治理的重要机构，与《联合国海洋法公约》分守在海洋治理的两个重要方面。北冰洋属于全球海洋的一个组成部分，因此国际海事组织通过的各种治理制度也毫无疑问地有效应用于北冰洋的海事管理上。目前由国际海事组织制定并通过的关于海上安全和防污染以及其他相关事项的公约和议定书超过 50 个，相关规则和建议书超过1000 个，内容涵盖航运业的方方面面，从船舶设计、建造、装备、操作到船员培训，从设计图纸到垃圾回收。这些国际制度在保护海洋环境、保障航海安全以及应对全球气候变化方面作出了卓越的贡献。

海上安全和海上环境保护是国际海事组织的两大任务。海上安全既包括应对环境气候带来的威胁（如风暴、海潮、礁石、冰山等），也包括人为的威胁（如海上战争、海盗和其他海上有组织犯罪等）；既包括对船舶、货物的安全，也包括对船员、乘客的安全。为此国际海事组织通过了一系列公约、规则，要求所有船旗国、港口国和沿海国、船东、船级社和其他利益相关者共同遵守，并不断提高技术、操作和安全管理标准。

《1974 年国际海上人命安全公约》（International Convention for Safety of Life at Sea，1974，简称 SOLAS）是国际海事组织海上安全方面最基础也是最重要的法律制度。该公约于 1974 年通过，1980年 5 月 25 日生效。公约涉及到旨在改进航行安全的各种措施，例如分舱和稳性、机电装置、消防设备、救生设备、无线电报和通讯、航行安全、货物运输、危险品运输和核动力船舶等。

国际海事组织通过的有关公约还包括《1966 年国际载重线公约》、《1969 年国际船舶吨位丈量公约》、《1972 年国际海上避碰规则公约》以及《1979 年国际海上搜寻和救助公约》等。其中《1972 年国际海上避碰规则公约》是国际海上船舶的航行规则，它致力于避免或减少海上船舶碰撞，是划分船舶碰撞事故中过失责任的主要法律依据。这些规则是从人们长期的航海活动中总结出来，并考虑到新的技术发展和航运繁忙程度，经反复实践逐渐为相关各国所接受的规则。国际海事组织认为人的因素是海上安全的重要环节，于是在 1978 年召开会议，通过了有史以来第一个《国际船员培训、发证和值班标准公约》（International Convention on Standards of Training, Certification and Watchkeeping for Seafarers，简称 STCW 公约），该公约规定了国际上可以接受的船员资格和素质的最基本标准。

1985 年 10 月发生了意大利邮轮 Achille Lauro 号被劫持事件。国际海事组织于 1988 年通过了《制止危及海上航行安全非法行为国际公约》。2001 年 9 月 11 日的恐怖主义袭击以及随后的反恐战争迫使国际海事组织及其成员国开始考虑如何防止和制止危及海上航行安全的非法行为，防止全球贸易所依赖的重要航线因恐怖袭击而中断。国际海事组织对 SOLAS 公约框架下的强制性规则《国际船舶和港口设施保安规则》的《安全公约》进行修正，并呼吁各成员国以及与政府间和非政府组织通力合作，在保证便利贸易和海运通畅的同时，对海上运输业采用更加严格的措施来加强海上和港口保安，共同应对恐怖主义袭击事件和日益增加的海盗事件对国际海运的破坏。

全球环境问题日益突出，海上发生的环境问题由于责任边界的模糊和应急设施及能力的缺乏，与陆地环境的治理相比存在更大的难度。在全球化生产快速发展的同时，海上油气资源、化工产品甚至工业废料的运输数量激增。一旦发生沉船或倾覆事故，将会对海洋环境造成重度污染，对海岸环境、对海水甚至对海洋生物造成极大的损害。近些年来，随着人们对大气环境污染根源认识的加深，船舶的气体排放也被视为大气环境治理的重要任务。根据欧盟运输与环境委员会的估计，2011 年国际航运的温室气体排放占全球的3%，预计到 2050 年，船舶造成的海洋温室气体会翻一番。① 国际海事组织一直将环境问题与海上安全问题放在同等重要的地位，努力寻求防止船舶污染的可持续和环境保护的方法，如减少空气污染和应对气候变化和全球变暖，确保维护水生动植物系统，防止船舶将有害污染物质带入海洋环境，为全球经济和社会的可持续发展承担自己的责任。

　　1969 年，国际海事组织的前身——政府间海事协商组织通过了《国际干预公海油污事件公约》和《1969 年国际油污损害民事责任公约》（简称《1969 年责任公约》）。这两个公约都是以 1967 年"托利·堪庸"油污事件②为背景而制定的。《国际干预公海油污事件公约》确立了公海发生可能造成油污事件时沿海国的干预权。《1969 年责任公约》确立了对因船舶溢出油类污染而遭受损害者给予赔偿的原则。公约规定，只要有关船舶溢出或排放了散装油类，并污染了缔约国的领土或领海，其船舶所有人即应对该事件承担损害赔偿责任。为了保证责任落实，公约还作出了油污损害赔偿的诉讼、强制保险与财务保证方面的规定。1971 年 11 月 29 日—12 月 18日，政府间海事协商组织在布鲁塞尔会议上通过了《1971 年设立国际油污损害赔偿基金公约》，该基金公约是为了保证海上油污损害

---

　　① 中国船级社："欧盟全力推动全球性航运减排规则"，《国际海事信息》2011 年 3 期，第6 页。

　　② 1967 年 3 月 18 日发生了利比里亚籍油轮"托利·堪庸"（Torry Canyon）号油污事故。该船在英吉利海峡触礁，船体断裂，船上有 12 万吨原油，约有 6 万吨入海，造成英国南海岸、法国北海岸和荷兰西海岸大面积污染。这次事故造成的损失达 1500 万美元，社会影响甚巨。

的受害人得到更充分的赔偿而制定的。赔偿人除了船舶所有人外，也包括了因运输石油而获利的石油公司。这项公约保证了受害方能得到较为充分的赔偿，同时也不会过分增加船舶所有人的经济负担。政府间海事协商组织于 1972 年通过了《防止倾倒废物和其他物质造成海洋污染公约》，并于 1973 年召开了全球性的会议，全面讨论了船舶对海洋污染的问题，通过了更为综合全面的《国际防止船舶造成污染公约》（International Convention for the Prevention of Pollution from Ships，简称 MARPOL 公约）。该公约是为保护海洋环境而制定的防止和限制船舶排放油类和其他有害物质污染海洋的国际公约。经修订，《国际防止船舶造成污染公约》包括 6 个技术性附则：附则 Ⅰ. 防止油污规则；附则 Ⅱ. 控制散装有毒液体物质污染规则；附则Ⅲ. 防止海运包装形式有害物质污染规则；附则Ⅳ. 防止船舶生活污水污染规则；附则 Ⅴ. 防止船舶垃圾污染规则；附则Ⅵ. 防止船舶造成大气污染规则。

此后，在《国际防止船舶造成污染公约》的基础上，为进一步完善环境保护制度，国际海事组织又通过了一系列防止污染、保护环境和生态的公约和确保环境责任得到落实的责任赔偿公约，如《1996 国际海上运输有害物质的损害责任和赔偿公约》、《2001 年国际控制船舶有害防污底系统公约》、《2004 年国际船舶压载水和沉积物控制和管理公约》、《2007 年内罗毕国际残骸清除公约》、《2009 年国际安全与无害环境拆船公约》等。许多技术规则如《国际海运危险货物规则》、《散装液化气体运输船构造和设备规则》、《国际散装化学品规则》、《船用柴油发动机氮氧化物排放控制技术规则》，通过修订公约条款的方式，为签约国所遵守。除了公约外，国际海事组织还通过了涉及广泛的规则指导性文件和指南。这些指导性文件和指南通常对各国政府不具有约束力，但许多内容还是被相当多的国家纳入到国内立法或规章中去，或成为各国装备技术设计的指南。

　　面向未来，国际海事组织将保护环境和可持续发展视为自己重要的责任。在《2012—2017 年战略计划》中，国际海事组织宣称，为整个航运产业制定可持续的环保政策是其重要任务。全球航运活动对环境的影响迫使国际海事组织努力提升自身认识和整个航运界的社会责任感，采取措施尽可能减少船舶对海洋的负面影响，减少大气污染，提高能效以应对气候变化，保护生态。国际海事组织自我要求：1. 将主动识别和处理对环境有不利影响的船舶活动和事件；2. 为减少空气污染和处理气候变化和地球变暖的国际努力作出贡献；3. 制定有效的预防和响应策略应对突发船舶事故，减少其对环境的影响；4. 对新船采用"从设计到拆解"的概念，使新船变得更加环境友好，同时推行可行的对现有船舶进行再循环的解决办法。①

第三节　《极地水域航行船舶强制性规则》的制定

一、催生极地规则产生的动因及前期准备

　　北极环境的变化以及全球对北极航运的预期使得相关北极域内行为体和域外行为体对北极航运治理制度有了很大的需求。《联合国海洋法公约》在政治层面解决了若干问题，前面已有论述。而形势的发展需要国际海事组织从技术和标准层面着手切实解决极地航运规则问题。

---

　　① IMO," Strategy Plan for the Organization （for the Six-year Period 2012 – 2017）", Resolution A. 1037 （27） adopted on 22，November 2011，Assembly 27th Session. p. 5.

人类历史上最悲惨的海上事故是"泰坦尼克号"轮船在撞上冰山之后倾覆沉没。即使在技术发达的今天，极地航行仍有可能遇到自身难以克服的困难。2013 年 12 月俄罗斯科考船"邵卡利斯基院士"号因天气状况骤然恶化，在南极洲罗斯海附近被厚冰困住而无法启动。中国极地考察船"雪龙"号在紧急赶往出事海域参与援救时，也因浮冰厚度超出了"雪龙"号破冰能力而受阻。这说明冰区航行的困难程度和危险系数要远远高于其他地区。船舶在南北极环境中航行极可能遭遇一系列独特的危险。气候恶劣、缺乏海图、缺乏有效的通讯系统和其他航行保障设施，这些都是对航海者的巨大挑战。极地水域的冰冻和荒远使得救援和清除工作难度大且代价高。低温会降低船员体能和操作水平，也会降低船舶设备和机件的有效性，特别是甲板机械和应急抽水设备。当有冰情时，冰冻会增加船体和推进系统的负载。在极地环境中，流动的冰块和奇缺的救援系统对航行在极地的船舶系统，包括通航、通信、救生、环保以及危险控制等都提出了特殊的要求。海洋和流动冰块可能对所有船舶带来严重的结构性危险，这是在极地航行船舶要面对的重大问题。在极地恶劣条件下航行，不仅对船舶的抗冰能力有极高的要求，而且对于相应的安全操作规程、组织管理、人员培训都应当有特殊的安排。随着北极海冰持续融化，北极旅游、北极渔业、北极海上运输都会使得进入北极水域的船舶和人类活动快速增加。国际海事组织前任秘书长 Efthimios Mitropoulos 曾表示，在北极一些不可预知的极端气候和环境下，随着航运活动的频繁，危险系数也在不断增加。①

北极独特的自然环境和生态系统在气候变暖和人类活动增长面前十分脆弱。在极地冰区发生的燃油溢出和船舶带来的其他污染更

---

① 中国船级社："北极地区添 5 个新航区"，《国际海事信息》2011 年 4 期，第 16 页。

加难以清理，大自然本身的修复也更加缓慢。这些污染和排放将给
脆弱的极地生态系统带来严重的后果。北极冰寒环境中生物链十分
单一和脆弱，如果其中某一珍稀物种灭绝，很可能使该地区主要生
物的生态链接发生断裂。不断扩大的极地海上运输增加了船舶携带
的外界物种和病菌对极地生物的侵害。极地特殊的环境和生态也对
船舶在极地水域航行发生的漏油、排污、二氧化碳排放十分敏感。
基于环境和生态保护的需要，人们提出了要在极地水域航行进行更
严格的环境和生态保护，如要求：（1）限制在极地水域使用重油，
加强减少黑炭和其他有害气体排放的措施；（2）减少船舶灰水、垃
圾和其他污染物的排放；（3）限制航行速度和噪音；（4）在极地确
立生态敏感区并建立生物保护区；（5）建立应急响应能力。[①] 这些
环保领域的诉求通过各种渠道发挥社会影响，对极地航行规则的诞
生也起到了催生作用。

尽管上一节介绍的国际海事组织关于船舶和人员安全、环境保
护的各种海事制度都适用于极地水域，但专门为极地航行提供相应
的规范、条款和建议，也应是国际海事组织对极地治理的责任所
在。对于船舶在自然条件恶劣、遥远荒凉的极地水域航行风险高，
船舶和人员的安全能否得到保证，对于船舶在南北极水域行驶是否
会对南北极原始状态的环境造成破坏，国际海事组织都感到责任巨
大。面对日益增多的极地人类活动，国际海事组织认为"为了保护
海上生命和财产的安全以及极地环境的可持续性，应当毫不妥协地
回应这个挑战"。[②]

2001 年 11 月海事组织大会通过了 A. 927（22）号决议，确立
了关于特殊区域（special areas）和特别敏感海域的指定程序。将部

---

① Global Agenda Councils, Demystifying the Arctic, world Economic Forum, January 2014, p. 8.

② http：//www. imo. org/MediaCentre/HotTopics/polar/Pages/default. aspx.

分极地水域定义为"特殊区域"。决议指出，根据这些特殊水域的特殊海洋环境和生态条件，以及它们对海上航行的特殊要求，应当采取强制性的、更高标准的措施来防止海洋污染。这一决议在原则上为极地水域制定强制性的、更高标准的措施提供了依据。在相关国家的推动下，国际海事组织开始研究北极船舶作业安全问题，2002 年制定了不具有法律约束力的《北极冰封水域作业船舶指南》（MSC/Circ. 1056 – MEPC/Circ. 399），从船舶构造、设备配备和操作限制几个方面为从事北冰洋水域操作的船舶提供抵御冰冻和寒冷环境风险的安全指南，以避免在极地作业的船舶污染海洋环境，或造成船舶和人员的重大损失。2007 年 11 月国际海事组织大会通过了A. 999（25）号决议，发布了《客轮在遥远水域航行计划指南》，指南建议计划行驶于南北极水域的客轮在计划航程时应充分了解冰情、冰山、洋流情况，应了解前一年度冰情的统计数据，以及在冰封水域的操作限制，掌握冰区导航设备和使用、冰区行驶的安全距离和速度，甚至包括事故发生时的弃船逃生训练和特种逃生设备的使用等方面的知识和规程。随着北极地区海上运输量的日益增加，国际海事组织于 2006 年将航行和气象警告区域延伸至北极。2011年在北极地区新添 5 个航行和气象警告区域，由加拿大、挪威和俄罗斯 3 国负责 5 个新航区的协调工作，并确保信息和数据的及时更新。2010 年 6 月国际海事组织在马尼拉召开了 STCW 公约的修订大会，通过了"保证在极地航行商船船长和高级船员业务能力的措施"（Measures to ensure the competency of masters and officers of ships operating in polar waters），该文件强调了极地航行必须掌握足够的知识和经验，同时规定了极地水域航行的各种训练内容，尤其是领航长和轮机长的冰区航行能力要求。

2004 年第 27 届南极条约协商会议提请国际海事组织修改《北极冰封水域作业船舶指南》，使其也能适用于南极地区。2009 年国际海事组织通过了《极地水域作业船舶指南》。在挪威、丹麦、美国等国代表的推动下，2009 年国际海事组织第 86 届海上安全委员会要求设计与设备分委员会（DE）起草极地航行船舶强制性规则，并决定将此项工作列为优先议题，要求于 2012 年前完成相关起草工作。在所有这些要求中，建造极地冰级船舶的基本要求成为了重中之重，这也就是为什么国际海事组织要求其船舶和设备分委员会来主导极地规则制定的原因。这样，极地水域船舶安全和环保标准的适用范围从北极水域扩展到南极水域，并推动规则从软性的指南向强制性的规则发展。

二、极地规则的制定过程

极地规则自 2009 年 10 月船舶设计和设备分委员会（Sub-Committee on Ship Design and Equipment，简称 DE）第 53 次会议正式启动，截至 2013 年 12 月已经历了 4 年 5 次 DE 会议审议。2009 年 5 月，美国、丹麦和挪威联合向海上安全委员会第 86 次会议提出制定"极地水域航行船舶强制性规则"（International Code of Safety for Ships Operating in Polar Waters，简称 polar code——极地规则）的新建议并得到批准。从此极地水域航行船舶强制性规则制定成为 DE 的优先任务，并列入其第 53 届会议工作议程。[①] 为此，DE 建立专家通信工作组，负责向 DE 第 54 次会议提交报告。完成日期定在 2012 年。

---

① 中国船级社："国际海事组织船舶设计与设备分委会（DE）第 53 次会议介绍"，《国际海事信息》2010 年第 3 期，第 10 页。

DE 第 54 次会议于 2010 年 10 月在伦敦召开。会议听取了会间通信组的工作报告，会议工作组在通信组基础上进一步确定了极地规则框架。规则总体分为三个层次：一是规则的目标；二是极地航行风险和船舶设计和设备方面的功能要求；三是设计和设备的具体方案。虽然在制定规则问题上有共识，但与会各方在描述风险、后果和功能要求等技术问题上有较大分歧，在具体内容上一时也难以形成共识。会议要求通信工作组，在两次会议的间歇期继续规则的制定工作。[①] 会议建议各成员国对草案相关内容提交书面提案。

5 个月之后，DE 第 55 次会议于 2011 年 3 月召开。组织者将 25 份提案和 2 份资料文件划分为风险识别、规则草案、环境保护三类加以审议。[②] 讨论更加深入，内容更加具体。关于风险识别的 3 份提案，分别是通讯工作组报告、德国建议的采用树图风险识别法和丹麦提出的客船附加风险。这些提案各有所长，共同完善了极地航行的风险识别体系。在环境保护方面，会议原则支持新西兰和挪威提交的制定环境保护要求的提案（新西兰的 DE55/12/3 和挪威的 D55/12/5），提交工作组进一步讨论。全会重申先解决 SOLAS 适用的客船和货船，以后再考虑非 SOLAS 船舶和渔船的分步走路径。此外，会议决定极地规则不应与《南极条约》和《联合国海洋法公约》规定相冲突。

DE 第 56 次会议于 2012 年 2 月召开。65 个成员国和 2 个联系成员的代表以及 34 个政府间和非政府间组织的观察员出席了会议。围绕极地规则议题在本届会议形成如下结果：

---

① 中国船级社："IMO DE54 次会议情况介绍"，《国际海事信息》2010 年第 11 期，第 5 页。
② 中国船级社："IMO 船舶设计与设备分委会第 55 次会议情况介绍"，《国际海事信息》2011 年第 4 期，第 4—9 页。

1. 初步确定 A、B、C 三类船舶定义，其中 A 类船舶具有较高冰级，可在严重冰状态操作；B 类船舶具有一定冰级，可在当年冰状态操作；C 类船舶无冰级，可在很薄（新）冰状态操作；2. 讨论并制定了有关安全方面各章节的功能要求，并列出需由 COMSAR、FP、SLF、NAV 和 STW 等几个分委员会处理的问题；3. 本届会议建立的通信工作组继续制定极地安全方面的技术性内容，暂时不处理环境保护方面内容，但列出环境保护方面由 MEPC、BLG 和 DSC 委员会和分委员会考虑的项目；4. 2013 年 DE 第 57 次会议启动适用于非 SOLAS 船舶的极地规则制定工作，其中有关渔船的部分内容将由 SLF 分委会负责。[①]

极地规则最初设定的完成时间是 2012 年。后因规则涵盖领域广，涉及制度调整和利益平衡的方方面面，而且各利益方立场分歧大，DE 第 56 次会议重新调整了工作计划，将整个极地规则制定工作分两阶段完成。第一阶段重点制定适用于 SOLAS 的客船和货船的规则，第二阶段制定适用渔船和非 SOLAS 适用船舶的极地规则。根据调整后的计划，在第一阶段 2012 年设计与设备分会 DE 第 56 次会议完成相关通信工作讨论，并于 2013 年初 DE 第 57 次会议工作组完成规则的最终草案，2014 年 DE 第 58 次会议起草完成规则，并报海上安全委员会和海上环境保护委员会批准。在第二阶段 2013 年 DE 第 57 次会议按海上安全委员会和海上环境保护委员会指示启动，2014 年确定原则，2015 年制定规则草案，最终于 2016 年完成。

DE 第 57 次会议于 2013 年 3 月召开。这次会议仔细审议并修改了基本成形的极地规则各个条款和章节。会议商请其他分委员会根据一些极地水域特有的风险条件，就一些技术条款进行研究。会议

---

① 中国船级社："国际海事组织船舶设计与设备分委会第 56 次会议介绍"，《国际海事信息》2012 年第 3 期，第 4 页。

重点讨论了规则的总则部分，第 2 章（船体结构）、第 8 章（救生设施）、第 15 章（环境保护）等章节的新提案，会议同意航行在极地水域的船舶须随船携带极地船舶证书和极地水域操作手册。会议同意，规则草案第 15 章关于环境保护的内容将与海上环境保护委员会协商，特别是能效设计指数 EEDI（Energy Efficiency Design Index）① 的应用问题、重油的使用问题，以及黑炭排放的影响等。

由于 2013 年底国际海事组织分委员会的机构调整，2014 年后极地规则由新改组的船舶设计与建造分委员会（SDC）负责。在 2014 年 1 月 20—24 日的 SDC 分委员会上，原则通过了极地规则的草案，为了使该规则具有强制性，IMO 通过修订 SOLAS 和 MARPOL 的方式，即通过关于极地规则的公约修正案，对该规则进行引用，说明其强制或建议性质，从而赋予该规则强制或建议属性。SDC1 完成极地规则草案后，仍留有一些悬而未决的技术问题，分别交由 SSE、HTC 等分委会讨论解决，向 MSC 和 MEPC 报告；也有一些问题需要 MEPC 和 MSC 审议。按计划，草稿将提交给 MEPC66 和 MSC93 批准，计划于 MEPC67 和 MSC94 通过。在 SOLAS 公约中增加的"船舶在极地水域航行的安全措施"新的一章（第 14 章）计划 2014 年 5 月在国际海事组织海上安全委员会审议通过。在 MARPOL 公约中，若干附则（如附则 I 防止油污规则、附则 II 控制散装有毒液体物质污染规则、附则 IV 防止船舶生活污水污染规则、附则 V 防止船舶垃圾污染规则）的修改将由海上环境保护委员会在 2014 年 3 月会议上审议通过。极地航行规则中有关培训和人员的内

---

① 能效设计指数 EEDI（Energy Efficiency Design Index）是衡量船舶设计和建造能源效率水平的一个指标，即根据船舶在设计最大载货状态下以一定航速航行所需推进动力以及相关辅助功率消耗的燃油计算出的二氧化碳排放量，EEDI 越大，说明船舶能耗越高。2010 年 3 月，MEPC 第 60 次会议提出对所有营运船舶强制实施"船舶能效管理计划"（SEEMP）；2011 年 7 月 MEPC 第 62 届会议。会议以投票方式通过了包括 EEDI 在内的《国际防止船舶造成环境污染公约》附则 VI 有关船舶能效规则的修正案。

容将由人力因素、培训和值班分委员会在 2014 年 2 月的会议上审议。事关消防安全和救生设备的部分将由船舶系统与设备分委员会在 2014 年 3 月会议上审议。其他内容也将由航行、通讯与搜救分委员会审议。各分委员会的意见将最终向海上安全委员会和海上环境保护委员会报告。

三、极地规则的主要内容和特点

极地规则以处理极地水域的船舶安全和生态环境保护为目的，向更严格的技术、操作和航行控制要求方向发展，形成船舶进入极地水域更高的技术门槛和环保限制。极地航行规则几乎覆盖了船舶在极地水域航行的所有方面：既包括了从船舶设计、建造、设备、操作、培训到搜救事关船舶航行安全和人身安全的部分，也包括了同等重要的对南北极地区独特的环境和生态系统进行保护的部分。极地规则目标是针对极地水域低温环境、高纬度、方位偏远和生态敏感性特点，在现有国际海事组织文件基础上，采用目标型规则制定方法，制定针对特定极地水域风险的船舶安全和环境保护补充要求。极地航行规则草案既包括了强制性措施部分（如海上安全部分的 part I-A 和防止海洋污染的 part II-A），也设有建议性条款（如海事安全部分的 part I-B 和防止海洋污染的 part II-B）。主要内容包括船体结构冰级、稳性和水密完整性、消防、安全航行、无线电通信、居住条件、轮机、应急准备、救生设备、操作要求、船员、环境保护等方面，分别列出目标、功能要求和具体的安全技术要求。

表11-2 《极地水域航行船舶强制性规则》的主要章节和内容概要

章序	内容	概述
	前言与介绍	术语定义、应用范围、证书与核查
第一部分（A）		关于船舶安全强制性要求
1	总则	
2	极地水域操作手册	极地水域操作中的条件、情况和程序
3	船舶结构	根据水域冰量、冰级，确定相应加强船体结构的根据
4	稳性和分舱	考虑冰的附着力条件下的稳性措施
5	防水防风整体性	考虑冰的附着力条件下的密封性应用
6	机器安装	发动机功率输出和管线排布的附加要求
7	操作安全	保证极地水域正常操作和应急操作时生活空间和工作空间的安全，同时保证各种设施的良好状况所需的设备要求和措施要求
8	消防安全	水上灭火系统的附加要求
9	救生设备和措施	恶劣条件下的救生设备和措施要求
10	航行安全	关于航行安全所需要的冰情、海图、当地环境规则、雷达等信息和设备要求
11	通讯	通讯设备附加要求（包括与护航船之间的通讯）
12	航行计划	为公司和船舶建立运行管理的航行计划、报告制度和敏感区域保护制度
13	人员配备与培训	海员冰区操作素质培训、证书制度和附加要求
14	意外事故措施	预防意外事故的必要设备和措施准备
第一部分（B）	非强制的建议措施	关于冰级对应、结构整体性、最小引擎功率、安全航行速度、安全停泊距离、冰级证书、应急与逃生设备、保护极地文化遗产区域的若干建议

续表

章序	内容	概述
第二部分 （A）		关于环保方面强制性措施
1	防止油和油混合物污染	根据与 MARPOL 附则Ⅰ中相关项目，减少船舶用油和油混合物对极地环境的污染，为极地行驶船舶设计提供减少油污染风险的技术要求
2	防有毒液体物质污染	根据 MARPOL 附则Ⅱ中相关项目，根据极地行驶船舶大小、类型和其他特征的不同提供措施建议，以减少有毒物质污染的风险。禁止任何有毒液体倾注极地海水之中
3	防有包装有害物质污染	参照 MARPOL 附则Ⅲ防止有包装的有害物质对极地水域环境的污染
4	防止船舶生活用水污染	根据 MARPOL 附则Ⅳ防止生活用水污染，考虑特殊环境条件和极地水域的弹性适应力
5	防止船舶垃圾污染	根据 MARPOL 附则Ⅴ减少船舶垃圾对极地水域的污染，考虑特殊环境条件和极地水域的弹性适应力，包括禁止在极地冰面上倾倒垃圾，禁止在北极水域和冰面倾倒食品垃圾、动物尸体的规定
第二部分 （B）	关于环保方面建议性措施	包括对第 1 章（MARPOL 附则Ⅰ）、第 5 章（MARPOL 附则Ⅴ）的附加指导性建议和其他方面的指导性建议

资料来源：ClassNK，External Affairs Division Vol. 2（5 April 2013）．http：//www. infomarine. gr/attachments/article/1239/The% 2057th% 20session% 20of% 20the% 20IMO% 20Sub-Committee. pdf。

极地规则的内容和制定思路有很鲜明的特点。国际海事组织制定极地规则的过程综合考虑了主权因素、风险源因素、技术因素、环保因素的影响，反映了全球化时代制定治理规则时的一些特征：体现多方参与，强调成员方的履约，注重开发与环境生态的平衡，注重目标对能力的引导作用，注重技术标准对履约的规范和核查作用。考察极地规则的制定过程和内容，我们可以发现以下明显的特征：1. 基于风险源分析和目标导向的制定思路；2. 基于操作限制的船体结构安全理念；3. 基于环境和生态保护的技术要求和操作管理；4. 基于人员素质和制度严密的全过程规范。

基于操作限制的船体结构安全理念的重点在于保证极地冰区水域和低温情况下的船体安全，并从极地航行船舶的设计环节就引入了针对性的安全指标和要求。船舶结构和稳定性、船体和设备防水和防风的整体性、船舶主要机器和消防及救生设备的设计和安装都必须符合这样的要求。从设计和建造环节开始，要保证船舶使用的所有材料必须能够在冰区寒冷低温中正常运行，对于那些暴露于船外空气和海水中的结构，其材料必须得到认证机构的批准。而对不同冰级水平的船舶受力结构使用材料也有相应的规定，冰级加强型的船舶在设计和建造时必须考虑能够抵抗可预见的冰情并能承载相应的环境负荷。总之，要保证各种结构、机器和设备在极地水域全程中都能有效发挥其设计功能。

基于环境和生态保护的技术要求和操作管理，体现了对脆弱环境下防止污染和保护生态的新理念。极地水域环境脆弱，极地的环境和生物对有害物质的抵抗力极差，同样规模的污染事故发生，在极地水域会因低温海水更加难以降解，会因为污染物黏附在固体冰块上而更加难以清除，大自然所需的恢复时间将更长。船舶在极地航行会对冰块产生物理破坏，会排放二氧化碳和黑炭，这些都会加速极地水域的海冰融化。极地规则要考虑避免对极地水域海洋生物，特别是北极熊、海豹等哺乳动物的影响。因此，极地规则在船舶防污染方面，除满足现有 MARPOL 公约要求外，还提出禁止使用重油、限制碳黑排放和灰水排放、提高回收污染物的能力、控制水下噪声等要求。这些为脆弱环境制定的更加严格的技术标准和更超前的排放限制，随着全球环境生态保护压力的增加，会显示出它们的全球意义。

基于人员素质和制度严密的全过程规范的归结点在人。极地航运中产生的问题归根到底是人和人的创造物——船舶可能给自身和环境带来的不良后果。人在极地水域的活动本身就是治理的对象，因此在极地规则中强调全过程中人的因素和制度的规范，并加强海上和陆地的预知和应急联动。冰山的存在、高纬度、极夜低温等因素都会影响操作人员的表现。极地水域缺乏海图和水文资料，船员普遍缺乏极地冰区航行的操作经验，缺乏对极地水域冰状态的识别能力，都是航行安全的重大隐患。规则要求极地航行船舶的船员必须经过专门培训，并配备冰区导航员。基于极地水域的偏远性、应急响应设施的不足，极地规则也设立了船舶进入极地水域前向当地搜救中心报告的机制。

规则要求准备进入两极规定海域航行的船只申请极地船舶证书（Polar Ship Certificate），规则将船舶分为三类，并需在证书上注明：A类船舶——是指专门设计在极地水域航行的，至少可以抵抗中等厚度的当年冰的船舶；B类船舶——是指A类之外可以在极地水域航行的，至少可以抵御较薄的当年冰的船舶；C类船舶——是指设计用于行使在无冰水域的或冰厚程度低于B类所规定程度的船舶。为了获得这些证书，船舶需通过专门设计的、内容广泛的验收。船舶获得在极地水域航行的许可，还需持有极地水域操作手册，以确保船主、操作者和船员获得足够的关于船舶行驶能力和限制的信息，帮助他们做出理性的决定。

在若干特点中，极地规则的设定过程采用的目标导向方式最值得称赞。也就是说极地规则的制定首先考虑的是基于极地航行安全和极地环境保护的特殊要求的治理目标，并以此目标确立相关的设备功能，根据功能分解到设计、建造、人员培训、安全措施、操作规程的各个环节，而不是根据现有设备和技术条件来讨论，也不是先考虑各个成员国的利益诉求来制定的。以极地规则草案关于防止油污染一章为例，该章首先确定的是目标（Goal）——"本章规则设定的目的是为保护极地水域特殊的环境条件和环境调适能力，提供各种手段来减少来自船舶的油污染，将此类有害影响降到切实可行的范围。"① 根据这个目标，规则确立了两项功能性要求（Functional requirement），分别是：1. 提供各种方案、手册、记录、规程和工具以避免正常行驶中油料和油混合物对环境造成的污染；2. 在紧急状态下船舶油料和油混合物可能造成环境污染，船舶应当从设计环节开始保护环境，并制定计划使所有环境风险降至最低。根据这两项功能性要求，规则设定了若干项具体要求和规定（requirements），如"自规则生效之日起，所有冰级 A 类和冰级 B 类的船舶，所有用于盛装油料和油混合物的箱体必须与船舷外壳保持至少760 毫米的距离"这样具体而明确的技术标准。②

2002 年 11 月，海上安全委员会第 78 次会上提出目标型标准（Goal Based Standard，GBS）的概念。③ 这个概念最初只应用于船舶建造，现在国际海事组织逐步将这一理念应用于各种决策过程。与传统描述型公约相比，目标导向型公约更着重目标的实现，更追求宏观控制。目标导向型公约的出现已经为国际海事治理制度，甚至其他国际治理制度的发展指明了前进方向。它实际上成为一个新的

---

① IMO, Development of a Mandatory for Ships Operating in Polar Waters: Report of the Intersessional Working Group, SDC1/3, 10 October 2013, p. 50.

② Ibid., p. 51.

③ GBS 所包含了 5 个层次的内容。第一层（Tier I）为目标，旨在设定一系列安全目标，船舶在设计和建造阶段应满足这些目标并得到认证；第二层（Tier II）为功能要求，旨在设定一系列与船舶结构功能有关的要求，在设计和建造期间使船舶结构功能与所设定的要求一致并被认证达到第一层设定的安全目标；第三层（Tier III）为符合性验证提供标准，GBS 要求船舶的设计者、制造者提供必要的文件来证明他们在设计、建造和操作期间符合 GBS 标准；第四层（Tier IV）为船舶规范，由 IMO、主管机关和/或船级社制定并实施，用以符合 GBS 的目标和功能要求；第五层（Tier V）为船舶建造、操作、维护、培训、配员等行业标准和做法，可能会被主管机关和船级社在制定规则时引入或者引用，这些准则或规范应该能够被证明符合 GBS。

"制定规则的规则"（rule for rules），值得在其他治理领域推广。

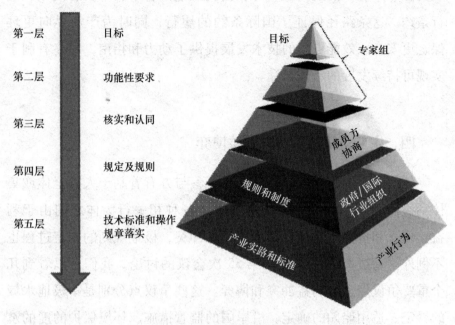

第一层　目标

第二层　功能性要求

第三层　核实和认同

第四层　规定及规则

第五层　技术标准和操作
　　　　规章落实

目标

专家组

成员方协商

政府/国际行业组织

规则和制度

产业行为

产业实路和标准

图11－1　目标型规则制定层级图

如图11－1所示，从目标型公约或规则的制定方式看，公约和
规则首先是在最高层次上提出公约的总体目标和功能要求；在具体
层面也会提出部分的具体技术标准和操作标准，但它不排斥能满足
总体目标和功能要求的其他具体技术和方案，甚至鼓励基于目标和
总体功能要求的技术创新，鼓励成员方根据总体目标和功能要求来
制定操作层面的具体标准。目标型公约和规则一般都由4—5个层次
构成：总体目标层，即规定公约所要达到的目标；功能层，即规定
达到公约要求的目标所需要的功能及实现要求；核实与认同层，即
成员国代表经过协商并确认总目标和功能要求，并同意落实各项具
体规定；规定及规则层，在这一层，各缔约国在国际海事组织的指
导下落实问题协调、跟踪、验证、报告、认可、评估等具体规定。
在目标型公约框架下，各缔约国可以制定具体的达到公约目标的国家规范和行业标准。如果从治理的全过程考虑，还要加一个落实到成员国和产业界的践约层，即在公约规定的各个环节执行规则，履行条约。这条路径保证了国际条约的履行，同时为产业界向更环保、更安全、效能更高的技术发展提供了动力和指南，最终有利于实现可持续发展的治理目标。

四、主要争议以及各方利益博弈

任何一个国际制度的形成，除了参与方有着基于人类全体或集体利益以及环境保护的共同利益外，各种相关行为体之间由于利益、理念和价值观差异会形成分歧和冲突，极地规则的制定过程也不例外。通过 DE 第 54 次和第 55 次会议的讨论，我们可以看到几个重要争议点上的利益冲突和博弈。这些争议点分别是：极地水域的界定、适用船舶的确定、沿岸国的监管措施、环境保护的度的掌握、航运对原住民文化的影响等。

从技术层面讲，关于极地规则适用的地理范围是任何一个涉及南极和北极特殊海域规则首先要解决的问题。因此是否要重新定义极地水域范围成为一个棘手的问题。作为一个低政治领域的国际组织，国际海事组织并不准备挑起各国海洋权益之争从而模糊了极地航行治理工作的焦点。关于适用船舶，DE 会议确认先就《海上人命安全公约》规定的货船制订强制性规则，渔船等其他船舶留待下阶段考虑，暂不作决定。这主要影响了船主和船旗国的利益，因此巴哈马等船旗国主张非极地级船舶不应要求冰区加强稳性要求和其他结构要求。

极地沿岸国监管权限认定是一个影响极地规则制定的关键点，这方面的争议会使 IMO 倍感挑战。如坐拥重要北极航道的俄罗斯在 DE 第 55 次会议上提交了对沿岸国有利的补充条款（文件编号

DE55/12/23），称："本规则不可侵犯国家的航运控制体系，……港口国、缔约国和沿海国可根据当地条件、基础设施和程序，为在其司法管辖下的特定航线和水道保留当地航行规范和规则。"① 这又是一个需要同《联合国海洋法公约》加以协调的高政治问题。对此美国、挪威等国家代表强调维护极地水域的自由航行权，主张尽快推出极地规则，以减少极地航行船舶受北极国家国内法控制。

会间专家通信组协调国挪威和部分非政府组织建议规则的制订应考虑极地航运对原住民文化的影响，太平洋环境组织也主张规则制定要考虑北冰洋原住民和海洋动物的生存需要，应采用预防方法，制定出高于现有规则要求的环境保护标准。多数国家以有关问题超出 IMO 权限为由强烈反对。会议最后决定原住民文化的问题在规则中不予考虑。海上环境保护委员会（MEPC）第 60 次会议上特别就新船的能效设计指数（EEDI）制定相关的强制性文本，并以 MARPOL 附则 VI 为法律框架，形成了文本草案，以期通过技术措施和操作性措施减少废气排放和大气污染。从环境保护角度看能效设计指数的采用无疑值得肯定，但在极地冰区航行的船舶中执行这一措施，就出现了减少废气排放和大气污染与冰区人员和船舶的安全之间孰轻孰重的问题。按照能效设计指数制造的船舶在极地冰区环境下可导致动力不足的问题。如果安装的发动机马力不够，散货船和油轮等船型极易出现操作问题。在冰区的船舶如果没有附加动力，极可能困于冰区中不能脱身。在极地规则指定过程中，芬兰提出的《芬兰瑞典冰级规则》中就有最低主机功率要求，建议在此基础上制定相关规则。

在极地规则制定过程中，北极国家和少数近极地国家、代表航

① 见《中国代表团出席国际海事组织（IMO）船舶设计与设备分委会（DE）第 55 次会议的报告》。http://www.moc.gov.cn/zizhan/zhishuJG/chuanjishe/IMOIAC/201111/P020111114588612537493.pdf.

运利益的国家和组织，以及环境保护组织参与讨论活跃。各方基于自身利益和理念，立场各有侧重，在整体强调国际治理责任的前提下，无不积极投入博弈，竭力维护自身的利益和权益。

北极国家试图通过规则制定将本国的标准国际化，将本国的既有优势变成权力和财富。造船技术强国突出其技术优势，利用规则和标准的制定来争夺未来适用于极地航行船只的造船市场份额。瑞典、芬兰、俄罗斯、加拿大等国因为地缘优势和历史积累，极地航行和管理的经验较为丰富。在规则讨论之时，这些国家有意识地将本国极地船舶设计和管理的标准引入规则之中，扩大本国规则的适用范围。北极航道的重要沿岸国加拿大和俄罗斯在规则制定的过程中，强调沿岸国控制对极地水域航行安全和环保的特殊权利和责任，巩固其国内法在控制北极航道上的有效性。芬兰、瑞典和丹麦等国，极力在极地规则中嵌入《芬兰瑞典冰级规范》的规范内容，以保证按其规范设计建造的船舶具有从事极地航运的竞争优势。德国凭借其船舶技术研发优势，竭力推动基于风险的目标型规则制定方法的应用。芬兰、德国、日本等造船技术强国以鼓励技术创新为由，主张规则仅列出极地船舶设备应具备的功能即可，不必提供船舶的详细设计方案，而缺少极地作业经验和造船能力的国家则希望规则能提供详细的设计方案。

各个国家对安全标准和环境保护标准松、严程度的分歧，也反映了他们利益和责任兼顾的特点。新西兰、阿根廷等南极附近国家认为，由于极地应急基础设施十分有限，船舶设计应设立更高的环境门槛。而挪威、冰岛等对北极开发有很高期待的国家尽管也同意在极地采取较高的环保标准，但主张标准适当即可，担心过高的环保标准将影响北极资源和航道的开发和利用。巴拿马、巴哈马等船旗国也希望标准适度，对那些可能提高航运成本和增加船东责任的提案持保留态度。

中国是国际海事组织的 A 类理事国，是全球贸易、航运和造船大国。在几次重要的会议中，中国方面由交通运输部牵头，外交部、工信部等部委及相关业界代表组成的代表团与会，积极地参与到极地规则的制定过程之中，提出合理的主张和建议。自 2009 年开始的 DE 第 53 次会议，中国代表团始终保持对制定极地规则的积极立场，强调在《联合国海洋法公约》和一般国际法原则和现有国际海事组织公约框架下开展工作的基本原则，并在技术层面切实参与讨论，主张极地规则的合理性和可操作性。

中国代表团在讨论中表达了支持制定极地规则的立场，同意采用基于风险评估或目标导向的方法和适用公约船舶的强制规则和适用非公约船舶的建议性指南的结构，主张船旗国按规则签发安全证书并避免引入航行许可制度。[①] 在环境保护方面，中国主张极地规则应充分考虑环境保护的需要，在具体内容上应做到合理科学，兼顾环境保护与航运效率的平衡，避免采取禁止使用重油等简单措施。希望极地规则工作组就相关环保内容主动与海上环境保护委员会沟通，注意各种机构和制度之间的协调一致。中国方面强调当前极地科学考察工作对极地治理的重要意义，主张将"政府拥有或由一个国家使用的，从事政府非商业服务的船舶（公务船）豁免条款"写入规则草案，从而避免许多国家的科学考察船在极地的科学考察活动受到限制。[②] 中国代表团妥善处理了俄罗斯、加拿大提出的沿岸国管辖和其国内法律在极地规则中的地位问题，维护了各国航运界在北极地区正常通航的权利。

非国家行为体也在极地规则的制定过程中积极表达自己的主张并做出相应的贡献。在所有非国家行为体中，两类代表特别值得一

---

① 中国船级社："国际海事组织船舶设计与设备分委会第 53 次会议介绍"，《国际海事信息》2010 年第 3 期，第 10 页。

② 同上书，第 4 页。

提，一类是商业航运界的代表，一类是环境和生态保护界的代表。在解决极地冰区航行需要足够大的主机功率和保持一定水平的能效设计指数的矛盾中，由国际船级社协会（International Association of Classification Societies，简称 IACS）提出的最大主机功率要求，涉及非强制性，也得到广泛支持。代表超过世界上 80% 商业船队的国际航运公会（International Chamber of Shipping，简称 ICS）关于船舶冰级划分就成为国际海事组织对在极地航行的船舶进行分类的技术依据。在极地规则研拟讨论的过程中，ICS 也不失时机地发表意见。ICS 的意见书除了支持极地航行的有效治理，如安全、环保外，还强调完全市场准入和航海自由和便利需要，强调增加国家监管透明度和减少机构管控和不适当服务费用等。[①] ICS 对外关系部长西蒙·班尼特解释说："随着北极航运发展，越来越多的人意识到北极水域需要高度呵护。值得庆幸的是，国际海事组织已经着手制定强制性的极地规则。但极地规则的发展应使风险与收益相当。"他借此表达了对强制性规则可能引发极地航行成本高企，进而给海上商船带来不便和利益损害的担忧。他希望："法规不应武断地要求在任何冰区航行都符合一致标准。要使北极港口与世界其他地区之间进行频繁并可靠的海运服务，以满足环保和可持续发展的方式对北极自然资源进行开发，这些都需要竞争力强且费用低廉的海事服务。"[②]

环境问题是北极治理的重要问题，在全球环境政治兴起的今日，极地规则必然深深地烙上多种行为体共同参与的印记。一些非政府组织也积极投入到北极治理之中，国际地球之友（FOEI）、国

---

① International Chamber of Shipping, *position paper on Arctic shipping*, 2014. http：//www.ics-shipping. org/docs/default-source/resources/policy-tools/ics-position-paper-on-arctic-shipping. pdf? sfvrsn = 8.

② 中国航运网："国际航运公会放眼北极航运未来发展"。http：//www. cnhangyun. com/news/news_ view. asp? id = 32524。

际爱护动物基金会（International Fund for Animal Welfare）、世界自然基金会（WWF）、太平洋环境保护组织（Pacific Environment）等组织特别关注极地水域的环境和生态保护，强烈要求提高南极水域作业船舶的安全等级，并设置特殊区域限制船舶进入和航行。还提出了北极水域的关于防止集装箱和带包装有害物质海上丢失、减少黑碳排放、减少船舶生活污水，灰水排放应采用高标准，以及防止船舶与鲸类或其他海洋动物的碰撞等议案。FOEI 等组织在规则适用边界划分问题上，提出了基于生态活动圈划分的提案（DE55/12/8）。在环保组织的推动下有成员国提案建议在规则中明确配备污染物回收标准设备（DE55/12/13）和配备移动泵驳运污染物的建议（DE55/12/3）。而国际航运公会（ICS）和巴拿马等国对这些建议的可行性、合理性、安全性，特别是费用效能比提出质疑。

国际制度的变革和修订，牵一发而动全身，极地规则的制定过程也是如此。因此国际海事组织必须在守成和开拓之间寻找平衡。一些成员国和作为观察员的国际组织如美国、巴拿马、巴哈马以及ICS 等就认为极地规则地中考虑的某些环境要素实际上已经导致既有公约，如 MARPOL 和 BWMC（《压载水管理公约》）等公约的修改。因此，规则制定不应避开这些公约的修订程序，极地规则中建议的要素应提交 MEPC 审议。而另外一些国家和国际组织则认为应当保持制度的稳定性，减少对其他制度的冲击，减少协调过程，争取比较快地达成强制性的极地规则。国际海事组织将极地规则的制定放在海上安全委员会下属的设备与设计分会来执行这一宏大的治理任务，本身就有定位于技术层面、划小范围、提高效率的含义。

五、极地规则制定过程的启示

国际海事组织围绕极地规则制定的过程给了我们很好的启示，

那就是在一个全球化的世界，在地球环境与我们每一个人、每一个群体的利益和幸福息息相关时，全球各国以及其他行为体应当以全球利益为首要考虑，积极行动起来针对全球性问题从自身做起，从产生问题的每一个环节去改变，将治理的目标与产业的技术进步结合起来，将治理目标的实现与自身利益的获得结合起来。

人类在长期实践中已经积累了一些技术和知识，这些技术知识和管理经验的吸收都有助于科学、安全、环保地安排北极航运，让北极航运最大限度地服务于人类经济的发展和地球生态的保护。在北极航运治理中，俄罗斯的冰区船舶安全证书就具有很多可取之处。该证书允许在破冰设备的帮助下或独立操作情况下选择安全运营模式，模式的选择取决于实际的冰区条件、船壳和设计的特殊性、尺寸、排水量和推进器等因素。这项措施对北极液化天然气（LNG）运输船舶非常实用，对于安全可靠的北极油气资源运输能够起到积极作用。[①] 挪威船级社（DNV）在 2010 年前后重点研究了未来跨越北极的集装箱航线，研究报告得出的结论是，未来的北极航运如果完全依赖破冰船，不仅成本高昂，而且不适宜通常水域航行。因此，优选运营方式应当是在接近冰区边境——北大西洋和北太平洋附近建设中转港口，在北极地区运营专门建造的破冰集装箱船。[②] 极地通讯、北冰洋监测是北极航运的基础性保障。欧盟与北极国家合作重点之一是提升对北极地区的监测能力，包括卫星技术的应用。欧盟强调，地球同步轨道卫星是北极地区通讯、航海和观测的重要工具。[③] 另外，欧盟正在建立一个高分辨率的海底绘图数据平台，这个数据平台既包括欧洲海域也包括北极部分海域，预计

---

① 中国船级社："RS 推出冰区船舶安全证书"，《国际海事信息》2010 年第 2 期，第 13 页。

② 中国船级社："DNV 设计未来北极集装箱航线"，《国际海事信息》2010 年第 2 期，第 13 页。

③ EUROPEAN COMMISSION, "Developing a European Union Policy towards the Arctic Region: progress since 2008 and next steps", Brussels, 26.6.2012.

2020年将完成相关海底地图绘制。这个海底地图对于建立安全的北极海上航道至关重要。

北极的航运在可以预期的未来一定会变成现实。极地规则所确定的可持续的价值观和发展方向告诉人们，今后任何一种新的经济机会必然会与生态保护、环境保护相协调。与世界航运相关的各方应当主动认识极地治理的方向，在提升自身开发能力的同时提升环境保护的技术和能力。为实现极地安全环保的航运，还有许多技术需要突破，比如说极地水域冰状况、气象和环境研究；极地水域操作安全技术研究；船舶减少排放和能耗的技术研究；船舶抗低温性能和防寒措施研究；发动机黑碳排放控制技术研究等都应当成为国际航运界重点研究的技术项目。对于一些北极航运经验不足的域外航运大国，如中国、日本、韩国等，未来必定是北极航运的重要参与者，应当投入更多的资源和精力进行极地环境的研究和与环保相一致的航运技术的研究，为极地航运治理提供技术支撑。

第十二章
全球气候外交与北极治理

　　气候变化的地球科学和政治经济学研究已经表明，全球变暖已成为人类迄今为止所面临的最为严重、规模最为广泛、影响最为深远的问题之一①。气候变化日益引发种种直接威胁（如极端自然灾害、极地海冰融化、粮食危机、疾病蔓延），并催生了一系列间接安全问题（如资源匮乏和竞争、族群矛盾和移民冲突、恐怖主义、国内和国际冲突等）。气候变化被认为是对极地地区的环境生态、当地居民的生活方式以及北极社会制度构成了最大冲击的环境问题。由于极地地区气候变化的速度高于全球平均水平，因而其对海冰、冰川和极地生态的影响已经凸显。北冰洋的海冰显著减少，使得极地的油气和矿藏资源开发成本下降，开辟通过西北航道和北海航线的商业海运的前景大增。气候变化给极地地区带来了巨大的环境影响，改变了相关油气和矿藏资源分布版图，进而改变了全球贸易版图。北极海冰的融化以及冻土松动释放出的温室气体又会加速

---

　　① 气候变化的直接原因是温室气体排放量激增导致的地球气候调节系统受到破坏，从而威胁到整个全球生态系统。地球气候是随着源于太阳的能量流改变而改变的。太阳能主要集中于可见光，其中30%被反射回太空。但是大约70%的能量在穿越大气层时被吸收。大气层通过气候调节系统控制着自然界能量的转移。温室气体象一个厚厚的毯子一样保持着源于太阳和逸出地球的能量平衡。温室气体浓度上升将会影响可见光的吸收。因此温室气体含量上升后会导致气候发生变化。参见 Intergovernmental Panel on Climate Change（IPCC），*Climate Change 2007*（3 vols.）（Cambridge：Cambridge University Press，2007）．"Main points of the IPCC synthesis report on climate change"，Agence France Presse，November 17，2007。

全球变暖的过程。因此，北极的治理离不开全球气候治理，而北极治理的成效又可以对全球气候变换起到制动的作用。

北极治理包括很多领域，如海洋生态的治理、极地环境的治理、北极渔业的治理、船舶极地航行的治理、资源开发的治理等林林总总。而气候是引发北极具体领域治理的重要变量，因此它成为北极各领域治理的重中之重。气候变化问题是一个全球性和整体性的问题。首先，气候变化的影响范围很大，单就从整个人类生态系统来说，由于地球表面被大气所覆盖，世界所有国家都会受到气候变化的影响和冲击。而气候变化带来的土地荒漠化、海平面上升、生物多样性等环境安全问题也同样影响深远。其次，气候变化问题具有整体性，气候变化问题的影响层面很多，具有"牵一发而动全身"、"不可分割"等整体性特性。例如气候变化导致的冰川消融不仅会引发海平面上升、同时也会导致水资源枯竭和荒漠化等重大问题。由于地球变暖，南北极冰雪融化，海平面上升，许多低洼地带被淹没，各种自然灾害频繁[①]。气候变化的全球性和整体性，决定了对北极地区的气候治理应当毫无争议地划定为全球治理。

第一节　气候变化和北极治理的协同效应

一、气候变化的重要性

北极和气候变化密切相关，北极气候变化直接影响全球大气环流，冰融化后的海平面因阳光反射率降低而进一步吸收热能推动气

---

① ＂UN Intergovernmental Panel on Climate Change（IPCC），*Climate Change 2007*：*Climate Change Impacts*，*Adaptation and Vulnerability*，resource：Maya Jackson Randall，＂UN Report Proves Climate Change Cap Makes Economic Sense＂，DOW JONES NEWSWIRES. May 8，2007.

候变暖，而且北极地区冰层融化会推动全球海平面上升。因此北极冰川融化问题从1972年首次人类发展峰会就成为推动气候变化问题的重要抓手。联合国政府间气候变化专门委员会（IPCC）《第五次评估报告》认为：北极冰雪融化将会导致地球重量从极地向赤道发展，引起地球物理属性发生重大变化，成为整个人类未来最大的生态威胁之一。预计从现在到2100年，北极的气温将每十年升高0.14~0.5摄氏度。到2100年，北极地区的气温将上升2~9摄氏度。这样的温度最终会导致北冰洋夏季没有海冰，而冰川和格陵兰大冰原融化而成的水将会改变北冰洋的淡水源，从而最终影响全球海洋循环。假如气温升高到一定程度致使格陵兰冰盖坍塌的话，全球海平面将预计上涨7米左右。如果把南极的融冰一起考虑的话，情况将会更加严重。对南极的预测模型估计该地区的海冰在接下来的一个世纪里将会减少33%，而假如南极西部的大冰原坍塌的话，将会进一步使全球海平面上升1.5米。因此极地融冰问题将成为日益重要的气候变化安全问题的中心之一。

"由于人类无休止的工业活动，我们的子孙得到的将肯定是一个与现在大为不同的地球家园。气候变化就是其中最为显著的不同"。[1] 在所有全球问题中，气候变化问题最复杂也最具有不确定性，对人类政治、经济、社会生态等方面的影响也最大。[2] 2007年2月2日，联合国政府间气候变化专门委员会（IPCC）发布了《第四次气候变化评估报告》。该报告指出，"目前的全球平均地表温度比工业革命前升高了0.74度；到21世纪末，全球地表平均温度将升高1.8~4度，海平面将升高18~59厘米。20世纪的100年是过去1000年中最暖的100年，而过去的50年又是过去1000年中最暖

---

① Schneider, Stephen: *The Genesis Strategy*: *Climate and Global Survival*, New York: Plenum, 1976, Page 12.

② Michael Grubb, "The Green Effect: Negotiating Targets," *International Affairs*, Summer 1990, p. 67.

的 50 年。"① 气候变化问题除了具有全球性和整体性特征外，还具有长期性、不可逆性和人为性等几个方面的特征。

首先，气候变化问题具有长期性的特征。气候变化的时间长，而且具有不同年份变化的非线性特征。也就是说，如果不借助长期的科学监测，人们很难从几年的时间周期中凭经验发现气候的巨大变化，故而容易被忽略。例如北极冰川、中国北方喜马拉雅山脉和祁连山脉的冰川在最近 20 年内以前所未有的速度消减。如果没有长周期的观察和数据，人们很难从一两年的冰川范围的变化中看到气候变化的痕迹。

其次，气候变化的严重性还在于它具有不可逆的特征，气候变化问题给人类社会带来的负面影响和损失往往是不可逆转的，人们需要付出相当大的代价才可能减轻这些灾难带来的损失。如冰川消逝、海平面上升、生物多样性灭绝、土地荒漠化等诸多气候变化带来的问题，人类很难在短时间内将变化了的环境和生态恢复到原先状态，更多的变化（如物种灭绝）几乎是无法还原的。特别是气候变化给人类带来了巨大灾害。过去 50 年来，全世界每发生 10 个自然灾害，就有 9 个是极端天气和气候事件造成的。天气和气候极端事件影响了社会的各行各业，包括农业、公共卫生、水、能源、交通运输、旅游业和社会经济的总体发展。②

最后，气候变化问题具有人为特性，而且对人类经济活动的影响日益加深。温室气体的产生与人类的工业化进程活动密切相关，工业革命前的几千年中，地球大气层中的温室气体浓度基本是恒定的，温室气体排放量在 19 世纪初工业革命后开始显著升高，人类的

---

① "IPCC warns climate affects all", Nuclear Engineering International, May 22, 2007.

② Intergovernmental Panel on Climate Change (IPCC), Climate Change 2007, Working Group Report "the Physical basis". < http: //www. ipcc. ch/ipccreports/ar4 - wg1. htm >.

温室气体排放活动①都对全球环境影响巨大。科学家指出，如果不采取任何措施，而保持现在的温室气体排放量增长的趋势，在21世纪，人类所承受的全球气候变化幅度将比以往的1万年来的变化幅度还要大。② 因此，人类必须制定能约束自己生产行为和消费行为的规范，才能为后代保有良好的生存环境。

二、气候变化与北极环境和生态问题的相互影响

（一）全球气候变化对北极带来的增温效应最大

近一百年来，北极平均温度几乎以两倍于全球平均速率的速度升高；近30年北极平均温度上升1.5℃，而南极仅上升0.35℃。近30年来北极海冰发生了比其他地区更为明显的变化，是近一百年来最显著的。与此对应，南极海冰的变化则没有北极海冰那么明显，从现有的资料看，30年来南极海冰范围和面积并没有表现出与全球增温趋势一致的变化③。

极地地区气候变化最明显的结果是海冰、冰川、雪的减退以及冰架的坍塌。北极自1978年以来，冰的范围一直在减少，其中北极夏季海冰面积平均每10年减少7.4%，2007年是有记录以来最炎热的一年，这导致了格陵兰大冰盖融化创造了新的历史记录。气候模型预测，到2100年，北极地区的气温将上升2~9℃，全球气候变

---

① 多数温室气体的产生是和人类的生产、生活联系在一起的。天然气、石油和煤炭的分解、加工、运输及分配，矿物质燃料都将产生温室气体。砍伐森林将是温室气体的第二大来源。生产氧化钙也能产生大约2.5%的温室气体排放量。动物产生的甲烷气体。种植水稻产生的甲烷分配和处理垃圾及人类废弃物、化肥产生的氮氢化合物均产生大量的温室气体。

② 许琳、陈迎：《全球气候治理与中国的战略选择》，《世界经济与政治》2013年第1期。第117页。

③ 马丽娟，陆龙骅，卞林根："南极海冰的时空变化特征"，《极地研究》2004第1期第16卷，第292页。卞林根，林学椿："近30年南"极海冰的变化特征"，《极地研究》2005第4期第17卷，第233—244页。

暖造成的海水膨胀、极地冰盖和陆源冰川的融化是引起全球平均海平面上升的主要原因。

未来北半球积雪面积将进一步减小，大部分多年冻土的融化深度增加。北冰洋海冰范围 1979—2005 年间以每 10 年 2.7% 速率缩小，海冰厚度自 20 世纪 50 年代以来持续减薄。过去数十年，北半球其他区域性海冰变化绝大多数都表现为面积缩小和厚度减薄①。

（二）北极地区的气候变暖将会加剧全球灾害的发生

由于气候变化在全球范围内是不均衡的，极地气温上升比赤道快，这将导致大气动力发生变化，其中一个主要表现是"厄尔尼诺"现象。如果地球进一步变暖，发生干旱和洪水的频率还会加大，农业种植区将会改观，2/3 的森林可能会变成荒原。对于干旱和半干旱地区，随着地球进一步变暖，那里的水资源供应将进一步减少。② 极地的气候变化会带来各种环境灾害，2010 年 7—8 月，致命的极地强寒流袭击了南美洲，造成至少数百人死亡。

中国气候变化受北极冷源的影响较为直接。随着近年来北极海冰的快速变化，其对中国气候变化的影响，特别是对极端天气事件的影响得到重视。这些变化会对处于北半球的中国广大地区的工农业生产活动和居民生活产生直接影响，继而反映到对区域生态系统和生物资源的间接影响，最终发展到对中国国民经济产生负面影响。从 1955—2008 年来，中国沿海海平面总体呈上升趋势，沿海地区年平均海平面上升了 5～23 厘米，高于同期全球海平面上升值，

---

① IPCC［Intergovernmental Panel on Climate Change］，Climate Change 2007：Scientific Basis. Cambridge：Cambridge University Press，2007，pp. 134 - 137.

② 参见《气候变化国家评估报告》编写委员会编著：《气候变化国家评估报告》，科学出版社，2007 年. Intergovernmental Panel on Climate Change（IPCC），*Climate Change 2001*（3 vols.）（Cambridge：Cambridge University Press，2001）. "Main points of the IPCC synthesis report on climate change"，Agence France Presse，November 17，2007.

且近期海平面有加速上升趋势。其中，天津沿岸、长江三角洲和珠江三角洲地区是海平面上升最快的区域，年平均海平面分别上升了21厘米、23厘米和13厘米。1950—2003年间，东中国海比容海平面的线性上升速率为0.5mm/a，占同期海平面上升速率的30%左右。而1993—2003年间，Topex/Poseidon卫星高度观测的海平面线性上升速率为4.9mm/a，其中比容海平面上升速率为3.2mm/a，对Topex/Poseidon卫星观测的海平面上升速率的贡献为64%[①]。

（三）对极地地区生态系统的影响

温度升高所带来的冰雪融化以及生态变化正在对极地的生物系统造成影响，南北两极部分生态系统已经发生了明显变化。动植物物种地理分布朝两极和高海拔地区迁移。树叶发芽、鸟类迁徙和产蛋等春季特有现象提前出现，造成生态失衡。《保护北极熊协定》的签约各方已意识到气候变化，特别是北极海冰减少是对北极熊这一物种生存的最大的长期威胁。加拿大哈德逊湾的雌性北极熊的平均体重已经从1980年的650磅下降到2004年的507磅，并且研究显示北极熊有可能成为在21世纪末第一个因为气候变化而灭绝的已知物种。在2009年的《保护北极熊协定》缔约方大会上，各国一致同意：为了长远保护北极熊必须成功地减缓气候变化。受气候变化的负面影响并不仅限于北极熊这一物种。田鼠、旅鼠、北极狐以及小白额雁的数量均被发现正在减少，海洋浮游生物在北极区域内向北迁移。其他物种，如浅水海绵动物以及一些本地开花植物的数量也在下降，一些非本地物种也开始在极地生长。气候变化对极地生态系统影响正引起对此问题的深切关注。

---

① 参见："第五章 冰冻圈变化的影响"，载秦大河等主编：《中国气候与环境演变：2012》第二卷，第122—134页。

（四）气候变化对于极地居民的影响

气候变化对北极和南极的影响有很多相似之处，但是由于北极有不到 200 万居民，因而给这个问题增添了人为的成分。例如，大家越来越意识到关于北极冰雪和其他因素的本地知识有望为气候变化研究做出贡献。解冻的永久冻土和冰雪的减少对于原住民和其他北极居民村庄的基础设施、交通、获得赖以生存的食物来源以及健康影响深远。而且，在北极的绝大多数本地居民都生活在低洼地区，因此他们对于即使是很小的海平面上升都缺乏抵御力。气候变化在一定程度上对于北极居民的传统生活方式造成负面影响，并且也对他们保持文化认同的能力造成影响。因此，北极气候变化不仅是环境问题，而且也是人权问题。2005 年，因纽特人北极圈理事会主席谢拉·瓦特—克鲁迪亚（Sheila Watt-Cloutier）和其他因纽特人代表向美洲人权委员会（IACHR）递交请愿书，宣称美国由于没能减少温室气体排放而侵犯了因纽特人在文化、享有传统土地和财产以及健康方面的人权。尽管这一请愿书几乎在 2006 年立刻被取消，但是 IACHR 在 2007 年就气候变化和北极问题举行了听证会。

第二节　联合国与气候治理机制

《联合国气候变化框架公约》为全球行动建立了公正的准则。该公约内容清晰、论证有力，开宗明义地"承认地球气候的变化及其不利影响是人类共同关心的问题"，只有加强和改革气候变化多边合作机制才能有效解决人类面临的气候变化威胁。联合国政府间气候变化谈判委员会（IPCC）连续发布的报告警告全球气候变化的威胁，以及人类工业文明对地球环境的破坏。这些报告的确让作为传统安全产物的联合国开始应对气候变化等非传统安全的挑战。全球气候变化威胁和美国退出《京都议定书》也引发了联合国解决气候变化的能力危机①。因此，只有加强和改革《联合国气候变化框架公约》等多边合作机制才能有效解决人类面临的气候变化威胁。《联合国气候变化框架公约》和《京都议定书》是应对气候变化国际合作的主要法律文件，国际合作机制和集体行动的研究也主要围绕它们而展开②。

联合国在应对全球气候变化中所发挥的作用主要体现在：第一，联合国是气候变化科学信息的主要提供者；第二，联合国是国际气候变化谈判的主要发起者和推动者；第三，联合国是国家应对气候变化能力建设的积极推动者；第四，联合国是全球气候治理网络与伙伴关系的主要组织者。气候变化已成为联合国当下及今后的一项重要议题，用联合国秘书长潘基文的话来说，是"我们时代的标志性挑战"。联合国应对气候变化的成败将在很大程度上定义联合国在21世纪上半叶的影响。联合国和《联合国气候变化框架公约》推动国际社会承认正是一百多年来发达国家的工业化进程对环境和生态的肆意破坏，才造成了今天全球气候变化的局面。1989年联合国大会44/228号决议指出："严重关切全球环境不断恶化的主要原因是不可持续发展的生产和消费方式，特别是发达国家的这种生产和消费方式。"③《联合国气候变化框架公约》中与合作有关的条款主要包括以下几个方面：第一，各国参与合作的重要性与应坚持的总原则。第二，关于为实现本公约的目标和采取行动的指导方

———————————

① 于宏源：《环境变化和权势转移：制度、博弈和应对》，上海人民出版社，2011年版，第12—14页。

② 许琳、陈迎：《全球气候治理与中国的战略选择》，《世界经济与政治》2013年第1期，第119页。

③ 转引自：《迈向21世纪——联合国环境与发展大会文献汇编》，中国环境科学出版社，1992年版，第10页。

针或具体原则；共同但有区别的原则；考虑发展中国家的需要和特殊性原则；坚持预防为主的原则；促进可持续发展的原则；促进国际经济体系发展的原则。第三，关于各国合作的内容与方式。所有缔约方都要考虑到他们共同但有区别的责任，以及各自的国家和区域发展优先顺序、目标和情况。《京都议定书》规定，"所有缔约方：第一，应合作促进有效方式用以开发、应用和传播与气候变化有关的有益于环境的技术；第二，应在科学研究方面进行合作；第三，应在国际一级合作并酌情利用现有机构，促进拟定和实施教育及培训方案；第四，寻求和利用各主管国际组织和政府间及非政府机构提供的合作和信息"。[①]

迄今为止，人类应对气候变化的努力主要是在联合国框架下展开的。联合国框架下参与应对气候变化努力的机构包括：政府间气候变化专门委员会，联合国环境规划署，世界气象组织，联合国可持续发展委员会，联合国粮食农业组织，全球环境基金，联合国开发计划署，世界银行，国际海事组织，国际货币基金，联合国亚洲及太平洋经济委员会，世界旅游组织，国际民用航空组织，联合国教育、科学及文化组织，世界卫生组织，联合国世界粮食计划署，联合国人类住区规划署，联合国贸易和发展会议，联合国经济和社会事务部，联合国工业发展组织，全球气候观测系统，国际农业发展基金，国际减少灾害战略，国际电信联盟和联合国训练研究所等。

联合国将气候变化作为其最优先考虑的问题之一，不仅出台了有关全球气候变化的多份报告，还专门任命了三位气候变化特使[②]，

---

① 金永明："论合作：构建和谐世界之方法与路径——以国际法领域的相关制度为中心"，《政治与法律》2008 年第 2 期第 21—23 页。

② 即以推动全球可持续发展，发表《我们共同的未来》而著称的挪威前总理、世界环境与发展委员会前主席格罗·哈莱姆·布伦特兰夫人，韩国前外交部长、前联合国大会第 56 届会议主席韩升洙先生，以及智利前总统里卡多·拉戈斯·埃斯科瓦尔先生，他们主要负责协助联合国同各国政府进行协商，就如何促进联合国内部的多边气候变化谈判以及年内召开联合国高级别会议等问题征询各国政府的意见。

全面强化联合国在气候变化问题上的主导作用。2007 年，联合国安理会举行了历史上第一次有关气候变化及其与国际安全关系的讨论。这次会议更多是在该月联合国轮值主席国英国的推动下进行的。2007 年联合国大会也首次就气候变化问题举行非正式专题辩论，主题是"气候变化是一项全球性挑战"，近 100 个国家和地区在此次有关气候变化问题的大会上发言，各国的领导人在本届联大一般性辩论之前，先期举行了一场气候变化问题的高级别会议，并发表一份由联合国秘书处起草的总结性文件。2009 年和 2014 年，100 多个国家的领导人参加了联合国在纽约召开的气候变化峰会，当前联合国秘书长潘基文不断敦促二十国集团、八国集团等大国协调机制妥善解决气候变化问题。联合国安理会还就"国际和平与安全：气候变化的影响"再次举行辩论，会后的声明对气候变化可能对国际安全产生的长远影响表示关注，这意味着应对气候变化已上升到联合国集体安全行动的议事日程上来。

2010 年 7 月 21 日，联合国安理会在德国的推动下，就"国际和平与安全：气候变化的影响"这一议题举行公开辩论。这是继 2007 年 4 月 17 日应英国的要求，联合国安理会首次就气候变化对和平与安全的影响这一议题举行公开辩论之后，第二次举行气候变化与安全的辩论，引起世界舆论的普遍关注。参与辩论的国家从 50 多个上升到 60 多个，显示联合国正在加大将气候变化问题安全化的力度，并将安理会作为实现这一目标的主要平台。安理会发表了一份措辞比较模糊的声明，对气候变化可能对国际安全产生的长远影响表示关注。在德英等国看来，这一纸声明本身就是一个进展。因北极是引发气候变化安全的重要根源，在联合国安理会平台上讨论北极问题已经成为未来的重要工作。

第三节　北极区域治理机制和气候问题

北极机制的核心是成立于 1996 年的北极理事会，但是它实际上建立在该地区内部从 20 世纪 90 年代初开始的政治和环境合作之上。北极理事会工作的支撑力量是 6 个工作组。北极理事会的主席两年轮换一次，在理事会内部为原住民组织提供了全面的、永久的和积极的参与。北极理事会依赖现有的全球性的、区域性的和双边的工具，这些工具能够适用或者间接适用于北极或者影响北极的活动。问题是并非所有北极国家都批准了相关条约。例如，俄罗斯没有批准《东北大西洋海洋环境保护公约》，美国没有批准《京都议定书》和《生物多样性公约》。

北极理事会的可持续发展工作小组（SDWG）在一份名为"脆弱性和适应气候变化（VACCA）"的项目中提出这些关注。尽管由于缺乏对基准条件的理解和预测模型，这阻碍生物多样性结果的预测准确度，但是气候变化和人类在北极地区的活动增多被认为影响了北极的生物多样性。2010 年北极物种趋势指数显示北极的总体生物多样性处于上升期，但是如果将其分解为高级北极物种、低级北极物种和次级北极物种，再分离出例如渔猎下降等因素，可以发现高级北极生物和海洋生物的多样性已经遭受气候变化的负面影响。同样明显的是，作为北极海洋生态体系基础的海冰的减少以及有可能向季节性不结冰北极的转变，对于北极的生物多样性也一定有负面的影响。北极理事会已证明它通过"北极气候影响评估（ACIA）"项目来评估重大全球政治事件的科学地位的能力，增进了对于北极气候变化影响的共同理解。另外一个作用是为气候变化谈判中涉及北极的事务提供一个协调工作的平台，例如 2009 年 11

月在哥本哈根召开的气候变化框架协议的缔约方会议。气候变化的影响和北极在全球气候体系中的作用预示着对于北极科学的需求将会持续增加。国际北极科学委员会（IASC）将在这一领域起到重要作用。

但是，大多数这些工具既没有单独强调北极环境，也没有特别在地区层面解决气候变化问题。一个例外是《保护北极熊协定》；上面提到的缔约各方于 2009 年在 28 年内首次会晤。他们在会晤中确定：只有当北极的气温不会上升到使冰消失的程度，才能履行《保护北极熊协定》下保护北极熊栖息地的义务。除了发展适应性管理策略来应对由于气候变化导致的其他威胁，缔约方还强调有必要在合适的论坛内部展开合作，并且同意在国际上强调北极熊所处的境地。成果文件中明确声明：文件本身以及其中的义务都不具法律约束力。该声明使得这一极其积极的发展稍微受损。

北极理事会指导和促进关于全球变暖对北极影响的综合性和全球性的重大研究工作，作为应对气候变化的实际行动。尽管气候变化在北极环境保护战略（AEPS）内部起初并没有被列为优先事项，但是在 2000 年北极理事会启动了北极气候影响评估（ACIA），目的是"评估和综合关于环境可变性、变化和北极地区不断增加紫外线辐射的知识，并且为政策制定和政府间气候变化委员会的工作提供支持"。特别值得一提的是：理事会要求该评估能够解答气候变化对环境、人类健康、文化以及经济的影响和后果，并且提出合适的政策建议。尽管理事会在芬兰英拉利（Inari）发表的宣言认为北极环境是全球气候变化的指示器，并且支持把对于北极气候变化的关注收入世界可持续发展峰会所采纳的执行计划中，但是在北极理事会的第三次会议上并没有新的倡议提出。2004 年在雷克雅维克召开的北极理事会第四次会议上，ACIA 报告了它的发现，指出气候变化对北极的生态系统、物种和居民有很大范围的影响，其中的很多影响有着全球含义。这一评估构成了迄今为止对气候变化影响最全面的研究成果，它被提交给 2005 年在蒙特利尔举行的《联合国气候变化框架公约》缔约方会议。除了 ACIA 中包含的细致的科学发现，该报告还提出了很多重要的关于减缓、适应、研究、监控和外展的政策建议。这些建议被北极理事会和《雷克雅未克宣言》采纳，并且承认了在执行 UNFCCC 义务和发展新的全球气候变化政策时考虑 ACIA 的发现的重要性。而且，北极理事会认为按照 ACIA 的发现来组织未来的工作是很重要的，尤其是指导北极高级官员会确定工作重点并指导北极理事会会议之后的行动。

第四节　气候治理的主要任务

目前围绕气候变化与北极治理的主要任务包括三个方面：全球二氧化碳等温室气体的减排、北极气候环境监测和人类社会适应力提升。气候变化的趋势部分是人类的生产方式和生活方式造成的，因此人类要在发展自身的同时学会约束自己，要让自身的发展控制在资源和环境可以承受的范围之内。人们找到了阻碍气候快速变化的一个努力方向，那就是减少温室气体的排放。从生产、流动过程中，从各种设备的设计、使用到拆分过程中，都要将减排的概念融入进去，最大限度地阻止气候变化分水岭的临近。另一方面，对正在变化的气候与环境进行全方位的科学监测，不仅要掌握今天量变的趋势，还要预测将来质变的结果，为建立未来生态新平衡未雨绸缪，早做计划。人类自身还要进行适应力的准备，要确保未来气候环境发生重大质的变化时，社会仍旧能以一种新的平衡持续发展。

一、二氧化碳等温室气体的减排

2009 年 4 月在特罗姆瑟召开的北极理事会第六次会议发表了《特罗姆瑟宣言》。该宣言以最强硬的口吻强调：人类引起的气候变化是北极面临的最大挑战，保护北极主要依靠大量的减少全球二氧化碳排放。同之前的宣言一样，它也强调适应的重要性以及和北极本地居民一起努力。意识到短生命周期气候影响体（short-lived climate forcers，例如碳黑、甲烷和对流层臭氧）在北极的重要性，北极理事会决定针对短生命周期气候影响体成立专门的任务组，以便找出已有和新的减少这种影响体的方法。最后，北极理事会决定向在哥本哈根召开的缔约方第 15 次会议提交 SWIPA 关于"气候变化中的格陵兰大冰盖"的研究发现，并确认了所有北极国家致力于在本次会议上达成共识的承诺。

建构诸如全球性节能减排的国际机制，充分提供应对气候变化的公共产品，才可能有效地减少向大气层大量释放的二氧化碳。早在 1990 年，欧盟（欧共体）就通过了《能源与环境》文件，首次将能源政策和环境政策统一起来，直接服务于应对全球气候变化的温室气体减排目标。为了更好地在欧盟内部贯彻和实施欧盟气候变化政策，欧盟在其内部的跨国层面采取集体行动，综合运用法律、市场、财政以及科技等减排工具，在能源、服务业、工业和交通运输等重点领域有针对性地制定一体化的减排机制，并且以单一行为体的身份，以欧盟的气候变化治理原则，推动全球性的应对气候变化的集体行动和建立有效的全球性国际机制。

《京都议定书》与全球气候变化治理的关系十分密切。积极推动《京都议定书》的生效、努力执行《京都议定书》对发达国家所作的减排规定，以及妥善解决《京都议定书》第二承诺期问题等是气候治理的关键性步骤。

根据 1997 年由联合国气候变化框架公约参加国在第三次会议上签订的《京都议定书》，发达国家将根据"共同但有区别的责任原则"强制进行温室气体减排，38 个发达国家及欧盟在 2008 年至 2012 年间应将 6 种温室气体的排放量降低至比 1990 年的排放水平还少 5.2%。同时，《京都议定书》需要在占全球温室气体排放量 55% 以上的至少 55 个国家获得批准，且批准国家中的"附件一国家（主要为发达国家）"的 1990 年二氧化碳排放量至少须占全体"附件一国家"当年排放总量之 55%，这样它才能成为具有法律约束力的国际公约。[①] 显然，发达国家的批准对《京都议定书》的生效至关重要，而欧盟作为主要由发达国家构成的区域一体化组织则在其中发挥了重要的作用。2001 年 3 月，美国总统乔治·沃克·布什（George Walker Bush）以"减少温室气体排放将会影响美国经济发展"和"发展中国家也应该承担减排和限排温室气体的义务"为借口，宣布拒绝批准《京都议定书》。[②] 日本、俄罗斯、澳大利亚等发达国家则相继批准《京都议定书》，使《京都议定书》自 2005 年 2 月 16 日起生效。

在影响北极海冰融化、全球气候变暖问题上，北极的域外国家都承担了重要责任。欧盟于 2003 年发布了"排放交易指令"（Emission Trading Directive 2003/87/EC），并在 2004 年 10 月修正排放权交易指令而形成所谓的"连结指令"（Linking Directive，2004/

[①]　KYOTO PROTOCOL TO THE UNITED NATIONS FRAMEWORK CONVENTION ON CLIMATE CHANGE（《京都议定书》），http：//unfccc. int/resource/docs/convkp/kpeng. html.

[②]　刑伯英：《美国碳交易经验及启示——基于加州总量控制与交易体系》，《宏观经济管理》2012 年第 9 期，第 84—86 页。

101/EC)，① 建立起欧盟排放交易体系（European Union Emission Trading System，EU ETS），协调欧盟排放交易体系和《京都议定书》之间的关系。2005 年 1 月 1 日起，欧盟 25 国通过内部的多边协调，开始执行内部市场的温室气体排放交易制度。2009 年 11 月中国政府作出决定：到 2020 年，单位国内生产总值二氧化碳排放将比 2005 年下降 40% 到 45%。② 中国是发展中国家，人口众多，经济发展水平相对较低，工业化、城镇化的步伐才刚刚开始。这就意味着中国控制温室气体排放的努力面临巨大压力和特殊困难。尽管如此，中国政府还将通过大力发展可再生能源、积极推进核电建设等行动，到 2020 年使非化石能源占一次能源消费的比重达到 15% 左右；通过植树造林和加强森林管理，森林面积比 2005 年增加 4000 万公顷，森林蓄积量比 2005 年增加 13 亿立方米。

2011 年 12 月，在南非德班会议上通过了《德班增强行动平台》（Durban Platform for Enhanced Action）文件。《德班增强行动平台》文件的出台十分明显地显示出多边主义对气候变化全球治理进程的影响力，这是第一次全球三个最大的碳排放国家，即美国、中国和印度共同参与签署了减低碳排放的法律条约。③ 2012 年联合国多哈气候变化大会结束了历时五年的"巴厘路线图"谈判，从法律上确定了《京都议定书》第二承诺期，长期合作特设工作组结束谈判，德班增强平台特设工作组工作计划出台。2013 年华沙气候大会正式开启德班平台谈判，推动国际社会应对计划变化进程平稳过渡。从

---

① Directive 2003/87/EC of the European Parliament and of the Council of 13 October 2003 establishing a scheme for greenhouse gas emission allowance trading. http：//www. emissions-euets. com/directive－200387ec-of-the-european-parliament-and-of-the-council-of－13－october－2003－establishing-a-scheme-for-greenhouse-gas-emission-allowance-trading. Directive 2004/101/EC establishing a scheme for greenhouse gas emission allowance trading amending Directive 2003/87/EC，http：//www. tematea. org/? q = node/5560.

② 中国广播网，http：//china. cnr. cn/newszh/yaowen/200911/t20091127_ 505677615. html.

③ Louise Gary，"Durban climate change：the agreement xplained"，http：//www. telegraph. co. uk/earth/environment/climatechange/8949099/Durban-climate-change-the-agreement-explained. html

2013 年起国际气候谈判将转入到以"德班平台"为主的"一轨谈判"，到 2015 年巴黎联合国气候谈判大会上，世界各国将会形成适用所有缔约方的具有法律约束力的气候机制。

二、北极气候环境监测

建立关于北极气候变化的基本数据库以及对未来变化的准确预测是全球气候政策的重要依据。这些监测数据在很大程度上决定了人类社会将动用多少资源、以什么样的速度来应对全球气候变暖。

海冰的监测是全球气候变化的重要指示器，海冰的存在和变化影响着全球气候环境的变化趋势。从短期讲，对海冰变化的观测资料特别是海冰与大气之间相互作用的动量、感热、潜热和各种物质的垂直交换过程相当重要。这些对于掌握北极上空气团活动对北半球中纬度地区（如中国、美国、欧洲）的天气过程、气象灾难的形成和预防都十分有意义。从长期来看，监测数据的获得和积累是研究北冰洋海冰对全球气候变化的响应和反馈的重要基础，有利于认识和模拟出北冰洋在大气—冰—海洋耦合系统中的作用。为此，国际上开展了一系列北冰洋海冰与气候的研究计划和监测计划，如国际海洋全球变化计划（PAGES/IMAGES）和世界气候研究计划（WCRP）中的气候变化与预测研究（CLIVAR）、气候与冰冻圈计划（CliC）等。美国相关部门从 1997 年开始联合日本、俄罗斯、加拿大和北欧国家实施了为期 10 年的观测计划，其中包括北极地区地表热平衡观测计划（SHEBA）和北极大气辐射观测计划（FIRE）。[①]一些先进的技术也应用到观测、数据采集和分析之中，微波遥感技术、卫星技术、信息技术、机器人技术使得北极相关的监测工作更

① 曲探宙等编：《北极问题研究》，海洋出版社，2011 年版，第 370 页。

加立体、及时，也更加科学可信。

冰川融化是北极变暖的主要表现。寒冷的气候条件和充足的降水是许多北极冰川发育的主要原因。国际北极科学委员会冰川学工作组倡导全球该领域科学家从 1996 年开始实施 MAGICS (Mass Balance of Arctic Glaciers and Ice Sheets in Relation to the Climate and Sea Level Change) 计划。该计划将气候变化和海平面变化作为观测冰川和冰盖的出发点，把预测未来几十年至几百年北极冰川和冰盖体积变化作为重要目标，并试图重建北极新的气候系统。这些观测主要包括冰川运动、温度变化，冰川的积累、消融和物质平衡过程，冰川的水文和气象观测等。

北极地区是全球温室气体和大气污染的重要"源汇"之地，对全球气候变化的响应和反馈都十分敏感，而且当地工业有限，不会产生很多影响数据的气体。因此北极地区关于全球温室气体的监测具有重要的指标意义——极地是全球大气环境监测的重要本底区域。坐落在斯瓦尔巴群岛新奥尔松国际科研基地的齐柏林观测站 (the Zeppelin station) 就是全球气候变化观测的本底站。它位于北纬 79°的北极深处，远离主要污染源，是理想的监测温室气体的场所。1999 年挪威污染控制局 (SFT) 和挪威大气研究所 (NILU) 签署了一份合同，委托挪威大气研究所在此监测温室气体。这一项目也得到了欧盟的支持。

1997 年 12 月通过的《京都议定书》规定了从 2008 年至 2012 年工业化国家减少温室气体排放总量的目标。温室气体包括若干个重要的组别：如二氧化碳，甲烷，一氧化二氮，氟化烃和、六氟化硫 (SF6) 等。在齐柏林观测站所进行的合作计划对造成气候变化的 23 种主要温室气体进行监测，包括了硫和氮的化合物、对流层臭氧、气态汞、颗粒重金属以及在空气中持久性有机污染物 (如 HCB，HCH，PCB，DDT，PAH 等)。这个气候本底站研究与气候相关的物质和平流层臭氧；探索大气污染物远距离传输，包括温室气体、臭氧和其他持久性有机污染物；研究北极地区大气特征和大气过程及变化。该计划为气候变化的全球治理做出的贡献主要表现为：提供温室气体的连续测量，在北极地区产生高质量可信的科学数据，可用于趋势分析；分析和解释提供的状态信息和温室气体的发展，对全球执行《京都议定书》的效果进行观察、监测和评估，有利于全球决策者对各方遵约情况有一个准确的了解。

除了上述例子外，全球各主要国家在北极开展了气候变化多方位影响的跟踪观测，研究气候变化对生态、动植物、当地居民生活、海水酸化过程的影响，许多基于生态系统的治理方式就是建立在这一系列的监测基础之上的。

三、人类社会适应力提升

当气候变化剧烈而不可避免时，人类社会的自适应能力就变得非常关键了。根据"物竞天择"的进化理论，正是因为人类的适应能力强，才在以往的环境变化中生存下来并发展壮大。适应能力是一组特性，它能够保证系统或个体在变化的条件下能自行调整或恢复，同时保持相对稳定的社会生态系统状态。

北极处于全球气候变化影响的第一线。北极地区的困境是：当气候变化的影响已经严重到必须采取全球措施时，通过减少温室气体来维持北极的既有状态已经是不可能的任务。当变化已经越过了分水岭（the point of no return），社会—生态系统的转型以及人类社会的自适应力才是重建社会功能及其稳定性的关键因素。

人类社会不能凭借原始的天赋来适应变化的世界，更不能抱着侥幸的态度面对自然界的变化对人类社会的冲击。人类社会必须利用现有的科技手段进行科学预测，对未来社会——生态系统的新环境进行准确模拟。从现在开始就要建立起未来场景规划系统、多维度观测系统、集成计算机模拟系统、决策支撑系统等来帮助社会实现生活和生产的转型。

除了上述基于科学技术的适应力准备外，人类的各种社会权力组织要主动创造条件来提高社会及其成员的自适应力，并引导社会的转型。[①] 因为权力和财富的不平等，也因为文化的差异，实现社会转型需要通过区域治理和全球治理来引领社会，通过多层级互动过程来恢复环境变化后的社会功能。

当在劫难逃时，人类必须找到劫后重生的办法。面对环境的巨大变化，要促进不同人群之间态度的改变，分享愿景。有分歧是正常的，但要避免目标和态度的两极化；转型中的社会冲突难以避免，要保持持续沟通，转型期的沟通需要领域之间、族群之间、个人之间最直接和深入的沟通。在更大范围内寻求和发展具有持续力和内在的领导集体。从区域政治角度看，集体领导更合时宜。

在准备应对突变和更新的计划中，效率是第二位的，适应力是第一位的。要主动对以往干预环境变化的结果进行评估和监测，总结响应变化的各种实践并加以推广。要十分清楚社会已经发展到在适应力曲线的哪一个阶段，明确分水岭的"门槛点"，在关键的时间点进行广泛的社会动员。那些经过长期谋划和准备的一系列应急项目，时机一到就启用。重建自适应力是一个需要时间的过程，需要社会有极大的耐心和毅力。因此要主动设计培养适应力的过程，注重合作协同，而不是固化社会结构，把对危机和变化的响应提高到最佳水平。

---

① Arctic Council, Arctic Resilience Interim Report 2013, Stockholm Environment Institute and Stockholm Resilience Center, Stockholm, 2013, p. 89.

第十三章

BEI JI ZHI LI
XIN LUN

北极核污染治理的国际合作

　　核污染问题是北极治理中环境治理的重要内容。环境问题产生的主要原由是人类不适当的生产方式和生活方式。本章选择的讨论案例——北极核污染的治理是一个很特别的例子，因为北极核污染的重要成因是美国和苏联两个超级大国在冷战期间基于战争准备和战略威慑所进行的核军备竞赛，战争准备的逻辑使得巨大的社会资源在冷战期间被用于超级武器的制造，大量核武器在北极地区的储备和部署使得冷战之后北极治理面临巨大的难题。当冷战结束后，当战争准备的逻辑已经不充分的时候，人类社会不得不继续花费巨大的人力和财力代价，来治理人类自身以往疯狂行动所造成的后果。

第一节　北极核污染的来源及治理的主要目标

一、北极核污染的主要来源

　　根据挪威核辐射保护署（NRPA）的评估，北冰洋核污染的来源主要包括：1952—1990 年间，各国在大气中进行核武器试验所产生的核废料下沉灰；1986 年苏联切尔诺贝利核泄漏事故；核潜艇事故导致核泄漏；1952 年之后欧洲国家核设施所积累排放的核废料等。①

冷战期间核大国在大气层中进行的核试验已经成为北极放射性污染最大的来源。苏联几乎所有的核试验都在北极地区进行，尤其是在新地岛。从 1955 年 9 月至 1990 年 10 月，苏联在该地区共进行了 132 次核试验，其中 87 次是大气层核试验。这些核试验大爆炸大都发生在 1000 米的高度，放射性物质直接排放到大气层中。②

冷战时期，北冰洋成为美、苏两国核竞争的前沿阵地，双方都建立了派出弹道导弹核潜艇到对方家门口"值班"的制度。两个超级大国的核潜艇在北冰洋的浮冰下面来往如梭，互相追逐。近半个世纪里，核潜艇事故频频发生，仅核潜艇沉没的恶性事故就达 18 起，并造成 800 多名艇员丧生。③ 至今，仍有十几艘核潜艇的残骸还躺在冰冷的"海洋坟墓"里。这些潜艇长眠海底，不仅给制造国带来巨大的军事损失和情报危机，而且还给航运和沉没地海域及周围环境带来严重隐患。尽管有的核潜艇沉没后放射性物质暂未泄漏，但在海水的腐蚀和强大的压力下，最终会彻底破坏核动力装置及装载的核武器，造成放射性物质外溢，进而污染海洋环境、危害生物。根据 1992 年俄罗斯总统发布的《关于俄罗斯联邦近海放射性废料处置情况和问题白皮书》④，俄罗斯从 1960 年起到 1993 年倾倒到北极海域的放射性废料的辐射量按照倾倒时指标计算总计约达

① IAEA, Radiological assessment: Waste disposal in the Arctic Seas, Summary of results from an IAEA-supported study on the radiological impact of high-level radioactive waste dumping in the Arctic Seas. http: //www. iaea. org/Publications/Magazines/Bulletin/Bull391/specialreport. html.

② 郭培清、蒋帅："北极核污染治理：任重道远"，《海洋世界》2009 年第 10 期。

③ 郭培清、蒋帅："俄罗斯核污染对北极生态环境的影响"，《中国海洋大学学报》（社会科学版）2010 年第 3 期。

④ The Russian Federation President, Facts and Problems Related to Radioactive Waste Disposal in the Seas Adjacent to the Territory of the Russian Federation, Materials for a Report by the Governmental Commission on Matters Related to Radioactive Waste Disposal at Sea, Established by Decree No. 613 of the Russian Federation President, Moscow, 24 October 1992.

90 PBq。[1] 俄罗斯当时提供的倾倒物清单中包括 6 个带过期燃料的潜艇核反应堆、1 个取自破冰船的过期燃料的核反应堆的防护组件、10 个没有燃料的反应堆，以及其他低辐射水平的固体和液体废料。在清单所列项目中，约 89 PBq 的放射量存在于高辐射水平核反应堆废料中。根据挪威和俄罗斯 2012 年最新联合调查数据，在俄罗斯北极海域的海底还遗留 3 艘带燃料的核动力潜艇、1 个带燃料的潜艇核反应堆、从核动力破冰船拆卸下来的防护组件和核燃料、5 组用于潜艇和破冰船的反应堆、19 艘装载固体放射性废料的沉船、735 项放射性设备、超过 1.7 万个放射性废料的容器。液体核废料和一些小型固体废料主要倾倒在巴伦支海一侧，而其余的主要倾倒于新地岛东侧喀拉海的浅湾中。[2] 倾倒地点的深度在 12 米到 380 米的海底。（如图 13 - 1）

英国和法国都是欧洲地区的核能应用大国。英国第一座核电站于 1953 年兴建，1956 年开始向国家电网送电，是世界上第一座商用核电站。目前，英国共有 14 个正在运行的商业核电站，总装机容量为 12.48GW，核电占全国总电力的 25%。[3] 核能发电是法国最主要的电力来源。法国共有 59 个核电厂。2008 年，这些发电厂产生的电力占该公司和法国发电量的 87.5%，其中许多是输往其他国家，使法国电力公司在比例上成为世界领先的核电生产者。[4] 英国和法国西北部的核电场都是北极地区放射性污染物的另一个潜在的

---

① Bq，简称贝克，放射性活度的国际单位制导出单位，用于衡量放射性物质或放射源的计量单位。得名于法国物理学家亨利·贝可勒尔的姓 Becquerel。在 Bq 单位的前面也能够添加国际单位制前缀，如 kBq（千贝克，10^3Bq）、MBq（麦贝克，10^6Bq）、GBq（吉贝克，10^9Bq）、TBq（太贝克，10^{12}Bq），以及 PBq（拍贝克，10^{15}Bq）。

② NRPA, Joint Norwegian-Russian mission to investigate dumped atomic waste in the Kara Sea, NRPA Bulletin, August 2012, p. 1.

③ 江光："英国核电工业及核安全管理简介"，《核安全》2004 年第 1 期。

④ http://zh.wikipedia.org/wiki/%E6%B3%95%E5%9B%BD%E6%A0%B8%E8%83%BD%E5%88%A9%E7%94%A8%E6%83%85%E5%86%B5.

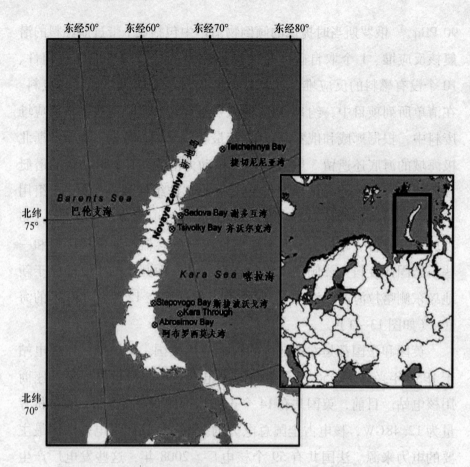

图 13 -1　俄罗斯北极海域主要核废料分布

资料来源：国际原子能组织报告 IAEA-TECDOC – 1330。

来源。放射性污染物从欧洲经挪威沿岸暖流进入北极海域。1986 年发生在乌克兰的切尔诺贝利核反应堆爆炸事故是北极地区核污染的又一大来源，它对北极地区的影响是难以估量的。这起事件所释放出的核污染量约为 800 万—1400 万伦琴，主要被污染区集中在乌克兰、白俄罗斯、俄罗斯西部地区及欧洲的大部分地区。但流动的大气携带着大量的放射性颗粒进入北极地区。

　　除此之外，还有其他一些用于民用基础设施和生产活动的核利用设施也是核污染的潜在危险。如开凿隧道和建设施工的核爆破以及俄罗斯人在北极地区广泛使用放射性同位素发电机灯塔，这些设备如果管理不善或出现不恰当地操作都可能导致放射性物质的溢出。

二、北极核污染的扩散及影响

（一）北极核污染的扩散

为了解核废料在北冰洋的分布特征，以及确定这些核废料对人类健康及环境的潜在影响，北极周边各国进行了大量的实地观测，如由国际原子能机构负责的"国际北极海洋评估项目（IASAP）"[①]和美国海军海上研究办公室资助成立的"北极核废料评估项目（ANWAP）"。这些项目对北极重点地区和海域进行样本采集，然后对海水及沉积物样本进行分析，确定了北极地区核污染情况的相关数据，并估算出核污染物倾倒区域和放射性核污染物通过海水或冰川扩散转移的可能路径。这些可能路径尚需要通过收集数据和建模得以确认。这是一个花费时间的项目，因为受污染物体本身没有特别明显特征，辨认污染的扩散过程十分复杂，导致扩散的路径可以是河流、洋流、空气，也可以是动物食物链和基因遗传链。人类食用的海洋食品，事实上已成为人类接触放射性物质的最可能途径。我们熟悉的陆地食物链通常只有两个或三个独立的步骤，所以可以得到控制或修改。但是在水下环境，要搞清楚复杂的食物链网和捕食层次之间的相互关系对人类的影响几乎是不可能的。同时，水体

---

① IAEA, Radiological assessment: Waste disposal in the Arctic Seas, Summary of results from an IAEA-supported study on the radiological impact of high-level radioactive waste dumping in the Arctic Seas http://www.iaea.org/Publications/Magazines/Bulletin/Bull391/specialreport.html.

中放射性污染物的分布情况也会受到化学、物理和生物因素的影响。因此，确定核污染物质的路径比较困难。核污染的扩散方式除了自然扩散（如洋流和冰川运动），也不能排除偶然或有意的人类干预。大部分污染物存在是人为丢弃所致，主要集中于聚集在靠近海岸的浅水区或运载工具的线路上。所以了解放射性污染物扩散过程要将自然因素和人为因素综合起来进行考虑。

生物蓄积性现象也使得估算放射性核污染变得异常困难。如果放射性污染物进入淤泥或悬浮固体然后积累于洋底，它就会积聚在生物体内，从而导致"生物放大作用"，聚集了某种放射性污染物的生物体有可能经过一定途径供人食用。因此，扩散还要考虑放射性物质主要聚集于哪些生物以及这些生物是否会被人类食用。

（二）北极核污染对生态系统的影响

1992 年 9 月 17 日，停泊在俄罗斯科拉半岛码头的一艘退役 C 级核潜艇突然不明原因地起火，而工作人员却因疏忽大意、玩忽职守，未能及时发现和上报。等到凄厉的警报声响彻整个码头时，火势已难以控制并发生了大爆炸。核反应堆的防护盖被整个掀掉，放射性尘埃逐渐弥漫开来。反应堆的核物质飞到了码头、岸边以及海水中。直到现在，附近的海滩还能侦测到放射性物质的存在。这种放射性尘埃要衰减到轻微污染的程度至少还需要 50—70 年的时间；而且核泄露还可能随着大气的流动，使附近的国家和地区受到不同程度的放射性污染。

科拉半岛的核污染无时无刻不在威胁着人们的生命安全。同时，核泄露也对周边国家带来了不同程度的影响和危险：芬兰发现芬俄边境地区患白血病的儿童和得乳腺癌的妇女数量大幅增加，就连当地的一些老鼠也发生了变异——成为硕大无比的"硕鼠"；瑞典、挪威的一些边境地区原本葱郁茂密、青翠碧绿的山林也出现了大面积的枯萎和死亡。

放射性核物质是一种致癌物质，在高剂量辐射的情况下，它可以诱发人和动物的疾病。辐射影响将在几个小时、几天或数周内呈现出来，出现包括恶心、呕吐、疲劳、白细胞指数降低等症状。高剂量的辐射会阻碍细胞的自我修复并引起细胞死亡。食用遭到放射性污染的食品后，放射性物质在人和动物体内扩散，能量持续不断地破坏器官和组织，这种伤害是长期的。

核辐射可以诱发遗传不稳定性，具体表现为后代细胞分裂能力下降、细胞倍增时间延长、辐射敏感性增加、染色体总数升高、染色体畸变率升高等等。正如本书其他章节所述，北极的生态系统是脆弱的，物种相对单一，物种之间的依赖性很强，食物链环环相连扣。如果核辐射造成北极陆地和海洋的某种生物的灭绝，这样的破坏将是致命的和难以修复的。

三、北极核污染治理的主要目标

对北冰洋放射性核污染的彻底治理是打造和平北极和可持续发展的重要内容，其目的在于促进北冰洋生态环境的良性发展，防止、减轻和控制核大国的放射性核废料倾倒对北冰样生态环境的破坏，保证北冰洋生态系统的平衡和资源的可持续利用。对北冰洋放射性核污染的治理直接关系到北极国家的经济、政治、文化等各方面能否实现持续、健康、快速发展，因而具有重要的现实意义。治理核污染的同时也打破了冷战时期核大国在战略安全上针锋相对的态势，为新的国际合作开辟了道路。

北冰洋核污染治理的基本目标表现为以下几方面：1. 通过建立和健全北冰洋生态系统监督管理机制，保护北冰洋的生态环境及资源；2. 防止北冰洋放射性核废料的扩散和传播，防止污染进一步恶化；3. 实现北极地区的生态平衡，保障北极原住居民的持续、健康发展；4. 促进各国通过制定环境法律、法规来规范废弃核燃料的倾倒行为；5. 对使用核能的工矿企业和其他单位进行实时监测，排除安全隐患，及早淘汰存在问题的设备；6. 通过评估北冰洋放射性核污染对环境造成的影响，按时进行核能使用申报登记，并完善许可证制度；7. 不断加强对北冰洋放射性核污染治理，在经济发展的同时减少核污染排放；8. 对出现严重泄漏事故的工矿企业进行严厉的行政制裁，强化污染治理。对北冰洋放射性核污染的控制与防治应与北极地区经济发展同步进行。

第二节　北极核污染治理的国际制度建设

一、《伦敦倾废公约》的创立和演变

1972 年之前，国际社会主要是解决海洋废弃物污染对人类和环境造成的不利影响。1972 年 12 月在伦敦签署的关于"防止倾倒废物和其他物质污染海洋的公约"（CPMPDWDM），成为世界上最早试图解决这一问题的全球性公约。这一公约的主要目标是"各缔约方单独或集体加强对海洋环境污染所有来源的有效控制，并保证所采取的一切工作切实可行地防止海洋污染物及其他物质危害人类健康、损害生物资源和海洋生物、破坏设施或干扰对海洋资源的合理利用"。为了达到这些目标，《伦敦倾废公约》要求缔约各方"个别采取措施，根据其科学、技术和经济能力，共同地防止由倾倒污染物造成的海洋污染，并应协调缔约国在这方面的政策制定。"

对于核时代海洋核污染的处理，政府间海事协商组织感到任务重大，需要别的国际机构一起协同完成。1978 年，《伦敦倾废公约》

要求国际原子能机构（IAEA）对不适合倾倒入海洋的放射性核废料的类型做出界定并制定出放射性核废料的处置建议。

1983 年，《伦敦倾废公约》各缔约国召开了第七次协商会议，会上国际原子能机构负责为缔约方自愿签订"暂停将低放射性核废料倾倒至海洋"的协议提供科学的指导意见。[①] 作为这项工作的成果，"公约"授权政府间海事协商组织开展了以下工作：（1）禁止倾倒任何具有高度危险性或放射性的物质或废料；（2）海洋倾倒物质在确定不具有高度危险性或放射性之前，仍然需要遵循特定的海洋倾倒物质的要求。希望缔约国更严格地恪守"公约"要求，对低放射性核废料也绝不能采取"姑息"态度，随意倾倒。但是这一决议并不具有约束力。

1993 年 11 月，《伦敦倾废公约》第十六次协商会议在伦敦举行，缔约国一致同意禁止向海洋环境排放放射性核废料及放射性物质。《伦敦倾废公约》的确立使国际社会向海洋倾倒核废料行为由最初的"可以接受"转变为"广泛禁止"。尤其是近几年来，世界各国对放射性核废料的倾倒行为控制更加严格。《伦敦倾废公约》作为全球性环境公约促进了各国积极遵法守法，在控制北冰洋放射性核废料的数量上发挥了积极作用，是比较成功的环境法公约。

二、冷战后的《国际核安全协定》

切尔诺贝利核事故所造成的严重后果，使得国际社会对核能安全的关注度越来越高，预防该类事故再次重演成为一项重要治理任务。1991 年，国际原子能机构提出倡议，主张制定全球范围内的

---

① International Atomic Energy Agency（IAEA），Inventory of Radioactive Material Entering the Marine Environment：Sea Disposal of Radioactive Waste，IAEA-TEC-DOC－588（Vienna，Austria：IAEA，March 1991）.

"国际核安全协定"。1995 年 3 月，来自 54 个国家的代表齐聚维也纳商讨建立能确保民用核设施安全的全球机制。

"国际核安全协定"的作用是为民用核装置创立一个系统的、统一的安全标准。但同《伦敦倾废公约》相似，该协定并不强制要求各国按照国际原子能机构的标准执行，它只是提供给各国一种激励机制。"协定"指出："承认本协定仅要求承诺遵循核设施的安全基本原则，而非详细的安全标准"，尽管很多非核国家希望标准更严格和具体，但是"协定"的要求仍然是劝告性的，并不具备约束力，成员的责任不过是在国家水平上采取"适当的措施"。协定希望各国能按照国际原子能机构标准和其他国际标准制定自己的国家标准，以促进世界核安全水平的提高。由此看来，"国际核安全协定"的治理权限是非常有限的，在制定和执行核设施安全标准方面缺乏统一、整体的规划。

三、《北极军事环境合作宣言》的签署

20 世纪 90 年代初期，在结束了近五十年的核对抗后，美国和俄罗斯的战略核关系发生了实质性的改变。这使得俄罗斯从沉重的核威慑战略和军备竞赛中解脱出来，有条件解决处理冷战后遗留下来的核废料问题；另一方面，随着苏联的解体、俄罗斯政治和经济的动荡不定，俄罗斯已经无力单独解决军备竞赛时期留下的核污染问题。在这种大背景下，挪威、美国及俄罗斯国防部共同签署了"北极军事环境宣言"，这个三方合作机制正式登上历史舞台。

1995 年 5 月，挪威国防大臣约根·科斯莫（Jorgen Kosmo）建议俄罗斯国防部长伊戈尔·罗季奥诺夫（Igor Rodionov）和美国国防部长威廉·佩里（William Perry）共同建立旨在"减少军事行动对北极环境的有害影响"的机制。1996 年 9 月，三国国防部长在挪

威卑尔根举行会晤，签署了"不具约束力"的《北极军事环境合作宣言》（The Arctic Military Environmental Cooperation，AMEC）。

AMEC 是一个联合行动项目。AMEC 的第一条指出，"本宣言在各缔约方之间建立了一个关于北极军事环境事务的联系与合作体系"。在 AMEC 项目下，合作的主要内容包括：污染路径的研究；审核污染预防和补救的方法和技术；研究应急模拟方法；评审环境保护和补救项目等。项目将任务焦点凝聚于军事活动所引发的广泛而分散的生态威胁，将科拉半岛的放射性污染与北美的多氯联苯问题和军用设施和装备破坏的苔原问题并列。这反映了冷战结束后不久，在军事和政治互信并不巩固的情况下，美国还必须照顾俄罗斯对外国人员进入本国军事领域进行调查和行动的不信任感受，不敢直接明言重点要解决俄罗斯北方舰队的核污染问题。尽管"宣言"的态度模棱两可，但是不可否认的是 AMEC 从开始就竭力解决军队在俄罗斯北极地区造成的核污染问题。机制建立之后，美国、挪威和俄罗斯的国防和环境专家开展了一系列工作。他们提出了 7 个合作项目，其中 5 个涉及报废核潜艇中已经（或将要）拆除的核废料及其安全问题，另外两个是非核武器的问题，主要包括：（1）开发一个集装箱模型用于临时储存和运输海军的废弃核燃料；（2）提升处理液态核废料的技术手段；（3）审查正在执行的减少固态放射性核废料数量的技术；（4）审查固态放射性核废料的储存技术和程序；（5）对放射性和安全进行监控；（6）对军事基地中有危险废弃物的场所进行补救；（7）审查和执行清洁船技术。AMEC 项目组主任、美国国防部的 D. Rudolph 在其后来的总结中说，"这个项目就是要解决北极地区由军事活动造成的环境威胁。工作的重点集中于俄罗斯摩尔曼斯克地区不少已经被解除任务的核潜艇及其大量不安全的、已经被使用过的核燃料。这些潜艇及其使用过的核燃料对北极脆弱环境构成严重威胁"，"工作内容集中于五个方面：用过的核燃料的管理；液体核废料的处理；固体放射性废料的处理；放射性监测和人员安全"。①

AMEC 是一个的军事合作机制，处理的是对环境的影响问题。三个国家的国防部是其正式缔约方，只有军事活动产生的环境问题包括在其职权范围内，因此 AMEC 与北极理事会和巴伦支—欧洲北极理事会等包容性较强的多边机制有很大的不同，其他机制缺少的恰恰是军事因素。军队作为核材料的"持有者"，掌握着储存和处理核材料等方面的专业技术，因此，军队可以说是最重要的利益攸关方，如果没有他们的直接参与，就不能有效地处理与国防相关的核污染问题。从这个角度讲，AMEC 可以说是在一个特殊的时期，在一个特殊的领域，三国军队以一种特殊的方式直接进行的合作，也为国际环境合作开了一个先例。

因为 AMEC 的活动深入到其他国家的军事基地和装备部署地区，具有一定的政治敏感性。三方曾经因为经费承担问题和活动方式问题发生争议。西方国家不愿意承担全部费用，但希望达到"在帮助邻居清扫垃圾的同时拔掉邻居的牙齿"的目的。美国和挪威一开始就强调"污染者自付"原则是应该保留的原则，俄罗斯境内北极区域的核污染治理的主要责任由俄罗斯担负。1997 年，美国只拨款 180 万美元；挪威为 64 万美元；俄罗斯自己拨款约为 200 万美元。由于相互间不信任以及对对方行为的不理解，在 2006 年 10 月出现了挪威临时退出机制，保留观察员身份的事件，随后在 2007 年 2 月又发生了挪威国防部顾问、AMEC 项目的共同主任克劳肯（Ingjerd Kroken）女士在进入俄罗斯时被拒绝入关的事件。②

① D. Rudolph, The Arctic Military Environmental Cooperation（AMEC）Program's Role in the Management of Spent Fuel of Decommissioned Nuclear Submarines, NATO Science Series II: Mathematics, Physics and Chemistry, Volume 215, 2006, p. 111.

② Bellona, Norwegian AMEC co-chair expelled from Russia. http：//bellona. org/news/nuclear-issues/nuclear-issues-in-ex-soviet-republics/2007 – 02 – norwegian-amec-co-chair-expelled-from-russia.

这些项目涵盖了俄罗斯最为尖锐的核废料管理问题，获得了国际原子能机构（IAEA）专家小组的支持。总的来说，尽管参与各方心怀不同的政治目的，但 AMEC 的执行有助于消除在核污染治理过程中存在的障碍，从北极环境的角度推进了冷战后全球核裁军的进程。擅长于传统政治的军事部门尝试着从环境保护这个非传统政治切入参与北极的治理，也有值得肯定的地方。对保护北极环境和北极地区的人类健康无疑是十分必要的，但要彻底解决北极核污染问题仍需要依靠世界海洋大国的共同努力与合作。

第三节　主权国家在北极核污染治理中的合作

一、挪威—俄罗斯双边合作处理核污染

俄罗斯联邦政府认识到，随着俄北冰洋海域和北极地区的重要性上升，技术因素和人类对环境超负荷利用的增加造成了负面影响地带的出现，潜在的放射性污染源和生态破坏问题日积月累。

俄罗斯 2008 年和 2013 年北极战略报告均提出了生态安全方面的战略目标：要保护北极动植物种群的生态多样性，其中包括扩大自然特别保护区分布网。从俄联邦国家利益出发，在加强经济活动和全球气候变化条件下必须保护好自然环境；对于超过法定运行期限的核动力船舶要有计划地进行处理；在生态安全方面要制定北极地区自然资源合理利用和环境保护，包括污染监控在内的特别规章制度。[①]

俄罗斯北极战略要求清除俄联邦北极地区过去经济、军事和其

---

① 2020 年前及更长期的俄罗斯联邦北极国家政策原则 http：//www.scrf.gov.ru/documents/98.html。

他活动所产生的生态后果，包括评估引发生态损耗和采取措施清理北极海域和土地上的污染物；恢复被氧化的土地，包括遭受放射性和化学污染的土地；采取措施提高联邦生态监督机构对位于俄联邦北极地区经营和其他活动场地的监督效率，完善国家在北极地区的生态监督系统；运用地面、空中和太空现代化观测手段，监控环境污染状况；联合现有的和正在建立的国际环境监控系统，发现和分析俄联邦北极地区极端自然现象，包括负面气候变化，以及及时发现和分析自然和技术危机的紧急状态。在国际合作方面，加强俄联邦与北极国家的睦邻关系，积极开展经济、科技和文化合作，以及边境合作，有效开发自然资源，保护北极环境；组织一系列环境（冰情、海水污染、海洋生态系统）研究的国际科考活动，分析气候变化对环境的影响；研究、论证和采取措施降低北极经营活动对环境造成的威胁，推动研究和运用新技术降低对环境的负面影响，减少危情发生，将技术危机引发的紧急状态后果降至最低限度。①

挪威作为世界海洋资源最丰富的国家之一，毗邻世界最大的渔场——北海渔场。挪威的海洋渔业在国民经济中的地位十分重要。如果说，美国与俄罗斯合作处理与核相关的问题还带有解除对手武装的含义的话，那么挪威协助俄罗斯处理核污染更像是邻居的担心，担心"城门失火，殃及池鱼"。因为地缘相接并隔海相望，挪威尤其关注俄罗斯对北极地区造成的放射性核污染。挪威政府意识到如果公众认识到来自巴伦支海的鱼类已经受到放射性物质的污染，那么即使科学研究证明这是"无中生有"的，也将对挪威的经济造成不利影响。挪威政府在其 2007 年发布的高北战略中明确指出："在我们的北方政策中，至关重要的是与俄罗斯保持密切的双边关系，俄罗斯既是近邻，也是与我们分享巴伦支海的国家。北方

---

① "2020 年前俄罗斯联邦北极地区发展和国家安全保障战略"，http://www.government.ru/docs/22846/。

地区各领域面临的挑战，如环境和资源管理，只有通过与俄罗斯的接触和双边合作才能解决。"① 战略报告在描述了俄罗斯西北地区核污染情况和潜在威胁之后，挪威明示，"国际上必须对俄罗斯西北地区的核安全问题采取措施。但作为邻国，挪威也必须单独发挥作用。挪威将继续参与解决俄罗斯西北地区的核安全问题，直到这一问题得以最终解决。"

挪威关注的焦点主要包括挪威边境存在安全隐患的核设施、缺乏安全管理的核材料及核废料，还包括俄罗斯北部及北极地区（俄罗斯在其北部地区拥有大量的核动力船只和核潜艇；核裂变材料和核废料储存设施；存在安全隐患的核电站；泄漏到土壤、河流和海洋中的未知数量的核废料）。如1992年，挪威和俄罗斯联合对喀拉海的放射性核废料的污染程度进行监测。②

1994年，挪威政府批准支持应对俄罗斯核污染问题的国际合作项目。这一合作项目主要涉及俄罗斯核污染的四个方面：（1）俄罗斯缺乏安全性的民用核设施；（2）放射性核材料及核废料的不安全管理和储存；（3）倾倒至喀拉海和巴伦支海及已扩散至北冰洋的放射性核废料；（4）危险的核武器相关活动。③ 挪威政府拨款2亿美元用于消除这些潜在的核污染来源。1996年8月26—28日，挪威和俄罗斯在双边会谈中制定草案，两国于同年10月正式签署涉及北方舰队管理的七项合作方案：（1）将安德列夫湾区的临时核废料储存设备排空并使其退出使用；（2）在摩尔曼斯克建立和开辟特定区域用于储存报废核潜艇里的固态核污染物；（3）建造用于运输废弃

---

① Norwegian Ministry of Foreign Affairs, The Norwegian Government's High North Strategy, http://www.regjeringen.no/upload/UD/Vedlegg/strategien.pdf.

② Sjoeblom, K. L. and Linsley, G. S., International Atomic Energy Agency, Vienna, Austria, "The International Arctic Seas Assessment Project (IASAP)," 1993.

③ Rimestead, E., Second Secretary, Royal Norwegian Embassy, Washington D. C., personal communication, Feb. 11, 1995, and Mar. 31, 1995.

核燃料集装箱的船只；（4）铺设四条铁路用于运输废弃核燃料；
（5）在玛雅克地区建立用于储存废弃核燃料的基地；（6）将北德文斯克的储存液态核废料船只进行升级；（7）购置用于收集液态放射性污染物的可移动设备。这项研究由以海水淡化和海上钻井平台建设技术领先世界的挪威克瓦纳（Kvaerner）公司和俄罗斯科罗廖夫能源火箭航天公司（RSC Energia）共同完成。为实施这一合作方案，挪威提供了 70 万美元的技术援助。[1]

但是，经济援助并不能从根本上解决问题，因此挪威积极采取合作和信息交流的方式加强与俄罗斯的沟通协作，这些做法的先进性在于挪威充分认识到俄罗斯制度化核安全的重要性，并且使核安全在俄罗斯的决策者和地方政府之中保持一种优先地位。就像其他的西欧国家一样，挪威主张关闭由"苏联设计"的缺乏安全性却仍在使用中的核反应堆（如喀拉核电站等），并通过多边渠道（如东欧的行动计划及由欧洲复兴开发银行实施的"核安全基金"项目）为提高科拉半岛核设施的安全性提供了资金援助。通过这些援助机制，挪威鼓励其科学家积极参与核设施的更新和重修工作。挪威与俄罗斯在北极核污染治理领域的广泛合作计划对尝试解决北极放射性核污染问题具有十分重要的意义。

二、美国与俄罗斯在削减核武器领域的合作

冷战后，美国和俄罗斯在承担核竞赛的后果上面临同样的挑战：如何控制和拆除大量的核武器；如何"铸剑为犁"——将国家核能力部分地转为民用。1991 年秋天，美国国会参议员萨姆·纳恩和理查德·卢格制定了"纳恩—卢格项目减少威胁"合作（Nunn-

---

① 蒋帅、郭培清："北极放射性核污染治理：任重道远"，《海洋世界》2009 年第 10 期。

Lugar Cooperative Threat Reduction program，CTR），以协助确保苏联的继承国减少核武器储备，这一项目颇为新颖且似乎背离了美国追求国家安全目标的正常手段。[①] 他们提出美国每年从国防预算中提供约4亿美元，用于拆除苏联时代的核武器及俄罗斯和其他苏联加盟共和国核武器的发射系统。该项目要实现四大安全战略目标：（1）对苏联地区的大规模杀伤性武器及其附属基础设施进行拆除。（2）保证苏联地区的大规模杀伤性武器及其相关技术和材料的安全和稳固。（3）增加透明度并鼓励更高标准的操作和管理。（4）为防止武器扩散提供武力支持和军事合作。[②] 在此目标下，项目提供了专家和经费对大规模杀伤性武器进行统计，建立核查保障措施防止核扩散，为安全和迅速地拆除核设施提供条件；（5）为苏联核武器科学家提供高报酬，以防止转移相关经验，促进苏联国家的国防核工业改制。

在苏联解体后，美国通过各种援助项目，介入了俄罗斯政治和经济体制改革及相关社会政策的方方面面。此外，美国的援助还包括协助削减和拆除战略核武器。1993年4月3日至4日在加拿大温哥华召开的首脑会议上，俄罗斯和美国总统同意建立两国间新的联合合作机构，该机构被称为"戈尔—切尔诺梅尔金委员会"（The Gore-Chernomyrdin Commission，GCC）。美、俄联合经济技术合作是由高级政府机构领导，根据美国副总统戈尔和俄罗斯总理切尔诺梅尔金的提议而确立的优先战略。在"戈尔—切尔诺梅尔金委员会"的倡议下，美国支持各种双边研究，有一项研究直接涉及北极区域中的放射性污染问题，即1994年的"美俄环境保护合作协定"。这些双边研究可能有利于美国正确评估北极地区放射性污染的程度，

① Jennifer Nyman, The Dirtiness of the Cold War：Russia's Nuclear Waste in the Arctic, ENVI-RONMENTAL POLICY AND LAW，2002，pp. 47 – 52.

② CTR 项目官方网站 http：//www. dtra. mil/oe/ctr/programs/.

并促使美国和俄罗斯在共同研究放射性核污染方面达成一致。

1999 年 1 月，美国总统克林顿在国情咨文中建议国会通过"纳恩—卢格"计划的新项目，对俄罗斯提供援助，帮助其削减核武器。根据新计划，在此后的 5 年中，美国为俄罗斯削减核武器提供 42 亿美元的资金援助。这个建议被形容为"构成了克林顿外交和军事政策的核心部分"。

在这个持续多年的美国"纳恩—卢格"计划中，对减少核污染，改善北极环境有意义的具体项目包括：核武器储存项目（Nuclear Weapons Storage Security Program，NWSS），项目的重点在于帮助俄罗斯提高武器储存点的安全系数，防止核装备外流；核武器运输安全计划（Nuclear Weapons Transportation Security Program，NWTS），项目的重点是保证核武器运输过程的安全，防止运输过程中武器被盗和安全事故，对运输过程提供安全审计和检查；裂变材料储存设施计划（Fissile Material Storage Facility Program，FMSF），计划确保裂变材料的储存集中、安全而且在生态方面符合要求。

三、欧盟参与北极核污染的治理

在巴伦支欧洲—北极地区合作框架下，2003 年，芬兰、瑞典、丹麦、挪威等国和俄罗斯共同签署了《俄罗斯联邦多方位核环境计划协议》（the Multilateral Nuclear Environmental Programme in the Russian Federation，MNEPR），这一协议为俄罗斯安全使用核燃料和管理放射性废料提供了一个机制性框架。[①] 2011 年 9 月，一个由欧盟、挪威、芬兰和俄罗斯共同参与的北极地区放射性保护项目正式启

---

① Olav Schram Stokke, Geir Honneland and Peter Johan Schei, "Pollution and Conservation," Olav Schram Stokke and Geir Hønneland（eds.）, *International Cooperation and Arctic Governance：regime effectiveness and northern region building*, Routledge, 2007, p. 95.

动。这个项目称为"欧洲北极环境放射性保护和研究合作网络"（Collaboration Network on EuroArctic Environmental Radiation Protection and Research，CEEPRA）。[①] 该项目由欧盟 European Union Kolarctic ENPI CBC programme 资助，由芬兰的拉普兰地区理事会和挪威的科拉北极项目（Kolarctic programme）公同管理。

项目的目标是建立欧洲北极地区跨境知识和经验交流网络，提升应急准备能力，以及对可能发生的核事故进行风险评估。项目将持续 3 年，重点在芬兰和挪威的北部地区、科拉半岛和巴伦支海搜集环境样本，根据样本分析对欧洲北极地区陆地和海洋生态系统的辐射污染现状进行研究，丰富关于北极环境和食物链中有关放射性物质的数据。项目特别关注那些地区的芬兰居民、挪威居民和俄罗斯居民所吃食物（如莓果、蘑菇、鱼类和驯鹿肉等）等自然产品所受核辐射的状况。项目将通过建模和调查的方法对核事故风险进行评估，尤其是对当地原住民、陆地海洋环境、驯鹿放养和其他依赖自然的产业的影响进行评估。

项目体现了欧盟的角色，通过知识和资金的提供，在治理北极环境问题的同时，参与到北极的治理中来。

第四节　国际组织在北极核污染治理中的作用

一、"七国集团"设立"核安全基金"

国际治理需要有人提供公共产品，治理所需的资金和技术是制度之外最关键的公共产品。1986 年切尔诺贝利核电站泄漏事故发

---

① http：//www.nrpa.no/eway/default.aspx? pid = 240&trg = Center _ 6352&Center _ 6352 = 6401：88728：：0：6371：1：：：0：0.

生后，为了提高核技术的安全使用，多国核安全项目应运而生。1992 年 7 月由西方大国组成的"七国集团"在慕尼黑召开峰会。七国首脑在这次峰会上着重强调了先前由苏联建造的核设施的安全性问题。由于缺乏安全保障，这些设施容易引发一系列的环境和安全问题，必须着手解决。为了解决这一问题，"七国集团"共同建立一个多国共同参与的核安全项目，并设立相应的"核安全基金"。该基金的宗旨是通过经济援助项目直接对核设施操作安全和技术提升注入资金。欧洲复兴开发银行（EBRD）担任"核安全基金"的秘书处工作，为提升相关设施的技术标准和安全标准提供资金支持。"核安全基金"支持的项目包括：彻底关闭不安全的核设施；核电站的安全操作、技术安全升级和改善管理；使用新能源来代替陈旧的核设施及设备更新换代；帮助建立更严格的核设施安全标准等。

慕尼黑会议提出 78.5 亿美元的援助项目，其中 26.8 亿美元用于援助俄罗斯。俄罗斯共有三个主要核设施"获益"，分别是：列宁格勒（圣彼得堡）核电站、新沃罗涅日核电站和喀拉核电站。[①]作为援助项目的一个重要组成部分，"核安全基金"和俄罗斯官方达成协议，限制俄罗斯使用存在安全隐患的核设施和核反应堆，并提供资金帮助俄罗斯更换陈旧核反应堆。"核安全基金"项目的确立标志着"七国集团"逐步介入到环境保护这一非传统安全领域，并将应对北极核污染作为核心的环境安全议题，推动国际环境安全合作走向正规化、综合化。

---

① 这些核设施临近北极地区，对其潜在的放射性核污染进行治理和操作安全性进行升级对保护北极地区的生态环境具有至关重要的意义。而列宁格勒的核电站使用的核反应堆与 1986 年发生核泄漏事故的切尔诺贝利核电站使用的核反应堆极为类似，因此备受关注。由于列宁格勒核电站和喀拉核电站存在泄漏隐患，作为最邻近这些设施的国家，芬兰政府积极提供资金援助用于对这两座核电站的安全性进行检测和升级。

二、国际原子能机构与北冰洋核污染治理

1957 年，国际原子能机构（IAEA）成立，该机构主要肩负着两项重要使命：（1）在其成员国内部加强和支持原子能的和平利用；（2）确保原子能长期不会应用于军事领域。1958 年，在国际原子能机构第一次海洋法会议上，与会者决定将控制放射性核废料倾倒入海的行为纳入 IAEA 的管理范畴。在会议结束时，IAEA 颁布了向海洋倾倒放射性物质的技术标准和监管标准。[①] 然而，由于成员国步调不一致，IAEA 直到 1993 年才正式通过"国际北冰洋评估项目"（International Arctic Seas Assessment Project，IASAP），并正式开始行使监管职责。[②]

IASAP 的主要目标是对喀拉海和巴伦支海倾倒的放射性污染物对环境和人类健康的威胁进行评估；在评估的基础上分析出处理核废料可能的补救方案并向有关方面提出建议。在 20 世纪 90 年代共有来自 14 个国家的 50 多个专家参与了项目。因为这些废料躺在浅湾的海底，辐射暴露还存在其他的可能性，比如说因为海冰和风暴的自然移动导致废料储存器的漂移，或者由于人类经意或不经意的搬动等情况都难以排除。作为国际最专业的核能管理组织，IAEA 组织了跨学科的科学家队伍通过以下四种方式开展治理工作：（1）通过在北极水域测量和检查放射水平来评估被倾倒核废料辐射释放的证据；（2）对高辐射水平的固体核废料在未来潜在的核辐射释放

---

① International Atomic Energy Agency（IAEA），Inventory of Radioactive Material Entering the Marine Environment：Sea Disposal of Radioactive Waste，IAEA-TECDOC－588（Vienna，Austria：IAEA，March 1991）.

② 早在 1993 年，IAEA 的主要工作就是对东欧和苏联的铀开采和钻探活动进行监测和评估。对这种类型的放射性核污染来源进行关注的一个最主要原因，在于这部分核设施（如核能工厂和研究实验室）已经被严格监管。

进行预测；（3）通过建立模型来分析相关核辐射在环境中传播的方式及其对人类和生态环境的影响；（4）对处理高辐射核废料的补救方式的成本、收益和可行性进行分析。[①] 这四方面工作相互关联，项目的重要意义在于它能够分析出污染物消散的主要路径和机理，发展出针对北极放射性污染物降解消散的方法，分析各种方法的可靠性。

虽然俄罗斯逐步公布了北极核污染的相关数据，但是 IAEA 要获得俄罗斯领土和领海范围内的关键性信息仍困难重重。最主要的困难就是核污染的有关数据不完整。这些数据大多分散于许多组织机构。而且冷战之后俄罗斯正处于社会转型、经济崩溃、管理混乱的动荡时期，几乎无力组织人力进行有效的数据采集和科学评估工作，加上军事基地的保密防范要求的存在，IAEA 在北冰洋所进行的放射性核污染的评估工作进展得并不顺利。

在条件不完善的情况下，专业组的科学家还是取得了重大进展，得出一些重要结论，为下一步的核污染治理提出了合理化建议。通过测量，专家组认为被倾倒到海中的有关核废料的放射性释放影响范围较小，主要影响的是倾倒地点的相邻地区。在可预见的未来倾倒在喀拉海中的放射性废料对当地居民的辐射剂量很小，低于 1 个微西弗（microsievert），[②] 但是对于在相应海域专事巡逻的军事人员的辐射影响较大，接近 4000 微西弗。被测量的放射性污染源辐射剂量对于海洋动物并不显著。但是未来还是令人担心。因此项目专家组提出了若干建议：（1）对于高辐射废料体要继续进行定位和辨析；（2）在新地岛倾倒海域要建立严格制度，对出入相关陆地

---

① IAEA, Modelling of the radiological impact of radioactive waste dumping in the Arctic Seas, Report of the Modelling and Assessment Working Group of IASAP, IAEA-TECDOC–1330, January 2003, p. 4.

② 微西弗（microsievert）又叫微希沃特，是放射性剂量的计算单位之一，放射性剂量的标准单位叫做西弗，定义是每千克人体组织吸收 1 焦耳能量（放射过程中释放的能量）为 1 西弗。

和海洋区域的危险物品进行管控；（3）为防止核废料发生安全性的变化，应当考虑继续监测；（4）对于一些需要特殊处理的设施，专家组建议采取处理方案。例如，在有些容器中注入特殊材料来减少腐蚀和提供附加的阻拦层；对于不能搬运的材料采用原地加封钢筋水泥或其他材料等方案。尽管 IASAP 项目主要从辐射学的角度提出了解决方案，但项目组十分清楚多方位综合治理的必要性。在其向 IAEA 的报告结论中，项目组明确提出，"解决这些问题的关键还是要靠政治、经济和社会因素的综合利用，特别是民族国家政府应对倾倒核废料承担起司法和政治责任。"①

国际原子能机构已逐渐被视为治理北极放射性核污染的倡议者和领导者。多年来，它制定的许多安全标准被广泛使用，包括与核安全有关的核设施选址、设计和操作等领域。许多国家也参考国际原子能机构制定的规则指导国内实践。在对北冰洋放射性物质的监测中，国际原子能机构提供了许多特殊设施的组装技术、资料及专业知识，进而提升了国际原子能机构标准的地位。

三、北极理事会在北极核污染治理中的作用不断提升

1991 年 6 月，北极八国在芬兰北部城市罗瓦涅米举行国际会议，制定了跨国的北极环境保护战略（AEPS）。北极环境保护战略是一个指导性文件，虽然它不是一部具有法律约束力的文件，但它启动了北极理事会的工作重点，使北极的治理已开始沿着保护北极环境和可持续发展的路径前行。北极环境保护战略的主要目标包括"保存环境质量和自然资源、协调北极原住居民的习惯需要和环境

---

① Radiological assessment：Waste disposal in the Arctic Seas，Summary of results from an IAEA-supported study on the radiological impact of high-level radioactive waste dumping in the Arctic Seas. http：//www. iaea. org/Publications/Magazines/Bulletin/Bull391/specialreport. html.

保护原则之间的相互关系，监测环境状况、减少并最终消灭北极环境污染"。为了实现这些目标，AEPS 列举出 6 种主要的污染物并优先采取治理措施，这 6 种污染物分别是：放射性污染物、重金属、油、噪声、酸化物和有机污染物。

在北极环境保护战略之下确立的工作组及其计划如：北极监测评估计划（AMAP），北极动植物保护（CAFF），保护北极海洋环境（PAME），突发事件预防、准备和响应（EPP&R）等工作组都与防止放射性污染相关联。

北极监测评估计划包括三个主要目标：（1）监测、预报和处理北极生态健康情况；（2）记录污染物的来源、趋势和路径；（3）评估由北极地区或低纬度地区人为原因造成的污染。在 AEPS 的推动下，AMAP 的成员国开始收集核污染物的来源和扩散的相关数据。同时，对这些污染物影响北极环境的分析工作也在进行中。为了推进研究的顺利进行，AMAP 将放射性污染物的倾倒行为分成两个类别：陆上和海上放射性污染。陆上来源包括放射性核废料的销毁及化学和工业污染物的排放；海上放射性污染的来源主要涉及船舶及放射性核废料和核材料的倾倒。[1] AMAP 在 2009 年至 2011 年工作计划中指出，"继续进行对北极地区的监测和评估行动，包括长期及短期研究、空间监测、人类和生物健康监测等方面的问题。尤其需要收集北冰洋放射性核污染、气候变化的信息和相关数据，提高污染来源信息的可靠性和监测的准确性"。[2]

---

[1] Arctic Environmental Protection Strategy, Working Group on the Protection of the Arctic Marine Environment（PAME），"Initial Outline for the Report by the Working Group to be Presented to the Ministers in 1995," information contained in Annex 4 of Report from Meeting in Oslo on May 3 – 5, 1994, July 6, 1994.

[2] http：//arctic-council. org/section/the_ arctic_ council.

Committee for Fisheries，STECF）等。非国家行为体同样是渔业治理中不可或缺的一员，例如可持续渔业伙伴①（Sustainable Fisheries Partnership，SFP）、海洋管理理事会②（Marine Stewardship Council，MSC）、国际海洋考察理事会③（International Council for the Exploration of the Sea，ICES）、海产品选择联盟④（Seafood Choices Alliance，SCA）等，大型渔业企业也是推动北极各国渔业立法的重要力量。当前北极渔业治理面临的挑战，及其对于区域政治、经济、文化交流的影响，主要是以下几类关系的失衡所导致的。

第一，需求与供给关系的平衡。北极的渔业资源开发一直是相关国家经济发展的重要依托。从全球层面来看，海产品贸易虽然不是全球贸易体系中的关键部分，但近年来增速迅猛。根据相关数据显示，1976—2006 年的 30 年间，全球海产品贸易额从 280 亿激增至 860 亿美元，⑤ 2010 年更是达到 1194 亿美元，全球捕捞渔业的总

---

①　可持续渔业伙伴成立于 2006 年，是致力于帮助水产养殖和捕捞业改进生产规范，增加全球可持续水产品的供应，对从事水产品经营、贸易、生产和相关业务的公司提供咨询和建议的非政府组织。其职能包括"保持海洋和淡水生态系统的健康，增加捕捞和水产养殖的鱼类数量，确保水产食品的供应"、"促进信息的获取，指导人们进行负责任的水产品选购，提高水产公司和其业务伙伴改进水产养殖和增加渔获量的能力"以及"确保水产业的可持续发展和从业公司的盈利能力"等方面。

②　海洋管理理事会是独立的非营利组织，由联合利华（Unilever）和世界野生动物保护基金会共同创办于 1997 年，并于 2000 年 3 月 1 日正式作为独立机构。海洋管理理事会的主要职能是定义可持续和良好管理的水产业标准，包括维持渔场所在海域的生态多样性及繁殖能力的条件下进行捕捞等原则，限制过度捕捞以保护渔业资源，并制定了相关环保标准促进负责任捕捞行为。其主要成员包括渔业资源的零售商、制造商以及食品运营机构。

③　国际海洋考察理事会的雏形始于 1902 年，由相关国家的科学家和研究机构通过信件交流的方式进行合作。1964 年，通过签署正式的公约文件，委员会具备了充分的法律基础和国际地位。该机构是增强海洋可持续发展的全球性组织，由 4000 多名科学家和近 300 所研究机构组成研究网络。

④　海产品选择联盟创立于 2001 年，是一项领导和创造海产品行业和海洋保育工作的全球性计划。该联盟通过帮助渔民、分销商、零售商、餐馆和食品服务供应商选择相应的海产品，保障海产品市场的可持续发展。

⑤　Asche Frank and Smith Martin，*Trade and Fisheries：Key Issues for the World Trade*，Staff Working Paper ERSD，2010，p. 3，http：//www.wto. org/english/res_ e/publications_ e/wtr10_ fo-rum_ e/wtr10_ asche_ smith_ e. htm.

产量增至 8860 余万吨。① 随着需求的快速增长，渔业市场的规模和捕捞总量也不断攀升。有观点认为，全球超过 3/4 的深海渔业市场正处于饱和与过度开发状态②。这种快速增长的趋势不仅对全球海洋生物多样性造成潜在威胁，也影响渔业市场和贸易的合理水平。还有观点认为，造成过度开发的根本原因是渔业资源长期以来被视为一种可再生资源，渔业市场的主体可以无偿享受这一公共物品，但并未限定保护或提供此类公共物品的职责划分。在这种条件下，无法明晰鱼类资源的具体所有权，从而无法确认责任与义务，很容易导致传统意义上的"公地悲剧"（Tragedy of the Commons）。③ 从另一个层面看，这种挑战实际反映了渔业资源利用与保护生态平衡之间的利益鸿沟，也就是利用现有资源和保护未来市场之间的悖论。

第二，自由与管控关系的平衡。按照国际公法的基本原则，特别是国际习惯法所规定，公海捕鱼自由似乎是一种普遍性权力。该原则在日内瓦《公海公约》（Convention on the High Seas）和 1982 年《公约》的第七部分都得到了体现，这种自由被认为"是公海法律制度所要定义和保护的主要目的"④。实际上，此类制度是建立在一种假设之上，即公海区域的鱼类种群保有量和渔业捕捞需求相等，甚至假设为供大于求。随着世界人口的不断增长，以及捕鱼技术的更新换代，这种假设失去了现实依据。但是，除了捕鱼自由和

---

① FAO, *Fishery and Aquaculture Statistics Yearbook*, 2011, p. 19, http：//www. fao. org/docrep/019/i3507t/i3507t00. htm.

② OECD, *Strengthening Regional Fisheries Management Organizations*, OECD Publishing, 2009, p. 17.

③ Rudloff Bettina, *The EU as Fishing Actor in the Arctic: Stocktaking of Institutional Involvement and Existing Conflicts*, Working Paper, German Institute for International and Security Affairs SWP, 2010, p. 5, http：//www. swp-berlin. org/fileadmin/contents/products/arbeitspapiere/Rff_ WP_ 2010_ 02_ ks. pdf.

④ ［英］罗伯特·詹宁斯、亚瑟·瓦茨著，王铁崖等译：《奥本海国际法》，中国大百科全书出版社，1998 年版，第 182 页。

实施养护之间的矛盾之外，沿海国自身对于捕鱼区域的权力扩张，体现出各国对于自由捕捞和管控制度之间的平衡问题上认识的落差。第二次世界大战之后，沿海国以专属渔区、专属经济区等形式不断扩大自己的渔业管辖范围，使公海自由这一权力空间更为狭窄，也催生了制定统一受管控的渔业规则方案或条约的需求。从根本上来看，渔业治理中的自由原则必须建立在与养护、规范和管控相互平衡的基础之上，由于渔业资源的特殊属性，对其的养护与捕捞规范甚至比自由原则更为重要。

第三，普遍性与特殊性的平衡。北极渔业治理与其他地区相比，必须在遵守普遍性治理原则的同时考虑北极地理的特殊性。例如，气候变化是全球渔业潜在的挑战之一，但对于具有冰区特性的北极地区则带来了特殊影响。[①] 这种影响体现在鱼类生活水温的升高，北极融冰的速度加快导致海水盐含量降低、海水含氧量的升高和洋流与海浪变化带来海洋地理变迁等方面。[②] 当然，这种变化对于北极渔业的影响有着不同的"正负极"，造成的后果需要以不同行为体、不同区域来进行具体分析。有观点就认为，气候变化中的全球变暖部分就使北极渔业得到积极发展，例如融冰对于新渔区的开发有着促进作用。另有观点认为，北极渔业的未来发展并不应存在很高期待[③]，因为潜在的鱼类捕捞区域仅限于深海区，这与现有的主要渔业需求不相符。在北极航道开发的大背景下，由沿岸国家陆地河流的流入和远洋船舶从域外海域带入的疾病和寄生虫等传染

---

① Stephan Macko, *Potential change in the Arctic environment: Not so obvious implications for fisheries*. William W. L. Chueung, *Climate change and Arctic Fish Stocks: Now and Future*, Reports of International Arctic Fisheries Symposium, 2009, http://www.nprb.org/iafs2009/.

② Molenaar Erik and Corell Robert, *Background Paper Arctic Fisheries*, Ecologic Institute EU, 2009, p. 12, http://arctic-transform.org/download/FishBP.pdf.

③ VanderZwaag David, Koivurova Timo and Molenaar Erik, Canada, the EU and Arctic Ocean Governance: a Tangled and Shifting Seascape and Future Directions, *Journal of Transnational Law and Policy*, Vol. 18, No. 2, 2009, p. 247.

病潜在源，也被视为治理不确定性的主要源头。可以看到，北极地区远比其他地区更易受到气候变化的影响，北极渔业的治理架构和原则也很难仅仅参照全球渔业的普遍性规则。当前北极渔业治理的目标主要有以下几个方面：

（一）非法、无报告及不受规范捕捞

非法、无报告及不受规范捕捞（Illegal，Unreported and Unregulated，以下简称 IUU）是一个全球性问题，不仅破坏了世界各国获取渔业资源的平衡，还降低了海洋生态系统的自适应能力，使北极海域在海洋生物多样性遭到破坏和鱼类资源加速流失的情况下，更易于受到环境变化的影响。[1] 非法捕捞指违反有关国家法律或国际义务的捕捞行为；无报告捕捞是指捕捞行为未在相关国家机构或国际渔业组织"申报"或捕捞"遗报"，违反了"国家或国际程序"；不受规范捕捞是指按照国际法的规定，无国籍或未悬挂该国国旗的船只在归属于某区域渔业管理组织的海域捕捞、或捕捞方式不符合国家应尽责任的情况。满足这三个条件中的任意一条即被认为是非法、无报告及不受规范捕捞。[2]

世界自然基金会 2004 年发布的《巴伦支海鳕鱼——最后的大型鳕鱼资源》报告称，"鳕鱼全球捕捞总量从 1970 年的 310 万吨萎缩至 2000 年的 95 万吨，如果按照这种趋势继续发展，15 年后全球的鳕鱼资源将消耗殆尽"[3]。在北极地区，位于巴伦支海的全球最大的鳕鱼资源区遭受了过度捕捞、非法捕捞和工业发展的巨大威胁，在挪威与俄罗斯专属经济区之间的"圈洞"（Loop Hole）公海海域

---

① 联合国环境规划署：《全球环境展望年鉴》，中国环境出版社，2006 年版，第 70 页。

② Stokke Olav, Barents Sea Fisheries: the IUU struggle, *Arctic Review on Law and Politics*, Vol. 1, No. 2, 2010, pp. 207 – 224.

③ WWF, *the Barents Sea Cod-the Last of the Large Cod Stocks*, 2004, http://wwf.panda.org/?uNewsID = 12982.

尤为明显。该海域的渔业资源由俄罗斯和挪威共同管理，占全球鳕鱼总捕获量的一半。根据国际海洋考察理事会（ICES）在 2010 年发布的渔业捕捞数据①，北极海域的 IUU 捕捞行为在 1990 至 1997 年间曾大规模出现，但随着各国捕捞总量整体的下降和渔业资源的减少，逐步呈现出较低水平。但自 2001 年开始，IUU 捕捞量大幅度超出捕捞配额部分，在 2005 年达到了总量约 13.7 万吨的峰值，相当于鳕鱼合法捕捞总量的 30%。②

为了打击非法捕捞行为，联合国于 2001 年 3 月 2 日通过《预防、制止及消除非法、无报告及不受规范的渔业捕捞的国际行动计划》（以下简称《行动计划》），要求所有国家采取全面、有效和透明的措施，包括依国际法设立适当的区域渔业管理组织，同时要求对其管辖之船舶从事 IUU 捕捞者，要求各国应采取一致措施，监视非法捕捞活动。《行动计划》对船旗国的责任、有关市场的责任、渔船记录、捕捞授权、沿海国措施、港口措施、有关市场措施、区域渔业管理组织责任等都作出了详细规定。③ 2006 年 6 月召开的第十一届北大西洋渔业部长大会（Conference of North Atlantic Fisheries Ministers）上，该问题成为主要焦点。在此次会议中，各国政府一致认为有必要采取国际性措施来解决 IUU 问题。东北大西洋渔业委员会在 2006 年 11 月也采取了相应措施，通过了具有约束性的规定，该项规定于 2007 年 5 月开始生效。这些规定包括拒绝参与或运输非法、无报告和不受规范的捕鱼活动的船舶进入港口。这些措施有效禁止了非法捕捞的船只进入欧盟、俄罗斯、冰岛、法罗群岛、格陵兰岛和挪威。

---

① International Council for the Exploration of the Sea, *Catch Statistics 2010*, http：//www.ices.dk/marine-data/dataset-collections/Pages/Fish-catch-and-stock-assessment.aspx.

② Stokke Olav, Barents Sea Fisheries：the IUU struggle, *Arctic Review on Law and Politics*, Vol.1, No.2, 2010, pp.207－224.

③ 许立阳：《国际海洋渔业资源法研究》，中国海洋大学出版社，2008 年版，第 75 页。

在 IUU 问题的管理和应对上，主权国家是重要的行为体。但对于此行为的打击和制裁仅能依靠国家的单独行动，例如在自身的渔业执法区域制定严厉的约束制度。但在国家管辖权外的公海部分，IUU 现象成为一种"顽疾"。也有学者认为，"鱼群的洄游习性导致它们通常逾越人为的渔区界限，这成为单一国家力量打击 IUU 现象的主要困难。"① 在巴伦支海的案例中，虽然各方早已呼吁俄罗斯和挪威政府立即根据科学家的建议制定更严格的鳕鱼捕捞配额，并对巴伦支海的所有捕鱼活动进行更严密的监管以减少非法捕捞。同时，挪威也受到各方敦促，要求其减小渔船吨位。挪威与俄罗斯之间还签订了《挪威—俄罗斯渔业合作协定》，建立了"黑名单制度"，通过罚款、没收船舶、没收捕鱼工具、禁止再次进入渔区等作为处罚措施。但是，还是出现了部分渔船未尽到船旗国管理责任，不遵守挪俄双边渔业协定，导致北部海域非法捕捞现象严重。从根本上看，有效打击 IUU 应从沿海国、船旗国和港口国三方面入手。沿海国应通过对渔获物的管理，强化对外国籍渔船的准入制度、渔船监测系统的配备、独立观察员的设置等措施，实现防范和管制 IUU 捕捞的目标。另一方面，虽然不同水域间法律地位的差异会造成管辖空白，但非法捕捞的船舶最终还是需要通过港口将捕获的鱼类转入市场环节，港口国责任就显得尤为突出。港口国在授权外国渔船进入其港口的时候，必须设定严格的准入条件。② 在此类检查期间港口国应该尽力收集渔船信息，并向船旗国及任何相关的区域渔业组织报告。③ 国家之间应当进一步完善关于 IUU 行为的国

---

① Erceg Diane, Deterring IUU Fishing through State Control over Nationals, *Marine Policy*, Vol. 30, No. 2, 2006, pp. 173 – 179.

② 李良才："IUU 捕捞对渔业资源的损害及港口国的管制措施分析"，《经济研究导刊》2009 年第 3 期。

③ Diane Erceg, Deterring IUU Fishing through State Control over Nationals, *Marine Policy*, Vol. 30, No. 2, 2006, pp. 173 – 179.

内立法，按照《行动计划》要求制定相应的规范本国、无国籍渔船行为的惩罚措施，采取经济手段预防和控制 IUU 捕捞行为。有关的渔业政策要使 IUU 捕捞成本加大，减少对于 IUU 捕捞产品的需求，严格限制 IUU 捕捞产品在国内的进口和销售。[①] 有学者认为，通过渔船进港临检制度可以核实不同船只的捕捞活动是否符合相关管辖国规定，并设置入港许可制度。而港口国有义务将相关信息向区域治理机制通报，以保证相关数据的全面性。[②] 同时，通过相应的执法惩戒机制完善国内立法的辅助作用也不可忽视。

（二）加强环境保护及鱼类养护

许多研究表明，全球气候变化是世界渔业资源产量和分布变化的重要原因之一，气候变化会直接或间接影响渔场的位置变动、鱼群的洄游路线以及渔汛的时间早晚等。[③] 北极海冰的持续消退极有可能使北极的航行期加长，为人类获取自然资源提供更多通道。在接下来的几十年里，北方海航道的季节性畅通，使夏季横贯北极航行变为可能[④]，但是北极海冰的消退极有可能增加人类对近岸石油和天然气的开采，新航道开辟、资源开发和陆地行为的增多对北极渔业产生潜在影响，燃油排放、航运事故、航道堵塞、影响鱼类洄游等都是今后需要面临的重要问题。[⑤] 气候变化对于北极渔业的影响非常直接。例如，大西洋鳕主要分布于英国、冰岛、挪威等国近

---

① 王润宇："IUU 捕捞的原因、法律规制和解决之道"，《中国社会科学院院报》2007 年 8 月 23 日第 3 版。

② Diane Erceg, Deterring IUU Fishing through State Control over Nationals, *Marine Policy*, Vol. 30, No. 2, 2006, p. 174.

③ 方淼、张衡、刘峰、周为峰："气候变化对世界主要渔业资源波动影响的研究进展"，《海洋渔业》2008 年第 4 期。

④ Robert Corell, Challenges of Climate Change: An Arctic Prospective, *Ambio*, Vol. 35, No. 4, 2006, pp. 153 – 159.

⑤ Arctic council, *Arctic Marine Shipping Assessment Report*, 2009, http://www.nrf.is/index.php/news/15 – 2009/60 – Arctic-marine-shipping-assessment-report – 2009.

海和巴伦支海的斯匹次卑尔根岛海域。这些海域主要受来自于墨西哥湾流的北大西洋暖流影响，加上西斯匹次卑尔根暖流、挪威暖流、西格陵兰暖流、东格陵兰寒流等多个海流交汇，形成了东北大西洋渔场。研究发现，在巴伦支海区域，北大西洋涛动（North Atlantic Oscillation，NAO）和水温的变化可以解释55%的大西洋鳕鱼的丰度变化。[①] 美国《科学》杂志也提出，20世纪80年代后半期到90年代期间，北冰洋的海冰融化冲淡了海水的含盐度，这些低盐度海水从北冰洋南下，随着拉布拉多寒流经戴维斯海峡流入西北大西洋，使该区域形成新的水温差交界线，从而影响了该水域的生态系统，使浮游生物的生长发生变化，最终导致大西洋鳕鱼资源下降。[②] 冬季随着较强阿留申低压[③]（Aleutian Low）的东移，造成白令海水温变暖和冷池[④]（Cold Pool）范围缩小，直接影响"白令海狭鳕"的种群变化。[⑤] 另一方面，以往受限于冰封地带和寒冷天气的陆地活动将随着环境的改变而出现新发展，例如农业开垦、资源开发等陆地活动增多，也会对渔业生态系统造成潜在影响。知识是治理的基础，缺乏冰区的科学研究是目前面临的另一大问题。由于缺少对冰区下生态系统的勘探，很难预估出该区域的鱼群储量，这些不确定性对于现有渔业治理带来了风险，无法准确评估北极渔业未来的开发潜力。

当前，北极的渔业资源利用率低于全球平均水平。虽然北极融

---

① Mann K. H., Environmental influences on fish and shellfish production in the Northwest Atlantic, *Environmental Reviews*, Vol. 2, No. 1, 1994, pp. 16 – 32.

② 方海、张衡、刘峰、周为峰："气候变化对世界主要渔业资源波动影响的研究进展"，《海洋渔业》2008年第4期。

③ 阿留申低压是北太平洋阿留申群岛附近的半永久性低压，常出现于冬季，是北半球半永久性的大气活动中心之一。

④ 冷池是气象学中的概念，主要指相对的冷空气区域范围。

⑤ Wyllie-Echeverriat Tina and Wooster W. S., Year-to-year Variations in Bering Sea Ice Cover and Some Consequences for Fish Distributions, *Fisheries Oceanography*, Vol. 7, No. 2, 2002, pp. 159 – 170.

冰的加速会为渔业开辟新的捕捞地区，但这种情况一般仅仅出现在夏季，而潜在的鱼类捕捞区域则仅限于深海区，这与现有的主要渔业捕捞需求并不相符合。由于北极现有机制的脆弱性，融冰一方面可以带来开发新海域的可能性，另一方面也会出现新的竞合关系，需要建立与之相应的管理机制，沿岸国的国内法律也需要根据这种变化进行调整，以适应新出现的渔业资源。总的来看，北极渔业未来的发展亟待建立更加灵活的管理措施和治理架构，以适应当前气候变化带来的挑战。

第三节　北极渔业争端与现代渔业制度的发展

从历史来看，围绕北极渔业资源的争端时常出现，并在一定程度上影响着现代海洋法、渔业制度的发展。13 世纪以前，现代海洋制度中的领海、公海概念尚未成型，海洋属于人类共用范畴。此后，海洋大国通过单边行为限制其他国家的正常捕捞需求，并在霸权思想的主导下规划海界。为了应对这一趋势，海洋自由的主张逐渐得到非霸权国的认可，并随之产生了"公海自由"[①] 这一重要的国际法准则。在国际海洋法和相关制度发展进程中，北极渔业问题扮演了独特的作用。例如，公海自由原则中是否包括捕鱼自由制度这在 19 世纪末曾经被质疑，1893 年和 1902 年的"白令海渔业仲裁案"的裁决，否认了在公海上为强化保护措施而限制外国船舶的主张，并进一步巩固了公海捕鱼自由制度。[②] 具体来看，北极渔业问

[①]　公海自由原则的核心在于：公海应开放给全体人类使用，各国不得依国际法中领土取得方式或其他理由，取得公海的全部或部分，各国不得占领公海全部或部分，各国不得使用其他任何方法妨碍公海使用。

[②]　［英］伊恩布朗利著，曾令良、余敏友等译：《国际公法原理》，法律出版社，2002 年版，第 255 页。

题的争端和解决成为领海基线、200 海里专属渔区（Exclusive Fishing Zone，EFZ）和专属渔区外海域的责任等制度建设的理论和实践基础。

（一）英国—挪威渔业区划界争端

由于特殊的地理环境，挪威沿海水域蕴藏着丰富的渔业资源。1935 年，挪威以国王诏令的形式提出，将挪威海岸的岛屿、岩石和暗礁外缘点间的直线基线作为基础划定其领海，主张在该区域内拥有专属捕捞权。英国反对挪威划定基线的方法，认为挪威的"直线基线法"① 违反了国际法的相关规定，直线基线的长度不得超过 10 海里，挪威仅可以在跨越海湾的地方使用直线基线。在外交谈判失败后，多艘英国渔船遭到挪威相关执法部门的扣留，并最终导致英国于 1949 年向国际法院就这一系列事件提起诉讼。② 国际法院认为，挪威海岸线具有明显的锯齿状和迂回曲折特征，在受理相关案件和诉求时必须考虑到这一特点，以及顾及当地居民对渔业作为谋生手段的依赖性现实。法院同时认为，长期以来，国际社会包括英国在内对于挪威划定直线基线的做法采取容忍态度，使挪威这一直线基线主张具有"历史性权利"③ 特征。沿海国有权根据自己的地理特点选用划出领海基线的方法，但直线基线不应明显地偏离海岸的基本方向，基线向陆地一面的海域应是沿岸国的内水。

---

① 直线基线法是指在海岸线极为曲折，或者近岸海域中有一系列岛屿情况下，可在海岸或近岸岛屿上选择一些适当点，采用连接各适当点的办法，形成直线基线，用来确定领海基线。

② 按照挪威在法庭上的主张，挪威政府曾于 1869 指定桑德摩尔（Sondmore）海岸前之两个岛屿为基点，连接为长 26 海里的直线基线，也曾于 1889 年指定罗姆斯达尔（Romsdal）海岸外 4 个岛屿为基点，确定长 7 海里到 23 海里不等的直线基线，这些划界基点的主张在当时并未受到质疑。

③ 历史性权利指不是根据国际法一般规则正常地归于一国，而是该国通过历史的积累和巩固过程而获得的对一定地域或海域拥有的权利。有的可相当于完全的领土主权，如对历史性海湾的权利；有的则是达不到主权程度的某种权利，如通过权（如领海无害通过、陆地过境）、特别捕鱼权（如沿海捕鱼、采珍珠）、划定海域边界方式的特殊权利（如领海基线）等。

最终，国际法院作出裁定，认为挪威 1935 年法令所采取的划定渔区的方法是不违反国际法的，该法令所划定的直线基线也同样不违反国际法。这一判例最终作为海洋法的基本原则被普遍接受，在 1958 年《领海及毗连区公约》第 4 条和 1982 年《联合国海洋法公约》（以下简称《公约》）第 7、8 条中得到进一步体现。[①] 可以看到，对"英挪渔业案"的判决是国际上首例有关领海基线问题的判决，也是首次承认直线基线作为测算领海宽度的一种方法的合法性，对现代海洋法的发展具有重要影响。

（二）英国—冰岛"鳕鱼战争"

"鳕鱼战争"是指英国和冰岛之间自 1948—1976 年因争夺鳕鱼资源而发生的一系列"战争"。[②] 20 世纪 60 年代之前，沿海国间的各类海域界限并未清楚划分，渔业捕捞行为在北极海域基本按照公海自由进出原则，直到著名的英国冰岛鳕鱼争端爆发。当时，欧洲鳕鱼的主要产区位于冰岛海域，许多欧洲国家在该海域对鳕鱼进行大肆捕捞。为了保护鳕鱼资源和本国渔民的经济利益，冰岛政府先后多次宣布扩大领海区域，于 1958 年宣布将领海扩展至距离海岸 12 海里，要求其他国家船舶离开该海域。由于不认同冰岛这一主张，英国的数艘拖网渔船并未离开，皇家海军派遣数艘舰艇为渔船护航，"鳕鱼战争"一触即发。但是，因两国均为北约成员国，英国认为如果双方的争端升级必然引起美国等其他盟友的干涉，因此开始与冰岛进行谈判，并与 1961 年正式承认冰岛 12 海里的领海界线。

1972 年，冰岛政府颁布《冰岛岛外渔区规章》，不但宣布其针

---

① 李令华："英挪渔业案与领海基线的确定"，《现代渔业信息》2005 年第 2 期。

② 详见维基百科：鳕鱼战争，http://zh.wikipedia.org/wiki/%E9%B3%95%E9%B1%BC%E6%88%98%E4%BA%89。

对外国的禁渔区域扩大为 50 海里，还限制了海底拖网、外洋拖网和丹麦式拖网的捕鱼船舶进入，由此引发第二次"鳕鱼战争"。① 冰岛认为，国际法并未确定渔业水域的范围，因此对于海洋资源的利用，其权利与义务就归沿岸国家所有。在此次冲突中，冰岛舰艇和渔船采用割断渔网、炮轰船舶的方法驱逐外国渔船，造成多艘英国渔船严重受损。最终，在北约的斡旋下，英国再次做出让步使两国达成和解。1975 年 10 月，由于相关海域鳕鱼捕获量的大幅下降，冰岛再次宣布将针对外国的禁渔区域扩大到 200 海里，引发联邦德国和英国的不满。两国的渔船强行闯入禁渔区捕捞，并与冰岛海岸防卫队对峙，导致英国海军的巡防舰与冰岛的"雷神号"军舰碰撞，数艘渔船被扣留。此次渔业争端历时近半年，甚至导致英国和冰岛断交。在此期间，虽然法国、意大利、联邦德国和美国等欧共体、北约主要成员国进行了一系列的调停努力，但均因英国的坚持而终告失败。1976 年 2 月，欧共体出于无奈宣布欧洲各国的海洋专属区界限为 200 海里，英国被迫在同年与冰岛签约，正式承认冰岛的"专属渔区"② 界限。这一专属渔区为沿海国行使专属捕鱼权和渔业专属管辖权，以及养护渔业资源措施构建了一个特别的管辖区域。在该区域内，沿海国享有专属捕鱼权和渔业专属管辖权，但不妨碍其他国家的航行、飞越、铺设海底电缆和管道、进行海洋科学研究等公海自由；除依照国际协议或经沿海国许可者外，外国渔民不得从事捕鱼活动。虽然英国与冰岛两国在冲突中均遭受了损失，但这一系列争端使 200 海里专属渔区制度在 1976 年后获得国际社会的广泛承认，成为《公约》最终形成专属经济区（Exclusive Eco-

---

① 北京大学法律系国际法教研室：《海洋法资料汇编》，人民出版社，1974 年版，第 345 页。

② 专属渔区亦称"捕鱼专属水域"或"渔业养护区"，是沿海国家为行使专属捕鱼权或养护渔业资源在邻接领海以外的公海区域内而划定的，最大宽度从测量领海的基线量起不超过 200 海里。

nomic Zone，EEZ）制度的重要依据，是促进现代海洋制度发展的重要一环。

（三）欧盟—加拿大西北大西洋渔业争端

1995 年 2 月 1 日，为保护因捕捞过度而受到生存威胁的大比目鱼，西北大西洋渔业组织下属的渔业委员会在布鲁塞尔召开会议，确定 1995 年西北大西洋海域的格陵兰大比目鱼（Greenland Halibut）最高捕捞限额由 6 万吨降为 2.7 万吨。加拿大所获的配额由上年的 7200 吨增至 1.63 万吨，占捕捞总额的比例由 1995 年的 12% 升为 60%，并将欧盟的捕捞配额降为 13% 左右。[①] 欧盟作为《西北大西洋渔业公约》的签约方，依据该公约的第十二条"异议"条款，决定不执行新的捕捞配额，并且单方面设置了约 1.8 万吨的新配额。[②] 虽然从渔业养护的角度看，欧盟的行为可能会对西北大西洋海域的大比目鱼种群造成威胁，但根据《公约》和西北大西洋渔业组织的现行制度，欧盟的行为并未违反任何国际渔业法律规定。[③] 欧盟成员国的捕捞船仅在国际水域从事捕捞活动，按照"公海自由"的海洋法基本原则，有权利单方面设立捕捞配额。

作为回应，加拿大政府单方面宣布禁止欧盟成员国的船只在西北大西洋毗邻加拿大专属经济区的国际水域从事格陵兰大比目鱼的捕捞行为，同时授权海岸警卫队扣押违禁进入这一海域进行捕捞的西班牙和葡萄牙渔船。[④] 3 月 9 日，加拿大籍巡逻舰对正在其专属渔

[①]　William Abel, Fishing for an International Norm to Govern Straddling Stocks：The Canada-Spain Dispute of 1995, *The University of Miami Inter-American Law Review*，Vol. 27，No. 3，1996，pp. 553 – 566.

[②]　Jessica Matthews, On the High Seas：The Law of the Jungle, *The Washington Post*，April 9，1995.

[③]　根据《公约》的规定，所有国家均有义务在养护和管理跨界鱼类种群和高度洄游鱼类种群方面进行合作，但欧盟重新制定在国际水域捕捞的配额，并未直接违反该项规定并不承担相应的义务。从另一个角度看，《公约》关于这项义务执行标准的表述可能过于含糊。

[④]　朱文奇：《国际法学原理与案例教程》，中国人民大学出版社，2006 年版，第 205 页。

区外海域捕鱼的西班牙籍拖网渔船开火，还采取了登船、扣留和拘捕船长的措施，而西班牙政府派出护卫舰作为回应。① 欧盟指责加拿大不仅粗暴地违反国际法，而且与正常的国家行为极不相称，并指责加拿大扣留船舶与船长的行为侵犯了欧盟成员国的主权。加拿大政府则指责西班牙渔船过度捕捞（Overfishing），严重破坏与影响到加拿大专属渔区之外的渔业资源的养护，西班牙在随后将此争端提交国际法院，单方面起诉加拿大，还请求欧盟实施对加拿大的贸易制裁措施。经过多次的外交斡旋和政治努力之后，双方最终和平解决了此次争端。② 加拿大政府同意废除之前颁布的《沿岸渔业保护法》（Coastal Fisheries Protection Act）和禁止西、葡两国船只进入西北大西洋渔业组织的监管区（Regulatory Area）和加拿大专属经济区外国际水域开展捕捞活动的规定，并释放了之前扣留的船舶。③ 双方还签署了重新修订了 NAFO 的捕捞配额协议，将当年剩余捕捞配额的 41% 分配给欧盟和加拿大。双方还同意建立新的渔船监测系统，各自指派独立观察员负责监测监管区内所有渔船，并将双方在该区域内 35% 以上的渔船纳入卫星追踪系统。④

此次争端还涉及鱼类种群资源养护这一重要问题。北极地区的渔业资源具有其独特的高度洄游鱼类（Highly Migratory Species），这种鱼类一般在介于专属经济区（或专属渔区）与临近的公海海域之间来回迁徙，其特点是广大的地理分配性，在生命周期中往往会出现远距离的地理分布。从养护的角度看，相关制度至少需要遵循以下标准：维护可持续的海洋生态系统，保护生物多样性和栖息地

---

① Robert Kozak, Canada Seizes Spanish Fishing Ships on High Sea, *Reuter*, March 10, 1995.

② Anne Swardson, Canada, EU Reach Agreement Aimed at Ending Fishing War, *The Washington Post*, April 16, 1995.

③ Canada-European Community: Agreed Minutes On The Conservation and Management of Fish Stocks, *International Legal Materials*, Vol. 34, 1995, pp. 1260 – 1263.

④ EU and Canada: EU Signs Easter Deal on Fishing Rights, *Agricultural Service International*, May 5, 1995.

的适当规模，以及种群长期生存能力；建立科学研究区域，监测种群的自然变异性，以及捕捞和其他人类活动对该种群及其生态系统的影响；保护易受人类活动影响的区域，包括罕见或高度多样性栖息地的特性等方面。1982 年《公约》中也作出了相应说明，提出"如果同一鱼类种群或有关联的几个种群出现在专属经济区内而又出现在专属经济区外的邻接区域内，沿海国和在邻接区域内捕捞这一种群的国家，应直接或通过适当的区域组织，设法就必要措施达成协议，以养护在邻接区域内的这些种群"①。另一方面，相关公约还规定了沿海国对专属经济区内自然资源的主权权利，但这种主权权利不能延伸到专属经济区以外的海域。

但当此案提交给国际法院时，欧盟、加拿大和西班牙尚未批准《公约》，无法适用该法律管辖。按照《公约》的基本原则，加拿大无疑对其专属渔区的自然资源有专属管理的主权权利，但不应超出专属渔区之外。同时，《公约》第 64 条并未对该鱼种给予明确的定义，仅在《附录一》中以列举的方式，指出 15 种鱼类属于高度洄游鱼类。② 因此，对这种鱼类的捕捞必然涉及两个法律框架的适用冲突，既涉及沿海国在专属经济区中对自然资源的主权权利，又可能适用公海生物资源的开发与养护法律制度，这种法律上的模糊地带也为争端埋下了伏笔。

---

① 联合国：《联合国海洋法公约》第五章"专属经济区"第 63 条"出现在两个或两个以上沿海国专属经济区的种群或出现在专属经济区内而又出现在专属经济区外的邻接区域内的种群"，第 2 款，http://www.un.org/zh/law/sea/los/article5.shtml。

② 包括长鳍金枪鱼（Thunnus alalunga）；金枪鱼（Thunnus thynnus）；肥壮金枪鱼（Thunnus obesus）；鲣鱼（Katsuwonus pelamis）；黄鳍金枪鱼（Thunnus albacares）；黑鳍金枪鱼（Thunnus atlanticus）；小型金枪鱼（Euthynnus alletteratus, Euthynnus affinis）；麦氏金枪鱼（Thunnus maccoyii）；扁舵鲣（Auxis thazard, Auxis rochei）；乌鲂科（Bramidae）；枪鱼类（Tetrapturus angustirostris, Tetrapturus belone, Tetrapturus pfluegeri, Tetrapturus albidus, Tetrapturus audax, Tetrapturus georgei, Makaira mazara, Makaira indica, Makaira nigricans）；旗鱼类（Istiophorus platypterus, Istiophorus albicans）；箭鱼（Xiphias gladius）；竹刀鱼科（Scomberesox saurus, Cololabis saira, Cololabis adocetus, Scomberesox saurus scombroides）；鱼其鳅（Coryphaena hippurus, Coryphaena equiselis）。

因此，联合国于 1995 年 8 月 4 日通过了《1982 年 12 月 10 日〈联合国海洋法公约〉有关养护和管理跨界鱼类种群和高度洄游鱼类种群的规定执行协议》（下称《渔业种群协定》）。该协议提出，"一些地区的跨界鱼类种群和高度洄游鱼类种群遭受鲜有管制的滥捕，未经许可的捕捞行为导致一些种群的过度捕捞，这种行为很可能会使某些鱼类种群严重枯竭"①。协议确认了有关区域渔业组织有权制订关于跨界鱼类种群和高度洄游鱼类种群的养护和管理措施，敦促各国和实体协力处理这类捕捞活动，在跨界鱼类种群和高度洄游鱼类种群的养护、管理和开发方面依照协定广泛采取预防性做法。更为重要的是，虽然最终国际法院认定对此次争端没有管辖权，但还是确立了对于这种洄游类种群的养护管辖权限，提出沿海国须与捕捞国采取共同行动和建立联合管理机制，在西北大西洋渔业组织等区域性渔业机制的框架下具体承担两种法律制度间的责任"空白"。

可以看到，关于北极渔业捕捞的数次争端均起源于对于各自主权范围的认定差异，从根本上来看这是由于渔业资源特殊的自然属性造成，很难将其按照非移动性和可预测性的其他自然资源加以划分，引发各方在利益认定上的争端。但是，数次争端的最终结果均在推动海洋法、渔业管理制度更加完善方面得到了正面的体现，特别是通过治理的手段，实现了一定程度上的主权让渡，体现了治理作为协调争端工具的长期效应。

---

① 联合国：《执行 1982 年 12 月 10 日联合国海洋法公约有关养护和管理跨界鱼类种群和高度洄游鱼类种群的规定的协定》，http：//www. un. org/chinese/aboutun/prinorgs/ga/54/doc/a54r32. htm。

Committee for Fisheries，STECF）等。非国家行为体同样是渔业治理中不可或缺的一员，例如可持续渔业伙伴①（Sustainable Fisheries Partnership，SFP）、海洋管理理事会②（Marine Stewardship Council，MSC）、国际海洋考察理事会③（International Council for the Exploration of the Sea，ICES）、海产品选择联盟④（Seafood Choices Alliance，SCA）等，大型渔业企业也是推动北极各国渔业立法的重要力量。当前北极渔业治理面临的挑战，及其对于区域政治、经济、文化交流的影响，主要是以下几类关系的失衡所导致的。

第一，需求与供给关系的平衡。北极的渔业资源开发一直是相关国家经济发展的重要依托。从全球层面来看，海产品贸易虽然不是全球贸易体系中的关键部分，但近年来增速迅猛。根据相关数据显示，1976—2006 年的 30 年间，全球海产品贸易额从 280 亿激增至 860 亿美元，⑤ 2010 年更是达到 1194 亿美元，全球捕捞渔业的总

---

① 可持续渔业伙伴成立于 2006 年，是致力于帮助水产养殖和捕捞业改进生产规范，增加全球可持续水产品的供应，对从事水产品经营、贸易、生产和相关业务的公司提供咨询和建议的非政府组织。其职能包括"保持海洋和淡水生态系统的健康，增加捕捞和水产养殖的鱼类数量，确保水产食品的供应"、"促进信息的获取，指导人们进行负责任的水产品选购，提高水产公司和其业务伙伴改进水产养殖和增加渔获量的能力"以及"确保水产业的可持续发展和从业公司的盈利能力"等方面。

② 海洋管理理事会是独立的非营利组织，由联合利华（Unilever）和世界野生动物保护基金会共同创办于 1997 年，并于 2000 年 3 月 1 日正式作为独立机构。海洋管理理事会的主要职能是定义可持续和良好管理的水产业标准，包括维持渔场所在海域的生态多样性及繁殖能力的条件下进行捕捞等原则，限制过度捕捞以保护渔业资源，并制定了相关环保标准促进负责任捕捞行为。其主要成员包括渔业资源的零售商、制造商以及食品运营机构。

③ 国际海洋考察理事会的雏形始于 1902 年，由相关国家的科学家和研究机构通过信件交流的方式进行合作。1964 年，通过签署正式的公约文件，委员会具备了充分的法律基础和国际地位。该机构是增强海洋可持续发展的全球性组织，由 4000 多名科学家和近 300 所研究机构组成研究网络。

④ 海产品选择联盟创立于 2001 年，是一项领导和创造海产品行业和海洋保育工作的全球性计划。该联盟通过帮助渔民、分销商、零售商、餐馆和食品服务供应商选择相应的海产品，保障海产品市场的可持续发展。

⑤ Asche Frank and Smith Martin, *Trade and Fisheries: Key Issues for the World Trade*, Staff Working Paper ERSD, 2010, p. 3, http://www.wto.org/english/res_e/publications_e/wtr10_forum_e/wtr10_asche_smith_e.htm.

产量增至 8860 余万吨。① 随着需求的快速增长，渔业市场的规模和捕捞总量也不断攀升。有观点认为，全球超过 3/4 的深海渔业市场正处于饱和与过度开发状态②。这种快速增长的趋势不仅对全球海洋生物多样性造成潜在威胁，也影响渔业市场和贸易的合理水平。还有观点认为，造成过度开发的根本原因是渔业资源长期以来被视为一种可再生资源，渔业市场的主体可以无偿享受这一公共物品，但并未限定保护或提供此类公共物品的职责划分。在这种条件下，无法明晰鱼类资源的具体所有权，从而无法确认责任与义务，很容易导致传统意义上的"公地悲剧"（Tragedy of the Commons）。③ 从另一个层面看，这种挑战实际反映了渔业资源利用与保护生态平衡之间的利益鸿沟，也就是利用现有资源和保护未来市场之间的悖论。

第二，自由与管控关系的平衡。按照国际公法的基本原则，特别是国际习惯法所规定，公海捕鱼自由似乎是一种普遍性权力。该原则在日内瓦《公海公约》（Convention on the High Seas）和 1982年《公约》的第七部分都得到了体现，这种自由被认为"是公海法律制度所要定义和保护的主要目的"④。实际上，此类制度是建立在一种假设之上，即公海区域的鱼类种群保有量和渔业捕捞需求相等，甚至假设为供大于求。随着世界人口的不断增长，以及捕鱼技术的更新换代，这种假设失去了现实依据。但是，除了捕鱼自由和

① FAO, *Fishery and Aquaculture Statistics Yearbook*, 2011, p. 19, http：//www. fao. org/do-crep/019/i3507t/i3507t00. htm.

② OECD, *Strengthening Regional Fisheries Management Organizations*, OECD Publishing, 2009, p. 17.

③ Rudloff Bettina, *The EU as Fishing Actor in the Arctic: Stocktaking of Institutional Involvement and Existing Conflicts*, Working Paper, German Institute for International and Security Affairs SWP, 2010, p. 5, http：//www. swp-berlin. org/fileadmin/contents/products/arbeitspapiere/Rff_ WP_ 2010_ 02_ ks. pdf.

④ ［英］罗伯特·詹宁斯、亚瑟·瓦茨著，王铁崖等译：《奥本海国际法》，中国大百科全书出版社，1998 年版，第 182 页。

实施养护之间的矛盾之外，沿海国自身对于捕鱼区域的权力扩张，体现出各国对于自由捕捞和管控制度之间的平衡问题上认识的落差。第二次世界大战之后，沿海国以专属渔区、专属经济区等形式不断扩大自己的渔业管辖范围，使公海自由这一权力空间更为狭窄，也催生了制定统一受管控的渔业规则方案或条约的需求。从根本上来看，渔业治理中的自由原则必须建立在与养护、规范和管控相互平衡的基础之上，由于渔业资源的特殊属性，对其的养护与捕捞规范甚至比自由原则更为重要。

第三，普遍性与特殊性的平衡。北极渔业治理与其他地区相比，必须在遵守普遍性治理原则的同时考虑北极地理的特殊性。例如，气候变化是全球渔业潜在的挑战之一，但对于具有冰区特性的北极地区则带来了特殊影响。[1] 这种影响体现在鱼类生活水温的升高，北极融冰的速度加快导致海水盐含量降低、海水含氧量的升高和洋流与海浪变化带来海洋地理变迁等方面。[2] 当然，这种变化对于北极渔业的影响有着不同的"正负极"，造成的后果需要以不同行为体、不同区域来进行具体分析。有观点就认为，气候变化中的全球变暖部分就使北极渔业得到积极发展，例如融冰对于新渔区的开发有着促进作用。另有观点认为，北极渔业的未来发展并不应存在很高期待[3]，因为潜在的鱼类捕捞区域仅限于深海区，这与现有的主要渔业需求不相符。在北极航道开发的大背景下，由沿岸国家陆地河流的流入和远洋船舶从域外海域带入的疾病和寄生虫等传染

---

① Stephan Macko, *Potential change in the Arctic environment: Not so obvious implications for fisheries*. William W. L. Chueung, *Climate change and Arctic Fish Stocks: Now and Future*, Reports of International Arctic Fisheries Symposium, 2009, http://www.nprb.org/iafs2009/.

② Molenaar Erik and Corell Robert, *Background Paper Arctic Fisheries*, Ecologic Institute EU, 2009, p. 12, http://arctic-transform.org/download/FishBP.pdf.

③ VanderZwaag David, Koivurova Timo and Molenaar Erik, Canada, the EU and Arctic Ocean Governance: a Tangled and Shifting Seascape and Future Directions, *Journal of Transnational Law and Policy*, Vol. 18, No. 2, 2009, p. 247.

病潜在源，也被视为治理不确定性的主要源头。可以看到，北极地区远比其他地区更易受到气候变化的影响，北极渔业的治理架构和原则也很难仅仅参照全球渔业的普遍性规则。当前北极渔业治理的目标主要有以下几个方面：

(一) 非法、无报告及不受规范捕捞

非法、无报告及不受规范捕捞（Illegal, Unreported and Unregulated，以下简称 IUU）是一个全球性问题，不仅破坏了世界各国获取渔业资源的平衡，还降低了海洋生态系统的自适应能力，使北极海域在海洋生物多样性遭到破坏和鱼类资源加速流失的情况下，更易于受到环境变化的影响。[①] 非法捕捞指违反有关国家法律或国际义务的捕捞行为；无报告捕捞是指捕捞行为未在相关国家机构或国际渔业组织"申报"或捕捞"遗报"，违反了"国家或国际程序"；不受规范捕捞是指按照国际法的规定，无国籍或未悬挂该国国旗的船只在归属于某区域渔业管理组织的海域捕捞、或捕捞方式不符合国家应尽责任的情况。满足这三个条件中的任意一条即被认为是非法、无报告及不受规范捕捞。[②]

世界自然基金会 2004 年发布的《巴伦支海鳕鱼——最后的大型鳕鱼资源》报告称，"鳕鱼全球捕捞总量从 1970 年的 310 万吨萎缩至 2000 年的 95 万吨，如果按照这种趋势继续发展，15 年后全球的鳕鱼资源将消耗殆尽"[③]。在北极地区，位于巴伦支海的全球最大的鳕鱼资源区遭受了过度捕捞、非法捕捞和工业发展的巨大威胁，在挪威与俄罗斯专属经济区之间的"圈洞"（Loop Hole）公海海域

---

① 联合国环境规划署：《全球环境展望年鉴》，中国环境出版社，2006 年版，第 70 页。

② Stokke Olav, Barents Sea Fisheries: the IUU struggle, *Arctic Review on Law and Politics*, Vol. 1, No. 2, 2010, pp. 207 - 224.

③ WWF, *the Barents Sea Cod-the Last of the Large Cod Stocks*, 2004, http://wwf.panda.org/? uNewsID = 12982.

尤为明显。该海域的渔业资源由俄罗斯和挪威共同管理，占全球鳕鱼总捕获量的一半。根据国际海洋考察理事会（ICES）在 2010 年发布的渔业捕捞数据①，北极海域的 IUU 捕捞行为在 1990 至 1997 年间曾大规模出现，但随着各国捕捞总量整体的下降和渔业资源的减少，逐步呈现出较低水平。但自 2001 年开始，IUU 捕捞量大幅度超出捕捞配额部分，在 2005 年达到了总量约 13.7 万吨的峰值，相当于鳕鱼合法捕捞总量的 30%。②

为了打击非法捕捞行为，联合国于 2001 年 3 月 2 日通过《预防、制止及消除非法、无报告及不受规范的渔业捕捞的国际行动计划》（以下简称《行动计划》），要求所有国家采取全面、有效和透明的措施，包括依国际法设立适当的区域渔业管理组织，同时要求对其管辖之船舶从事 IUU 捕捞者，要求各国应采取一致措施，监视非法捕捞活动。《行动计划》对船旗国的责任、有关市场的责任、渔船记录、捕捞授权、沿海国措施、港口措施、有关市场措施、区域渔业管理组织责任等都作出了详细规定。③ 2006 年 6 月召开的第十一届北大西洋渔业部长大会（Conference of North Atlantic Fisheries Ministers）上，该问题成为主要焦点。在此次会议中，各国政府一致认为有必要采取国际性措施来解决 IUU 问题。东北大西洋渔业委员会在 2006 年 11 月也采取了相应措施，通过了具有约束性的规定，该项规定于 2007 年 5 月开始生效。这些规定包括拒绝参与或运输非法、无报告和不受规范的捕鱼活动的船舶进入港口。这些措施有效禁止了非法捕捞的船只进入欧盟、俄罗斯、冰岛、法罗群岛、格陵兰岛和挪威。

---

① International Council for the Exploration of the Sea, *Catch Statistics 2010*, http://www.ices.dk/marine-data/dataset-collections/Pages/Fish-catch-and-stock-assessment.aspx.

② Stokke Olav, Barents Sea Fisheries: the IUU struggle, *Arctic Review on Law and Politics*, Vol. 1, No. 2, 2010, pp. 207 – 224.

③ 许立阳：《国际海洋渔业资源法研究》，中国海洋大学出版社，2008 年版，第 75 页。

在 IUU 问题的管理和应对上，主权国家是重要的行为体。但对于此行为的打击和制裁仅能依靠国家的单独行动，例如在自身的渔业执法区域制定严厉的约束制度。但在国家管辖权外的公海部分，IUU 现象成为一种"顽疾"。也有学者认为，"鱼群的洄游习性导致它们通常逾越人为的渔区界限，这成为单一国家力量打击 IUU 现象的主要困难。"[①] 在巴伦支海的案例中，虽然各方早已呼吁俄罗斯和挪威政府立即根据科学家的建议制定更严格的鳕鱼捕捞配额，并对巴伦支海的所有捕鱼活动进行更严密的监管以减少非法捕捞。同时，挪威也受到各方敦促，要求其减小渔船吨位。挪威与俄罗斯之间还签订了《挪威—俄罗斯渔业合作协定》，建立了"黑名单制度"，通过罚款、没收船舶、没收捕鱼工具、禁止再次进入渔区等作为处罚措施。但是，还是出现了部分渔船未尽到船旗国管理责任，不遵守挪俄双边渔业协定，导致北部海域非法捕捞现象严重。从根本上看，有效打击 IUU 应从沿海国、船旗国和港口国三方面入手。沿海国应通过对渔获物的管理，强化对外国籍渔船的准入制度、渔船监测系统的配备、独立观察员的设置等措施，实现防范和管制 IUU 捕捞的目标。另一方面，虽然不同水域间法律地位的差异会造成管辖空白，但非法捕捞的船舶最终还是需要通过港口将捕获的鱼类转入市场环节，港口国责任就显得尤为突出。港口国在授权外国渔船进入其港口的时候，必须设定严格的准入条件。[②] 在此类检查期间港口国应该尽力收集渔船信息，并向船旗国及任何相关的区域渔业组织报告。[③] 国家之间应当进一步完善关于 IUU 行为的国

---

① Erceg Diane, Deterring IUU Fishing through State Control over Nationals, *Marine Policy*, Vol. 30, No. 2, 2006, pp. 173 – 179.

② 李良才："IUU 捕捞对渔业资源的损害及港口国的管制措施分析"，《经济研究导刊》2009 年第 3 期。

③ Diane Erceg, Deterring IUU Fishing through State Control over Nationals, *Marine Policy*, Vol. 30, No. 2, 2006, pp. 173 – 179.

内立法，按照《行动计划》要求制定相应的规范本国、无国籍渔船行为的惩罚措施，采取经济手段预防和控制 IUU 捕捞行为。有关的渔业政策要使 IUU 捕捞成本加大，减少对于 IUU 捕捞产品的需求，严格限制 IUU 捕捞产品在国内的进口和销售。① 有学者认为，通过渔船进港临检制度可以核实不同船只的捕捞活动是否符合相关管辖国规定，并设置入港许可制度。而港口国有义务将相关信息向区域治理机制通报，以保证相关数据的全面性。② 同时，通过相应的执法惩戒机制完善国内立法的辅助作用也不可忽视。

（二）加强环境保护及鱼类养护

许多研究表明，全球气候变化是世界渔业资源产量和分布变化的重要原因之一，气候变化会直接或间接影响渔场的位置变动、鱼群的洄游路线以及渔汛的时间早晚等。③ 北极海冰的持续消退极有可能使北极的航行期加长，为人类获取自然资源提供更多通道。在接下来的几十年里，北方海航道的季节性畅通，使夏季横贯北极航行变为可能④，但是北极海冰的消退极有可能增加人类对近岸石油和天然气的开采，新航道开辟、资源开发和陆地行为的增多对北极渔业产生潜在影响，燃油排放、航运事故、航道堵塞、影响鱼类洄游等都是今后需要面临的重要问题。⑤ 气候变化对于北极渔业的影响非常直接。例如，大西洋鳕主要分布于英国、冰岛、挪威等国近

---

① 王润宇："IUU 捕捞的原因、法律规制和解决之道"，《中国社会科学院院报》2007 年 8 月 23 日第 3 版。

② Diane Erceg, Deterring IUU Fishing through State Control over Nationals, *Marine Policy*, Vol. 30, No. 2, 2006, p. 174.

③ 方海、张衡、刘峰、周为峰："气候变化对世界主要渔业资源波动影响的研究进展"，《海洋渔业》2008 年第 4 期。

④ Robert Corell, Challenges of Climate Change: An Arctic Prospective, *Ambio*, Vol. 35, No. 4, 2006, pp. 153 – 159.

⑤ Arctic council, *Arctic Marine Shipping Assessment Report*, 2009, http://www. nrf. is/index. php/news/15 – 2009/60 – Arctic-marine-shipping-assessment-report – 2009.

海和巴伦支海的斯匹次卑尔根岛海域。这些海域主要受来自于墨西哥湾流的北大西洋暖流影响，加上西斯匹次卑尔根暖流、挪威暖流、西格陵兰暖流、东格陵兰寒流等多个海流交汇，形成了东北大西洋渔场。研究发现，在巴伦支海区域，北大西洋涛动（North Atlantic Oscillation，NAO）和水温的变化可以解释 55% 的大西洋鳕鱼的丰度变化。[①] 美国《科学》杂志也提出，20 世纪 80 年代后半期到 90 年代期间，北冰洋的海冰融化冲淡了海水的含盐度，这些低盐度海水从北冰洋南下，随着拉布拉多寒流经戴维斯海峡流入西北大西洋，使该区域形成新的水温差交界线，从而影响了该水域的生态系统，使浮游生物的生长发生变化，最终导致大西洋鳕鱼资源下降。[②] 冬季随着较强阿留申低压[③]（Aleutian Low）的东移，造成白令海水温变暖和冷池[④]（Cold Pool）范围缩小，直接影响"白令海狭鳕"的种群变化。[⑤] 另一方面，以往受限于冰封地带和寒冷天气的陆地活动将随着环境的改变而出现新发展，例如农业开垦、资源开发等陆地活动增多，也会对渔业生态系统造成潜在影响。知识是治理的基础，缺乏冰区的科学研究是目前面临的另一大问题。由于缺少对冰区下生态系统的勘探，很难预估出该区域的鱼群储量，这些不确定性对于现有渔业治理带来了风险，无法准确评估北极渔业未来的开发潜力。

当前，北极的渔业资源利用率低于全球平均水平。虽然北极融

---

① Mann K. H. , Environmental influences on fish and shellfish production in the Northwest Atlantic, *Environmental Reviews*, Vol. 2, No. 1, 1994, pp. 16 – 32.

② 方海、张衡、刘峰、周为峰："气候变化对世界主要渔业资源波动影响的研究进展"，《海洋渔业》2008 年第 4 期。

③ 阿留申低压是北太平洋阿留申群岛附近的半永久性低压，常出现于冬季，是北半球半永久性的大气活动中心之一。

④ 冷池是气象学中的概念，主要指相对的冷空气区域范围。

⑤ Wyllie-Echeverriat Tina and Wooster W. S. , Year-to-year Variations in Bering Sea Ice Cover and Some Consequences for Fish Distributions, *Fisheries Oceanography*, Vol. 7, No. 2, 2002, pp. 159 – 170.

冰的加速会为渔业开辟新的捕捞地区，但这种情况一般仅仅出现在夏季，而潜在的鱼类捕捞区域则仅限于深海区，这与现有的主要渔业捕捞需求并不相符。由于北极现有机制的脆弱性，融冰一方面可以带来开发新海域的可能性，另一方面也会出现新的竞合关系，需要建立与之相应的管理机制，沿岸国的国内法律也需要根据这种变化进行调整，以适应新出现的渔业资源。总的来看，北极渔业未来的发展亟待建立更加灵活的管理措施和治理架构，以适应当前气候变化带来的挑战。

第三节　北极渔业争端与现代渔业制度的发展

从历史来看，围绕北极渔业资源的争端时常出现，并在一定程度上影响着现代海洋法、渔业制度的发展。13 世纪以前，现代海洋制度中的领海、公海概念尚未成型，海洋属于人类共用范畴。此后，海洋大国通过单边行为限制其他国家的正常捕捞需求，并在霸权思想的主导下规划海界。为了应对这一趋势，海洋自由的主张逐渐得到非霸权国的认可，并随之产生了"公海自由"① 这一重要的国际法准则。在国际海洋法和相关制度发展进程中，北极渔业问题扮演了独特的作用。例如，公海自由原则中是否包括捕鱼自由制度这在 19 世纪末曾经被质疑，1893 年和 1902 年的"白令海渔业仲裁案"的裁决，否认了在公海上为强化保护措施而限制外国船舶的主张，并进一步巩固了公海捕鱼自由制度。② 具体来看，北极渔业问

---

① 公海自由原则的核心在于：公海应开放给全体人类使用，各国不得依国际法中领土取得方式或其他理由，取得公海的全部或部分，各国不得占领公海全部或部分，各国不得使用其他任何方法妨碍公海使用。

② ［英］伊恩布朗利著，曾令良、余敏友等译：《国际公法原理》，法律出版社，2002 年版，第 255 页。

题的争端和解决成为领海基线、200 海里专属渔区（Exclusive Fishing Zone，EFZ）和专属渔区外海域的责任等制度建设的理论和实践基础。

（一） 英国—挪威渔业区划界争端

由于特殊的地理环境，挪威沿海水域蕴藏着丰富的渔业资源。1935 年，挪威以国王诏令的形式提出，将挪威海岸的岛屿、岩石和暗礁外缘点间的直线基线作为基础划定其领海，主张在该区域内拥有专属捕捞权。英国反对挪威划定基线的方法，认为挪威的"直线基线法"① 违反了国际法的相关规定，直线基线的长度不得超过 10 海里，挪威仅可以在跨越海湾的地方使用直线基线。在外交谈判失败后，多艘英国渔船遭到挪威相关执法部门的扣留，并最终导致英国于 1949 年向国际法院就这一系列事件提起诉讼。② 国际法院认为，挪威海岸线具有明显的锯齿状和迂回曲折特征，在受理相关案件和诉求时必须考虑到这一特点，以及顾及当地居民对渔业作为谋生手段的依赖性现实。法院同时认为，长期以来，国际社会包括英国在内对于挪威划定直线基线的做法采取容忍态度，使挪威这一直线基线主张具有"历史性权利"③ 特征。沿海国有权根据自己的地理特点选用划出领海基线的方法，但直线基线不应明显地偏离海岸的基本方向，基线向陆地一面的海域应是沿岸国的内水。

---

① 直线基线法是指在海岸线极为曲折，或者近岸海域中有一系列岛屿情况下，可在海岸或近岸岛屿上选择一些适当点，采用连接各适当点的办法，形成直线基线，用来确定领海基线。

② 按照挪威在法庭上的主张，挪威政府曾于 1869 指定桑德摩尔（Sondmore）海岸前之两个岛屿为基点，连接为长 26 海里的直线基线，也曾于 1889 年指定罗姆斯达尔（Romsdal）海岸外 4 个岛屿为基点，确定长 7 海里到 23 海里不等的直线基线，这些划界基点的主张在当时并未受到质疑。

③ 历史性权利指不是根据国际法一般规则正常地归于一国，而是该国通过历史的积累和巩固过程而获得的对一定地域或海域拥有的权利。有的可相当于完全的领土主权，如对历史性海湾的权利；有的则是达不到主权程度的某种权利，如通过权（如领海无害通过、陆地过境）、特别捕鱼权（如沿海捕鱼、采珍珠）、划定海域边界方式的特殊权利（如领海基线）等。

最终，国际法院作出裁定，认为挪威 1935 年法令所采取的划定渔区的方法是不违反国际法的，该法令所划定的直线基线也同样不违反国际法。这一判例最终作为海洋法的基本原则被普遍接受，在 1958 年《领海及毗连区公约》第 4 条和 1982 年《联合国海洋法公约》（以下简称《公约》）第 7、8 条中得到进一步体现。[①] 可以看到，对"英挪渔业案"的判决是国际上首例有关领海基线问题的判决，也是首次承认直线基线作为测算领海宽度的一种方法的合法性，对现代海洋法的发展具有重要影响。

（二）英国—冰岛"鳕鱼战争"

"鳕鱼战争"是指英国和冰岛之间自 1948—1976 年因争夺鳕鱼资源而发生的一系列"战争"。[②] 20 世纪 60 年代之前，沿海国间的各类海域界限并未清楚划分，渔业捕捞行为在北极海域基本按照公海自由进出原则，直到著名的英国冰岛鳕鱼争端爆发。当时，欧洲鳕鱼的主要产区位于冰岛海域，许多欧洲国家在该海域对鳕鱼进行大肆捕捞。为了保护鳕鱼资源和本国渔民的经济利益，冰岛政府先后多次宣布扩大领海区域，于 1958 年宣布将领海扩展至距离海岸 12 海里，要求其他国家船舶离开该海域。由于不认同冰岛这一主张，英国的数艘拖网渔船并未离开，皇家海军派遣数艘舰艇为渔船护航，"鳕鱼战争"一触即发。但是，因两国均为北约成员国，英国认为如果双方的争端升级必然引起美国等其他盟友的干涉，因此开始与冰岛进行谈判，并与 1961 年正式承认冰岛 12 海里的领海界线。

1972 年，冰岛政府颁布《冰岛岛外渔区规章》，不但宣布其针

---

① 李令华："英挪渔业案与领海基线的确定"，《现代渔业信息》2005 年第 2 期。

② 详见维基百科：鳕鱼战争，http：//zh. wikipedia. org/wiki/% E9% B3% 95% E9% B1% BC% E6% 88% 98% E4% BA% 89。

对外国的禁渔区域扩大为 50 海里，还限制了海底拖网、外洋拖网和丹麦式拖网的捕鱼船舶进入，由此引发第二次"鳕鱼战争"。[1] 冰岛认为，国际法并未确定渔业水域的范围，因此对于海洋资源的利用，其权利与义务就归沿岸国家所有。在此次冲突中，冰岛舰艇和渔船采用割断渔网、炮轰船舶的方法驱逐外国渔船，造成多艘英国渔船严重受损。最终，在北约的斡旋下，英国再次做出让步使两国达成和解。1975 年 10 月，由于相关海域鳕鱼捕获量的大幅下降，冰岛再次宣布将针对外国的禁渔区域扩大到 200 海里，引发联邦德国和英国的不满。两国的渔船强行闯入禁渔区捕捞，并与冰岛海岸防卫队对峙，导致英国海军的巡防舰与冰岛的"雷神号"军舰碰撞，数艘渔船被扣留。此次渔业争端历时近半年，甚至导致英国和冰岛断交。在此期间，虽然法国、意大利、联邦德国和美国等欧共体、北约主要成员国进行了一系列的调停努力，但均因英国的坚持而终告失败。1976 年 2 月，欧共体出于无奈宣布欧洲各国的海洋专属区界限为 200 海里，英国被迫在同年与冰岛签约，正式承认冰岛的"专属渔区"[2] 界限。这一专属渔区为沿海国行使专属捕鱼权和渔业专属管辖权，以及养护渔业资源措施构建了一个特别的管辖区域。在该区域内，沿海国享有专属捕鱼权和渔业专属管辖权，但不妨碍其他国家的航行、飞越、铺设海底电缆和管道、进行海洋科学研究等公海自由；除依照国际协议或经沿海国许可者外，外国渔民不得从事捕鱼活动。虽然英国与冰岛两国在冲突中均遭受了损失，但这一系列争端使 200 海里专属渔区制度在 1976 年后获得国际社会的广泛承认，成为《公约》最终形成专属经济区（Exclusive Eco-

---

① 北京大学法律系国际法教研室：《海洋法资料汇编》，人民出版社，1974 年版，第 345 页。

② 专属渔区亦称"捕鱼专属水域"或"渔业养护区"，是沿海国家为行使专属捕鱼权或养护渔业资源在邻接领海以外的公海区域内而划定的，最大宽度从测量领海的基线量起不超过 200 海里。

nomic Zone，EEZ）制度的重要依据，是促进现代海洋制度发展的重要一环。

（三）欧盟—加拿大西北大西洋渔业争端

1995 年 2 月 1 日，为保护因捕捞过度而受到生存威胁的大比目鱼，西北大西洋渔业组织下属的渔业委员会在布鲁塞尔召开会议，确定 1995 年西北大西洋海域的格陵兰大比目鱼（Greenland Halibut）最高捕捞限额由 6 万吨降为 2.7 万吨。加拿大所获的配额由上年的 7200 吨增至 1.63 万吨，占捕捞总额的比例由 1995 年的 12% 升为 60%，并将欧盟的捕捞配额降为 13% 左右。[1] 欧盟作为《西北大西洋渔业公约》的签约方，依据该公约的第十二条"异议"条款，决定不执行新的捕捞配额，并且单方面设置了约 1.8 万吨的新配额。[2] 虽然从渔业养护的角度看，欧盟的行为可能会对西北大西洋海域的大比目鱼种群造成威胁，但根据《公约》和西北大西洋渔业组织的现行制度，欧盟的行为并未违反任何国际渔业法律规定。[3] 欧盟成员国的捕捞船仅在国际水域从事捕捞活动，按照"公海自由"的海洋法基本原则，有权利单方面设立捕捞配额。

作为回应，加拿大政府单方面宣布禁止欧盟成员国的船只在西北大西洋毗邻加拿大专属经济区的国际水域从事格陵兰大比目鱼的捕捞行为，同时授权海岸警卫队扣押违禁进入这一海域进行捕捞的西班牙和葡萄牙渔船。[4] 3 月 9 日，加拿大籍巡逻舰对正在其专属渔

---

[1]　William Abel，Fishing for an International Norm to Govern Straddling Stocks：The Canada-Spain Dispute of 1995，*The University of Miami Inter-American Law Review*，Vol. 27，No. 3，1996，pp. 553 – 566.

[2]　Jessica Matthews，On the High Seas：The Law of the Jungle，*The Washington Post*，April 9，1995.

[3]　根据《公约》的规定，所有国家均有义务在养护和管理跨界鱼类种群和高度洄游鱼类种群方面进行合作，但欧盟重新制定在国际水域捕捞的配额，并未直接违反该项规定并不承担相应的义务。从另一个角度看，《公约》关于这项义务执行标准的表述可能过于含糊。

[4]　朱文奇：《国际法学原理与案例教程》，中国人民大学出版社，2006 年版，第 205 页。

区外海域捕鱼的西班牙籍拖网渔船开火，还采取了登船、扣留和拘捕船长的措施，而西班牙政府派出护卫舰作为回应。① 欧盟指责加拿大不仅粗暴地违反国际法，而且与正常的国家行为极不相称，并指责加拿大扣留船舶与船长的行为侵犯了欧盟成员国的主权。加拿大政府则指责西班牙渔船过度捕捞（Overfishing），严重破坏与影响到加拿大专属渔区之外的渔业资源的养护，西班牙在随后将此争端提交国际法院，单方面起诉加拿大，还请求欧盟实施对加拿大的贸易制裁措施。经过多次的外交斡旋和政治努力之后，双方最终和平解决了此次争端。② 加拿大政府同意废除之前颁布的《沿岸渔业保护法》（Coastal Fisheries Protection Act）和禁止西、葡两国船只进入西北大西洋渔业组织的监管区（Regulatory Area）和加拿大专属经济区外国际水域开展捕捞活动的规定，并释放了之前扣留的船舶。③ 双方还签署了重新修订了 NAFO 的捕捞配额协议，将当年剩余捕捞配额的41%分配给欧盟和加拿大。双方还同意建立新的渔船监测系统，各自指派独立观察员负责监测监管区内所有渔船，并将双方在该区域内35%以上的渔船纳入卫星追踪系统。④

此次争端还涉及鱼类种群资源养护这一重要问题。北极地区的渔业资源具有其独特的高度洄游鱼类（Highly Migratory Species），这种鱼类一般在介于专属经济区（或专属渔区）与临近的公海海域之间来回迁徙，其特点是广大的地理分配性，在生命周期中往往会出现远距离的地理分布。从养护的角度看，相关制度至少需要遵循以下标准：维护可持续的海洋生态系统，保护生物多样性和栖息地

① Robert Kozak, Canada Seizes Spanish Fishing Ships on High Sea, *Reuter*, March 10, 1995.

② Anne Swardson, Canada, EU Reach Agreement Aimed at Ending Fishing War, *The Washington Post*, April 16, 1995.

③ Canada-European Community: Agreed Minutes On The Conservation and Management of Fish Stocks, *International Legal Materials*, Vol. 34, 1995, pp. 1260–1263.

④ EU and Canada: EU Signs Easter Deal on Fishing Rights, *Agricultural Service International*, May 5, 1995.

的适当规模，以及种群长期生存能力；建立科学研究区域，监测种群的自然变异性，以及捕捞和其他人类活动对该种群及其生态系统的影响；保护易受人类活动影响的区域，包括罕见或高度多样性栖息地的特性等方面。1982 年《公约》中也作出了相应说明，提出"如果同一鱼类种群或有关联的几个种群出现在专属经济区内而又出现在专属经济区外的邻接区域内，沿海国和在邻接区域内捕捞这一种群的国家，应直接或通过适当的区域组织，设法就必要措施达成协议，以养护在邻接区域内的这些种群"[①]。另一方面，相关公约还规定了沿海国对专属经济区内自然资源的主权权利，但这种主权权利不能延伸到专属经济区以外的海域。

但当此案提交给国际法院时，欧盟、加拿大和西班牙尚未批准《公约》，无法适用该法律管辖。按照《公约》的基本原则，加拿大无疑对其专属渔区的自然资源有专属管理的主权权利，但不应超出专属渔区之外。同时，《公约》第 64 条并未对该鱼种给予明确的定义，仅在《附录一》中以列举的方式，指出 15 种鱼类属于高度洄游鱼类。[②] 因此，对这种鱼类的捕捞必然涉及两个法律框架的适用冲突，既涉及沿海国在专属经济区中对自然资源的主权权利，又可能适用公海生物资源的开发与养护法律制度，这种法律上的模糊地带也为争端埋下了伏笔。

---

① 联合国：《联合国海洋法公约》第五章"专属经济区"第 63 条"出现在两个或两个以上沿海国专属经济区的种群或出现在专属经济区内而又出现在专属经济区外的邻接区域内的种群"，第 2 款，http://www.un.org/zh/law/sea/los/article5.shtml。

② 包括长鳍金枪鱼（Thunnus alalunga）；金枪鱼（Thunnus thynnus）；肥壮金枪鱼（Thunnus obesus）；鲣鱼（Katsuwonus pelamis）；黄鳍金枪鱼（Thunnus albacares）；黑鳍金枪鱼（Thunnus atlanticus）；小型金枪鱼（Euthynnus alletteratus, Euthynnus affinis）；麦氏金枪鱼（Thunnus maccoyii）；扁舵鲣（Auxis thazard, Auxis rochei）；乌鲂科（Bramidae）；枪鱼类（Tetrapturus angustirostris, Tetrapturus belone, Tetrapturus pfluegeri, Tetrapturus albidus, Tetrapturus audax, Tetrapturus georgei, Makaira mazara, Makaira indica, Makaira nigricans）；旗鱼类（Istiophorus platypterus, Istiophorus albicans）；箭鱼（Xiphias gladius）；竹刀鱼科（Scomberesox saurus, Cololabis saira, Cololabis adocetus, Scomberesox saurus scombroides）；鱼其鳅（Coryphaena hippurus, Coryphaena equiselis）。

因此，联合国于 1995 年 8 月 4 日通过了《1982 年 12 月 10 日〈联合国海洋法公约〉有关养护和管理跨界鱼类种群和高度洄游鱼类种群的规定执行协议》（下称《渔业种群协定》）。该协议提出，"一些地区的跨界鱼类种群和高度洄游鱼类种群遭受鲜有管制的滥捕，未经许可的捕捞行为导致一些种群的过度捕捞，这种行为很可能会使某些鱼类种群严重枯竭"①。协议确认了有关区域渔业组织有权制订关于跨界鱼类种群和高度洄游鱼类种群的养护和管理措施，敦促各国和实体协力处理这类捕捞活动，在跨界鱼类种群和高度洄游鱼类种群的养护、管理和开发方面依照协定广泛采取预防性做法。更为重要的是，虽然最终国际法院认定对此次争端没有管辖权，但还是确立了对于这种洄游类种群的养护管辖权限，提出沿海国须与捕捞国采取共同行动和建立联合管理机制，在西北大西洋渔业组织等区域性渔业机制的框架下具体承担两种法律制度间的责任"空白"。

可以看到，关于北极渔业捕捞的数次争端均起源于对于各自主权范围的认定差异，从根本上来看这是由于渔业资源特殊的自然属性造成，很难将其按照非移动性和可预测性的其他自然资源加以划分，引发各方在利益认定上的争端。但是，数次争端的最终结果均在推动海洋法、渔业管理制度更加完善方面得到了正面的体现，特别是通过治理的手段，实现了一定程度上的主权让渡，体现了治理作为协调争端工具的长期效应。

---

① 联合国：《执行 1982 年 12 月 10 日联合国海洋法公约有关养护和管理跨界鱼类种群和高度洄游鱼类种群的规定的协定》，http://www.un.org/chinese/aboutun/prinorgs/ga/54/doc/a54r32.htm。

第四节　制度主导下的多元治理模式

一、全球性公约：自上而下的软性治理

从全球层面的治理机制来看，联合国关于海洋法的"三公约"体系是规范各类捕捞主体间的制度关系、捕捞程序与规则的重要依据。这三部公约包括 1982 年《公约》、1994 年《关于执行 1982 年 12 月 10 日〈联合国海洋法公约〉第十一部分的协定》、1995 年《1982 年 12 月 10 日〈联合国海洋法公约〉有关养护和管理跨界鱼类种群和高度洄游鱼类种群的规定执行协议》（以下简称《执行协定》）。作为一种全球性机制，联合国有关海洋法的三部公约虽然并不是专门为北极地区而设计的，但是由于其内容的普遍适用性，北极理所当然也在公约约束的范围之内。[①] 特别是 1995 年的《执行协定》不仅要求各国在养护方面适用"预防性办法"（Precautionary Approach），对捕鱼手段加以各种限制。此外，还规定了非船旗国对他国渔船进行登临和检查，在必要情况下可使用武力等。[②] 可以说，上述文件在一定程度上否定了公海捕鱼的绝对自由。按照一般理解，北极部分地区的人类共有遗产（Common Heritage of Mankind）的属性似乎决定了它的"非竞争性"与"非排他性"要素，而其公海内的资源应被视为一种面向所有国家的公共物品[③]，这符合国际关系理论中对于公共物品的定义。但是，如果按照公共物品的视角

---

① Jabour Julia and Weber Melissa, Is it Time to Cut the Gordian Knot of Polar Sovereignty? *Reciel*, Vol. 17, No. 1, 2008, pp. 29-33.

② 许立阳：《国际海洋渔业资源法研究》，中国海洋大学出版社，2008 年版，第 135 页。

③ Burke William, *The New International Law of Fisheries: UNCLOS 1982 and Beyond*, Oxford: Clarendon, 1994, pp. 34-37.

分析，北极海洋资源的属性具有明显的两重性特征，特别是渔业资源。具体来看，"竞争性"是指一个单位的某种物品，它只能被单一个体来消费，当出现两个或两个以上的个体要求共同享用或消费这类物品的时候，有关这种物品的使用和消费就会发生零和竞争和对抗状态；"排他性"则指一种物品只能被特定的个人或一个有限的团体来消费。对物品的使用和消费一旦发生拥挤（Congestion）[1]必然出现排他性。在全球渔业制度中，虽然从原则上来讲各国对于北极公海海域的渔业资源拥有捕捞的权力，但捕捞主体还是必须遵守其条约义务，特别是要"受到沿海国的权力、义务和利益的限制"[2]。由于渔业资源的有限，"一经开采，其他国家就不可能再享有。因而在开采国家中将存在着很强的对抗和竞争"[3]。也就是说，这当中部分符合"排他性"和"竞争性"的定义，不符合纯粹意义上的公共物品定义。

另一个和北极渔业相关的全球性制度是《坎昆宣言》（Cancun Declaration）条约体系。1992 年在墨西哥坎昆召开的"国际负责任捕捞会议"（International Conference on Responsible Fishing）上，与会各国发表《坎昆宣言》。根据此宣言精神，联合国粮农组织在随后的 1995 年第 28 次大会上通过了《负责任渔业行为守则》[4]（Code of Conduct for Responsible Fisheries），并制定了《捕鱼能力管理行动

---

① 苏长和：《全球公共问题与国际合作：一种制度的分析》，上海人民出版社，2000 年版，第 113—116 页。

② 联合国：《联合国海洋法公约》第二节"公海生物资源的养护和管理"第 116 条"公海上捕鱼的权利"，http://www.un.org/zh/law/sea/los/。

③ 严双伍、李默："北极争端的症结及其解决路径—公共物品的视角"，《武汉大学学报（哲学社科版）》2009 年第 6 期。

④ FAO, *Code of Conduct for Responsible Fisheries*, http://www.fao.org/docrep/005/v9878e/v9878e00.htm.

计划》①（IPOA-Capacity）、《鲨鱼保护及管理国际行动计划》②（IPOA-Sharks）和《减少延绳钓鱼业中误捉海鸟国际行动计划》③（IPOA-Seabirds），由此开始规范公海渔业秩序。《负责任渔业行为守则》对渔业管理、捕鱼作业、水产养殖、将渔业纳入沿海区域管理、加工方式和贸易及发展中国家的特殊要求、渔业研究等方面均做出了详细规定，要求渔业资源的持续利用应与环境保护相互协调，捕捞或养殖活动不应危及生态系统和相关资源，对渔业产品的再加工应符合相关卫生标准等。从治理属性来看，无论是《公约》，还是《负责任渔业行为守则》中涉及北极地区渔业管理的规定，特别是公海捕捞制度的规定，更像是一种软性手段，更多使用了"建议"、"有义务"、"应当"等术语，并多数以"在适当情形下……"等作为前提条件，也并未建立相关的惩罚机制和措施。

总的来看，北极海域内的渔业活动除了要受到全球层面的普遍性机制规范，例如《公约》、联合国粮农组织渔业委员会、世界贸易组织等，还须遵守相应的地区性机制规范。对于归属国内管辖权的海域须按照可持续发展的基本原则进行规范，而对于共享渔区则适用于合作管理制度。也就是说，北极渔业管理实际上是一种"半公共"性质的管理。其次，关于渔业的全球性争端解决机制也存在一定缺陷。国际海洋法法庭的受理范围把案件管辖权分为强制性和自愿性两种，而强制性管辖权范畴的"资源"只包含"区域内在海床及其下原来位置的一切固体、液体或者气体矿物资源，其中包括

---

① FAO, *International Plan of Action for the Management of Fishing Capacity*, http：//www.fao.org/docrep/006/x3170e/x3170e04.htm.

② FAO, *International Plan of Action for the Conservation and Management of Sharks*, http：//www.fao.org/fishery/ipoa-sharks/en.

③ FAO, International Plan of Action for Reducing Incidental Catch of Seabirds in Longline Fisheries, http：//www.fao.org/docrep/006/x3170e/x3170e02.htm.

多金属结核"①。从这个角度看，北极渔业争端并不属于强制性管辖权范围内，只能由争议双方以协议的形式选择争端解决程序，属于自愿管辖范畴。

二、区域性组织：半封闭式的局部约束

从地区的角度来看，北极区域性渔业管理组织（Regional Fisheries Management Organization，RFMO）已经具有相当长的历史，有的甚至起源于20世纪50年代。现在的北极区域性渔业治理机制主要包括：

西北大西洋渔业组织成立于1979年，其前身为国际西北大西洋渔业委员会（International Commission of the Northwest Atlantic Fisheries，ICNAF），目前拥有来自北美、欧洲、亚洲和加勒比地区的12个正式成员国以及美国、加拿大、法国（代表圣皮埃尔和密克隆群岛）和丹麦（代表格陵兰和法罗群岛）4个公约区接壤国，欧盟是唯一的国际组织成员。西北大西洋渔业组织管理海域为联合国粮农组织所认定的第21海区，该组织的成立旨在促进合理利用、管理和养护公约适用区的渔业资源，恢复其管辖水域的主要鱼种资源，对主要鱼种的捕捞实施"总可捕量制度"（Total Allowable Catch System，TAC）和各捕鱼国的配额制度，也就是根据某种渔业资源状况限定该种群每年总可捕量的一种渔业资源管理措施，并采取网目尺寸的限制和鱼体规格的限制。该组织负责管理涵盖12个鱼类种群的20个渔区，包括西北大西洋除鳟鱼、吞拿鱼、鲸以外的几乎所有主要北极鱼类资源。

---

① 2010年5月6日，国际海底管理局理事会决定请海底争端分庭就"区域"内活动的个人和实体的担保国的责任和义务提出咨询意见。"区域"系指《联合国海洋法公约》确立的国家管辖范围以外海床洋底及其底土。《公约》宣布，"区域"及其资源是人类共同继承财产。"区域"内的资源，例如多金属结核和多金属硫化物，由国际海底管理局管理。

东北大西洋渔业委员会成立于 1959 年，其中包括欧盟、丹麦（格陵兰和法罗群岛代表）、冰岛、挪威和俄罗斯这 5 个正式成员，还有加拿大、新西兰和圣基茨和尼维斯联邦 3 个非成员合作方。东北大西洋渔业委员会管理海域为国际粮农组织所认定的第 27 海区，该组织被视为较为封闭的沿海国组织，主要目的是建立更为有效的管控和执法机制以打击非法捕捞行为。相较于西北大西洋渔业组织，东北大西洋渔业委员会管理的海域面积更大，内部联系和约束更加密切，被认为是更为有效的解决内部争端的地区性机制。

在北极理事会框架下，与渔业问题有间接联系的机构是北极动植物养护工作组（Conservation of Arctic Flora and Fauna，CAFF），它是北极理事会下设的 6 个工作组之一。2014 年，该工作组发布《北极生物多样性评估》（Arctic Biodiversity Assessment，ABA）报告，对北极生物多样性的现状和趋势进行了归纳和评估，认为人类活动造成的全球变暖严重威胁着北极地区的生物多样性。报告指出，"海底拖网捕捞、不可再生资源开发和土地利用的其他集约形式给北极生物多样性带来严峻的挑战；来自油气开发场地的石油泄漏和石油运输污染是沿海和海洋生态系统的一个重要威胁；海水吸收二氧化碳导致北极海域的酸化，威胁着钙质生物和渔业资源；运输和资源开发航道正在快速扩张，可能会大幅增加外来物种的引进速度；对许多北极物种、生态系统及其压力的知识缺乏，对北极地区的监测也远远落后于世界其他地区；气候变化和其他人为压力导致的众多北极生物多样性变化将对北极地区人民的生活条件产生深远的影响。"[①] 总的来看，北极理事会对于渔业问题本身的关注较少，并不是主要的区域性渔业管理组织。有学者认为，如果将其转型为区域管理组织，不论是海洋环境管理、渔业管理亦或综合性的区域

---

① CAFF, *Arctic Biodiversity Assessment*, 2014, http：//www.arcticbiodiversity.is/the-report/report-for-policy-makers/key-findings.

管理组织，都需要修改其组织结构，允许非北极捕鱼国家的加入，并就组织宪章进行谈判。这可能会触及北极国家认为的他们在北极固有的优先利益，存在较大难度。①

区域性渔业管理机制的主要职能是：审查和监控本地区的渔业资源状况；制定并建议养护和管理措施；进行技术标准设定，对渔船和设备进行技术管控工作；对于基础资料的监控，包括渔船的捕捞、靠港、转运信息的记录与监管，执行"渔船监测系统"②（Vessel Monitoring System，VMS）；打击 IUU 捕捞行为；建立争端解决机制，通过合理的程序解决成员国间矛盾以及与第三方的争端；处理与第三方（非合同方）的关系等。

按照《公约》第 61 条规定，对某一海域的"养护应通过沿海国参照其可得到的最可靠的科学证据的适当管理，与主管国际组织合作，在沿海国、国际组织，以及其国民获准在专属经济区捕鱼的其他国家之间交换科学情报、渔获量和捕捞努力量统计以及其他资料"。③ 这里所提到的与主管国际组织合作，就是通过这类组织进行管控捕捞，设定捕捞额度。值得注意的是，《公约》中所提到的渔业管理、养护和开发制度主要包含了三个部分：由沿海国决定可捕量，也就是决定捕捞配额；由沿海国决定其本国可捕量的能力；只要沿海国没有能力捕捞其全部可捕量，就应给予其他国家以捕捞的

---

① 唐建业、赵嵌嵌："有关北极渔业资源养护与管理的法律问题分析"，《中国海洋大学学报》（社会科学版），2010 年第 5 期。

② 渔船监测系统是一项渔业监视计划，渔船上安装的设备能够提供渔船位置和活动的信息。它有别于传统的监测方法，如海面和空中巡视、船上观察员、航海日志或码头审查。加入该计划的每条渔船必须载有一套船上电子系统，这套设备被永久安装在渔船上并具有专用识别码。该系统能够计算出该设备的位置并向岸上用户发送数据。标准数据报告包括该设备的专用识别码、日期、时间以及经纬度位置。

③ 联合国：《联合国海洋法公约》第五章"专属经济区"第 61 条"关于生物资源的养护"，http://www.un.org/zh/law/sea/los/article5.shtml.

机会。① 也就是说，沿海国的自主权利应该只限于其捕捞能力范畴之内，并且通过过剩原则与第三方共享资源。

按照既有的非强制性程序，北极区域性渔业治理框架下的鱼类捕捞及养护经过国际海洋考察理事会（ICES）的专业性科学建议，确定每类种群的捕捞总额、捕捞季节，并按照捕捞总额针对每一个成员国制定相应配额。只有在配额剩余的情况下才可以进行权力让渡，与第三国签订协议进行捕捞。但是，由于冰区捕捞的技术滞后和区域性规则中术语使用的模糊，沿海国市场通过设定较高的捕捞总额以满足自身渔业利益集团，拒绝采取更为合理的养护措施。也就是说，沿海国对于可捕量和捕捞配额享有自由裁量权。在专属经济区内部，配额制除了维持可持续发展的考虑外，往往有着价格保护和国家利益的因素。例如，俄罗斯对鄂霍次克海（Sea of Okhotsk）中部海域的专属经济区政策，使其他国家必须以协议的方式从事捕捞，并向俄方支付巨额资源配额费和观察员工资。此外，区域性渔业组织面临的挑战是单边扩大捕捞量与缺乏执法力度，长时间的持续捕捞直接导致了 20 世纪 90 年代北极北大西洋鳕鱼市场的崩溃，渔业种群低于历史平均水平。② 为应对这一挑战，挪威和加拿大作为主要发起者，配合欧盟从 2000 年开始在此类组织内部开展了大规模的改革。另一方面，目前北极区域性渔业管理机制的管辖范围只局限于部分海域，缺乏全面覆盖的区域性机制是当前北极渔业治理面临的一大问题。

除了上述两个主要的北极区域性渔业管理组织，还建立了一系列的特殊性渔业管理组织，其中包括国际大西洋金枪鱼资源保护委

---

① ［英］罗伯特·詹宁斯、亚瑟·瓦茨著，王铁崖等译：《奥本海国际法》，中国大百科全书出版社，1998 年版，第 212 页。

② 许立阳：《国际海洋渔业资源法研究》，中国海洋大学出版社，2008 年版，第 94 页。

员会①（ICCAT）、北大西洋鲑鱼养护组织②（NASCO）、1993年成立的北太平洋溯河性渔类委员会③（NPAFC）、2004年成立的中西太平洋渔业委员会④（WCPFC）等从原则都上成为了北极渔业管理机制的一部分。

三、双边机制：排他性的自主治理

除了全球性和地区性治理机制之外，北极地区还有更为具体的双边、多边渔业治理机制。其中包括冰岛和欧盟于1993年签署的双边协议，挪威与欧盟签署的双边渔业协议，格陵兰岛与欧盟签署的双边协议，俄罗斯、挪威、冰岛三边关于"Loophole"（圈洞）地区的协议等。此外，在协议的基础上还建立了一系列的双边机制，例如1975年成立的"俄罗斯—挪威联合渔业委员会"（The Joint Russian-Norwegian Fisheries Commission，JRNFC）。该委员会负责制定巴伦支海有关鳕鱼、黑线鳕、香鱼、格陵兰大比目鱼的年度总捕捞量，扣除两国可捕捞量后，依据总量管制原则将剩余配额再分配给

---

① 国际大西洋金枪鱼资源保护委员会是国际科学组织之一，根据《大西洋金枪鱼保护公约》于1969年成立，其职责是促进或实际进行各类金枪鱼科学研究，并为有关渔业资源保护行动提供建议。

② 北大西洋鲑鱼养护组织成立于1983年，是专门进行保护和促进野生鲑鱼种群的合理管理的国际组织，其职责是采取不同的措施以减少鲑鱼的过度捕捞，促进国家对鲑鱼资源的保护。

③ 该委员会是根据《北太平洋公海渔业国际公约》于1953年建立的，总部设在加拿大温哥华。该委员会的管辖范围是北太平洋及除领海以外的各毗邻海域。主管资源包括整个管辖范围内的所有渔业资源，重点包括鲱鲽、鲟鱼和鲑鱼。其主要职责是研究鱼类资源量，提出联合养护措施并制订捕捞制度。

④ 中西太平洋渔业委员会成立于2004年，管理鱼种包括高度洄游鱼类（除秋刀鱼外），其主要职能包括：决定公约区域之高度洄游鱼类种群的总可捕获量或总捕获努力量，并得于必要时采取其他养护与管理措施及建议以确保该鱼群之永续性；必要时，对非目标物种及与目标鱼类种群相依或相关之物种，采取养护管理措施与建议；汇编及分发正确且完整的统计资料，以确保获得最佳科学资讯；获得并评价科学建议，审查鱼类种群的状况，促进相关科学研究的执行及其结果之分发。

第三国，以此实现两国在巴伦支海的渔业共同开发。[①] 此外，还有 1923 年成立的国际太平洋鳙鲽渔业委员会（International Pacific Halibut Commission，IPHC）等。

渔业争端的自愿管辖性质，造成了北极渔业问题治理的外部政治压力减弱，因此沿岸国作为规模较小且相对稳定的群体对北极渔业这一公共资源管理自主形成一种特定的治理模式，通过双边协定来实现半封闭式并具有相当排他性的自主治理。按照一般的理解，区域内的双边或多边协议签订是为了减少交易成本，使相关区域的渔业管理和养护更多地体现共享原则。可是，在缺乏外部政治和制度压力的前提下，沿海国的理性选择更倾向于自身利益，希望实现域内更小范围的协议或机制。俄、挪双边合作制度通过定期会晤机制，商讨各方捕捞量和规章制度，其中包括东北北极鳕鱼的捕捞。此机制所通过的决议对北极其他沿岸国来说具有相当程度的排他性，所有非沿海国通过批准此框架内独立的双边或三边协议，并接受俄、挪双方所决定的捕捞配额与技术标准，才能获准在相应海域从事捕捞行为。因此，治理主体通过北极渔业问题的"半公共"属性塑造排他性较强的自主治理环境，以维护区域治理的需求合法性。

第五节　北极渔业治理困境与展望

首先，目前的北极渔业管理体系已经将沿海国的渔业专属权通过养护途径拓展至公海中高度洄游鱼类范围中，在一定程度上成为渔业权利扩张的又一重要标志。此外，沿海国在区域性渔业管理制

---

① 李连祺："俄罗斯北极资源开发政策的新框架"，《东北亚论坛》2012 年第 4 期。

度和双边、多边渔业协定中的关于捕捞量、捕捞规则等程序性内容的自由裁量权也得到进一步体现。从另一个层面看，这也是国家权力向公共资源的渗透。虽然出于保护沿海国权益考虑，北极渔业管理架构呈现出单边倾斜态势，但随着俄罗斯关于 200 海里外大陆架划界案申请的提出，更进一步表明了沿海国希望透过渔业管理本身，扩大其控制海域范围和权力空间的企图。联合国强调，"各国在专属经济区外的水域享有自由捕捞的权力，但须以合理地考虑其他国家利益作为前提"。[①] 渔业资源本身具有较强的公共性特征，需要各国一起治理保护，单一国家的利益是嵌入北极共同利益之中的。北极渔业不应当成为单边模式下的产物，在进一步维护公海自由捕鱼和专属经济区、渔业专属权等现有制度的基础上，应限制个体权力的无序扩张，填补不同制度间的管辖空白。

其次，机制叠加问题较为明显。一些沿海国和渔业大国提出采取措施开发、养护渔业资源并保持海洋渔业资源的可持续利用。为此，除了全球性公约体系外，各国均致力于建立相应细化的区域性渔业管理机制和双边、多边协定，成立区域性的海洋渔业组织，解决本地区内部的渔业资源衰退问题。[②] 目前来看，有关渔业管理的制度按照全球、多边、地区、双边和国家层面的标准加以划分。从普遍意义的治理理念来看，此种多层级的治理框架具有诸多优点，但从渔业问题本身观察，这造成了治理主体的叠加混乱。不同层面的制度中产生了不同的治理主体，例如国家层面的捕捞国、船旗国与港口国，非国家行为体层面的船运公司等，由此造成责任与利益认定的模糊化。

---

① United Nations, *Agreement for the Implementation of the Provisions of the United Nations Convention on the Law of the Sea of 10 December 1982 relating to the Conservation and management of Straddling Fish Stocks and Highly Migratory Fish Stocks*, http://www.un.org/depts/los/convention_agreements/texts/fish_stocks_agreement/CONF164_37.htm.

② 许立阳：《国际海洋渔业资源法研究》，中国海洋大学出版社，2008 年版，第 97 页。

第三，执法与惩戒的困难是北极渔业治理中的主要挑战。在国家利益至上原则的驱使下，区域性渔业管理组织的无约束"退出机制"成为各国规避原则，治理缺少执行力的重要原因。例如，西北大西洋渔业组织等区域性组织为了保护良好的结构和成员制度，设定了成员国的退出机制，这也成为各成员国违背义务的正当退出理由。在 1979—2003 年间，共有 12 个区域治理机制的成员国退出了 72 项保护和管理措施制度。[1] 区域性治理制度结构松散，成为实现各国单一利益最大化的合法渠道。同时，区域治理中不同层面产生不同的治理主体，例如国家层面的捕捞国、船旗国与港口国，非国家行为体层面的船运公司等，还存在责任规避与利益认定模糊化的问题。

最后，北极渔业治理缺乏集体原则和价值观导向。应当思考当前制度困境的内涵，也就是价值观缺失和行为体特性构成的制度的内在矛盾，是否是导致合作无法展开的基本假设。渔业治理行为体的多元化差异导致执行力弱化，不同国家的发展水平和综合实力不一，渔业在其国民经济中的所占比重也有所不同，在具体问题上无法做到一致。从长远来看，北极渔业治理的制度性安排应首先体现约束性原则、效率原则和代表性原则这三个方面。需要平衡各治理主体的利益、权力和责任，平衡治理路径的灵活性和适应性[2]，建立更为完善的数据保障体系和科研规划，最终建立起多层治理结构和多元参与的北极渔业治理模式。

---

[1] 许立阳：《国际海洋渔业资源法研究》，中国海洋大学出版社，2008 年版，第 107 页。

[2] AGP International Steering Committee：The Arctic Governance Project，*Arctic Governance in an Era of Transformative Change*：*Critical Questions*，*Governance Principles*，*Ways Forward*，2010，p. 12.

BEI JI ZHI LI
XIN LUN

第十五章
北极油气资源的绿色开发

当今世界，全球共同面临着能源资源价格攀升，生态退化、环境污染严重、自然灾害频发和全球气候变化等重大问题。在全球面临经济、社会、环境三大问题的情况下，绿色开发为人类世界的发展指出了一条环境与发展相结合的道路。绿色开发与工业革命延续下来的传统发展观念的区别主要表现在：从以单纯经济增长为目标的发展转向经济、社会、生态的综合发展；从注重眼前利益、局部利益的发展转向长期利益、整体利益的发展，绿色开发是防止全球环境生态恶化的重要手段。绿色开发是以低的自然资源消费、低排放、低污染，达到高的自然资源利用效益，实现高的经济社会发展水平，提供高的生活水平和优良的生态环境，从而实现经济社会与资源环境的协调和可持续发展。在气候变化等因素的推动下，北极地区因其蕴藏着巨大能源资源和国际能源航道，已日益成为国际能源政治版图的战略要地。尽管北极地区是全世界潜力最大的能源资源贮存地之一，但北极的生态环境却极为脆弱和敏感。鉴于北极对整个地球动力变化的机制、生态、海洋循环和气候变化都具有较为重要的影响，因此处理好北极开发中的环境与发展关系在整个北极治理框架中具有特殊意义。在开发难以避免的前提下，寻求资源开发与环境治理、生态保护并举的绿色开发之路，可以为全球环境治理提供新的经验。

第一节 北极油气资源开发前景

北极地区能源资源的潜力巨大，是地球上可与中东相媲美的油气资源战略储备仓库。根据美国地质调查局2008年完成的评估报告，北极地区未探明的石油储量达到900亿桶，占世界石油储量的13%；天然气47万亿立方米，占世界储量的30%；可燃冰（即天然气水合物）440亿桶。新增储量的80%来自北极海洋。[①]（北极油气资源分布参见图15－1）北极地区的煤炭资源储量超过1万亿吨，超过全世界其他地区已探明煤炭资源总量。[②]

随着气候变暖和油气资源开采技术的提升，北极已经进入大规模开发的准备期。美国、挪威、俄罗斯、加拿大和格陵兰（丹麦）等国在各自海域进行油气资源勘探，不断有新的发现。

美国的北极部分油气储量丰厚，美国地质调查局的数据表明在楚科奇海和波弗特海外大陆架部分的油气储量分别为230亿桶和3万亿立方米，另外在阿拉斯加外海的北坡（north slope）也发现了储量丰富的油气。截至2012年底，美国已在北极海域钻探了86口油气井，其中31口在波弗特海，6口在楚科奇海。[③] 根据美国海洋能源管理部门的2012至2017年的五年规划，2016年和2017年在楚科奇海和波弗特海分别有一大片地块被批准给石油公司进行试探性

---

① K. J. Bird et al，"Circum-Arctic Resource Appraisal：Estimates of Undiscovered oil and Gas North of the Arctic Circle：U. S. Geological Survey Fact Sheet FS－2008－3049"，U. S. Geological Survey，2008，p. 4，（http：//pubs. usgs. gov/fs/2008/3049/fs2008－3049. pdf）.

② "2012 in Review," British Petroleum, BP, 2012, http：//www. bp. com/centres/energy2013/2013in.

③ Sharon Warren，"Energy Outlook：U. S. Arctic Outer Continental Shelf," Department of the Interior，Bureau of Ocean Energy Management，July 2013.

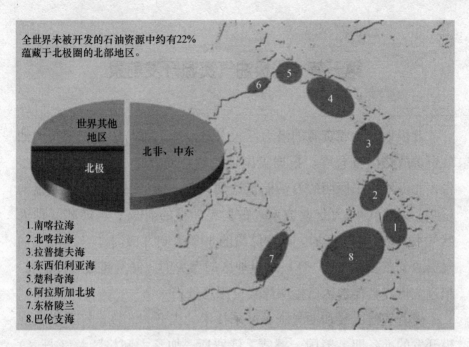

全世界未被开发的石油资源中约有22%
蕴藏于北极圈的北部地区。

世界其他
地区

北极

北非、中东

1.南喀拉海
2.北喀拉海
3.拉普捷夫海
4.东西伯利亚海
5.楚科奇海
6.阿拉斯加北坡
7.东格陵兰
8.巴伦支海

图 15－1 北极地区油气资源分布图（资料来源：USGS 美国地质调查局）

开采。① 对于美国阿拉斯加州来说，油气开发保证了该州 50% 的就
业岗位，也成为该州政府最重要的预算来源。

挪威是欧洲最大的油气生产国，也是全球最大的天然气出口
国。无论从产量还是从技术成熟程度来评估，挪威在北极油气开发
中都占有重要地位。就储量而言，根据美国地质调查局的估计，挪
威巴伦支海拥有可开采的 110 亿桶的石油和 11 万亿立方米的天然气
储量。② 而挪威自己的估计是巴伦支海的石油和天然气储量分别占
其全国的总储量的 30% 和 43%。③ 2011 年 12 月，挪威国家石油公

① "Five Year Outer Continental Shelf（OCS）Oil and Gas Leasing Program," Bureau of Ocean
Energy Management, http：//www. boem. gov/5 - year/2012 - 2017/.

② U. S. Geological Survey, "Assessment of Undiscovered Petroleum Resources of the Barents Sea
Shelf." World Petroleum Resources Assessment Fact Sheet, accessed 4 April 2013. http：//
pubs. usgs. gov/fs/2009/3037/pdf/FS09 - 3037. pdf.

③ Norwegian Petroleum Directorate, "Facts 2013：The Norwegian Petroleum Sector", Norwegian
Ministry of Petroleum and Energy, March 2013, p. 28.

司 Statoil 又在巴伦支海域发现两个油气田，公司希望在 2020 年之前在北极海域新油井日产石油可以达到 100 万桶。2013 年挪威政府又向世界主要石油开采公司颁发了新一轮的开采许可。共有 86 个地块被许可开采，其中 72 个位于巴伦支海域。许可证颁发给了 Statoil、ENI、Conoco、Total、Shell 和世界其他石油公司。① 未来挪威的石油开发将继续向巴伦支海的东部区域和北部区域发展。

　　能源是俄罗斯的支柱产业，在其国家发展战略和北极发展战略中都占有重要地位。2013 年 2 月 20 日，根据总统委托，俄联邦政府在其网站上公布了普京总统批准的"2020 年前俄属北极地区发展和国家安全保障战略"。② 其中一项重要内容就是建立俄属北极地区资源储备基地，保证俄罗斯国家能源安全和能源综合体的长期稳定发展，以应对 2020 年后传统开采地的油气产量的下降局面。根据该战略报告，俄罗斯将实施把俄属北极地区与其他开发地区连成一体的大型基础设施项目，开发季马诺—伯朝拉含油气地区和巴伦支海域、伯朝拉海域、喀拉海海域、亚马尔和格达半岛大陆架碳氢化合物产地。

　　俄罗斯选择其北极地区资源丰富、开采条件较好的西部海域，以若干重点油气田为突破口，揭开这一地区新一轮资源开发的序幕。俄罗斯在巴伦支海海域最重要的开发项目是什托克曼凝析气田。该项目始于 2007 年，当年俄罗斯选择法国的道达尔公司作为合作伙伴，俄罗斯与挪威关系松动后，挪威国家石油公司成为该项目的第三方合作者。三家合作伙伴于 2008 年成立了什托克曼发展股份公司，俄罗斯天然气工业股份公司占 51% 份额、法国道达尔公司占

---

① Reuters Editorial Staff，"Update 1 – Norway grants 24 oil licenses in Arctic-focused round，" Reuters，12 June 2013，http：//www. reuters. com/article/2013/06/12/norway-oillicensing-idUSL5N0-EC2AD20130612.

② "2020 年前俄属北极地区发展和国家安全保障战略"，http：//www. government. ru/docs/22846/。

25%份额、挪威国家石油公司占24%份额。2011年4月，什托克曼发展股份公司召开董事会，决定从2016年起通过海底管道将什托克曼凝析气田的天然气经由俄罗斯摩尔曼斯克向欧洲供气，欧洲管道将与正在建设中的北溪管道相连。（见图15-2）根据规划，什托克曼液化气厂将于2017年开工。

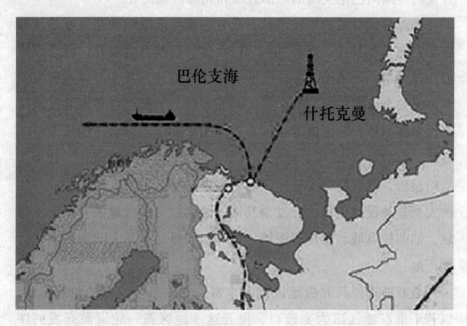

图15-2 位于俄属北极西部地区巴伦支海海域的什托克曼凝析气田

俄罗斯北极地区自然资源开发的另一项大型油气合作项目位于喀拉海海域。喀拉海油气项目是俄罗斯新一轮北极资源勘探和开发规模最大的合作项目。据初步评估，这里约有50亿吨石油和10万亿立方米天然气储存。[①] 2011年1月，俄罗斯石油公司和英国BP石油公司签署了在北极大陆架进行合作的协议，后BP公司因自身原因退出。同年8月30日，俄罗斯石油公司与美国埃克森美孚在索契

---

① "'Роснефть' и ВР договорились о сотрудничестве на шельфе в РФ", http://top. rbc. ru/economics/15/01/2011/527697. shtml.

签署了战略合作协议。协议主要涉及在喀拉海 3 个地块的油气资源开采，整个面积为 12.5 万平方公里，相当于美国墨西哥湾的面积。2013 年 2 月这个协议内容又有延展，埃克森美孚在喀拉海、楚科奇海和拉普列夫海又获得 3 个地块，共 60 万平方公里面积海域的开采区。[①] 2012 年 3 月中国石油公司与俄罗斯石油公司签署协议，共同开发 3 个近海油田。同年 5 月俄罗斯石油公司与挪威国家石油公司签署了 250 亿美元的合同开发巴伦支海的油气田。

加拿大同样是北极大国，油气资源在北极的储量也占有很大比重。油气资源的分布主要在麦肯齐河三角洲和波弗特海、东北北极沿岸和北极群岛等地区和相关海域。截至 2012 年底，约有 152 张勘探许可颁发给了世界大的石油公司，涉及的区域包括麦肯齐三角洲—波弗特海、东北北极海岸和北极群岛。2013 年 9 月帝国石油公司（Imperial Oil）、埃克森美孚（ExxonMobil）和 BP 公司联合发表了一份协议，准备开始在波弗特海进行勘探性钻井。具体位置在阿居拉（Ajurak）和坡科克（Pokak）两个地块，在水深 1500 米之下进行钻探。这也是在加拿大最北地区进行的油气钻探活动。[②] 同年 10 月，ConocoPhillips 公司获得了许可在加拿大西北领地（North Territories）的开发权。埃克森美孚公司正在纽芬兰（Newfoundland）附近海域建造石油钻井平台，计划于 2016 年建成，2017 年开始生产石油。[③] 2012 年 12 月年韩国天然气公司（KOGAS）购买了加拿大 Umak field 附近海域项目 20% 的股权，并计划沿着加拿大西北地带修建液

①　ExxonMobil, Arctic Leadership, www. exxonmobil. com/Corporate/files/news_ pub_ poc_ arctic. pdf.

②　Jeffrey Jones, "Imperial Oil leads push to drill deep in Canadian Arctic," Globe and Mail, 29 September 2013, http：//www. theglobeandmail. com/report-on-business/industry-news/energy-and-resources/major-oil-companies-apply-to-drill-deep-in-canadian-arctic/article14596797/.

③　Ashley Fitzpatrick, "Bay du Nord biggest find outside Norway：Statoil," The Telegram, 26 September 2013, http：//www. thetelegram. com/News/Local/2013 – 09 – 26/article – 3406745/Bay-du% E2% 80% 88Nord-biggest-find-outside-Norway% 3A-Statoil/1.

化天然气输送站。[①] 加拿大政府也计划修建麦肯齐 Mackenzie 山谷油气管道，从加拿大北极地区通往不列颠哥伦比亚地区，从而有效减少船运液化天然气通往亚洲国家的成本。

格陵兰巨大的油气储量对于这个只有 5.6 万居民的自治岛来说意义重大。经济适度发展可以帮助格陵兰从丹麦政府手中获得更大的自治权。格陵兰政府积极支持开发资源的项目，这些年先后颁发了 120 多个能源和资源项目开发许可证给跨国公司，内容涉及石油、天然气铁矿、铀矿、绿宝石矿和镍矿等。格陵兰政府的积极态度也吸引了世界能源公司的涌入。近些年，包括挪威国家石油公司、壳牌、埃克森美孚、雪佛龙公司在内的 13 个公司都在格陵兰岛附近海域石油勘探招标中中标。Cairn 能源公司于 2010 年 7 月获准在格陵兰岛西部海域打井勘探，2010 年 9 月发现油气。2013 年 12 月，挪威国家石油公司 Statoil 与合作伙伴 ConocoPhillips 和 Nunaoil 获得了在格陵兰东北方海域钻探的许可。截至 2013 年底，格陵兰已经拥有了 14 个油气探井。2014 年 1 月，英国 BP 公司获得了在 Amaroq concession 开发的许可，总面积达到 2630 平方公里。BP 公司为取得勘探权投入 12 亿美元以上。[②]

自 20 世纪 70 年代第一口油井在波弗特海开钻以来，北极油气开发已经经历了 40 多年的历史。尽管北极油气开发还没有进入到大规模开采阶段，但随着未来能源价格的高升、中东地区的动乱、石油输出国联盟的控制、东亚对油气资源的需求增加，世界石油公司会增加对北极油气的兴趣。根据挪威船级社的一份报告，"从 2010 年到 2035 年全球能源需求约增长 33%，其中石油需求增长为 15%，

---

① Nathan Vanderklippe, "South Koreans eye Arctic LNG shipments," The Globe and Mail, 23 August 2012, http://www.theglobeandmail.com/report-on-business/industry-news/energy-and-resources/south-koreans-eye-arctic-lng-shipments/article597537/.

② Charles Ebinger, John P. Banks, Alisa Schackmann, Offshore Oil and Gas Governance in the Arctic A Leadership Role for the U. S. Brookings Policy Brief 14 – 01, March 2014, p. 11.

天然气需求增长约为 32%"。① 据全球保险组织英国劳合社统计，未来 10 年，北极在近海能源方面可以吸引 1000 亿美金的投资。② 这些在敏感环境下开采活动的增加，需要国际社会对北极资源开采活动进行更加全面、更加严格的规范。

第二节 资源开发利用与生态环境保护

北极是全球气候变化和环境变化的晴雨表。由于气候变化带来的油气等资源的开采条件的改善，既引起相关国家和公司的兴奋，也引起了国际社会更深层次的担忧。环境和发展的矛盾已经成为全球关注的焦点。《联合国人类环境宣言》指出："环境问题源于工业化国家，环境问题一般同工业化和技术发展相关"。③ 联合国世界环境与发展委员会（WCED）1987 年发表的报告《我们共同的未来》作了如下解释："环境压力往往被看成是对稀少资源日益增长的需求以及较富有者生活水平日益提高所产生的污染的结果。很多生活水平的改善，是建立在使用越来越多的原料、能源、化学品、化合成物和制造出污染的基础上的。……因此，今天的环境挑战既来自发展的缺乏，也来自某些经济发展意料不到的后果。"④ 对资源的过度开发以及以不环保的方式进行开发已经引起了人类的自省。在资本主义现代工业开始之前，自然界是人类的榜样。人类启动的工业化进程却将自然界变成了人类满足自身欲望去索取的对象。人类

---

① "Increased activities in a sensitive environment", Arctic Update，No. 1，2012，p. 14.

② Lloyd："Drilling in Extreme Environments-Lloyd's"，http: // www. lloyds. com/ ~ /media/ lloyds/reports/emerging% 20risk% 20reports/lloyds% 20drilling% 20in% 20extreme% 20environments% 20final3. pdf.

③ 王曦主编：《国际环境法资料选编》，北京：民主与建设出版社，1999 年版，第 667 页。

④ 世界环境与发展委员会著，王之佳等译：《我们共同的未来》，吉林人民出版社，1997 年版，第 33 页。

凭借着技术的发明对自然进行挥霍般的索取，以"人定胜天"的思维进行着破坏环境的社会实践。恩格斯曾针对这些现象提出过警告：人类"不要过分陶醉于对自然的胜利，"因为"对于每一次这样的胜利，自然界都报复了我们"。① 围绕着人与自然界的关系，现代人正经历着从人类中心主义向生态中心主义过渡的挣扎。人们开始认识到，地球上物种和生命形式的多样性是自然界赖以持续的基础，人类除了满足自己的基本生活所需外，没有权利破坏这种生物界的多样性和相互间的和谐关系。现代人类对自然界的过度索取和干预是生态破坏的主要原因，为此，人类必须改变自己的生存方式和生产方式。②

资源开发需要高水平的投资，需要开发能力、安全生产能力和环境保护能力的均衡发展。不同的国家和地区之间的现有基础设施的水平、人口、环境敏感性和技术能力方面存在着巨大差别。在极地环境中提取资源不是一个单纯的问题，许多源自技术、基础设施、经济和环境的挑战限制着北极的自然资源开发。从操作安全角度讲，日照充足、浮冰较少的海面环境比较适合油气钻探。这样的时期在北极每年仅有3—4个月。冰山断裂后产生的漂浮冰块使油轮和钻井平台面临危险。在遭遇浮冰时，钻井平台需要尽快与油井断开，以确保安全。这些特殊的工作环境给北极油气钻探提出了很高的技术要求和安全要求。从环境保护角度讲，北极独特的自然环境和生态系统在气候变暖和人类活动增长的趋势面前十分脆弱。油气的溢出是开发北极油气资源最严重的挑战。与地球上其他海域相比，在极地冰区发生的油气溢出以及开采人员和设备带来的污染更加难以清理，大自然本身的修复进程也更加缓慢。这些污染和排放将给脆弱的极地生态系统带来严重的后果。从公司成本收益看，在

---

① 《马克思恩格斯选集》第3卷，第517—518页。
② 刘东国：《绿党政治》，上海社会科学院出版社，2002年版，第205页。

北极海域钻探油气，石油公司会因为环境保护和设备可靠性要求的提高产生新的成本。在阿拉斯加北坡油气田项目的投资要比德克萨斯州同样项目投资高出很多，在北海水域开采油气的成本要远远低于挪威的巴伦支部分海域。溢油事故带来的赔偿很可能会使一家石油公司陷入危机。受墨西哥湾漏油事故①的影响，许多欧美石油公司由于担心北极采油井压过高引发漏油事故，在北极开发石油步伐一度放慢。

北极资源开发和环境保护主要围绕两种逻辑展开：一种逻辑是北极理事会及其成员国的观点，即在坚持可持续发展原则基础上进行资源开发。北极国家在资源开发过程中，也通过各种治理机制强调保护自然资源、维护北极原住民生态、保护野生生物、不耗尽油气资源、经济活动在北极海域造成的污染不能超过环境的自净能力等。另一种是以绿色和平组织为代表的生态环保激进主义的观点，即禁止开发的观点。绿色和平组织对北极生态环境未来抱有浓厚的悲观情绪和危机意识。在绿色和平组织成员看来北极的最大祸害是追求资源开发和经济增长，他们主张应该在北极范围内停止资源开发，停止物质资料和人口在该地区的增长，回到"零开发"的道路上去。② 国际许多石油公司在北极的资源开发活动都遭遇绿色和平等环保组织反对，倍感压力③。2010 年绿色和平组织成员利用墨西

---

① 2010 年 4 月 20 日夜间，位于墨西哥湾的"深水地平线"钻井平台发生爆炸并引发大火，大约 36 小时后沉入墨西哥湾，11 名工作人员死亡。这一平台属于瑞士越洋钻探公司，由英国石油公司（BP）租赁。钻井平台底部油井自 2010 年 4 月 24 日起漏油不止。事发半个月后，各种补救措施仍未有明显突破，沉没的钻井平台每天漏油达到 5000 桶，并且海上浮油面积在 2010 年 4 月 30 日统计的 9900 平方公里基础上进一步扩张。此次漏油事件造成了巨大的环境和经济损失，也给美国及北极近海油田开发带来巨大变数。

② Emerging Environmental Security—Monthly Security Scanning-Items Identified Between August 2002 and June 2010, http://www.millennium-project.org/millennium/env-scanning.html.

③ Timo Koivurova, and Erik J. Molenaar, International Governance and Regulation of the Marine Arctic, January 8, 2014, http://www.cfr.org/arctic/wwf-international-governance-regulation-marine-arctic/p32183.

哥湾漏油事件阻挠北极深海采油，占领了巴芬湾的钻井平台，同时试图阻止 Cairn 公司的格陵兰岛钻探活动。2013 年绿色和平组织成员搭乘"北极曙光"号（Arctic Sunrise）前往 Gazprom 公司位于伯朝拉海（Pechora Sea）的普里拉兹罗诺伊（Prirazlomnoye）油田的钻油平台阻碍勘探活动，与俄罗斯公司和政府发生了冲突。"极地曙光"号船以及船组人员在俄罗斯因犯有"流氓罪"被俄罗斯政府扣留，引起了国际社会的广泛关注。

很难简单地判断这两种观点谁是谁非。它们反映了人类对自身经济活动的两种重要的价值观念。这两种主张的相互作用，会促使相关国家政府和能源企业在北极地区开采油气等资源时更加谨慎、采用的技术会更加成熟、制度会更加完善。这两种观念和行动共同驱动着北极开发活动走向一个生态环境友好的、有严格标准限制的有序之路。

第三节　油气开发活动治理的国际机制

一、全球性治理机制

联合国对北极自然资源的开发持十分谨慎的态度。《联合国环境项目 2013 年年鉴》特别指出：各国必须对目前北极未开发能源的"淘金热"可能产生的负面后果认真加以考虑。联合国环境项目执行主任 Achim Steiner 认为维持北极地区的冰冷而清洁的状态，比在那里开采油气和矿藏资源对于全球更有价值。他说，北极融冰速度的加快催生了北极化石能源的开发，而这种开发又将加速融冰的速度。①

---

① http：//bellona.org/news/fossil-fuels/oil/2013 - 02 - un-appeals-to-oil-majors-to-leave-the-arctic-alone.

　　《联合国海洋法公约》是全球保护海洋、处理海洋权利的最重要的治理工具。北极国家（除美国外）都是《联合国海洋法公约》的签署国。全球其他能够使用北极水域或参与北极油气开发的国家几乎都是该公约的签署国。

　　《联合国海洋法公约》虽然没有专门制定极地水域油气开采的制度，但它在总体上规定了保护海洋环境和生态系统的责任和义务。《联合国海洋法公约》的第十二部分重点讨论了海洋环境的保护和保全。《公约》规定，各国有保护和保全海洋环境的义务（第192条）。同时各国有依据其环境政策和按照其保护和保全海洋环境的职责开发其自然资源的主权权利（第193条）。北极国家开发其近海油气资源的活动的依据也来自于此。关于防止、减少和控制海洋环境污染的措施，《公约》第194条规定：1. 各国应在适当情形下以个别的或联合的方式采取一切符合本公约的必要措施，防止、减少和控制任何来源的海洋环境污染。为此目的，按照其能力使用其所掌握的最切实可行方法，并应在这方面尽力协调它们的政策。2. 各国应采取一切必要措施，确保在其管辖或控制下的活动的进行不致使其他国家及其环境遭受污染的损害，并确保在其管辖或控制范围内的事件或活动所造成的污染不致扩大到其按照本公约行使主权权利的区域之外。3. 依据本部分采取的措施，应针对海洋环境的一切污染来源。

　　《联合国海洋法公约》在要求尽量减少污染的措施中还特别强调重视源自勘探或开发海底自然资源造成的污染。为了防止意外事件和处理紧急情况，《公约》敦请各国注重海上生产的操作安全，围绕生产设施的设计、建造、操作和人力配备制定相关措施。

　　在国际合作方面，《联合国海洋法公约》提倡各国联合采取措施防止、减少或控制海洋环境的污染时，不应对其他国家依照本公约行使其权利并履行其义务所进行的活动有不当的干扰。公约同时要求各国承担"不将损害或危险转移或将一种污染转变成另一种污染的义务"(第195条)。公约鼓励各国在开展保护海洋环境时通过国际组织开展具有区域性特点的工作。"各国为保护和保全海洋环境在拟订和制订符合本公约的国际规则、标准和建议的办法及程序时,应在全球性的基础上或在区域性的基础上,直接或通过主管国际组织进行合作,同时考虑到区域的特点"(第197条)。公约还进一步规定了海洋环境发生污染危险时,各国必须承担的立即通知其认为可能受这种损害影响的其他国家以及各主管国际组织的义务(第198条)。

油气泄漏是北极开发中容易产生重大影响的事故,因此围绕海洋污染的应急计划成为国际合作的重点。《联合国海洋法公约》规定,各国有共同发展和促进各种应急计划,以应付海洋环境的污染事故的义务。受影响区域的各国,应按照其能力,与各主管国际组织尽可能进行合作,以消除污染的影响并防止或尽量减少损害。围绕这一领域的国际合作,公约还鼓励各国直接或通过主管国际组织进行合作,以促进科学研究,实施科学方案,并鼓励交换有关海洋环境污染的情报和资料。各国应尽力积极参加区域性和全球性方案,以获得有关知识来鉴定污染的性质和范围,处理污染蔓延,寻求控制危险和补救的办法。

针对极地冰区特殊的情况,《联合国海洋法公约》还特别制订了第234条,给予极地沿岸国制定防止污染和保护生态的国内制度的权利,允许极地沿岸国在各自专属经济区的范围内研究制定相关"法律和规则来防止、减少以及控制来自于冰区航行船舶的海洋污染"。相关国家在处理北极海洋事务的实践中都遵循着条约的精神和相关具体规定。

除了《联合国海洋法公约》所提供的治理总原则外,联合国下属组织——国际海事组织也从海洋治理角度发挥着专业性组织的作用。国际海事组织的前身——政府间海事协商组织于 1972 年通过了《防止倾倒废物和其他物质造成海洋污染公约》，该公约的宗旨是促进对所有海洋污染源的有效控制，采取切实可行的步骤防止由倾倒废物和其他物质造成海洋污染。这一条约于 1975 年正式生效。1973 年政府间海事协商组织召开了全球性的会议，全面讨论了船舶对海洋污染的问题，通过了更为综合全面的《国际防止船舶造成污染公约》（简称 MARPOL 公约）。该公约是为保护海洋环境而制定的防止和限制船舶排放油类和其他有害物质污染海洋方面的安全规定的国际公约。虽然它只针对船舶污染问题，但是它的若干技术性的附则对于防止海洋油气开采造成的海洋污染的技术标准具有重要的示范作用。相关油气开发治理的规范包含在《MARPOL 公约》条款第 73/78 中，包括对船舶的定义中的"固定或浮式平台"，其中北极沿岸油气开发排放标准原则上适用于近海设施；在公约的附则一（防止油污规则）中还特别提出，鼓励特殊地区制定特殊规范。虽然上述公约主要针对海上船舶造成的污染，但这些公约通过技术标准和操作规范，从船舶设计到船体拆分，从材料规格到人员培训，从生产过程到生活环节，形成了许多系统完整的规程和做法，已经被产业界接受并自然地移植到海上油气开采活动和设备中。

二、区域性机制——北极理事会

北极理事会是北极治理的主要平台。但在理事会成立之前，北极地区有关油气开发的区域性合作治理机制已开始建立，并为理事会这方面的工作奠定了基础。北欧五国 1971 年签署了《石油污染和其他有害物质的哥本哈根协议》，北欧五国同意相互协助处理海洋石油污染和其他物质污染事件。协议包括污染监测、区域性演习、信息分享等。根据协议北欧五国还建立起合作工作组和轮值秘书处。1991 年主要的北极国家在芬兰的艾斯普签署了"艾斯普跨境环境影响评估公约"（ESPOO Convention on Environmental Impact Assessment in A Transboundary context）1997 年正式生效。《公约》要求所有缔约国在各项经济活动的初期就实施环境影响评估，这些活动包括热电开发、炼油、管道油气运输和采矿等。8 个北极国家都签署了，但冰岛、俄罗斯和美国因为国内因素而未能批准公约。另外，北极油气开发管理机制也与《保护东北大西洋环境公约（OSPAR）公约》以及它所建立的委员会的机制相互借鉴、相互协调。①

北极理事会的工作组从专业层面承担着制定治理规则的任务。在北极理事会中与油气开发相关联的工作组主要有三个：一个是北极海洋环境保护工作组（PAME），其重点关注非应急性的日常污染防治，制定防污染控制措施和相关政策以保护北极海洋环境免为各种陆地活动和海洋活动的污染；二是北极监测和评估计划工作组（AMAP），其任务是提供可靠、充分的关于北极环境的现状和潜在威胁的信息，提供参考性的科学建议以帮助北极各国政府在减少和防止污染方面的努力；三是突发事件预防、准备和响应工作组（EPPR），重点针对发生在北极的涉及环境问题的紧急状况，制定国际间的应急预案及相关措施。北极理事会还建立了北极油污染协定（Arctic Oil Pollution Agreement）的谈判平台。协议的条款包括：建立油污染的准备和响应系统；确立应急授权和联系点；建立通知制度；建立监测制度；建立应急行动中的请求协助、协调与合作的机制；跨境搬移污染源问题；协助行动的成本支付问题；油污染事

---

① Timo Koivurova, and Erik J. Molenaar, International Governance and Regulation of the Marine Arctic, http://www.cfr.org/arctic/wwf-international-governance-regulation-marine-arctic/p32183, January 8, 2014.

故响应行动的联合检讨；信息的合作与交换；联合演习和训练等。[①]
北极理事会多个工作组协同工作，在各个成员国和其他行为体的配
合下，逐渐形成了一些处理北极油气开发问题的指导性规则。

北极理事会成立了防止北极海洋油污染任务组（Task Force on
Arctic Marine Oil Pollution Prevention），其任务是明确北极理事会在
防止北极海上油污染的主要工作内容，并且提出具体的行动方案及
其国际合作机制。因为油气开发可能引发灾难性的石油污染，北极
理事会很早就开始制定与近海油气开发相关的非强制性的行为指
南。1997 年保护北极海洋环境工作组发布了《北极近海油气开发指
南》（Arctic Offshore Oil And Gas Guidelines，AOOGG），以后又根据
形势的发展和技术的进步先后于 2002 年和 2009 年对《指南》进行
了修订。[②]

《北极近海油气开发指南》对北极近海油气开发可能造成的环
境和社会影响进行了认真的评估。《指南》认为油气开采活动可能
对一国的就业和经济产生有益的和积极的影响，但它们也会对全球
气候、当地环境和原住民的生存状态产生负面的影响。[③]《指南》认
为北极油气开采活动产生的最大威胁是在生态环境脆弱海域发生的
油气泄漏，这会危及北极重要的动物栖息地和濒危物种。对北极油
气开发开展环境评估是确定治理目标的基础性任务，其目的是确定
油气开采对北极气候、环境、植物、动物、人类健康和安全等可能
产生的影响，以评估开采活动的可行性和潜在后果。环境影响评估
的主要内容包括：油气开采活动的区域评估、基于生态系统方法的

---

① Charles Ebinger, John P. Banks, Alisa Schackmann, Offshore Oil and Gas Governance in the
Arctic A Leadership Role for the U. S. *Brookings Policy Brief 14 - 01*, March 2014, p. 57.

② Arctic Council, Arctic Offshore Oil And Gas Guidelines 2009, http://www. arctic-coun-
cil. org/index. php/en/document-archive/category/233 - 3 - energy? download = 861: arctic-offshore-oil-
gas-guidelines.

③ Ibid.

评估、海洋与海岸的集成化管理的评估、环境累积性影响的评估、空间使用和筹划的战略性环境评估等。保护北极海洋环境工作组强调要把对环境和生态因素的考虑纳入油气开采的各个环节，在充分了解海上油气开采、开发、运输、基础设施建设对环境和社区产生的影响的基础上，以优化该领域的决策机制和治理制度。

发布《北极近海油气开发指南》的目的在于规范北极国家海上石油和天然气的勘探、开采、开发、生产和善后处理等一系列活动。① 该《指南》的目标群体主要包括各国相关政府部门，也包括有意勘探油气资源的工业企业和行业协会，以及那些关注油气开采活动对环境产生影响的普通大众。虽然这些指导方针并不具有强制性和约束力，但它鼓励相关各方采用对环境有利的最高标准并规范自己的行为。《指南》围绕治理的主要目标提出了北极近海油气开发的治理要遵循四个原则，即：预防为主原则、污染者赔付原则、不断完善原则和可持续发展原则。预防为主的原则体现的是减少事故的发生，将防止污染的法律措施、技术措施、人员素质、管理措施和操作标准落实到油气开采的各个环节。应急不是目的，杜绝和减少事故发生才是目的。污染者赔付原则与国际海事组织关于防止海洋石油污染的各种公约的精神相一致。国际海事组织成员普遍遵循的《国际干预公海油污事件公约》和《1969 年国际油污染害民事责任公约》就强调了污染者责任的落实，制定了油污损害赔偿的诉讼、强制保险与财务保证方面的规定。持续改善原则就是要求参与各方反复确认需要改善的程序、活动和产品，执行必要的改善措施，以实现开采活动中健康、安全与环境整体提高的目标。健康、安全与环境管理体系简称为 HSE 管理体系（Health Safety and Envi-

---

① Arctic Council, Arctic Offshore Oil And Gas Guidelines 2009, http: //www. arctic-council. org/index. php/en/document-archive/category/233 – 3 – energy? download = 861; arctic-offshore-oil-gas-guidelines.

ronment Management System，HSEMS）。HSE 管理体系是近些年在国际石油天然气工业界出现的通行管理体系。[①] 它集各国同行管理经验之大成，突出了预防为主、领导承诺、全员参与、持续改进的科学管理思想，体现当今石油天然气企业的规范运作；可持续发展原则包括了几方面重要内容，如生态持续、经济发展、社会进步、清洁生产和代际公平。[②] 讲生态持续，就是应当保护和加强环境系统的生产和更新能力。讲经济发展就是要在保护自然资源的质量和其所提供服务的前提下，使经济发展的净利益增加到最大限度。讲社会进步，就是要在不超出支持地球的生态系统的承载力的情况下改善人类生活质量。讲清洁生产，就是要让发展转向更清洁、更有效的技术，尽可能接近"零排放"或"封闭式"工艺方法，尽可能减少能源和其他自然资源的消耗。讲代际公平，就是要在发展中既满足当代人的需求，又不对后代人满足其需要的能力构成危害。

《北极近海油气开发指南》主要章节包括：1. 环境影响评估；2. 环境监测；3. 安全和环境管理；4. 操作实践经验；5. 紧急事件处理；6. 任务解除和现场清理等。《指南》除了提出北极油气开发的原则、合作机制和成员的权利和义务外，非常重视对类别、过程和细节的指导。我们以废弃物的管理要求为例加以说明。

《指南》要求加强北极油气开采过程中各种废弃物的管理。[③] 北极近海的油气开采活动中会产生大量液态、固态和气态的排放物，如果得不到有效管理，它们会对大气、海水、冰块和沿岸造成污

---

① 1991 年，壳牌公司颁布 HSE 方针指南。同年，在荷兰海牙召开了第一届国际油气勘探、开发的健康、安全、环境会议。此后油气开发领域的安全、环境与健康活动在全球范围内迅速展开。HSE 作为一个新型的安全、环境与健康管理体系，它的形成和发展是现代工业多年工作经验积累的成果，得到了世界上多个现代大公司的共同认可，从而成为现代公司共同遵守的行为准则。

② 蔡拓：《全球化与政治的转型》，北京大学出版社，2007 年版，第 131 页。

③ Arctic Council, Arctic Offshore Oil And Gas Guidelines 2009, http：//www. arctic-council. org/index. php/en/document-archive/category/233 - 3 - energy？download = 861：arctic-offshore-oil-gas-guideline.

染，容易造成海底生物群因缺氧以及水和食物的污染而死亡。《指南》要求废弃物管理应该从一开始就包括在全盘生产计划之中，制定有效的收集和处理措施。对于石油类的污染，《指南》要求相关各国和开发商严格按照国际海事组织的《国际油污防备、响应和合作公约（1990）》和/或《国际防止船舶造成污染公约（1973/1978）》的相关标准执行。《指南》中建立了相关应急反应的程序和规范①，要求各国确保执行者有防止石油污染应急预案和基地。《指南》除了对油气类污染的重视外，还对其他化工和金属废弃物加强了管理，特别是油气钻井废弃物（钻井液和钻屑）的处置。在确定相关环境敏感区域和生态保护区的前提下，《指南》规定了不同类别废弃物在不同区域禁止排放或按规定要求有限制排放和搬运等不同的处理方式。

总之，北极理事会在海上油气开发治理方面发挥着重要的组织协调作用。作为一个区域性的组织，它一方面要使本地区的油气开发活动在规则上与联合国等全球机制和专业规范相一致，成为全球油气资源绿色开发活动中重要的一环。另外，根据北极特殊的地理、气候、生态的因素，制定更高标准的国际制度和技术标准。在区域内协调各国行动，鼓励成员国设立相关的机构和制度来参与北极油气资源开发过程中的治理。北极理事会要求北极国家的政府认真履行其可持续发展的承诺，承担起保护北极海洋环境并参与相关区域合作的责任，不把污染和可能的危害从一个海洋生态区转移到另一个。鼓励各国和参与北极油气开发的企业使用最先进的科学技术进行对环境最有益的实践活动，把油气资源开发与提高环境保护技术结合起来，把对环境的影响降到最低。

---

① Arctic Council, Arctic Offshore Oil And Gas Guidelines 2009, http：//www. arctic-council. org/index. php/en/document-archive/category/233 - 3 - energy？ download = 861：arctic-offshore-oil-gas-guidelines.

北极理事会在制定相关指南和规则的过程中，注重吸纳各个方面的意见，使得技术专家、企业界、政府、北极社区、原住民都有参与的渠道。① 相关机制的建立能将区域的特点和全球气候责任结合起来，注重发展过程中对环境因素和社会因素的考虑，既满足当代人的需求又不损害以满足未来需求的能力发展。指南性文件具有较强的综合性和北极区域的整体性，涵盖了北极所有国家，注重北极社群、原住民、可持续性和动植物保护以及生物多样性在油气开采过程中的意义。相关文件内容丰富，包括油气开发的全过程，相关措施既包括近海油气开发管理，也将部分陆上活动考虑在内。北极理事会围绕近海油气开发所创建的机制和规范已成为北极油气开发、环境保护、应急机制等方面的重要治理依据。

第四节　北极国家治理实践和国际合作

一、加拿大

加拿大政府的北方战略中包括四个支柱：1. 行使加拿大主权；2. 促进经济和社会发展；3. 保护北极环境；4. 增进加拿大北方居民的治理。其中第二、第三、第四部分都与资源开发中的治理紧密相关。指导加拿大北极油气开发的法律文件是《加拿大油气活动法案》（Canada Oil and Gas Operations Act），该法案通过具体的规定来确保钻井等油气开采活动中符合健康、安全与环境管理体系（HSE管理体系），确保各种生产设备和基础设施从设计、运行到维护的

---

① Timo Koivurova, and Erik J. Molenaar, International Governance and Regulation of the Marine Arctic, http：//www. cfr. org/arctic/wwf-international-governance-regulation-marine-arctic/p32183, January 8, 2014.

安全性和可靠性。加拿大的国家能源委员会（NEB）作为《加拿大油气活动法案》的具体执行部门，负责所有近海油气开采活动的管理和监督。加拿大政府坚持不断完善的治理制度建设，不断加强规范油气开采活动的机制。鉴于墨西哥湾"深水地平线"钻井平台事故的发生，2011年NEB完成了"北极近海钻井评估报告"对北极水域钻井开发的危险源的信息进行全面收集和分析，并研究出将有害影响降至最低的方法，报告特别强调开采方应具备防钻井事故所需的掘进救援井的能力。加拿大的这种评估过程纳入多利益攸关方广泛参与讨论，得到了业界的广泛好评，认为应当在北极国家推广。①

二、美国

2011年美国总统奥巴马签署第13580号总统令，建立阿拉斯加事务跨机构工作组，协调联邦政府涉及能源发展和阿拉斯加发展的各个部门政策。工作组经过研究出台了一份关于协同合作应对阿拉斯加能源开发问题的报告。其目的在于协调相关机构职能和工作程序，以"形成更加有序、高效和通联的方法来批准和管理在阿拉斯加的可再生和常规能源项目"②。

2011年1月，美国内政部宣布建立海洋能源安全咨询委员会（OESC），委员会延揽了全国顶尖的科学、工程和技术专家，对改善海上钻井安全、油井应急封堵和原油泄漏处置提供意见。委员会呼吁制定针对北极的并在北极进行过测试的各类技术标准，标准涵盖了钻井设计、输油管道、钻井平台、船舶、井喷预防装置和所有其他与石油泄漏预防及响应相关的设备。委员会还设立了与北极油

---

① Charles Ebinger, John P. Banks, Alisa Schackmann, Offshore Oil and Gas Governance in the Arctic, A Leadership Role for the U. S. , *Brookings Policy Brief 14 – 01*, March 2014, p. 25.

② Ibid. , p. 16.

气开采工作环境相关的人力因素研究项目，制定针对北极的具体工作实践、技术和操作程序的规章制度。OESC 还建议对政府和产业界间合作机制进行重大调整，以确保油气开采活动、管理机制以及投入使用的机器设备都适用于北极环境。2013 年 5 月美国内政部安全环境督导局（BSEE）宣布将建立一个独立的海洋能源安全研究所，旨在进一步提高近海活动的安全监督水平。

2010 年墨西哥湾钻井平台严重的原油泄漏，促使美国认真思考近海油气资源开采的生产安全和环境保护问题。OESC 报告提出了若干项建议，其中包括"产业界和政府必须合作制定一个专门针对北极的治理模式来指导和规范美国在阿拉斯加近海石油和天然气的勘探活动"。[①] 关于开发北极水域石油和天然气新的技术标准包括：1. 确定北极水域的开发期时间长度，如 7—10 月的 106 天时间；2. 确定保证钻井工作所需的具有抗冰等级工作的船只的必要数量；3. 关于油井工程和防井喷措施的检验、认证和冗余要求；4. 输油管管壁厚度标准以及检验和泄漏检测措施；5. 保留钻井季节结束时收尾工作所需要的必要的时间长度；6. 关于员工专业技能和资格的要求；7. 禁止排放那些可以合理收集的金属屑、水、垃圾、泥浆和其他材料。[②]

墨西哥钻井平台事故的教训以及北极石油开发的前景使得美国认识到北极石油泄漏很容易造成跨越边境的国际事件，因此认为建立一系列为北极国家共同认可的国际通用标准是治理的关键，而推行这些标准需要国际合作和机制性的领导。美国与加拿大为了共同应对近海油气污染问题，制定了美、加联合海上防污染计划。美国

---

① Review of Shell's 2012 Alaska Offshore Oil and Gas Exploration Program, Department of the Interior, Washington, D. C. , 8 March 2013, pp. 3 – 7.

② "Arctic Standards: Recommendations on Oil Spill Prevention, Response, and Safety in the U. S. Arctic Ocean," Pew Charitable Trusts, September 2013, http: //www. pewenvironment. org/uploadedFiles/PEG/Publications/Report/Arctic-Standards-Final. pdf.

与俄罗斯在白令海和楚科奇海也有类似的防污染联合行动计划。作为北极理事会的成员方，美国和加拿大遵循北极理事会近海油气开发指南的原则，合作总结出北极西部地区海上油气开发的治理模式。坚持油气开采活动从始至终坚持环境保护的目标，避免对北部居民和原住民的生活、社会、文化和传统生活方式产生不利影响，避免对可持续的狩猎、捕鱼和采集产生不利影响。①

三、格陵兰

格陵兰的油气开发是在《格陵兰矿产资源法案》指导下开展的。格陵兰的矿产石油开发强调北极海域特点的操作程序和经验，采用的是国际上认可度最高的挪威 NORSOK 标准。格陵兰政府与丹麦空军和海洋管理部门共同合作，对获得开采权的油气公司的海上行为进行预防性的监测。只有在确保开采者具备应对紧急情况和事故能力的情况下，格陵兰政府才会颁发开采许可。根据格陵兰矿产资源法，开采者必须承担清洁作业的的责任，在造成成损害情况下，行为者必须予以赔付，油气开采等开发活动采用的是国际高标准的保证金制度和保险制度。② 在一个新的近海海域准备开发并发放油气开采许可前，格陵兰政府都要进行战略性的环境影响评估。国家环境研究所和格陵兰自然资源研究所负责环境评估的基础性准备工作。关于开采地块和开采者资格的环境影响评估报告将交由公共听证会审议。开采公司要获得开采许可，也必须准备社会可持续的评估（Assessment of Societal Sustainability），其中包括项目对格陵兰企业和人力资源的利用程度，检视项目是否通过训练和人员技能

---

① "Arctic Offshore Oil and Gas Guidelines White Paper No. 3: Implementing the Arctic Offshore Oil and Gas Guidelines in the United States and Canada", www. vermontlaw. edu/energy/news.

② "Kingdom of Denmark Strategy for the Arctic 2011 – 2020", August 2011, p. 26.

的提高提升格陵兰员工和格陵兰二级承包商参与项目的比例。政府据此作出是否予以批准的决定。

四、俄罗斯

根据 2013 年 2 月 20 日普京总统批准的 "2020 年前俄属北极地区发展和国家安全保障战略"，为了保证北极能源开发与环境保护目标同时实现，俄罗斯将开展技术创新，开发并应用适应北极环境的新材料、新技术和新工艺，预防冰区石油外泄事故，将现有经济和其他活动对俄属北极地区环境造成的人为负面影响降至最低限度。采取措施提高联邦生态监督机制，有效监督北极地区的经济和其他活动场地；研究和推行促进再生产和合理利用矿产、生物资源、能源资源储备的经济机制。

2009 年 8 月，俄联邦政府通过了《2030 年前俄罗斯新能源战略》草案，草案强调开发俄罗斯远北、北极水域等地区的能源以及远东和东西伯利亚的能源。新能源战略计划到 2030 年，俄罗斯石油年产量为 5.35 亿桶，其中 3.3 亿桶用于出口；天然气年生产量为 9400 亿立方米，其中 3680 亿立方米天然气用于出口。根据草案，为了实现上述目标，俄联邦政府需要投资 60 万亿卢布用于能源企业。2013 年，普京总统在第三届 "北极——对话之地" 国际论坛上的讲话指出：北极正在打开其历史的新篇章，可以称之为工业突破、经济和基础设施急速发展的时代。俄罗斯北极地区正加紧勘探天然气、石油、矿物资源新产地，建设大型交通、能源设施，复兴北方海航道。[①] 同时俄罗斯领导人也认识到俄罗斯近 1/3 的领土位

---

① Выступление на пленарном заседании III Международного арктического форума 《Арктика-территория диалога》, 25 сентября 2013 года, 12：30 Салехард, http：//www.kremlin.ru/transcripts/19281.

于北极地区，俄罗斯有责任保护生态稳定。普京说："对我们而言北极发展的关键原则和优先考虑应该是，在经营活动与保护自然生态环境和人类生存之间的平衡。"① 为实现能源经济发展与环境保护的双重目标，俄罗斯通过了《北极地区环境保护战略行动纲要》，规定了资源利用的特别制度。根据纲要，在冰区条件下开发石油的权利只能赋予那些具有最成熟技术、具有环保能力和财力能够保障的公司。俄罗斯在这一领域的努力是显而易见的，但同时也应当承认，俄罗斯的经济管理水平和法治水平还处于恢复之中，许多硬性规定还停留在文字上，难以在实际操作中得到落实。

五、挪威

挪威是世界上最大的油气生产国之一。根据挪威政府2006年发布的《挪威高北战略》中所列举的北方政策的优先事项，挪威政府的北极政策将更加注重能源与环境。北极能源的开采将有助于帮助挪威在全球外交中获得重要地位。挪威能源政策的重点继续向北进行历史性的转移，挪威北方正在成为新的石油生产区。围绕油气资源开发，挪威的战略文件指出，"最近数十年的技术进步提高了挪威大陆架石油开发活动的效率，并减少了对环境的影响。石油相关的研究与开发是政府关注的重要领域。研究重点是北方石油开发活动的技术与环境挑战"②。

挪威在海上钻井开采油气的历史在所有北极国家中时间最长，经验也最丰富，因而有关油气开采的环境保护、安全生产的措施和

---

① Выступление на пленарном заседании III Международного арктического форума《Арктика-территория диалога》，25 сентября 2013 года，12：30 Салехард，http：//www. kremlin. ru/transcripts/19281.

② Norwegian Ministry of Foreign Affairs，The Norwegian Government's High North Strategy，2006，p. 5，http：//www. regjeringen. no/upload/UD/Vedlegg/strategien. pdf.

法规也最为成熟。另外挪威80%的油气生产都是由挪威国有控股公司 Statoil 控制。这种情况比起私有大企业占据市场的国家更有利于制定既符合经济发展又照顾到公共利益的规则。

挪威石油能源部是负责管理国家油气资源、指导油气生产并规范生产活动的政府部门，石油安全署（Petroleum Safety Authority）是具体负责技术和操作安全的规范部门，工作内容包括应急准备、工作环境、技术规程和安全法规的制定。挪威石油能源部还成立了挪威石化顾问委员会（Norwegian Petroleum Directorate），来帮助挪威石油能源部处理与大陆架油气资源的相关问题。

挪威通过"21世纪石油与天然气研究项目"（Oil and Gas in the 21st Century，OG21）发起了一个由石油公司、承包商、研究机构和大学人员组成的研发团队，提出了开发北极油气资源的新的技术方案，并将这些方案和专业知识运用于油气开发活动之中。挪威专门针对北极地区天寒冰冻和极夜条件下应对冰区溢油的响应措施，其中包括了寒冷条件下使用化学降解剂的知识和在黑暗中发现溢油的传感技术等。2006年春季，挪威政府建立了"巴伦支海和罗弗敦地区综合治理区"。在这个区域中，实施基于生态系统的管理，确保经济活动和高要求环境标准双重目标的同时实现。管理计划还特别重视预防海上运输和石油开采活动对环境的污染。相对于其他地区的北极油气开采，挪威油气开采活动技术成熟，可靠性强。

六、巴伦支海2020计划

2005年秋天，挪威政府公布了《巴伦支海2020计划》。[①] 该计

---

① "BARENTS 2020 – a four year project on harmonisation of HSE standards for the Barents Sea now moves out into a Circumpolar setting", Arctic Update, No. 1, 2012, pp. 16 – 17.

划宣称将致力于保护巴伦支海的人民、环境和资产价值。该计划重点解决有关石油科技发展的关键性问题和技术标准，重点资助北极开发计划中的知识创新和制度创新，让知识和制度在北极开发活动的管理中发挥重要作用。该计划既是挪威北方地区的一个发展和治理计划，也是与俄罗斯等北极国家进行合作开展国际治理的一个计划。它体现了挪威在保护北极环境和资源方面的责任，也体现了挪威在开发技术和治理制度方面的国际软实力。为推行《巴伦支海2020计划》，挪威方面与其他国家合作组建了若干个专家团队进行重点安全领域的关键性问题研究。从2007年开始，该计划已经完成了四个阶段的基本任务。

第一阶段从2007年10月—2008年10月。挪威船级社作为项目的挪方的管理者，俄罗斯技术委员会作为俄方的管理者共同推动项目的进行，并尝试建立一种新的合作伙伴模式。第一阶段项目参与者围绕主要领域和工作内容形成了5份立场说明文件，包括：1. 巴伦支海的冰层和海洋气象；2. 巴伦支海环境基准线；3. 近海油气开发安全基准线；4. 海洋运输和运营基准线；5. 关于HSE（健康、安全、环境）标准的基准线。HSE标准是石油天然气工业实现现代管理，走向国际大市场的准行证。

第二阶段和第三阶段致力于预防突发事件或安全事故，改进技术标准。特别强调巴伦支海和北极水域特点的技术标准，注重减少突发事件发生的可能性。第二阶段从2008年11月—2009年3月，计划得到了挪威金融业的资助，工作组从广泛议题中选出了7个紧迫议题进行技术标准的筛选和讨论。在这一阶段，项目参与者同意使用既已存在的北海油气安全标准为参照来设计适用于巴伦支海的相关标准。同时考虑到更加复杂和困难的环境，不断提升安全水平和环境标准，以减少事故发生的可能性。第三阶段从2009年5月—2010年3月。期间工作组推出了7组功能性的技术标准和管理标准，以指导巴伦支海地区进行油气开采和油气运输活动：1. 推荐一组国际公认的标准；2. 推广为抵抗冰负荷而专门设计的海上固定设施的标准；3. 为应对近海钻井、生产和储存单位上发生的火灾、爆炸、爆裂等重大危险的危机管理标准；4. 从船舶和海上设施疏散和营救人员的标准，包括救援装备标准；5. 与人为操作和运行决策相关的工作环境标准和安全标准；6. 为使意外石油泄漏的危险降到最低而采用的石油装载、卸载和船舶运输的安全标准；7. 生产过程中向空气和水中排放的限制性标准①。

第四阶段从 2010 年 5 月—2012 年 3 月。产业界、行业协会和国际标准化组织也更多地参与了项目的推进，俄罗斯天然气工业股份公司（Gazprom）、挪威国家石油公司（Statoil）、意大利埃尼集团（ENI）、法国道达尔公司（Total）、国际油气生产者协会（OGP）、国际标准化组织（ISO）和挪威船级社（DNV）都积极投入相关技术标准的完善、修订和细则制定。这一阶段的国际延展性表明项目正从俄、挪双边变成了国际性的项目。大约有来自于 40 个组织和公司的 100 名专家参与了项目研究和制定工作。项目延揽了包括挪威、俄罗斯、法国、美国和荷兰等国的专家。这些技术标准已经报送国际标准化组织（ISO）备案，其影响力已经超越巴伦支海地区，实现了油气开发治理领域的知识分享。

第五节　北极油气开发治理工作展望

正如北极其他领域的治理一样，北极油气开发的治理也存在着碎片化及缺乏针对性和一致性的问题。全球层面的制度往往只提供

---

① "BARENTS 2020 – a four year project on harmonisation of HSE standards for the Barents Sea now moves out into a Circumpolar setting", Arctic Update, No. 1, 2012, pp. 16 – 17.

了指南、原则和框架，针对性不强，特别是针对移动和固定的海上钻井平台的国际法准则和规范还很不充分。区域性的、特别是双边的国际合作机制往往更有针对性，因为参与方少，更容易得到执行。北冰洋沿海国家是这些资源的主要拥有者，也是这些开采活动的制度规范的主要制定者。国家层面的法律法规具有约束性，而且北极国家的法律和法规具有类似性，但是在系统性方面、在针对性方面和执行力方面都有很大差异。国家政府和实际参与北极油气开发的企业作为北极油气开发直接的获利者，油气开发的组织者，也是最有资源投放到油气开采活动的行为体，必须承担起实际的责任，承担起保护环境的国际义务。

寻求全球一致或北极一致的国际规则固然是一种治理的理想状况，但北极国家利益、企业特点、技术发展和法律制度各不相同，短时间内不可能脱离现有机制去创制一个全新的治理体系。现有的治理框架还是为进一步加强北极油气开发治理奠定了重要基础。北极油气开采活动的治理还必须立足于现有基础逐渐向更全面、更综合、更严格的方向发展。

未来在北极油气开发治理制度的推进中，要坚持从治理的目标出发，寻求更高的环境和安全标准，不断推广新型技术标准和工艺；要提高北极开发的技术门槛和赔偿保险门槛，迫使北极油气开发企业技术创新和管理创新。未来这一领域治理的趋势还表现在产业界、非政府组织和国际标准化组织通过不断改善技术标准使治理在一些具体操作过程中得到落实。多层次的治理机制通过不断协调、不断实践，实现标准化和法律化，实现更广泛的纳入。

国际社会结合各种相关行为体在北极近海油气开发治理方面的努力是区域绿色开发的重要尝试，创立了一种多利益攸关方联合共治的模式。当商业活动在北极拓展之时，北极海域，特别是北极冰盖地区脆弱生态的保护受到重视。参与方将实现北极通用标准和因地制宜地落实在地责任相结合，在实践中拓展治理的领域，落实治理的制度，切实规范北极油气开发活动，使之更加环保、更加安全、更加健康，以应对北极油气开发时代的到来。

BEI JI ZHI LI
XIN LUN

缩略语

ABA　　Arctic Biodiversity Assessment　　北极生物多样性评估

ACAP　　Arctic Contaminants Action Program　　消除北极污染物行动
计划工作组

ACIA　　Arctic Climate Impact Assessment　　《北极气候影响评估报告》

AEPS　　Arctic Environmental Protection Strategy　　北极环境保护战略

AGP　　The Arctic Governance Project　　北极治理项目

AHDR　　Arctic Human Development Report　　《北极人类发展报告》

AMAP　　Arctic Monitoring and Assessment Programme　　北极监测与评估
规划工作组

AMSA　　Arctic Marine Shipping Assessment　　《北极海运评估报告》

AMSP　　Arctic Marine Strategic Plan　　北极海洋战略规划

ANWAP Arctic Nuclear Waste Assessment Program　　北极核废料评估
项目

AOOGG　　Arctic Offshore Oil and Gas Guidelines　　《北极近海油气
开发指南》

AOSB　　The Arctic Ocean Science Board　　北极海洋科学委员会

BLG　　Bulk Liquids and Gases，IMO　　散装液体和气体分委员会

BEAR　　Barents Euro-Arctic Region　　巴伦支欧洲—北极地区

BWM　　International Convention for the Control and Management of

Ship's Ballast Water and Sediments 《船舶压载水和沉积物控制与管理公约》

CAFF Conservation of Arctic Flora and Fauna 北极动植物保护工作组

CBD Convention on Biological Diversity 《生物多样性公约》

CCC Sub-Committee on Carriage of Cargoes and Containers 货物和集装箱载运分委员会

CLCS Commission on the Limits of the Continental Shelf 大陆架界限委员会

COMSAR Sub-Committee on Radio-communications and Search and Rescue 无线电通讯和搜救分委员会

CPAR Conference of Parliamentarians of the Arctic Region 北极地区议员会议

DE Sub-Committee on Ship Design and Equipment 船舶设计和设备分委员会

DSC Carriage of Dangerous Goods, Solid Cargoes and Containers 危险品、固体货物和集装箱分委员会

EEA European Economic Area 欧洲经济区

EEDI Energy Efficiency Design Index 能效设计指数

EEZ Exclusive Economic Zone 专属经济区

EFZ Exclusive Fishing Zone 专属渔区

EIA Environmental Impact Assessment 环境影响评估

EPPR Emergency, Prevention, Preparedness and Response 突发事件预防、准备和响应工作组

EU European Union 欧盟

FAO United Nations Food and Agriculture Organization 联合国粮农组织

FOEI　Friends of the Earth International　国际地球之友

FP　Sub-Committee on Fire Protection　消防分委员会

FSI　Sub-Committee on Flag State Implementation　船旗国履约分委员会

GBS　Goal Based Standard　目标型标准

HSEMS　Health Safety and Environment Management System 健康、安全、环境管理体系

HTW　Sub-Committee on Human Element, Training and Watchkeeping 人力因素、培训和值班分委员会

IACS　International Association of Classification Societies 国际船级社协会

IAEA　International Atomic Energy Agency　国际原子能机构

IASAP　International Arctic Seas Assessment Project　国际北极海洋评估项目

IASC　The International Arctic Science Committee　国际北极科学委员会

ICAO　International Civil Aviation Organizition　国际民航组织

ICC　Inuit Circumpolar Council　因纽特人北极圈理事会

ICCAT　International Commission for the Conservation of Atlantic Tunas　国际大西洋金枪鱼养护委员会

ICES　International Council for the Exploration of the Sea 国际海洋考察理事会

ICNAF　International Commission of the Northwest Atlantic Fisheries 国际西北大西洋渔业委员会

ICS　International Chamber of Shipping　国际航运公会

IFAW　International Fund for Animal Welfare　国际爱护动物基金会

IMO　International Maritime Organization　国际海事组织

IMCO Inter-Governmental Maritime Consultative
        Organization 政府间海事协商组织

IPF International Polar Foundation 国际极地基金会

IPHC International Pacific Halibut Commission 国际太平洋鳙鲽渔
                                        业委员会

IUCN International Union for Conservation of Nature
                                国际自然保护联盟

IUU Illegal，Unreported and Unregulated 非法、无报告及不受规
                                范捕捞

JRNFC The Joint Russian-Norwegian Fisheries Commission
                        俄罗斯—挪威联合渔业委员会

MARPOL International Convention for the Prevention of
        Pollution from Ships 国际防止船舶造成污染公约

MEPC Marine Environment Protection Committee 海上环境保护
                                        委员会

MSC Maritime Safety Committee 海上安全委员会

MSP Marine Spatial Planning 海洋空间规划

NAFO Northwest Atlantic Fisheries Organization 西北大西洋渔业
                                        组织

NASCO North Atlantic Salmon Conservation Organization
                                北大西洋鲑鱼养护组织

NAV Sub-Committee on Safety of Navigation 航行安全分委员会

NCSR Sub-Committee on Navigation，Communications and
        Search and Rescue 航海、通讯与搜救分委员会

NEAFC The North East Atlantic Fisheries Commission
                                东北大西洋渔业委员会

NF Northern Forum 北方论坛

NGOs   Non-Governmental Organizations   非政府组织

NPAFC   North Pacific Anadromous Fish Commission
　　　　　　　　　　　　　　　　北太平洋溯河性渔类委员会

NOAA   National Oceanic and Atmospheric Administration
　　　　　　　　　　　　　　　　美国国家海洋和大气管理局

NRPA   Norwegian Radiation Protection Authority   挪威核辐射
　　　　　　　　　　　　　　　　　　　　　　保护署

OPRC   International Convention on Oil Pollution Preparedness,
　　　　Response and Cooperation   石油污染准备、响应与
　　　　　　　　　　　　　　　　合作国际公司

PAME   Protection of the Arctic Marine Environment
　　　　　　　　　　　　　　　　北极海洋环境保护工作组

PICES   The North Pacific Marine Science Organization
　　　　　　　　　　　　　　　　北太平洋海洋科学组织

POPs   Persistent Organic Pollutants   持久性有机污染物

PSSA   Particularly Sensitive Sea Area   特殊敏感海域

Polar Code   International Code of Safety for Ships Operating in
　　　　　Polar Waters   极地水域航行船舶强制性规则

PPR   Sub-Committee on Pollution Prevention and Response
　　　　　　　　　　　　　　　　污染防止和响应分委员会

RAIPON   Association of Arctic Indigenous Peoples of the Russian
　　　　High North   俄罗斯北方北极原住民协会

SAOs   Senior Arctic Officials (of the Arctic Council)   北极理事会
　　　　　　　　　　　　　　　　　　　　　　高官

SAR   Search and Rescue   搜救

SDC   Sub-Committee on Ship Design and Construction
　　　　　　　　　　　　　　　　船舶设计和建造分委员会

SDWG   Sustainable Development Working Group   可持续发展工作组

SLF   Sub-Committee on Stability and Load Lines and Fishing
Vessels Safety   稳性和载重线及渔船安全分委员会

SOLAS   International Convention for the Safety of Life at Sea
《国际海上人命安全公约》

SSE   Sub-Committee on Ship Systems and Equipment
船舶系统与设备分委员会

STCW   International Convention on Standards of Training,
Certification and Watchkeeping for Seafarers
《国际船员培训、发证和值班标准公约》

STECF   Scientific, Technical and Economic Committee for Fisheries
欧盟渔业科技与经济委员会

STW   Sub-Committee on Standards of Training and Watchkeeping
培训和值班标准分委员会

TAC   Total Allowable Catch System   总可捕量制度

UNCLOS   United Nations Convention on the Law of the Sea
《联合国海洋法公约》

UNDP   United Nations Development Programme   联合国开发计划署

UNEP   United Nations Environment Programme   联合国环境规划署

UNFCCC   united nations framework convention on climate change
《联合国气候变化框架公约》

VMS   Vessel Monitoring System   渔船监测系统

WCPFC   Western and Central Pacific Fisheries Commission
中西太平洋渔业委员会

WHO   World Health Organization   世界卫生组织

WTO   World Trade Organization   世界贸易组织

WWF   World Wide Fund For Nature   世界自然基金会

参考文献

一、中文部分

（一）书籍部分

［西］埃斯特瓦多·道尔等著，张建新等译，《区域性公共产品：从理论到实践》，上海人民出版社，2010 年版。

北极问题研究编写组编：《北极问题研究》，海洋出版社，2011年6月版。

北京大学法律系国际法教研室：《海洋法资料汇编》，人民出版社，1974 年版。

蔡拓：《全球化与政治的转型》，北京大学出版社，2007 年版。

［美］戴维·赫尔德、安东尼·麦克格鲁：《治理全球化：权力、权威与全球治理》，社会科学文献出版社，2004 年版。

［美］丹尼尔·A. 科尔曼著，梅俊杰译：《生态政治：建设一个绿色社会》，上海译文出版社，2006 年版。

［美］道格拉斯·C. 诺斯：《经济史中的结构与变迁》，上海三联出版社、上海人民出版社，1994 年版。

［美］Deborah B. Robinso 著，张艺贝译，《北欧的萨米人》，中

国水利水电出版社，2005 年版。

樊勇明、薄思胜：《区域公共产品理论与实践——解读区域合作新视点》，上海人民出版社，2011 年版。

国家海洋局海洋发展战略研究所编：《中国海洋发展报告2014》，海洋出版社，2014 年版。

郭培清等：《北极航道的国际问题研究》，海洋出版社，2009 年10 月版。

国务院发展研究中心编：《世界发展状况 2011》，时事出版社，2011 版。

［美］汉斯·J. 摩根索，徐昕等译：《国家间政治》，中国人民公安大学出版社，1991 年版。

［英］豪顿（J. Houghton）：《全球变暖》，气象出版社，1998年版。

黄新华：《新政治经济学》，上海人民出版社，2008 年版。

黄志雄主编：《国际法视角下的非政府组织：趋势、影响与回应》，中国政法大学出版社，2012 年版。

科斯等：《财产权利与制度变迁》，上海三联书店、上海人民出版社，1994 年版。

［美］莉萨·马丁、贝思·西蒙斯编，黄仁伟、蔡鹏鸿等译，《国际制度》，上海人民出版社，2006 年版。

联合国环境规划署：《全球环境展望年鉴》，中国环境出版社，2006 年。

刘东国：《绿党政治》，上海社会科学院出版社，2002 年版。

刘惠荣、董跃：《海洋法视角下的北极法律问题研究》，中国政法大学出版社，2012 年版。

陆俊元：《北极地缘政治与中国应对》，时事出版社，2010年版。

［美］罗伯特·吉尔平著，杨宇光、杨炯译：《全球政治经济学：解读国际经济秩序》，上海人民出版社，2006 年版。

［英］罗伯特·詹宁斯、亚瑟·瓦茨著，王铁崖等译：《奥本海国际法》，中国大百科全书出版社，1998 年版。

《迈向 21 世纪——联合国环境与发展大会文献汇编》，中国环境科学出版社，1992 年版。

［美］曼瑟尔·奥尔森著，陈郁等译，《集体行动的逻辑》，上海三联书店，上海人民出版社，1995 年 4 月版。

那力编著：《国际环境法》（第一版），科学出版社，2005 年版。

［美］P. 普拉利著，洪成文等译：《商业伦理》，中信出版社，1999 年 2 月版。

《气候变化国家评估报告》编写委员会编：《气候变化国家评估报告》，科学出版社，2007 年。

秦大河等主编：《中国气候与环境演变：2012》（第二卷），气象出版社，2012 年版。

世界环境与发展委员会著，王之佳等译：《我们共同的未来》，吉林人民出版社，1997 年版。

邵津：《国际法》，北京大学出版社、高等教育出版社，2000 年版。

苏长和：《全球公共问题与国际合作：一种制度的分析》，上海人民出版社，2000 年版。

［英］苏珊·斯特兰奇：《权力流散：世界经济中的国家与非国家权威》，肖宏宇等译，北京大学出版社，2005 年版。

［英］苏珊·斯特兰奇：《国家与市场——国际政治经济学导论》，杨宇光等译，经济科学出版社，1990 年版。

王曦主编：《国际环境法资料选编》，民主与建设出版社，1999

年版。

许立阳：《国际海洋渔业资源法研究》，中国海洋大学出版社，2008 年版。

〔英〕伊恩·布朗利著，曾令良、余敏友等译：《国际公法原理》，法律出版社，2002 年版。

〔瑞〕英瓦尔·卡尔松、〔圭〕什里达特·兰法尔主编：《天涯成比邻——全球治理委员会的报告》，中国对外翻译出版公司，1995 年版。

于宏源：《环境变化和权势转移：制度、博弈和应对》，上海人民出版社，2011 年版。

郑敬高等编著：《海洋行政管理》，中国海洋大学出版社，2002 年 8 月版。

中国极地研究中心编译：《相关国家新北极政策与战略文件汇编》，2010 年版。

周中之、高惠珠：《经济伦理学》，华东师范大学出版社，2002 年版。

朱文奇：《国际法学原理与案例教程》，中国人民大学出版社，2006 年版。

庄贵阳、陈迎：《国际气候制度与中国》，世界知识出版社，2005 年版。

（二）杂志论文部分

白佳玉："中国北极权益及其实现的合作机制研究"，《学习与探索》2013 年第 12 期。

白佳玉等："美国北极政策研究"，《中国海洋大学学报》（社会科学版）2009 年第 5 期。

卞林根、林学椿："近 30 年南极海冰的变化特征"，《极地研究》，2005 第 4 期第 17 卷。

陈道银："加拿大北极安全事务决策分析"，《上海交通大学学报（哲学社会科学版）》2013 年第 4 期。

程保志："北极治理与欧美政策实践的新发展"，《欧洲研究》2013 年第 6 期。

程文芳等："极地生态环境监测与研究信息平台的设计与实现"，《极地研究》2009 年第 4 期。

方海、张衡、刘峰、周为峰："气候变化对世界主要渔业资源波动影响的研究进展"，《海洋渔业》2008 年第 4 期。

高广生："如何发挥市场机制的作用应对气候变化，"《中国能源》2008 年第 7 期。

桂静："外大陆架划界中的不确定因素及其在北极的国际实践"，《法治研究》2013 年第 5 期。

郭培清、蒋帅："俄罗斯核污染对北极生态环境的影响"，《中国海洋大学学报》（社会科学版）2010 年第 3 期。

郭培清等："论小布什和奥巴马政府的北极'保守'政策"，《国际观察》2014 年第 2 期。

何俊芳："2002 年俄罗斯联邦的民族状况"，《世界民族》，2007 年第 1 期。

何奇松："气候变化与北极地缘政治博弈"，《外交评论》2010 年第 5 期。

黄志雄："北极问题的国际法分析和思考"，《国际论坛》2009 年第 6 期。

贾桂德、石午虹："对新形势下中国参与北极事务的思考"，《国际展望》2014 年第 4 期。

江光："英国核电工业及核安全管理简介"，《核安全》2004 年第 1 期。

蒋帅、郭培清，"北极放射性核污染治理：任重道远"，《海洋世界》2009 年第 9 期、第 10 期。

金永明："《联合国海洋法公约》的基本特点"，《中国海洋报》2012 年 08 月 30 日。

金永明："论合作：构建和谐世界之方法与路径——以国际法领域的相关制度为中心"，《政治与法律》，2008 年第 2 期。

［加］朗斐德、罗史凡、林挺生："加拿大面对的北极挑战：主权、安全与认同"，《国际展望》2012 年第 2 期。

李连祺："俄罗斯北极资源开发政策的新框架"，《东北亚论坛》2012 年第 4 期。

李良才："IUU 捕捞对渔业资源的损害及港口国的管制措施分析"，《经济研究导刊》2009 年第 3 期。

李令华："英挪渔业案与领海基线的确定"，《现代渔业信息》2005 年第 2 期。

李振福，"北极航线地缘政治安全指数研究"，《计算机工程与应用》2011 年第 35 期。

刘雨辰："奥巴马政府的北极战略：动因、利益与行动"，《中国海洋大学学报》（社会科学版）2014 年第 1 期。

罗辉，"国际非政府组织在全球气候变化治理中的影响——基于认知共同体路径的分析"，《国际关系研究》2013 年第 2 期。

马丽娟、陆龙骅、卞林根："南极海冰的时空变化特征"，《极地研究》2004 第 1 期第 16 卷。

［芬］佩卡·萨马拉蒂，周旭芳译："历史上的萨米人与芬兰人"，《世界民族》1999 年第 3 期。

沈鹏："美国的极地资源开发政策考察"，《国际政治研究》2012 年第 1 期。

孙凯："认知共同体与全球环境治理"，《中国海洋大学学报》

（社会科学版）2010 年第 1 期。

孙凯："奥巴马政府的北极政策及其走向"，《国际论坛》2013 年第 5 期。

唐建业、赵嵌嵌："有关北极渔业资源养护与管理的法律问题分析"，《中国海洋大学学报》（社会科学版）2010 年第 5 期。

王润宇："IUU 捕捞的原因、法律规制和解决之道"，《中国社会科学院院报》，2007 年 8 月 23 日第 3 版。

吴慧："北极争夺战的国际法分析"，《国际关系学院学报》2007 年第 5 期。

严双伍、李默："北极争端的症结及其解决路径——公共物品的视角"，《武汉大学学报》（哲学社科版）2009 年第 6 期。

杨剑："北极航道：欧盟的政策目标和外交实践"，《太平洋学报》2013 年第 3 期。

杨毅、李向阳："区域治理：地区主义视角下的治理模式"，《云南行政学院学报》2004 年第 2 期。

姚冬琴："开发北极一定要谨慎：独家专访外交部特别代表高风"，《中国经济周刊》2013 年第 20 期。

俞可平："治理和全球善治引论"，《马克思主义与现实》1999 年第 5 期。

张俊杰："极地航行安全之约"，《中国船检》2013 年第 7 期。

张磊："国际法视野中的南北极主权争端"，《学术界》2010 年第 5 期。

张侠等："北极地区区域经济特征研究"，《世界地理研究》2009 年第 1 期。

"中国成为北极理事会正式观察员"，《人民日报》，2013 年 5 月 16 日。

中国船级社："国际海事组织（IMO）船舶设计与设备分委会

（DE）第 53 次会议介绍"，《国际海事信息》2010 年第 3 期。

中国船级社："国际海事组织（IMO）船舶设计与设备分委会（DE）第 54 次会议情况介绍"，《国际海事信息》2010 年第 11 期。

中国船级社："国际海事组织（IMO）船舶设计与设备分委会（DE）第 55 次会议情况介绍"，《国际海事信息》2011 年第 4 期。

中国船级社："国际海事组织（IMO）船舶设计与设备分委会（DE）第 56 次会议介绍"，《国际海事信息》2012 年第 3 期。

朱建钢等，"中国极地科学数据库系统建设"，《中国测绘学会 2006 年学术年会论文集》。

二、英文部分

（一）英文书刊

Abel，William，Fishing for an International Norm to Govern Straddling Stocks：The Canada-Spain Dispute of 1995，*The University of Miami Inter-American Law Review*，Vol. 27，No. 3，1996.

AGP International Steering Committee：The Arctic Governance Project，*Arctic Governance in an Era of Transformative Change*：*Critical Questions*，*Governance Principles*，*Ways Forward*，14 April，2010.

Arctic Climate Impact Assessment，*Scientific Report*，Cambridge University Press，2005.

Arctic Council，Agreement on Cooperation on Aeronautical and Maritime Search and Rescue in the Arctic，Nuuk，Greenland，May 2011.

Arctic Council，Agreement on Cooperation on Marine Oil Pollution Preparedness and Response，Kiruna，Sweden，May，2013.

Arctic Council，Arctic Council Rules of Procedure，Iqaluit，Canada，

1998 and Kiruna, Sweden, 2013.

Arctic Council, Arctic Marine Shipping Assessment Report, 2009.

Arctic Council, Arctic Resilience Interim Report 2013, Stockholm Environment Institute and Stockholm Resilience Center, Stockholm, 2013.

Arctic Council, "Observer Manual for Subsidiary Bodies", Document of Kiruna-ministerial-meeting, 2013.

Arctic Council, the International Arctic Science Committee (IASC): *Arctic Climate Impact Assessment*, Cambridge University Press, 2004.

Arctic Council, WWF Global ArcticProgramme, The Circle, 2. 2011.

Arctic Council Secretariat, Terms of Reference, DMM02 – 15, Stockholm, Sweden, May, 2012.

Arctic Environmental Protection Strategy, Working Group on the Protection of the Arctic Marine Environment (PAME), "Initial Outline for the Report by the Working Group to be Presented to the Ministers in 1995," information contained in Annex 4 of Report from Meeting in Oslo on May 3 – 5, 1994, July 6, 1994.

Asche, Frank, and Smith Martin, *Trade and Fisheries: Key Issues for the World Trade*, Staff Working Paper ERSD, 2010.

Ball, Jeffrey, "Exxon Mobil softens its climate-change stance", *The Wall Street Journal*, Thursday, January 11, 2007.

Barnaby, Joanne, "Indigenous decision making processes: what can we learn from traditional governance?", December 17, 2009.

Baylis, John, Patricia Owens and Steve Smith (eds.), *The Globalization of World Politics: An Introduction to International Relation*, New York: Oxford University Press, 2007.

Bennett, John, and Susan Rowley (eds.), *Uqalurait: An Oral History of Nunavut*, McGill-Queen's University Press: Montreal, PQ &

Kingston, 2004.

Bergh, Kristofer, "The Arctic Policies of Canada and the United States: Domestic Motives and International Context", *SIPRI Insights on Peace and Security*, No. 2012/1, July 2012.

Bird, K. J. et al, "Circum-Arctic Resource Appraisal: Estimates of Undiscovered oil and Gas North of the Arctic Circle: U. S. Geological Survey Fact Sheet, FS – 2008 – 3049", U. S. Geological Survey, 2008.

Borgerson, Scott G. , "Arctic Meltdown", *Foreign Affairs*, Vol. 87 Issue 2, March/April 2008.

Breum, Martin, "When the Arctic Council speaks: how to move the Council's communication into the future," in Thomas S. Axworthy, Timo Koivurova, Waliul Hasanat(eds.) , *The Arctic Council: Its place in the future of Arctic Governance*, *Munk School of Global Affairs*, 2012.

Browne, John, "Beyond Kyoto", *Foreign Affairs*, July/August 2004.

Burke, William, *The New International Law of Fisheries: UNCLOS 1982 and Beyond*, Oxford: Clarendon, 1994.

CAFF, *Arctic Biodiversity Assessment*, 2014.

Canada-European Community: Agreed Minutes on the Conservation and Management of Fish Stocks, *International Legal Materials*, Vol. 34, 1995.

CanadianPugwash Group, "Canadian Pugwash Call for an Arctic Nuclear-Weapon Free Zone," August 24, 2007.

Chueung, William W. L. , *Climate change and Arctic Fish Stocks: Now and Future*, Reports of International Arctic Fisheries Symposium, 2009.

Commission of the European Communities, Communication from the Commission to the European Parliament and the Council: the European Union and the Arctic Region, Brussels, 20. 11. 2008, COM (2008) 763 final.

Consultative Meeting on the Protection of the Arctic Environment, Rovaniemi, September 20 – 26, 1989.

Corell, Robert W. , Challenges of Climate Change: An Arctic Prospective, *Ambio*, Vol. 35, No. 4, 2006.

Conley, Heather, and Jamine Kraut, U. S. Strategic Interests in the Arctic, *CSIS*, 2010.

Dhanapala, Jayantha, "Introduction, " Arctic Security in the 21st Century, Conference Report, Simon Fraser University, April 11 – 12, 2008.

Douvere, F. and Ehler C. , New perspectives on sea use management: initial findings from European experience with marine spatial planning, *Journal for Environmental Management*, Vol. 90, 2009.

Ebinger, Charles K. and Evie Zambetakis, "The geopolitics of Arctic Belt", *International Affairs*, Vol. 85 Issue 6, November 2009.

Ebinger, Charles, John P. Banks and Alisa Schackmann, Offshore Oil and Gas Governance in the Arctic A Leadership Role for the U. S. , Brookings Policy Brief 14 – 01, March 2014.

Erceg Diane, Deterring IUU Fishing through State Control over Nationals, *Marine Policy*, Vol. 30, No. 2, 2006.

EU and Canada: EU Signs Easter Deal on Fishing Rights, Agricultural Service International, May 5, 1995.

European Communities: Communication from the Commission to the European Parliament and the Council: the European Union and the Arctic Region, Brussels, 20. 11. 2008, COM(2008)763 final.

European Commission, "Developing a European Union Policy towards the Arctic Region: progress since 2008 and next steps", Brussels, 26. 6. 2012.

European Commission, Legal aspects of Arctic shipping summary report: Legal and socio-economic studies in the field of the Integrated Maritime Policy for the European Union' (Project No. ZF0924 - S03) , 23 February 2010.

European Commission, Strategic goals and recommendations for the EU's maritime transport policy until 2018, COM(209) ,21 Feb. 2009.

FAO, *Code of Conduct for Responsible Fisheries.*

FAO, *Fishery and Aquaculture Statistics Yearbook*, 2011.

FAO, International Plan of Action for Reducing Incidental Catch of Seabirds in Longline Fisheries.

FAO, *International Plan of Action for the Conservation and Management of Sharks.*

FAO, *International Plan of Action for the Management of Fishing Capacity.*

FAO, *The State of World Fisheries and Aquaculture* 2012.

Fondahl, Gail, and Stephanie Irlbacher-Fox, "Indigenous Governance in the Arctic: A Report for the Arctic Governance Project", November 2009.

French, Duncan and Karen Scott, "International Legal Implications of Climate Change for the Polar Regions: Too Much, Too Little, Too Late?", Melbourne Journal of International Law, Vol. 10. 2009.

Gautier, Donald L. , et al. , "Assessment of undiscovered oil and gas in the Arctic", *Science*, Vol. 324 ,2009 , No. 5931.

Government of Canada, Canada's Northern Strategy: Our North, Our Heritage, Our Future. ,2009.

Graczyk, Piotr, "The Arctic Council Inclusive of Non-Arctic Perspectives: seeking a new balance," in Thomas S. Axworthy, Timo Koivurova,

Waliul Hasanat(eds.), *The Arctic Council: Its place in the future of Arctic Governance*, *Munk School of Global Affairs*, 2012.

Griffiths, Franklin, "The Shipping News. Canada Arctic Sovereignty not on Thinning Ice," *International Journal*, Vol. LVIII, No. 2, Spring 2003.

Gunderson, Lance H. and C. S. Holling, *Panarchy: Understanding Transformations in Human and Natural Systems*, Washington, D. C. : Island Press, 2002.

Hahl, Martti, "What's Next in the Arctic?", in *BalticRim Economies: Special Issue on the Future of the Arctic*, No. 2, 27 March 2013.

Haas, Ernst B. , *When Knowledge is Power: Three Models of Change in International Organizations*, Berkeley: University of California Press, 1990.

Haas, Peter M. and Ernst B. Haas, Learning to Learn: Improving International Governance, *Global Governance*, Vol. 1, Issue. 3, Autumn 1995.

Haas, Peter M. , Robert O. Keohane and Marc A. Levy (eds.), *Institutions for the Earth: Sources of Effective International Environmental Protection*, Massachusetts: The MIT Press, Third printing, 1995.

Hasanat, Md. Waliul, "Cooperation in the Barents Euro-Arctic Region in the Light of International Law," in Gudmundur Alfredsson, Timo Koivurova(eds.), *The Yearbook of Polar Law*, Vo. 2, 2010, NIJHOFF Publishers, 2010.

Heininen, Lassi, *Arctic Strategies and Policies: Inventory and Comparative Study*, Northern Research Forum, August 2011.

Heininen, Lassi, Heather Exner-Pirot, Joël Plouffe. (eds.), *Arctic Yearbook 2012*, 2012.

IMO, Development of a Mandatory for Ships Operating in Polar Waters: Report of the Intercessional Working Group, SDC1/3, 10 October

2013.

Inuit Circumpolar Council, "A Circumpolar Inuit Declaration on Resource Development Principles in InuitNunaat," 2011.

International Atomic Energy Agency (IAEA), Inventory of Radioactive Material Entering the Marine Environment: Sea Disposal of Radioactive Waste, IAEA-TECDOC - 588, Vienna, Austria: IAEA, March 1991.

International Atomic Energy Agency (IAEA), Modelling of the radiological impact of radioactive waste dumping in the Arctic Seas, Report of the Modelling and Assessment Working Group of IASAP, IAEA-TECDOC - 1330, January 2003.

International Council for the Exploration of the Sea, *Catch Statistics 2010*.

Jabour, Julia, and Weber Melissa, Is it Time to Cut the Gordian Knot of Polar Sovereignty? *Reciel*, Vol. 17, No. 1, 2008.

Kalland, A., "Indigenous Knowledge-Local Knowledge: Prospects and Limitations," in B. V. Hansen, (ed.), *AEPS and Indigenous Peoples Knowledge-Report on Seminar on Integration of Indigenous Peoples' Knowledge*. Reykjavik, September 20 - 23, 1994.

Koivurova, Timo, "Limits and Possibilities of the Arctic Council in a Rapidly Changing Scene of Arctic Governance," *Polar Record*, Vol. 46, No. 02, 2010.

Koivurova, T., and E. J. Molenaar, "International Governance and Regulation of the Marine Arctic: Overview and Gap Analysis", A report prepared for the WWF International Arctic Programme, 2009.

Koivurova, T., E. J. Molenaar and D. L. Vanderzwaag, Canada, the EU, and Arctic Ocean Governance: a tangled and shifting seascape and future directions, *Journal of Transnational Law and Policy*, Vol. 18, No. 2,

2009.

Kozak, Robert, Canada Seizes Spanish Fishing Ships on High Sea, *Reuter*, March 10, 1995.

Lloyd's, *Arctic opening: Opportunity and Risk in the High North*, Chatham House, 2012.

Loukacheva, Natalia, (ed.) *Polar Law Textbook*, Nordic Council of Ministers, Copenhagen 2010.

Lundan, Sarianna M. , *Multinationals, Environment and global competition*, Oxford: Elsevier, 2004.

Macko, Stephan, *Potential change in the Arctic environment: Not so obvious implications for fisheries*.

Malmqvist, Tove, *Climate change: Can oil companies move beyond petroleum*, University of Toronto, MA thesis, 2003.

Mann, K. H. , Environmental influences on fish and shellfish production in the Northwest Atlantic, *Environmental Reviews*, Vol. 2, No. 1, 1994.

Matthews, Jessica, On the High Seas: The Law of the Jungle, *The Washington Post*, April 9, 1995.

Molenaar, Erik, and Corell Robert, *Background Paper Arctic Fisheries*, Ecologic Institute EU, 2009.

Netherlands: Interdepartmental Directors' Consultative Committee North Sea, *Integrated Management Plan for the North Sea 2015 (Revision)*, Rijswijk, 2011.

NOAA, Richter-Menge, J. , M. O. Jeffries and J. E. Overland (eds.), Arctic Report Card 2011.

Nordic Council of Ministers, Arctic Social Indicators: a follow-up to the Arctic Human Development Report, Copenhagen 2010.

Norris, Robert S. and Hans M. Kristensen, " Nuclear Notebook:

U. S. Nuclear Forces, 2009," *Bulletin of the Atomic Scientists*, March/April 2009.

Norwegian Petroleum Directorate, "Facts 2013: The Norwegian Petroleum Sector", Norwegian Ministry of Petroleum and Energy, March 2013.

NRPA, Joint Norwegian-Russian mission to investigate dumped atomic waste in the Kara Sea, *NRPA Bulletin*, August 2012.

Nyman, Jennifer, The Dirtiness of the Cold War: Russia's Nuclear Waste in the Arctic, *Environmental Policy and Law*, 2002.

OECD, *Strengthening Regional Fisheries Management Organizations*, OECD Publishing, 2009.

Petrov, Andrey N., "Indigenous Population of the Russian North in the Post-Soviet Era", Canadian Studies in Population Vol. 35. 2, 2008.

Rosneft, "Exxon sign environmental protection declaration for Arctic shelf development", Interfax: Russia & CIS Business and Financial Newswire, December 12, 2012.

Rothwell, Donald, "The Arctic in International Affairs: Time for a New Regime?" *Brown Journal of World Affairs*, 2008(1).

Rowlands, Ian H., "Beauty and the beast? BP's and Exxon's positions on global climate change", *Environment and planning C: government and policy*, Vol. 18, 2000.

Rudloff, Bettina, *The EU as Fishing Actor in the Arctic: Stocktaking of Institutional Involvement and Existing Conflicts*, Working Paper, German Institute for International and Security Affairs SWP, 2010.

Ruggie, John G., International Responses to Technology: Concept s and Trends, in *International Organization*, Vol. 29, Issue. 3, June 1975.

Shestakov, Alexander, "Panda at the pole-WWF's vision of future work with the Arctic Council", WWF Global Arctic Programme, The Circle,2. 2011.

Sidortsov, Roman, "Measuring our investment in the carbon status quo: Case study of new oil development in the Russian Arctic", *Vermont Journal of Environmental Law*, Vol. 13, Issue 4, Summer 2012.

Sommerkorn, Martin, and Susan Joy Hassol, "Arctic Climate Feedbacks: Global Implications", WWF International Arctic Programme, August, 2009.

Stokke, Olav, Barents Sea Fisheries: the IUU struggle, *Arctic Review on Law and Politics*, Vol. 1, No. 2, 2010.

Stokke, Olav Schram and Geir Hønneland(eds), *International Cooperation and Arctic Governance: regime effectiveness and northern region building*, Routledge, 2007.

Sullivan, Kathryn D., NOAA's Arctic ActionPlan: Supporting the National Strategy for the Arctic Region, U. S. Department of Commerce, National Oceanic and Atmospheric Administration, April 2014.

Swardson, Anne, Canada, EU Reach Agreement Aimed at Ending Fishing War, *The Washington Post*, April 16, 1995.

The Conservation of Arctic Flora and Fauna(CAFF): Arctic Biodiversity Trends 2010——Selected indicators of change. CAFF International Secretariat, Akureyri, Iceland, May 2010.

The Eighth Ministerial Meeting of the Arctic Council, "Sweden Kiruna Declaration", MM08 - 15, Kiruna, Sweden, May 2013.

U. S. Geological Survey, "Assessment of Undiscovered Petroleum Resources of the Barents Sea Shelf", World Petroleum Resources Assessment Fact Sheet, accessed 4 April 2013.

UNDP: Arctic Human Development Report 2004, Akureyri: Stefansson Arctic Institute.

United Nations, Agreement for the Implementation of the Provisions of the United Nations Convention on the Law of the Sea of 10 December 1982 relating to the Conservation and management of Straddling Fish Stocks and Highly Migratory Fish Stocks.

Vanderzwaag, David, Rob Huebert and Stacey Ferrara, "The Arctic Environmental Protection Strategy, Arctic Council and Multilateral Environmental Initiatives: Tinkering While the Arctic Marine Environment Totters," *Denver Journal of International Law and Policy*, Spring 2002.

Vanderzwaag, David, Timo Koivurova and Erik Molenaar, Canada, the EU and Arctic Ocean Governance: a Tangled and Shifting Seascape and Future Directions, *Journal of Transnational Law and Policy*, Vol. 18, No. 2, 2009.

Wallace, Michael and Steven Staples, *Ridding the Arctic of Nuclear Weapons: A Task Long Overdue*, Canadian Pugwash Group, March 2010.

Warren, Sharon, "Energy Outlook: U. S. Arctic Outer Continental Shelf," Department of the Interior, Bureau of Ocean Energy Management, July 2013.

White House, Implementation Plan for the National Strategy for the Arctic Region, Washington, D. C. : Jan. 30, 2014.

White House, National Strategy for the Arctic Region, Washington, D. C. : May 10, 2013.

Wihak, Christine, "Psychologists in Nunavut: A comparison of the principles underlying Inuit Quajimanituqangit and the Canadian Psychological Association Code of Ethics", Pimatisiwin: A Journal of Indigenous Health 2(1), 2004.

World Economic Forum, "Demystifying the Arctic", Switzerland 22 – 25 January 2014.

WWF, "Drilling for Oil in the Arctic: Too Soon, Too Risky", December 1, 2010.

WWF, "Global ArcticProgramme: A global response to a global challenge", WWF factsheet, Jan, 2012.

WWF, "The Barents Sea Cod-the Last of the Large Cod Stocks", 2004.

Wyllie-Echeverriat, Tina, and W. S. Wooster, Year-to-year variations in Bering Sea ice cover and some consequences for fish distributions, *Fisheries Oceanography*, Vol. 7, No. 2, 2002.

Young, Oran R., "Arctic Governance-Pathways to the Future", *Arctic Review on Law and Politics*, Vol. 1, 2/2010.

Young, Oran R., "Informal Arctic Governance Mechanisms: Listening to the voices of non-Arctic Ocean governance" in Oran R. Young (eds), *The Arctic in World Affairs: A North Pacific Dialogue on Arctic Marine Issues*, KMI press, 2012.

Young, Oran R., "If an Arctic Ocean Treaty Is Not the Solution, What Is theAalternative?" *Polar Record*, Vol. 47, Issue 4, 2011.

Young, Oran R., "The future of the Arctic: cauldron of conflict or zone of peace?", International Affairs, Vol. 87, Issue 1, 2011.

(二) 网络资源

Agreement on the Conservation of Polar Bears, http://pbsg. npolar. no/en/agreements/agreement1973. html.

Arctic Council, Arctic Marine Shipping Assessment 2009 Report (AMSA). http://www. arctic. gov/publications/AMSA _ 2009 _ Report _ 2nd_print. pdf.

Canada's International Policy Statement: A Role of Pride and Influence in the World, http://www. isn. ethz. ch/Digital-Library/Publications/Detail/? lng = en&id = 156830.

Canada's Northern Strategy:Our North, Our Heritage, Our Future. http://www. northernstrategy. gc. ca/cns/cns. pdf.

Denmark, Kingdom of Denmark's Strategy for the Arctic 2011 – 2020, http://um. dk/en/ ~/media/UM/English-site/Documents/Politics-and-diplomacy/Arktis_Rapport_UK_210x270_Final_Web. ashx.

Finland's Strategy for the Arctic Region, http://www. geopoliticsnorth. org/images/stories/attachments/Finland. pdf.

Greenpeace, "Leaked Arctic Council oil spill response agreement ' vague and inadequate ' ," http://www. greenpeace. org/international/en/press/releases/Leaked-Arctic-Council-oil-spill-response-agreement-vague-and-inadequate-Greenpeace/.

IAEA, Radiological assessment:Waste disposal in the Arctic Seas, Summary of results from an IAEA-supported study on the radiological impact of high-level radioactive waste dumping in the Arctic Seas, http://www. iaea. org/Publications/Magazines/Bulletin/Bull391/specialreport. html.

International Chamber of Shipping, position paper on Arctic shipping, 2014. http://www. ics-shipping. org/docs/default-source/resources/policy-tools/ics-position-paper-on-arctic-shipping. pdf? sfvrsn = 8.

Kingdom of Denmark's Strategy for the Arctic 2011 – 2020, http://um. dk/en/ ~/media/UM/English-site/Documents/Politics-and-diplomacy/Arktis_Rapport_UK_210x270_Final_Web. ashx.

Koivurova, Timo. , and Erik J. Molenaar, International Governance and Regulation of the Marine Arctic, January 8, 2014 http://www. cfr. org/arctic/wwf-international-governance-regulation-marine-arctic/p32183.

Norwegian Ministry of Foreign Affairs, New Building Blocks in the

North: The next Step in the Government's High North Strategy, http://www. regjeringen. no/upload/UD/Vedlegg/Nordområdene/new_building_blocks_in_the_north. pdf.

Norwegian Ministry of Foreign Affairs, The High North: Visions and strategies, (white paper), http://www. regjeringen. no/en/dep/ud/documents/propositions-and-reports/reports-to-the-storting/2011 – 2012/meld-st – 7 – 20112012 – 2. html? id = 697736.

Norwegian Ministry of Foreign Affairs, The Norwegian Government's High North Strategy, http://www. regjeringen. no/upload/UD/Vedlegg/strategien. pdf.

Parliamentary Resolution on Iceland's Arctic Policy, Approved by-Althingi at the 139th legislative session March 28, 2011, http://www. mfa. is/media/nordurlandaskrifstofa/A-Parliamentary-Resolution-on-ICE-Arctic-Policy-approved-by-Althingi. pdf.

Political Platform for a Government Formed by the Conservative Party and the Progress Party, Undvollen, 7 October 2013, http://www. hoyre. no/filestore/Filer/Politikkdokumenter/Politisk _ platform _ ENGLISH _ final _ 241013_revEH. pdf.

Prime Minister's Office, Finland's Strategy for the Arctic Region 2013: Government resolution on 23 August 2013, http://vnk. fi/julkaisu-kansio/2013/j – 14 – arktinen – 15 – arktiska – 16 – arctic – 17 – saame/PDF/en. pdf.

Radiological assessment: Waste disposal in the ArcticSeas, Summary of results from an IAEA-supported study on the radiological impact of high-level radioactive waste dumping in the Arctic Seas, http://www. iaea. org/Publications/Magazines/Bulletin/Bull391/specialreport. html.

Sweden's strategy for the Arctic region, http://www. government. se/

content/1/c6/16/78/59/3baa039d. pdf.

The Northern Dimension of Canada's Foreign Policy, http://library. arcticportal. org/1255/1/The_Northern_Dimension_Canada. pdf.

Treaty between the Kingdom of Norway and the Russian Federation concerning Maritime Delimitation and Cooperation, http://www. regjerin-gen. no/upload/SMK/Vedlegg/2010/avtale_engelsk. pdf.

三、俄文部分

(一) 俄文书刊

Актуальные проблемы мировой политики в 21 веке. сборник статей под ред. В. Ягьи, Т. Немчиновой. СПб. СПбГУ, 2013.

Арктическая зона Российской Федерации Северо-восточный вектор развития. Сборник конференции, Санкт-Петербург, 2012.

А. Гуушер. Арктика-зона стратегических интересов России. 2009.

А. Дрегало, Лукин Ю. Ф., Ульяновский В. И. Северная провин-нция: трансформация социальных институтов: монография. Архангельск: Поморский университет, 2008.

Г. ДёгтеваПроблемы здравоохранения и социального развития Арктической зоны России. Москва-Санкт-Петербург, 2011.

Демонстрационный проект. Экологический соменеджмент рес-урсодобывающих компаний, органов власти и коренных малочисл-енных народов севера. 2009г.

Итоги МПГ 2007/08 и перспективы российских полярных исследований, Москва, Паусен, 2013.

В. Конышев, А. Сергунин. Арктика в международний политике.

Москва,2011.

В. Конышев, А. Сергунин. Арктика на перекрестье геополитиче-
ских интересов. Мировая экономика и международные отношения,
2010,№9 : с. 43 – 53.

Ю. Лукин. Арктика сегодня для России и всего мира. Арханг-
ельск,2008.

М. НиколаевМои соотечественники. Якутск Бичик,2012.

А. Орешенков. Арктический квадрат возможностей. Россия в
глобальной политике,2010.

Д. Тренин, Павел Баев. Арктика : Взгляд из Москвы. Москва :
московский центр Карнеги,2010.

(二)网络资源

сновы государственной политики Российской Федерации в
Арктике на период до 2020 года и дальнейшую перспективу. (2008 年
9 月 18 日俄罗斯联邦政府总统令批准《2020 年前及更长期的俄罗斯联
邦在北极的国家政策原则》)http://www. scrf. gov. ru/documents/98. ht-
ml.

Стратегия развития Арктической зоны Российской Федерации и
обеспечения национальной безопасности на период до 2020 года
(2013 年 2 月 20 日,俄联邦政府公布普京总统批准的《2020 年前俄属
北极地区发展和国家安全保障战略》)http://www. government. ru/docs/
22846/.

О внесении изменений в отдельные законодательные акты
Российской Федерации в части государственного регулирования
торгового мореплавания в акватории Северного морского пути(2012
年 7 月 28 日,俄罗斯总统普京批准《关于北方海航道水域商业航运相

关法律部分条款的联邦修正案》）http://text. document. kremlin. ru/ SESSION/PILOT/main. htm.

Выступление путина на первом международном арктическом форуме Арктика территория диалога（2010 年 9 月莫斯科第一届"北极—对话之地"国际论坛上普京的讲话）http://www. rgo. ru/2010/09/ vystuplenie-v-v-putina-na-mezhdunarodnom-arkticheskom-forume.

ыступление путина на втором международном арктическом форуме Арктика территория диалога（2011 年 9 月阿尔汉格尔斯克第二届"北极—对话之地"国际论坛上普京的讲话）http://archive. premi-er. gov. ru/visits/ru/16523/events/16536/.

Выступление на пленарном заседании III Международного арктического форума《Арктика-территория диалога》（2013 年 9 月萨列哈尔德第三届"北极—对话之地"国际论坛上普京的讲话）http:// www. kremlin. ru/transcripts/19281.

Экономическое и социальное развитие Арктической зоны Росс-ийской Федерации на 2011 – 2020 годы（2011—2020 年俄联邦北极地区经济和社会发展）http://www. minregion. ru.

И. Ягупов. В Мурманске решали вопросы, значимые для всей страны（摩尔曼斯克为国家解决了大问题）http://yagupov. info/? p = 835.

А. Чилингаров. Арктика-горячая точкаXXI века （北极——21 世纪的热点）http://kp. ru/daily/23892/66464.

Н. Зайцев. Власти РФ профинансируют экспедицию по исследо-ванию шельфа Арктики（俄罗斯政府资助北极大陆架考察）http:// eco. rian. ru/business/20100409/220184715. html.

С. Шойгу. Россия возобновляет исследования в Арктике и Анта-рктиде（俄罗斯恢复南北极研究）http://www. gazeta. ru/news/lenta/

2010/09/20/n_1549611. shtml.

Д. Данилов. Северный морской путь и Арктика：война за деньги уже началась（北方海航道和北极：争夺财富的战争已拉开帷幕）. http：//rusk. ru/st. php？idar＝114689.

Транспортная политика（交通政策）http://www. transportrussia. ru/transportnaya-politika/dorogi-budut. html

А. Макарова. Контейнеровоз 《Мончегорск》завершил исторический рейс по маршруту Мурманск-Дудинка-Пусан-Шанхай（MONCHEGORSK 冰级船完成摩尔曼斯克—杜金卡—釜山—上海的历史性航行）http：//www. mbnews. ru/content/view/28110/100/.

С. Лавров пригласил членов Арктического совета на 'Ямал. （拉夫罗夫邀请北极理事会成员登上亚马尔破冰船）ИТАР-ТАСС, 17. 05. 2011. http：//www. rosatom. ru/wps/wcm/connect/rosatom/rosatomsite/journalist/atomicsphere/5fc9408046e29addbae5fa66e555bee1.

Выступление Президента Российской Федерации В. Путина на заседаниях Президиума Государственного совета Российской Федерации（普京在俄联邦国家委员会主席团会议上的讲话）http：//www. arctictoday. ru/council/702. html.

Путин пригласил Швецию к сотрудничеству в освоении Северного морского пути（普京邀请瑞典合作开发北方海航道）http：//vz. ru/new/2011/4/27/487144/print. html.

后 记

BEI JI ZHI LI
XIN LUN

　　从 1925 年中国加入了《斯匹次卑尔根群岛条约》到 2013 年中国成为北极理事会的正式观察员，中国与北极的关联度越来越紧密。北极问题随着气候变化和经济全球化的趋势也越来越成为全球问题的一个部分。中国作为一个成长中的大国，对于北极变化必须给予关注并做出自己的贡献。

　　上海国际问题研究院北极课题组从 2010 年开始研究北极治理问题。北极治理问题综合性很强，涉及多个学科。从写作一开始我们就给自己提出了要求，要在掌握国际政治和全球治理理论的基础上实现三通：通科技、通法律、通经济。本书作者主要来自上海国际问题研究院，另外还邀请上海社会科学院吴雪明老师和中国海洋大学毕业的硕士研究生蒋帅加盟了我们的研究团队。

　　本书章节写作分工如下：第一章：杨剑；第二章：叶江；第三章：杨剑；第四章：吴雪明；第五章：程保志；第六章：于宏源；第七章：张沛；第八章：钱宗旗、程保志、张沛、杨剑；第九章：叶江、杨剑、于宏源；第十章：杨剑；第十一章：杨剑；第十二章：于宏源、叶江；第十三章：蒋帅、杨剑；第十四章：赵隆；第十五章：于宏源、杨剑、钱宗旗。

　　见和同解，意和同悦。这本书是通力合作的成果，体现了团队的集体智慧，展示了合作者之间的友谊。写作者都能够认真对待自己所承担的章节，在写作讨论中还能够对其他章节无私地贡献自己的意见和观点。这样的合作使得研究成果的完整性和一致性有很大的提升。

本书的最后呈现是近几年若干个研究项目的学术思想的结晶。在研究过程中，课题组得到了国家南北极环境考察与评估专项的资助，得到了国家自然科学基金项目"知识与规制：极地科学家团体与北极治理议程设置"（项目编号 41240037）的资助。上海国际问题研究院研究北极问题始于与中国极地研究中心的合作，中心杨惠根主任等领导以及战略研究室张侠主任及其团队，成为我们最重要的合作伙伴。中国极地研究中心所具有的自然科学知识和极地经验使我们可以以最便捷的方式获得一些问题的解答。在研究和写作的过程中，写作组成员得到了外交部条法司和国家海洋局极地考察办公室各方面的帮助。他们所提供的机会使得我们的团队在短短几年时间里对北极的认识不断加深，学术交流网络不断扩大。

感谢上海国际问题研究院俞新天研究员、杨洁勉研究员和陈东晓研究员三任领导对北极研究团队和研究项目的支持。院办公室徐璐琳等年轻人为本书的图表绘制、资料翻译和校对做了大量工作。特别感谢研究院的行政团队，他们高效的服务，使研究团队能在一个良好的环境下开展学术研究和国际交流。

感谢国际著名全球治理专家奥兰·杨教授多次来上海参加北极治理的研讨会，并专门为本书作序。感谢时事出版社苏绣芳副社长持续不懈的鼓励以及责任编辑张晓琳的精心工作。

杨 剑

2014 年 9 月于上海

图书在版编目（CIP）数据

北极治理新论/杨剑等著. —北京：时事出版社，2014.11
ISBN 978-7-80232-767-2

Ⅰ.①北…　Ⅱ.①杨…　Ⅲ.①北极—政治地理学—研究
Ⅳ.①P941.62

中国版本图书馆 CIP 数据核字（2014）第 233687 号

出 版 发 行：时事出版社
地　　　址：北京市海淀区万寿寺甲 2 号
邮　　　编：100081
发 行 热 线：（010）88547590　88547591
读者服务部：（010）88547595
传　　　真：（010）88547592
电 子 邮 箱：shishichubanshe@ sina. com
网　　　址：www. shishishe. com
印　　　刷：北京百善印刷厂

————————————————————————

开本：787×1092　1/16　印张：32.75　字数：410 千字
2014 年 11 月第 1 版　2014 年 11 月第 1 次印刷
定价：118.00 元
（如有印装质量问题，请与本社发行部联系调换）